广东省精品课程教材

化工单元操作过程与设备

（下册）

陈兰英　李功祥　余　林　编著

华南理工大学出版社
·广州·

内容提要

本书主要介绍化工生产过程中常用单元操作的基本原理、典型设备的结构及其选用（或设计）计算。全书分上、下两册。上册内容包括：绪论、流体流动、流体输送机械、沉降与过滤及其流态化、传热、蒸发及附录；下册内容包括：蒸馏、吸收、气液传质设备、干燥和膜分离。每章均配有一定的例题和习题。

全书内容循序渐进、深入浅出，强调工程观点与实际运用能力；文字简洁、语言通俗，便于自学。

本书可作为高等院校化工及相关专业的"化工原理"课程教材，并与已出版的《常用化工单元设备设计》一书配套使用；也可作为化工、医药、食品、环保等部门从事科研、设计和生产的技术人员的参考书。

图书在版编目（CIP）数据

化工单元操作过程与设备．下册/陈兰英，李功样，余林编著．—广州：华南理工大学出版社，2010.8（2019.1 重印）

广东省精品课程教材

ISBN 978-7-5623-3338-8

Ⅰ.①化… Ⅱ.①陈… ②李… ③余… Ⅲ.①化工单元操作 ②化工设备 Ⅳ.①TQ02 ②TQ05

中国版本图书馆 CIP 数据核字（2010）第 158281 号

总 发 行： 华南理工大学出版社（广州五山华南理工大学 17 号楼 邮编 510640）
营销部电话：020-87113487 87110964 87111048（传真）
E-mail：scutc13@scut.edu.cn http：//www.scutpress.com.cn

责任编辑： 胡 元 张 颖

印 刷 者： 虎彩印艺股份有限公司

开 本： 787mm×1092mm 1/16 **印张：** 17.25 **字数：** 431 千

版 次： 2010 年 8 月第 1 版 2019 年 1 月第 3 次印刷

印 数： 4 001～4 500 册

定 价： 30.00 元

目 录

1 蒸 馏

1.1 概述

化工生产中各行业通常对所采用的原料有严格的要求，尤其对物料的纯度一般都要求很高。自然界的物质多以不纯态存在，而生产工艺对物质纯度的要求高，这是工业中普遍存在的矛盾。对于这一矛盾，化学工业中一般用分离的方法解决。在上册第3章我们学习了非均相物系的分离，由于它是利用流体力学方法进行分离，因此非均相物系的分离不属于化工分离过程的范畴。

均相物系只有一个相，系统内没有相界面存在，任何部分的性质均匀一致。例如，原油、汽油、重油等的液体混合物，空气混合物等。均相物系的分离是化工生产中的重要过程，为了获得符合工艺要求的原料、产品或中间产物，往往需要将混合物进行分离和提纯。例如，从发酵醪液中提取饮用酒；将石油分离成汽油、煤油、柴油及润滑油等馏分作为产品；单体氯乙烯在进行聚合前先要除去原料中的杂质，达到99.99%以上的纯度要求；用洗油处理焦炉气以回收其中的芳烃；等等。这些都属于均相混合物的分离过程。

对于均相物系的分离，首先需利用组分间某种物性的差异或加入使得某种组分能溶于其内的某种溶剂以造成一个两相物系，然后，再根据不同的平衡关系使其中某些组分从一相迁移到另外一相，从而实现传质分离目的。根据造成两相的方法的不同，分离均相混合物有蒸馏、吸收、萃取及结晶等单元操作，其中蒸馏(distillation)广泛用于分离均相液体混合物。

液体均具有挥发成为蒸气的能力，该种特性称为“挥发性”(volatility)，并且不同的液体挥发性大小不同。根据液体的这种特性，对液体混合物进行加热使其部分汽化产生蒸气，可以出现第二个物相(气相)，与原来的液相共同形成一个两相物系。挥发性大的组分比挥发性小的组分易于从液相中汽化出来而转移到气相当中，从而使液体混合物中的组分得到部分分离，这就是蒸馏过程。因此，蒸馏操作是利用液体混合物中各组分挥发性的差异实现对液体混合物分离的过程。

蒸馏操作中将挥发性大、沸点低的组分称为易挥发组分(或轻组分)，挥发性小、沸点高的组分称为难挥发组分(或重组分)。

蒸馏操作历史悠久，应用广泛。它具有以下特点：

(1)蒸馏分离可以直接获得所需要的产品。因吸收、萃取等分离过程是采用从外界引入另一相物质(吸收剂、萃取剂)的办法形成两相系统，故需进一步将所提取的组分与外加组分进行第二个分离操作(例如脱吸)，才能实现组分间的完全分离。因而，蒸馏操作流程通常较为简单。

(2)蒸馏分离的适用范围广，它不仅可以分离液体混合物，而且可用于气态或固态混合物的分离。例如，可将空气加压液化，再用精馏方法获得氧、氮等产品；再如，脂肪酸的混合物，可通过加热使其熔化，并在减压条件下建立气液两相系统，用蒸馏方法实现分离。

(3)蒸馏过程适用于各种浓度混合物的分离，而吸收、萃取等操作只有当被提取组分浓度较低时才比较经济。

(4)蒸馏操作是通过对混合液加热建立气液两相体系的，所得到的气相还需要再冷凝液化，因此耗能较大。蒸馏过程中的节能是个值得重视的问题。

蒸馏过程可以按不同的方式进行分类：

(1)根据操作方式的不同，可分为间歇蒸馏和连续蒸馏。间歇蒸馏比较灵活，对于小批量的生产或某些有特殊要求的场合较为合适。连续蒸馏操作稳定，常用于大规模的生产过程。

(2)根据蒸馏方法的不同，可分为单级蒸馏和多级蒸馏。单级蒸馏包括简单蒸馏和平衡蒸馏；多级蒸馏包括精馏和特殊精馏(如萃取精馏、恒沸精馏)。当混合物中组分间的挥发性差异较大，且对分离要求不高时，可采用简单蒸馏或平衡蒸馏，这是最简单的分离方法。当对混合物中组分的分离要求较高时，应采用精馏操作，它在工业中应用最为广泛。若混合物中各组分挥发性差异很小或体系中会形成共沸物，普通的精馏难以达到分离要求，则应采用特殊精馏。

(3)根据操作压强的不同，可分为常压、加压和减压蒸馏。加压可使物料的沸点提高，减压则可使物料的沸点降低，所以加压蒸馏适用于常压下沸点很低或为气态的物系，减压蒸馏则适用于常压下沸点较高、使用高温热源不经济或含热敏性物料的物系。

(4)根据原料中待分离的组分数目，可分为两组分蒸馏和多组分蒸馏。

本章重点讨论常压下两组分连续精馏过程的原理及计算方法。

1.2 两组分溶液的气液平衡关系

蒸馏操作是气液两相间进行的传质过程，常用组分在两相间的浓度(组成)偏离平衡的程度来衡量传质推动力的大小，气液两相达到平衡状态是传质过程的极限。

在一定条件下，气液两相互相接触时，液相中各组分均有部分分子从界面逸出进入液面上方气相空间，而气相也有部分分子返回液面进入液相内。经长时间接触，当每个组分的分子从液相逸出与从气相返回的速度相同，达到动态平衡时，该过程即达到了相平衡。平衡时气液两相的组成之间的关系称为相平衡关系。

相平衡关系是分析蒸馏原理和进行设备计算的热力学基础，故在讨论精馏过程的计算前，首先简述相平衡关系。

1. 气液两相平衡共存的自由度

相律是研究相平衡的基本规律。根据相律，平衡物系的自由度 F 为

$$F=C-\Phi+2 \tag{1-1}$$

式中，C 表示组分数；Φ 表示相数；数字“2”表示影响系统平衡状态的外界因素只有温度和压强两个。对于两组分物系的气液相平衡，其组分数 $C=2$，相数 $\Phi=2$，所以 $F=2$，即该体系的自由度数是 2。

气液平衡中所涉及的参数有温度 t、压强 p、气液两相的组成 y_A 和 x_A(易挥发组分 A

的摩尔分数)。若任意规定其中两个参数，此平衡物系的状态也就被唯一地确定了。蒸馏通常在一定的压强下进行，即 p 值固定，此时在 t、x、y 这三个参数中就只有一个独立变量，其他参数都是它的函数。因此，两组分体系的气液平衡关系可以用总压一定时的 $t \sim x$(或 y)及 $x \sim y$ 函数关系或相图表示。

2. 理想物系的气液相平衡关系

根据溶液中同分子间与异分子间作用力的差异，可将平衡物系分为理想物系和非理想物系。理想物系的液相和气相应符合以下条件：

①液相为理想溶液，服从拉乌尔定律；

②气相为理想气体，服从道尔顿分压定律。

理想物系的相平衡是平衡关系中最简单的模型。严格地讲，理想溶液并不存在，但对由化学结构相似、性质相近的组分组成的物系，如苯-甲苯、甲醇-乙醇等有机同系物所形成的溶液，可作为理想溶液处理；而蒸气压-组成关系与拉乌尔定律偏差较明显的，就是非理想溶液。

总压不太高(一般不高于 10^4 kPa)时的气体可视为理想气体。

(1)用饱和蒸气压表示的气液相平衡关系

拉乌尔定律表明，当理想溶液的气液两相平衡时，溶液上方组分的分压与溶液中该组分的摩尔分数成正比，即

$$p_A = p_A^0 x_A \quad (1-2)$$

$$p_B = p_B^0 x_B = p_B^0 (1 - x_A) \quad (1-2a)$$

式中，x——溶液中组分的摩尔分数；

p——溶液上方组分的平衡分压，Pa；

p^0——同温度下纯组分的饱和蒸气压，Pa。

下标 A 表示易挥发组分，B 表示难挥发组分。

通常，纯组分的饱和蒸气压 p^0 仅与 t 有关，可直接从理化手册中查得，也可用安托因方程推算：

$$\lg p^0 = A - \frac{B}{t + C} \quad (1-3)$$

式中，A、B、C 为该组分的安托因常数。常用液体的安托因常数可由有关手册查得。

当混合溶液沸腾时，溶液上方各组分的蒸气分压之和等于总压，即

$$p_A + p_B = p$$

$$p_A^0 x_A + p_B^0 x_B = p$$

得

$$x_A = \frac{p - p_B^0}{p_A^0 - p_B^0} \quad (1-4)$$

式(1-4)表示气液相平衡时液相组成与 A、B 两纯组分的饱和蒸气压的关系，因 p_A^0、p_B^0 与温度之间的关系已知，故式(1-4)实际上给出了液相组成与溶液温度(泡点)之间的定量关系，称为泡点方程。根据此式可计算一定压强下，某液体混合物的泡点温度。

当外压不太高时，平衡的气相可视为理想气体，遵循道尔顿分压定律，即

$$y_A = \frac{p_A}{p} \quad (1-5)$$

或

$$y_A = \frac{p_A^0}{p} x_A$$

所以

$$y_A = \frac{p_A^0 x_A}{p_A^0 x_A + p_B^0 (1 - x_A)} \tag{1-6}$$

式(1-6)表示气液相平衡时气相组成与平衡温度之间的关系，称为露点方程。根据此式可计算一定压强下，某蒸气混合物的露点温度。

若引入相平衡常数 K，上式可写成

$$y_A = K x_A \tag{1-7}$$

其中

$$K = \frac{p_A^0}{p} \tag{1-8}$$

式(1-7)为以平衡常数表示的气液相平衡方程。此平衡方程在多组分精馏计算中较多采用。

由式(1-8)知，相平衡常数 K 并非恒定，当总压不变时，K 随 p_A^0 而变，因此也随温度而变。混合液组成的变化，必然引起泡点的变化，故相平衡常数 K 不可能始终保持定值。总的来说，平衡常数 K 是温度和总压的函数。

【例 1-1】 已知双组分混合液中，苯(A)占 80%，甲苯(B)占 20%(摩尔分数)。试求常压下与该液相平衡的气相组成及泡点温度。苯、甲苯的饱和蒸气压可按安托因(*Antoine*)公式计算：

$$\lg p_A^0 = 6.031 - \frac{1\,211}{t + 220.8}$$

$$\lg p_B^0 = 6.080 - \frac{1\,345}{t + 219.5}$$

式中，p^0 的单位为 kPa；t 的单位为℃。

解 由已知 $x_A = 0.8$，$p = 101.3kPa$，气相平衡组成可利用下式计算：

$$y_A = \frac{p_A^0}{p} x_A$$

饱和蒸气压和温度的关系已知，为求 p_A^0，需先确定温度 t。

因 $x_A = \frac{p - p_B^0}{p_A^0 - p_B^0}$，故 $\frac{p - p_B^0}{p_A^0 - p_B^0} = 0.8$。此式可作为试差计算中所设温度是否正确的判据。

假设 $t = 85℃$，由上述安托因方程可求得 $p_A^0 = 117.7\text{kPa}$，$p_B^0 = 46.0\text{kPa}$。

$$\frac{p - p_B^0}{p_A^0 - p_B^0} = \frac{101.3 - 46.0}{117.7 - 46.0} = 0.77 < 0.8$$

须重新假设 t，并重复上述计算。

最后，当假设 $t = 84.3℃$ 时，得到 $p_A^0 = 115.3\text{kPa}$，$p_B^0 = 45.0\text{kPa}$。则

$$\frac{p - p_B^0}{p_A^0 - p_B^0} = \frac{101.3 - 45.0}{115.3 - 45.0} \approx 0.8$$

可见，所设温度正确，即溶液的泡点温度为 84.3℃。

由于 $p_A^0 = 115.3\text{kPa}$，故气相组成为

$$y_A = \frac{p_A^0}{p} x_A = \frac{115.3}{101.3} \times 0.8 = 0.91$$

(2)用相对挥发度表示的气液相平衡关系

前已述及，蒸馏分离的依据是混合液中各组分挥发性的差异，衡量组分挥发能力的物理量用挥发度 v 来表示。通常，纯液体的挥发度是指该液体在一定温度下的饱和蒸气压，而混合液中各组分的蒸气压因组分间的相互影响要比纯态时的低，故溶液中各组分的挥发度定义为该组分在蒸气中的分压和与之平衡的液相中的摩尔分数之比。对于由 A、B 组成的两组分溶液，写为

$$v_A = \frac{p_A}{x_A}, \quad v_B = \frac{p_B}{x_B} \tag{1-9}$$

式中，v_A 和 v_B 分别为溶液中 A、B 两组分的挥发度。

对于理想溶液，由于符合拉乌尔定律，可写为

$$v_A = p_A^0, \quad v_B = p_B^0$$

在蒸馏分离中起决定作用的是两组分挥发难易程度的对比，而挥发度表示某组分挥发能力的大小，随温度而变，在使用上不太方便，故引出相对挥发度的概念。习惯上将易挥发组分的挥发度与难挥发组分的挥发度之比称为相对挥发度，以 α 表示，写为

$$\alpha = \frac{v_A}{v_B} \tag{1-10}$$

因 A 组分较 B 组分易挥发，故 $\alpha > 1$。将式(1-9)代入式(1-10)，得

$$\alpha = \frac{p_A/x_A}{p_B/x_B}$$

对于理想物系，气相遵循道尔顿分压定律，则上式可改写为

$$\alpha = \frac{py_A/x_A}{py_B/x_B} = \frac{y_A x_B}{y_B x_A} \tag{1-11}$$

通常，将式(1-11)称为相对挥发度的定义式。对于理想溶液，则有

$$\alpha = \frac{p_A^0}{p_B^0} \tag{1-12}$$

由于 p_A^0 与 p_B^0 随温度沿着相同方向变化，因而两者的比值变化不大，计算时一般可将 α 取作常数或取操作温度范围内的平均值。

对于两组分溶液，当总压不高时，由式(1-11)可得

$$\frac{y_A}{y_B} = \alpha \frac{x_A}{x_B} \quad 或 \quad \frac{y_A}{1-y_A} = \alpha \frac{x_A}{1-x_A}$$

为了简单起见，常略去公式中表示相组成的下标，习惯上以 x 和 y 分别表示易挥发组分 A 在液相和气相中的摩尔分数，以$(1-x)$和$(1-y)$分别表示难挥发组分 B 在液相和气相中的摩尔分数。

将上式下标略去，经整理可得

$$y = \frac{\alpha x}{1+(\alpha-1)x} \tag{1-13}$$

式(1-13)为以相对挥发度表示的相平衡方程。在蒸馏的分析和计算中，常用此式来表示气液两相间平衡时所对应的组成关系。

α 的大小可作为用蒸馏方法分离某物系难易程度的标志。若 $\alpha > 1$，表示组分 A 较组分 B 容易挥发，α 值越大，挥发性差异越大，组分越容易分离。因此，对两组分混合液体，能够实现蒸馏分离的条件是 $\alpha > 1$。若 $\alpha = 1$，由式(1-13)可知 $y = x$，即气相组成与液相组成相

等，此时该混合液不能用普通蒸馏方法分离提纯，需要采用特殊精馏或其他分离方法。

3. 两组分理想溶液的气液平衡相图

气液相平衡关系用相图来表达较为直观，尤其对两组分蒸馏的气液相平衡关系的表达更为方便，影响蒸馏的因素可在相图上直接反映出来。蒸馏中常用的相图为恒压下的温度-组成图和液相-气相组成图。

(1)温度-组成($t-x-y$)相图

在恒定的总压下，溶液的平衡温度随组成而变，将不同温度下互成平衡的液相-气相组成(x，y)数据，在温度-组成坐标系中标绘成曲线，如图 1－1 所示，该曲线图即为 $t-x-y$ 相图。

$t-x-y$ 相图以 x(或 y)为横坐标，以 t 为纵坐标。图中有两条曲线，上方的曲线为 $t-y$线，表示混合物的平衡温度 t 与气相组成 y 之间的关系，称为饱和蒸气线或露点线，可由露点方程式(1－6)绘制得到。下方的曲线为 $t-x$ 线，表示平衡温度 t 与液相组成 x 之间的关系，称为饱和液体线或泡点线，由泡点方程式(1－4)绘制得到。上述两条曲线将 $t-x-y$ 图分成三个区域：饱和液体线以下的区域代表未沸腾的液体，称为液相区；饱和蒸气线上方的区域代表过热蒸气，称为气相区；两曲线包围的区域表示气液两相同时存在，称为气液共存区。

在恒定的压强下，若将温度为 t_1、组成为 x_1(图中点 A)的混合液加热，当温度升高到 t_2(点 B)时，溶液开始沸腾，此时产生第一个气泡，该温度即为泡点温度 t_b。继续升温到 t_3(点 C)时，气液两相共存，其气相组成为 y，液相组成为 x，两相互为平衡。同样，若将温度为 t_5、组成为 y_1(点 E)的过热蒸气冷却，当温度降到 t_4(点 D)时，过热蒸气开始冷凝，此时产生第一个液滴，该温度即为露点温度 t_D。继续降温到 t_3(点 C)时，气液两相共存。

由相图可见，气液两相平衡时，气液两相的温度相同，但气相组成大于液相组成；若气液两相组成相同时，则露点温度总是大于泡点温度。并且，对纯组分溶液，溶液的露点温度与泡点温度相同；对非纯组分溶液，露点温度与泡点温度不相等。

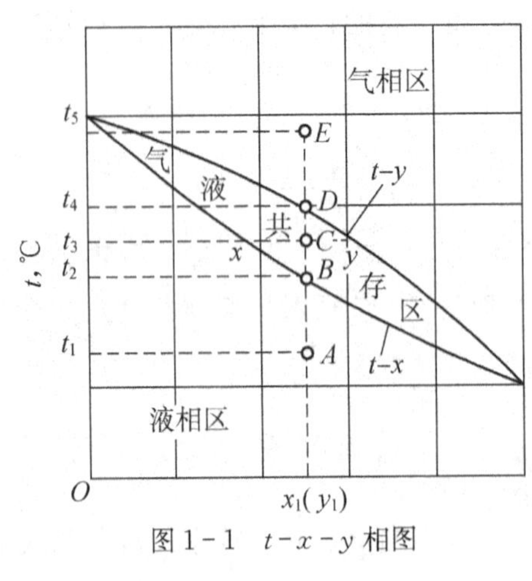

图 1－1 $t-x-y$ 相图

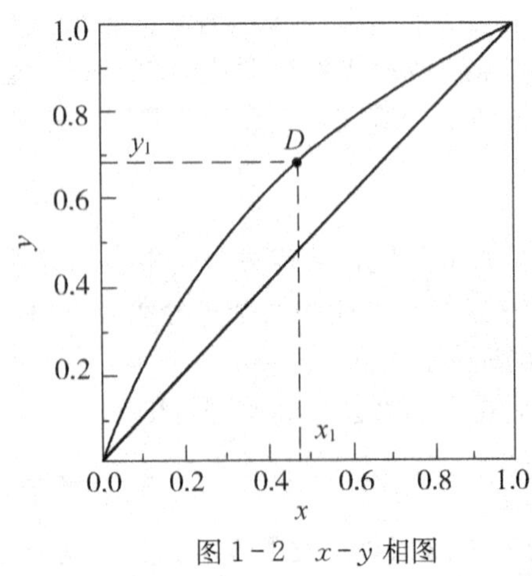

图 1－2 $x-y$ 相图

(2)液相-气相组成($x-y$)相图

蒸馏计算中，经常要将液相组成 x 与气相组成 y 的相互关系绘成曲线，简称 $x-y$ 相图，如图1－2 所示。图中 D 点表示组成为 x_1 的液相与组成为 y_1 的气相互成平衡，图中对角线为参考线，方程为 $y=x$。对于多数溶液，当达到气液相平衡时，气相中易挥发组分的浓度总大于液相的，故其平衡线位于对角线上方，而且，平衡线偏离对角线越远，表示达到气液平衡时气、液相组成的差异越大，组分越容易通过蒸馏的方法进行分离。而当平衡线趋近对角线或与对角线重合时，则不能采用常规蒸馏方法分离混合液。

$x-y$ 相图可以通过 $t-x-y$ 相图绘出。对于理想物系，此曲线亦可由相平衡方程式(1-13)绘制而成。实验表明，压力变化不大时，$x-y$ 平衡曲线随总压强的变化不明显，如总压强变化 30%时，$x-y$ 关系的变化一般不超过 2%。因为饱和温度随总压强的变化较平衡关系随总压强的变化要大得多，故 $x-y$ 相图比 $t-x-y$ 相图在应用上更为方便。但若总压强变化较大(如变化 1 倍以上)，就要考虑其对平衡曲线的影响了。

4. 非理想物系的气液相平衡关系

由于混合物中异种分子间的作用力与同种分子间的作用力不同，以及组分混合前后分子的缔合及解离，使分子数发生变化，从而引起气相或液相性质的变化，使得混合后各组分产生的分压偏离拉乌尔定律和道尔顿分压定律，显示出溶液的非理想性质。溶液蒸气压的偏差可正可负：若溶液的蒸气压较拉乌尔定律计算值高，称为与理想溶液发生正偏差；若溶液的蒸气压较拉乌尔定律计算值低，称为与理想溶液发生负偏差。

化工生产中遇到的物系大多为非理想物系，非理想物系常有以下几种：

①液相为非理想溶液，气相为理想气体；

②液相为理想溶液，气相为非理想气体；

③液相为非理想溶液，气相为非理想气体。

一般，非理想溶液引入一活度系数来修正对拉乌尔定律的偏差，即

$$p_i = p_i^0 x_i \gamma_i \tag{1-14}$$

式中，γ_i 为液相组分 i 的活度系数。各组分的活度系数与其组成有关，一般可由实验测得或用热力学公式计算。

若系统压强不很高，气相仍服从道尔顿分压定律，则平衡气相组成为

$$y_i = \frac{p_i^0 x_i \gamma_i}{p} \tag{1-15}$$

若系统在高压或低温下操作，平衡物系的气相为非理想气体，应对气相的非理想性进行修正，此时要用逸度代替压强进行相平衡计算，即

$$f_{i\mathrm{V}} = f_{i\mathrm{V}}^0 x_i \tag{1-16}$$

$$f_{i\mathrm{L}} = f_{i\mathrm{L}}^0 x_i \tag{1-16a}$$

式中，$f_{i\mathrm{V}}$、$f_{i\mathrm{L}}$——气相及液相混合物中组分 i 的逸度；

$f_{i\mathrm{V}}^0$、$f_{i\mathrm{L}}^0$——纯组分 i 在系统温度、压强下的逸度。

两组分非理想物系的气液相平衡也可用相图表示。

对于与理想溶液相比具有较大的正偏差的溶液，在某一组成时其两组分的蒸气压之和出现最大值，则此组成下溶液的泡点比其他任何组成下的泡点都低，称此溶液为具有最低恒沸点的溶液。乙醇-水、苯-乙醇物系都是具有很大正偏差的例子。图 1-3 和图 1-4 分别是乙醇-水溶液的 $t-x-y$ 相图和 $x-y$ 相图，从两图中可见，在点 M 处液相线和气相线重合，且平衡线与对角线相交，此时两相组成相等，点 M 即为乙醇-水溶液的最低恒沸点。从相对挥发度的定义来看，此物系的相对挥发度 α 随组成变化很大。常压下乙醇-水溶液的恒沸组成为 89.4%(摩尔分数)，恒沸点为78.15℃，该点溶液的相对挥发度为 1。

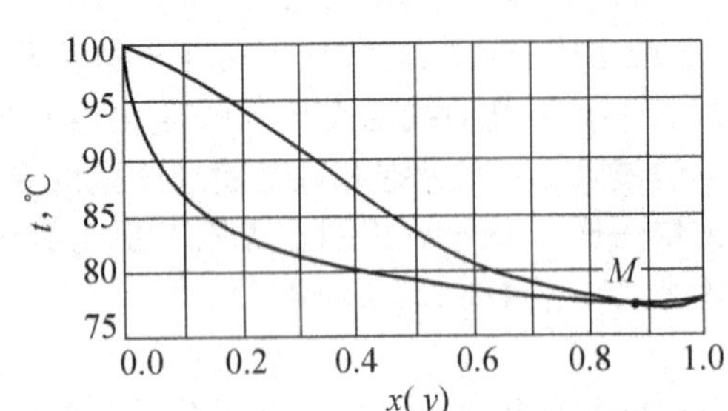

图 1-3 乙醇-水溶液的 $t-x-y$ 相图

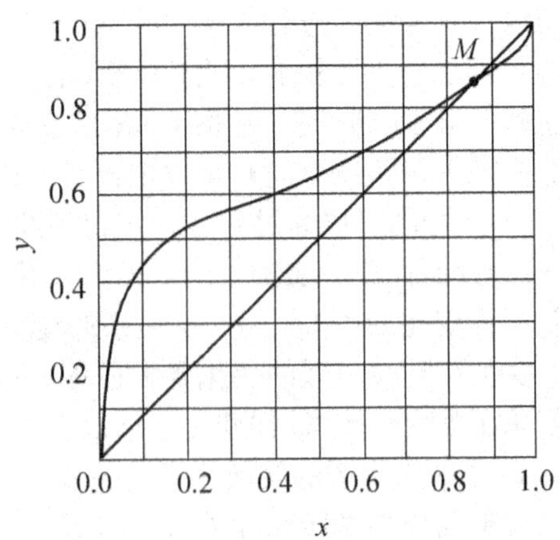

图 1-4 乙醇-水溶液的 $x-y$ 相图

图 1-5 和图 1-6 分别为苯-乙醇溶液在 1 标准大气压下的 $t-x-y$ 相图及 $x-y$ 相平衡曲线，含苯 55.2%(摩尔分数)的溶液具有最低恒沸点，为 68.3℃。

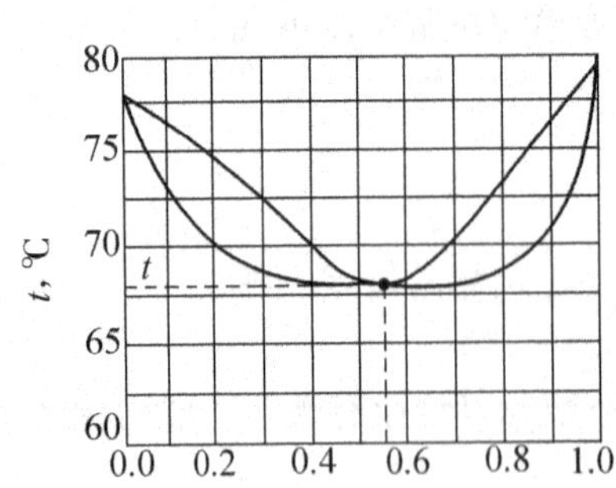

图 1-5 苯-乙醇溶液的 $t-x-y$ 相图

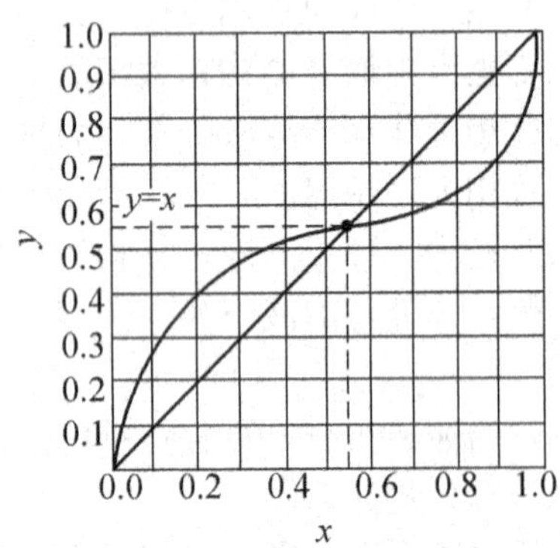

图 1-6 苯-乙醇溶液的 $x-y$ 相图

与此相反，硝酸-水溶液为具有较大负偏差的溶液，在常压下当组成为 38.3%(摩尔分数)时其两组分的蒸气压之和出现最小值，此组成下溶液的泡点比其他任何组成下的泡点都高，因而称为具有最高恒沸点的溶液。图 1-7 和图 1-8 分别为硝酸-水溶液的 $t-x-y$ 相图和 $x-y$ 相图，其恒沸点为 121.9℃，此时物系的平衡线与对角线相交，该点处溶液的相对挥发度为 1。

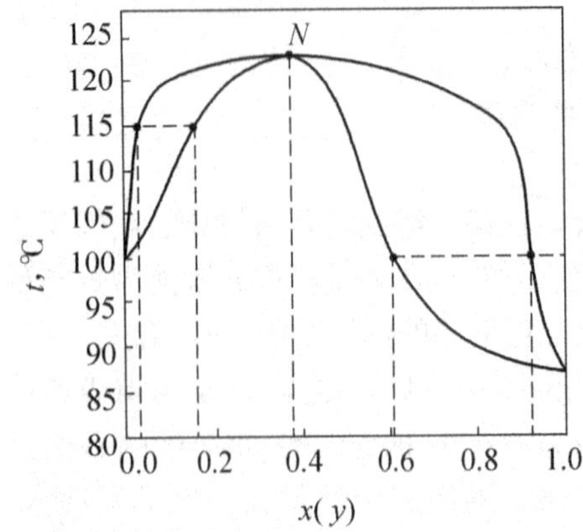

图 1-7 硝酸-水溶液的 $t-x-y$ 相图

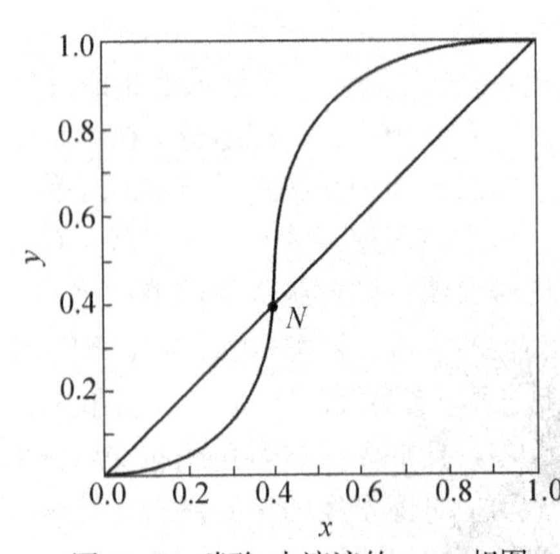

图 1-8 硝酸-水溶液的 $x-y$ 相图

图 1-9 和图 1-10 分别为氯仿-丙酮溶液在 1 标准大气压下的 $t-x-y$ 相图及 $x-y$ 相平衡曲线，含氯仿 65%(摩尔分数)时形成最高恒沸点物系，其恒沸点为 64.5℃。

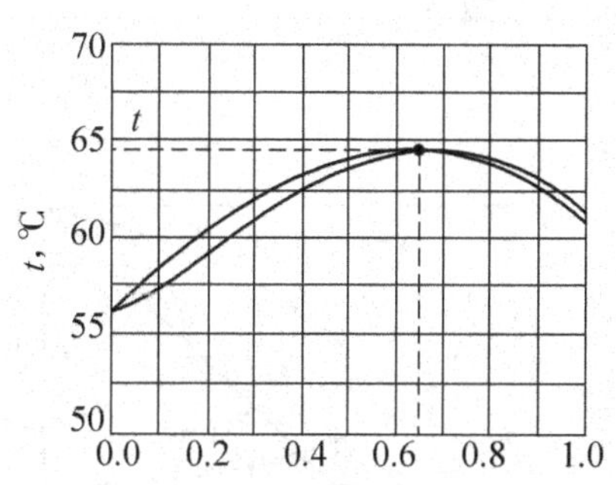

图 1-9　氯仿-丙酮溶液的 $t-x-y$ 相图

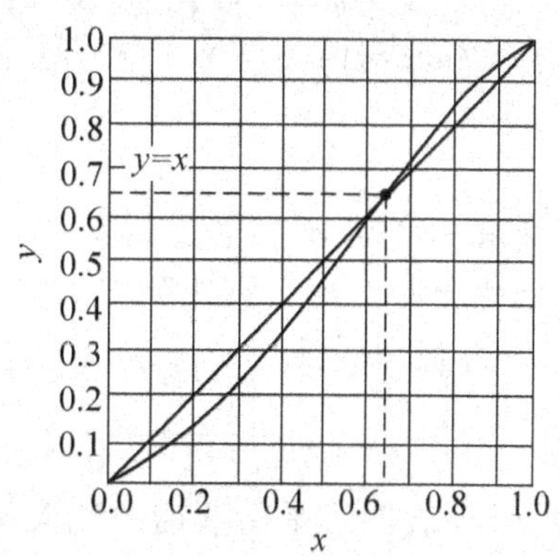

图 1-10　氯仿-丙酮溶液的 $x-y$ 相图

不论何种恒沸物，由于在恒沸点时气、液两相的组成相同，故用一般的蒸馏方法均不能将它们分离。

1.3　平衡蒸馏与简单蒸馏

从溶液的 $t-x-y$ 相图可知，若将某组成的混合液体加热至泡点以上，溶液便会产生部分汽化，形成互为平衡的气、液两相，气相易挥发组分的组成比原混合液的组成高，而液相中所含难挥发组分的组成又比原混合液的组成高，使得原混合液达到一定程度的分离。平衡蒸馏与简单蒸馏均为仅利用一次部分汽化或冷凝的操作过程。

1.3.1　平衡蒸馏

如图 1-11 所示为平衡蒸馏流程装置简图。被分离混合液先经加热器加热升温到高于分离器压强下液体的沸点，然后通过减压器减压后进入分离器，此时部分液体瞬间汽化，液体降温，产生的气液两相的温度和组成趋于平衡时被分离。这就是“闪蒸”过程，分离器也称为“闪蒸塔(罐)”。这种蒸馏方法称为平衡蒸馏。

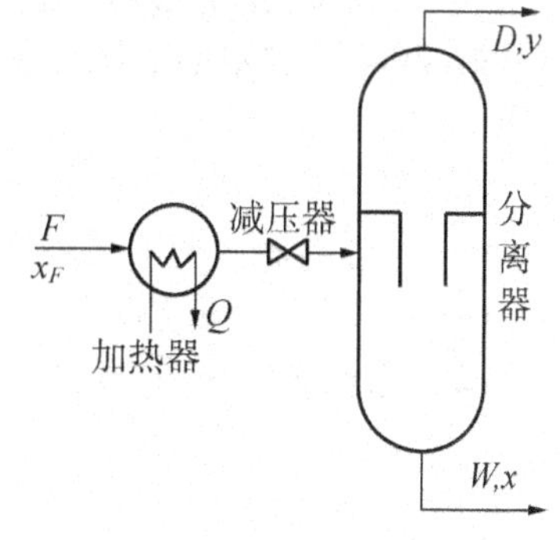

图 1-11　平衡蒸馏流程装置简图

平衡的气液两相分别从闪蒸塔的塔顶和塔底排出，得到组成不同的产品。

平衡蒸馏为连续稳态的生产过程，生产能力大，但不能得到高纯产物，常用于只需粗略分离的物料，在石油炼制及石油裂解分离过程中常使用多组分溶液的平衡蒸馏。此外，也常用于海水淡化处理工程。

平衡蒸馏的计算基础是物料衡算、热量衡算及气液相平衡关系。下面分别作扼要说明。

1. 物料衡算

对图 1-11 所示的平衡蒸馏流程装置作物料衡算，可写出

对于总物料　　$F=D+W$

对于易挥发组分 $$Fx_F = Dy + Wx$$

式中，F、D 和 W——原料液、气相和液相产品流量，kmol/h；

x_F、y 和 x——原料液、气相和液相产品中易挥发组分的摩尔分数。

若已知各流股的组成，将上两式联解可得气相产品的流量为

$$D = F\frac{x_F - x}{y - x} \tag{1-17}$$

令液相产品 W 占总进料量的分率 $W/F=q$，q 称为液化分率，那么汽化分率 $D/F=1-q$，代入式(1-17)并整理可得

$$y = \frac{q}{q-1}x - \frac{x_F}{q-1} \tag{1-18}$$

式(1-18)表明了平衡蒸馏中气液相平衡组成的关系。当 q 为规定值时，此式为一条通过点 $e(x_F, x_F)$、斜率为 $q/(q-1)$ 的直线，如图 1-12 所示。

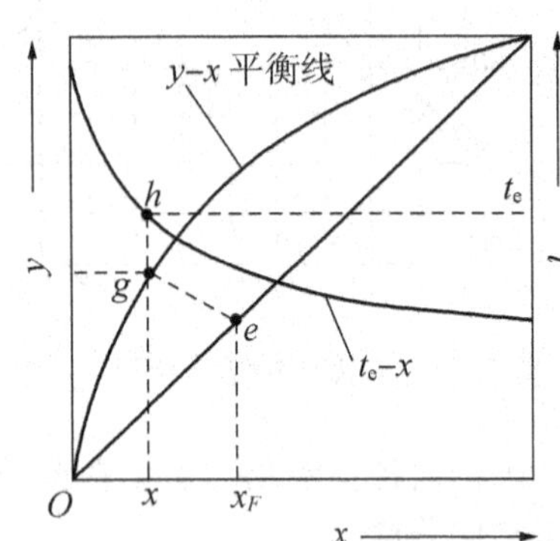

图 1-12 平衡蒸馏的图解计算

2. 热量衡算

若图 1-11 中加热器的热损失可忽略，那么加热物料所需热量为

$$Q = Fc_p(T - t_F) \tag{1-19}$$

式中，Q——加热器的热负荷，kJ/h 或 kW；

F——原料液流量，kmol/h 或 kmol/s；

c_p——原料液的平均比热容，kJ/(kmol·℃)；

T——通过加热器后原料液的温度，℃；

t_F——原料液的温度，℃。

原料液经节流减压后进入分离器，此时物料所放出的显热等于部分汽化所需的潜热，即

$$Fc_p(T - t_e) = (1-q)Fr$$

式中，t_e——分离器内的平衡温度，℃；

r——平均汽化潜热，kJ/kmol。

所以，原料液离开加热器的温度为

$$T = t_e + (1-q)\frac{r}{c_p} \tag{1-20}$$

3. 气液相平衡关系

平衡蒸馏中气液两相处于平衡状态，即两相温度相同、组成平衡。若溶液为理想溶液，那么

$$y = \frac{\alpha x}{1+(\alpha-1)x} \tag{1-13}$$

及

$$t_e = f(x) \tag{1-21}$$

利用上述三种基本关系，可计算平衡蒸馏中气液两相的平衡组成及平衡温度。平衡蒸馏的图解计算如图 1-12 所示，其过程大体如下：

①作出该原料液的 $y-x$ 相图和 t_e-x 图；

②由汽化分率$(1-q)$求出液化分率 q；

③过点 $e(x_F, x_F)$作斜率为 $q/(q-1)$的直线，与平衡线 $y-x$ 交于点 g，由 g 便可读出平衡的气液相组成 y 和 x；

④过点 g 作垂线与 t_e-x 线交于点 h，由 h 便可读出平衡温度 t_e。

应当指出，图 1-13 所示为互不平衡的气、液两相 V 和 L 经一装置充分接触，蒸气部分冷凝放出热量，使得液体产生部分汽化，形成新的气、液两相 V′和 L′。离开时气液两相达到新的平衡状态，则称这一装置为一个平衡接触级，简称平衡级。气、液相流体在经过平衡级蒸馏的过程中，部分易挥发组分 A 从液相转移到气相，而部分难挥发组分 B 从气相中转移到液相，两过程同时进行，且 A 的汽化热等于 B 的冷凝热，从而使得气相中 A 不断增浓，液相中 B 不断增浓，直至两相呈平衡状态。过程中气、液两相的量基本保持不变。

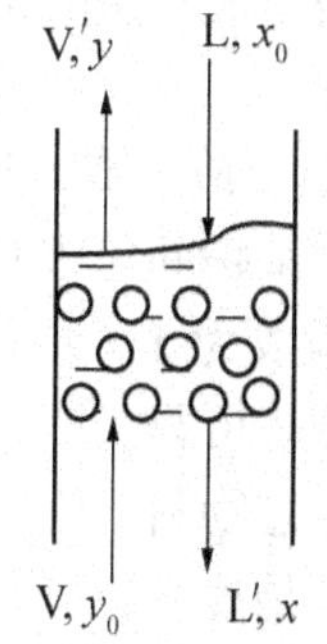

图 1-13 平衡级蒸馏示意图

平衡级与平衡蒸馏过程的实质是不同的。对平衡蒸馏来说，气液两相进行部分汽化或部分冷凝时，需要从外界传入或移去热量，过程受传热控制；对平衡级而言，两相的部分汽化或部分冷凝无须与外界换热，过程受传质控制。

平衡级蒸馏可以将多个接触级传接起来，以实现混合液的高纯度分离。

1.3.2 简单蒸馏

简单蒸馏又称微分蒸馏，它是一种单级蒸馏操作，常以间歇(分批)方式进行。简单蒸馏流程装置如图1-14 所示，将原料液整批加入蒸馏釜 1 中，在恒定压强下加热至沸腾，使液体不断被汽化，产生的蒸气进入冷凝器 2 中，冷凝后的馏出液被收集到接收器中，作为产品回收。在蒸馏过程的任一瞬间，产生的气相与釜中液相互为平衡，且气相组成 y 大于液相组成 x。随着蒸馏的进行，釜液量不断减少，气液两相组成亦逐渐降低，温度随之升高。当釜液中易挥发组分的浓度降到一定程度(规定值)时，则此批蒸馏过程完成，接着再进行下一批的操作。

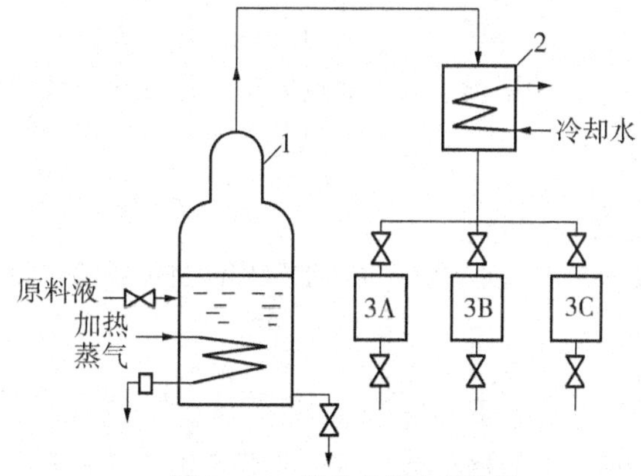

图 1-14 简单蒸馏流程装置

1—蒸馏釜；2—冷凝器；

3A、3B、3C—接收器

应当指出，作为产品的馏出液通常是按不同组成范围分罐收集的(见图 1-14 中的 3A、3B、3C 接收器)，釜液则最终一次排出。由此可见，简单蒸馏是一个不稳定过程。

简单蒸馏只能使混合液部分分离，故只适用于沸点相差较大而分离要求不高的场合，或者仅作为初步加工，粗略地分离多组分混合液，例如原油或煤油的初馏。

由于简单蒸馏是一个不稳定的操作过程，其计算应作微分衡算。主要包括馏出液组成、釜液组成与釜液量(或馏出液量)的关系确定及馏出液的平均组成的计算，下面分别说明。

1. 馏出液组成、釜液组成与釜液量(或馏出液量)的关系

假设某瞬间釜液量为 L kmol，组成为 x，经微分时间 $d\tau$ 后，釜液量变为$(L-dL)$ kmol，组成为 $x-dx$，蒸出的气相量为 dD，组成为 y^*，y^* 与 x 相平衡。作 $d\tau$ 时间内的物料衡算，可得

对于总物料 $$0-dD=dL$$

对于易挥发组分 $$0-y^*dD=Ldx+xdL$$

将上两式联立求解，得

$$\frac{dL}{L}=\frac{dx}{y^*-x}$$

上式的积分上、下限为 $L=F$，$x=x_F$，$L=W$，$x=x_2$，经积分得

$$\ln\frac{F}{W}=\int_{x_2}^{x_F}\frac{dx}{y^*-x} \tag{1-22}$$

式中，x_2 为最终釜液组成。

当已知气液相平衡关系时，式(1-22)右侧的积分值则可用图解积分法或数值积分法求出，从而求得 F、W、x_F 及 x_2 之间的关系。

若所处理溶液可视为理想溶液，气液相平衡关系可用式(1-13)表示，那么代入式(1-22)并积分，可得

$$\ln\frac{F}{W}=\frac{1}{\alpha-1}\left[\ln\frac{x_F}{x_2}+\alpha\ln\left(\frac{1-x_2}{1-x_F}\right)\right] \tag{1-23}$$

若在操作范围内，$y-x$ 相平衡关系为一般直线($y^*=mx+b$)，则

$$\ln\frac{F}{W}=\frac{1}{m-1}\ln\frac{(m-1)x_F+b}{(m-1)x_2+b} \tag{1-23a}$$

若在操作范围内，$y-x$ 相平衡关系为通过原点的直线($y^*=mx$)，则

$$\ln\frac{F}{W}=\frac{1}{m-1}\ln\frac{x_F}{x_2} \tag{1-23b}$$

2. 馏出液的平均组成

馏出液的平均组成 $\bar{y}$(或 x_{Dm})，可通过一批操作的物料衡算求得，即

$$D=F-W \tag{1-24}$$

$$\bar{y}=\frac{Fx_F-Wx_2}{F-W}=x_F+\frac{W}{D}(x_F-x_2) \tag{1-24a}$$

【例 1-2】 常压下将某原料液组成为 0.6(易挥发组分的摩尔分数)的两组分溶液分别进行简单蒸馏和平衡蒸馏，若汽化分率为 1/3，试求两种情况下的釜液和馏出液组成。假设在操作范围内气液相平衡关系可表示为

$$y = 0.46x + 0.549$$

解 (1)简单蒸馏

若取原料液量为100 kmol计算，由于汽化分率为1/3，故

$$D = 100/3 = 33.3(\text{kmol}), \quad W = F - D = 100 - 33.3 = 66.7(\text{kmol})$$

由气液相平衡方程可知，$m=0.46$，$b=0.549$，利用式(1-23a)可求出釜液组成，即

$$\ln\frac{F}{W} = \frac{1}{m-1}\ln\frac{(m-1)x_F + b}{(m-1)x_2 + b}$$

$$\ln\frac{100}{66.7} = \frac{1}{0.46-1}\ln\frac{(0.46-1)\times 0.6 + 0.549}{(0.46-1)x_2 + 0.549}$$

$$x_2 = 0.498$$

馏出液的平均组成为

$$\bar{y} = x_F + \frac{W}{D}(x_F - x_2) = 0.6 + \frac{66.7}{33.3}(0.6 - 0.498) = 0.804$$

(2)平衡蒸馏

对易挥发组分作物料衡算，可写出

$$Fx_F = Dy + Wx$$

将F、D和W之值代入上式，可得

$$y + 2x = 1.8$$

将上式与气液相平衡方程联立求解，得

$$x = 0.509(\text{釜液}) \qquad y = 0.783(\text{馏出液})$$

1.4 精馏原理及其操作流程

1.4.1 精馏原理

用简单蒸馏和平衡蒸馏的单级分离过程，只能使混合液中的组分达到部分增浓和提纯，并不能获得高纯度的产品。只有采用由多次部分汽化和多次部分冷凝演变而成的精馏方法分离液体混合物，才能实现连续的高纯度组分的分离。

精馏过程原理可用气液平衡$t-x-y$相图来说明。如图1-15所示，将组成为x_F、温度为t_F的某混合液加热至泡点以上温度t_1，则该混合液产生部分汽化，形成平衡的气液两相，其组成分别为y_1和x_1，此时$y_1 > x_F > x_1$。将气液两相分离，并将组成为y_1的气相混合物进行部分冷凝，则可得到组成为y_2的气相和组成为x_2的液相。继续将组成为y_2的气相进行部分冷凝，又可得到组成为y_3的气相和组成为x_3的液相，显然$y_3 > y_2 > y_1$。由此可见，气相混合物经过多次部分冷凝后，可

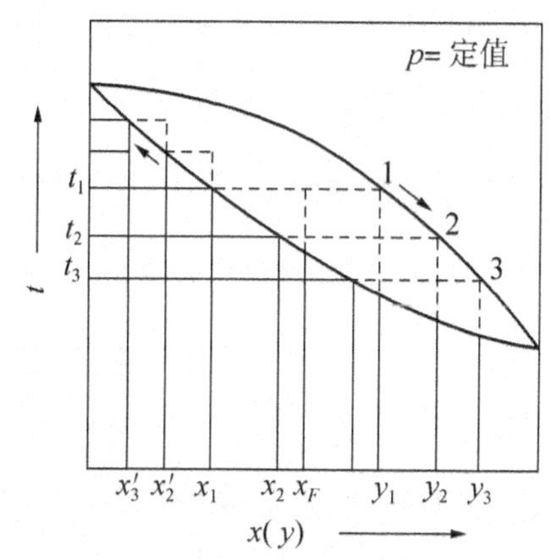

图1-15 多次部分汽化和冷凝的$t-x-y$相图

获得高纯度的易挥发组分产品。同时，将组成为 x_1 的液相进行部分汽化，可得到组成为 y_2' 的气相和组成为 x_2' 的液相，继续将组成为 x_2' 的液相部分汽化，又可得到组成为 y_3' 的气相和组成为 x_3' 的液相，显然 $x_3'<x_2'<x_1$。如此重复地进行多次部分汽化，最终的液相即成为高纯度的难挥发组分产品。

由此可见，液体混合物经过多次部分汽化和多次部分冷凝后，几乎被完全分离，这就是精馏的基本原理。

然而，上述过程虽然能使产品达到要求的纯度，但在工业上是不合理的，难以实现。如图 1-16 所示，因为有许多中间馏分没有回收，使得最后的产品收率太低，且流程中需要很多的中间冷凝器和加热器，造成流程庞大，能量消耗大。解决这些问题的根本方法，是将中间产物引回前一级分离器，将各分离器产生的冷凝液体 L_1，L_2，…和汽化蒸气 V_1'，V_2'，…分别送回上一级分离器中，如图 1-17 所示。由图可见，对任一级分离器，都有来自下一级的温度较高的上升蒸气和来自上一级的温度较低的回流液体，温度不同且互不平衡的气液两相互相接触，蒸气部分冷凝放出热量，液体吸收热量后发生部分汽化，在这种传热和传质的双重作用下，气液两相达到新的平衡状态，从而省去了中间加热器和冷凝器，且使中间产物得到了回收。在整个流程中，每一个分离器都发挥了一个“平衡级”的作用。随着蒸气逐级上升，气相中易挥发组分的浓度逐渐增大，为得到回流的液体 L_n，可在图 1-17 上半部最上一级设置一台冷凝器；随着液体的逐级下降，液相中难挥发组分的浓度逐渐增大，为获得上升蒸气 V_m'，可在图 1-17 下半部最下一级设置一台部分汽化器。这样一来，就可从最上一级获得较高纯度的易挥发组分(产品)，而从最下一级获得较高纯度的难挥发组分(产品)。

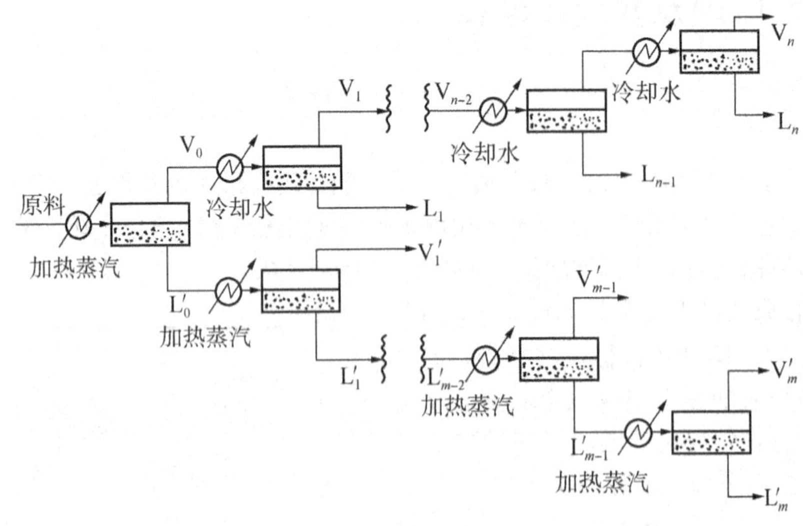

图 1-16　多次部分汽化和多次部分冷凝示意图

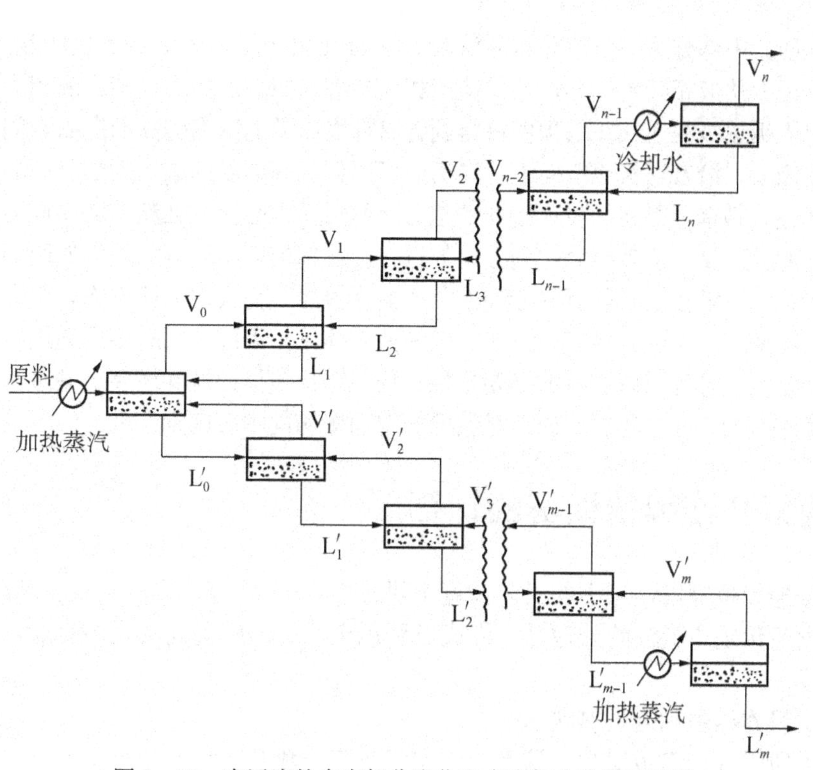

图 1-17 有回流的多次部分汽化和多次部分冷凝示意图

1.4.2 精馏操作流程

工业上用若干块塔板取代精馏流程中的各级分离器，并将它们全部移到一个塔器内，这就形成了板式精馏塔。典型的板式精馏塔如图 1-18 所示，塔体是一直立圆筒形设备，塔内装有多层塔板，每一层塔板就是一个平衡级，塔顶设有冷凝器，塔底连接再沸器(塔釜)。操作时，原料自塔中部适当位置加入，与塔内的上升蒸气或回流液体汇合。塔内上升蒸气来自再沸器，它是将从塔里流下来的液体加热，使之再次部分汽化得来的，未被汽化的液体(釜液)作为塔底产品排出；塔顶冷凝器则将离开最上层塔板的蒸气冷凝成液体，冷凝液的一部分返回塔内，称为“回流液”，其余作为塔顶产品(馏出液)连续采出。

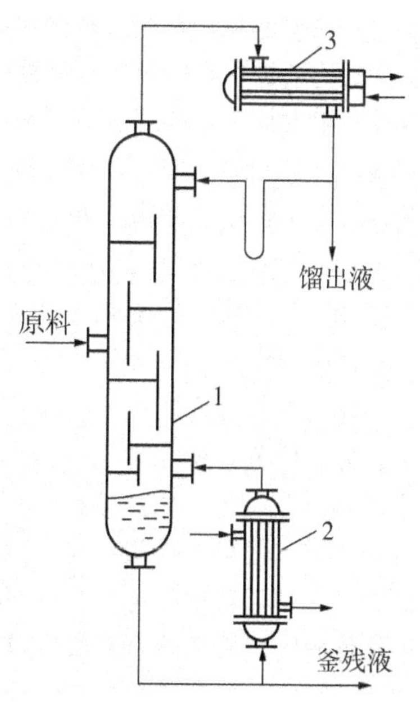

图 1-18 连续精馏塔流程

1—精馏塔；2—再沸器；3—冷凝器

在塔内，上升蒸气和回流液体沿着各层塔板逐级逆流接触进行传热和传质，若离开某层塔板的气相和液相在组成上达到平衡，则将这种塔板称为理论板。通常，将原料液进入的那层塔板称为加料板，加料板以上的塔段称为精馏段，加料板以下(包括加料板)的塔段称为提馏段。在精馏段的各层塔板上，气相进行部分冷凝，使其中部分难挥发组分转入液相；同时气相冷凝时放出的潜热使液体部分汽化，部分易挥发组分从液相转入气相，结果使气相中易挥发组分的含量增多，液相中难挥发组分增浓，沿着塔板逐级往上，在塔顶即可得到含易挥发组分的浓度较高的产品。同理，在加料板以下的提馏段，沿着塔板逐级向下，在塔底可以得到高纯度的难挥发组分产品。

综上所述，精馏就是将挥发度不同的组分所组成的混合液，在精馏塔中同时多次地进行部分汽化和部分冷凝，使其组分达到分离的过程。在精馏塔中，塔板是气液两相进行传热与传质的场所，每层塔板上必须有气相和液相的混合接触。为实现上述操作，必须从塔顶引入回流液体，从塔底产生上升蒸气，以建立气液两相体系。因此，同时多次地进行部分气化和部分冷凝，是精馏过程得以进行的必要条件；形成塔顶液体回流和塔底上升蒸汽流是精馏过程得以连续进行的工程手段。回流也是精馏与普通蒸馏的本质区别。

1.5 两组分连续精馏塔的计算

两组分连续精馏塔设计中的工艺计算主要包括：

①根据所给定原料液的处理量、组成及所规定产品的质量或回收率要求，确定产品的流量和组成；

②选定操作压强和进料热状态；

③计算所需理论塔板层数，从而确定实际塔板层数及适宜的加料位置；

④选择塔板类型，计算塔高、塔径，并进行塔板结构尺寸设计与流体力学验算；

⑤计算冷凝器与再沸器的热负荷，确定它们的类型和尺寸。

上述内容中，第⑤项可按上册所学传热单元过程解决，第④项将在本书第 3 章详细介绍。因此，下面对于前 3 项进行讨论和说明。

为方便起见，首先对理论塔板和理论塔板层数作出说明。所谓理论塔板，是一个气、液两相均充分混合且传质与传热过程的阻力均为零的理想化塔板。因此，不论进入理论塔板的气、液两相组成如何，在塔板上充分混合并进行传质与传热，且都达到平衡状态，两相温度相同，组成互成平衡。如图 1-19 所示，在精馏塔内，某板(如第 n 块)上升蒸气组成 y_n 与由该板下降液体组成 x_n 互成平衡且板上液体组成均匀一致，这块板称为一块理论塔板，简称理论塔板。

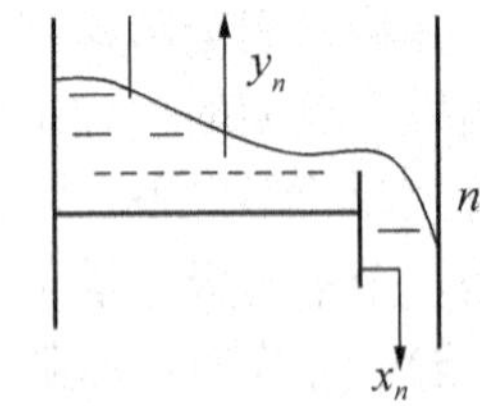

图 1-19 理论塔板示意图

理论塔板概念的引入，可将复杂的精馏问题分解为两个问题，然后分步解决。对于具体的分离任务，所需理论塔板的数目只决定于物系的相平衡关系及两相的流量比，而与物系的其他性质、两相的接触情况以及塔板的结构形式等复杂因素无关。这样在解决具体精馏问题时，便可在塔板结构形式尚未确定之前计算出理论塔板数，事先了解分离任务的难易程度。其后，根据分离任务的难易，选择适宜的塔型与操作条件，并根据具体塔型和操作条件确定塔板效率和所需的实际塔板层数，即

$$\text{实际塔板层数}=\frac{\text{理论塔板层数}}{\text{效率}}$$

因此，理论塔板层数的定义是实现分离任务要求所需理论塔板的层数。

1.5.1 全塔物料衡算

精馏塔各股物流(包括进料、塔顶产品和塔底产品)的流量、组成之间的关系可通过全塔物料衡算来确定。如图1-20所示为一连续精馏塔，现就图中虚线范围对全塔作物料衡算，可写出

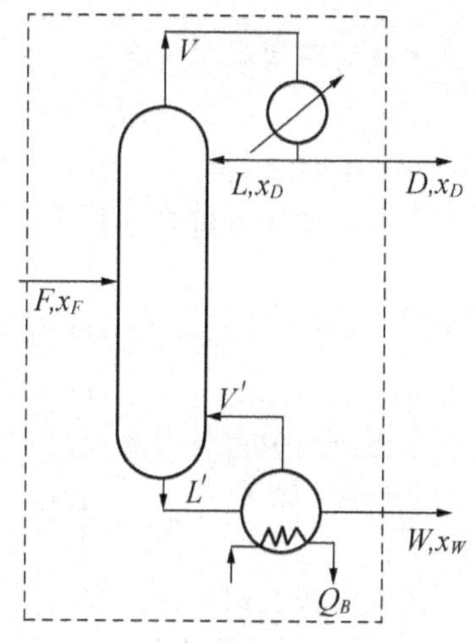

图1-20 精馏塔的全塔物料衡算

总物料

$$F = D + W \tag{1-25}$$

易挥发组分

$$Fx_F = Dx_D + Wx_W \tag{1-26}$$

式中，F——原料液流量，kmol/h 或 kmol/s；

D——塔顶馏出液流量，kmol/h 或 kmol/s；

W——釜底残液流量，kmol/h 或 kmol/s；

x_F——原料液中易挥发组分的摩尔分数；

x_D——馏出液中易挥发组分的摩尔分数；

x_W——釜残液中易挥发组分的摩尔分数。

在式(1-25)和式(1-26)中，一般 F、x_F 已知，x_D、x_W 可由分离任务要求确定，因此，联解此两式就可求出产品量 D 和 W。

将式(1-25)和式(1-26)联立求解，可得馏出液的采出率为

$$\frac{D}{F} = \frac{x_F - x_W}{x_D - x_W} \tag{1-27}$$

若分离任务以回收率为参数给定时，根据回收率的定义可得塔顶易挥发组分的回收率为

$$\eta_D = \frac{Dx_D}{Fx_F} \times 100\% \tag{1-28}$$

塔底难挥发组分的回收率为

$$\eta_W = \frac{W(1 - x_W)}{F(1 - x_F)} \times 100\% \tag{1-29}$$

【例1-3】 在连续精馏塔中分离苯和甲苯混合液。已知原料液流量为12 000 kg/h，苯的组成为40%(质量分数，下同)。要求馏出液组成为97%，釜残液组成为2%。试求馏出液和釜残液的流量(kmol/h)、馏出液中易挥发组分的回收率和釜残液中难挥发组分的回收率。

解 已知苯的摩尔质量为78kg/mol，甲苯的摩尔质量为92kg/mol。首先将用质量分数所表示的苯的组成换算为用摩尔分数表示：

原料液组成为

$$x_F = \frac{40/78}{40/78 + 60/92} = 0.44$$

馏出液组成为

$$x_D = \frac{97/78}{97/78 + 3/92} = 0.975$$

釜残液组成为

$$x_W = \frac{2/78}{2/78 + 98/92} = 0.0235$$

原料液的平均摩尔质量为

$$M_F = 0.44 \times 78 + 0.56 \times 92 = 85.8(\text{kg/kmol})$$

原料液摩尔流量为 $F = 12000/85.8 = 140(\text{kmol/h})$

由全塔物料衡算方程得

$$D + W = F = 140$$

$$Dx_D + Wx_W = Fx_F = 140 \times 0.44$$

解得 $D = 61.3(\text{kmol/h}) \quad W = 78.7(\text{kmol/h})$

因此，馏出液中易挥发组分回收率为

$$\eta_D = \frac{Dx_D}{Fx_F} \times 100\% = \frac{61.3 \times 0.975}{140 \times 0.44} \times 100\% = 97\%$$

釜残液难挥发组分回收率为

$$\eta_W = \frac{W(1 - x_W)}{F(1 - x_F)} \times 100\% = \frac{78.7 \times (1 - 0.0235)}{140 \times (1 - 0.44)} \times 100\% = 98\%$$

1.5.2 操作线方程

全塔物料衡算是针对全塔而言，如果以精馏塔内部某一截面以上(或以下)作为衡算范围，可得到通过该截面的上升蒸气组成和下降液体组成与各操作条件之间的关系。例如，若由第 n 块塔板下降的液相组成为 x_n，由第$(n+1)$块塔板上升的蒸气组成为 y_{n+1}，则 x_n 与 y_{n+1}之间的关系即为操作关系。用来描述这种关系的数学表达式称为精馏塔的操作线方程。

精馏操作时，在精馏段和提馏段内，每层塔板上升的气相摩尔流量和下降的液相摩尔流量一般并不相等，为了简化精馏计算，通常引入恒摩尔流动的基本假定。

(1)恒摩尔气流

恒摩尔气流是指在精馏塔内，从精馏段或提馏段每层塔板上升的气相摩尔流量各自相等，但两段上升的气相摩尔流量不一定相等。即

精馏段 $V_1 = V_2 = V_3 = \cdots = V =$ 常数

提馏段 $V_1' = V_2' = V_3' = \cdots = V' =$ 常数

式中，V——精馏段上升蒸气的摩尔流量，kmol/h；

V'——提馏段上升蒸气的摩尔流量，kmol/h。

下标 1，2，…表示自上而下的塔板序号。

(2)恒摩尔液流

恒摩尔液流是指在精馏塔内，从精馏段或提馏段每层塔板下降的液相摩尔流量分别相等，但两段下降的液相摩尔流量不一定相等。即

精馏段 $L_1 = L_2 = L_3 = \cdots = L =$ 常数

提馏段 $L_1' = L_2' = L_3' = \cdots = L' =$ 常数

式中，L——精馏段下降液体的摩尔流量，kmol/h；

L'——提馏段下降液体的摩尔流量，kmol/h。

下标 1，2，…表示自上而下的塔板序号。

上述恒摩尔流假定表明，在精馏塔的每层塔板上气、液两相接触时，若有 1kmol 的蒸气冷凝，相应就有 1kmol 的液体汽化，这时恒摩尔流的假定才能成立。为此，必须满足以下条件：

①混合物中各组分的摩尔汽化潜热相等；

②气液接触时因温度不同而交换的显热可以忽略；

③塔设备保温良好，热损失可以忽略。

恒摩尔流虽是一项简化假设，但由某些化学性质相似组分组成的物系基本上符合上述条件，因此，可将这些系统在精馏塔内的气液两相视为恒摩尔流动。后面介绍的精馏计算均是以恒摩尔流为前提的。

在连续精馏塔中，由于进料的影响，精馏段和提馏段具有不同的操作关系，下面分别予以讨论。

1. 精馏段操作线方程

对精馏段内任一块塔板 n 而言，离开该板的气液两相组成 y_n、x_n 达到相平衡，下降液流组成 x_n 与从下一块塔板上升的气流组成 y_{n+1} 之间关系则可通过物料恒算确定。

如图 1-21 所示，以第 $n+1$ 块和第 n 块板间截面至塔顶的虚线范围作物料衡算，以单位时间为基准，可写出

总物料　　$V=L+D$

易挥发组分　　$Vy_{n+1}=Lx_n+Dx_D$

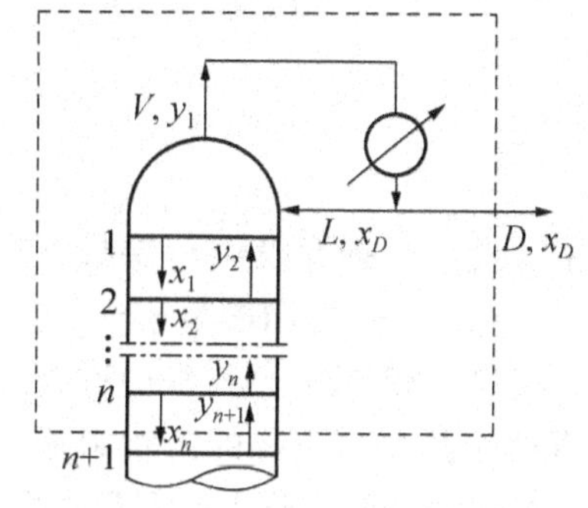

图 1-21　精馏段的物料衡算

将上述两式联立求解，得

$$y_{n+1}=\frac{L}{V}x_n+\frac{D}{V}x_D \tag{1-30}$$

或

$$y_{n+1}=\frac{L}{L+D}x_n+\frac{D}{L+D}x_D \tag{1-30a}$$

式中，x_n——精馏段中第 n 层板下降液相中易挥发组分的摩尔分数；

y_{n+1}——精馏段第 $n+1$ 层板上升蒸气中易挥发组分的摩尔分数。

若令 $R=\frac{L}{D}$，代入式(1-30a)，则

$$y_{n+1}=\frac{R}{R+1}x_n+\frac{1}{R+1}x_D \tag{1-31}$$

式中，R 表示精馏段下降液体的摩尔流量与馏出液摩尔流量之比，称为回流比。根据恒摩尔流假定，在稳态操作中，L 为定值，D 及 x_D 也为定值，故 R 为一常量，其值一般由设计者选定。R 的值如何确定将在后面讨论。

式(1-30)和式(1-31)均称为精馏段操作线方程，表示在一定操作条件下，精馏段内任意第 n 层塔板下降的液相组成 x_n 与由其下一层(第 $n+1$ 层)塔板上升的气相组成 y_{n+1} 之间的关系。若去掉方程中变量的下标，写为

$$y=\frac{R}{R+1}x+\frac{1}{R+1}x_D \tag{1-31a}$$

该式在 $x-y$ 相图上为直线，其斜率为$\frac{R}{R+1}$，截距为$\frac{x_D}{R+1}$，且与对角线相交于点(x_D, x_D)。

2. 提馏段操作线方程

如图1-22所示，以第$m+1$块和第m块板间截面至塔底的虚线范围作物料衡算，以单位时间为基准，可写出

总物料　　$L'=V'+W$

易挥发组分　$L'x'_m=V'y'_{m+1}+Wx_W$

将上述两式联立求解，得

$$y'_{m+1}=\frac{L'}{V'}x'_m-\frac{W}{V'}x_W \tag{1-32}$$

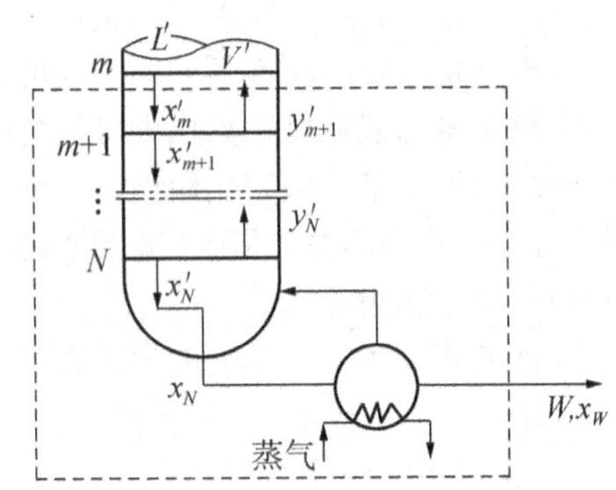

图1-22　提馏段的物料衡算

或

$$y'_{m+1}=\frac{L'}{L'-W}x'_m-\frac{W}{L'-W}x_W \tag{1-32a}$$

式中，x'_m——提馏段第m层板下降液相中易挥发组分的摩尔分数；

y'_{m+1}——提馏段第$m+1$层板上升蒸气中易挥发组分的摩尔分数。

式(1-32)或式(1-32a)称为提馏段操作线方程，表示在一定操作条件下，提馏段内任意第m层塔板下降的液相组成x'_m与由其下一层(第$m+1$层)塔板上升的的气相组成y'_{m+1}之间的关系。若去掉方程中变量的下标，得

$$y'=\frac{L'}{L'-W}x'-\frac{W}{L'-W}x_W \tag{1-32b}$$

根据恒摩尔流假设，在稳态操作中，L'为定值，W与x_W也为定值，因此式(1-32b)在$x-y$相图上为直线，其斜率为$L'/(L'-W)$，截距为$-Wx_W/(L'-W)$，与对角线相交于点(x_W, x_W)。

提馏段的液体流量L'不如精馏段的回流液流量L那样容易求得，L'除了与L有关外，还受进料量及进料热状况的影响。

应当指出，若待分离物系不符合恒摩尔流假设，则两操作线不是直线。

3. 精馏塔的操作线

若将精馏段及提馏段两操作线与平衡曲线绘于同一直角坐标中，可得图1-23。精馏段操作线为直线ab，提馏段操作线为直线cc'。由于提馏段截距的数值很小，难以精确作图，通常先找出精馏段操作线和提馏段操作线的交点d，将此点与c点连接，即得提馏段的操作线cd。然而，精馏段操作线和提馏段操作线的交点d需要通过建立进料热状况方程来确定。

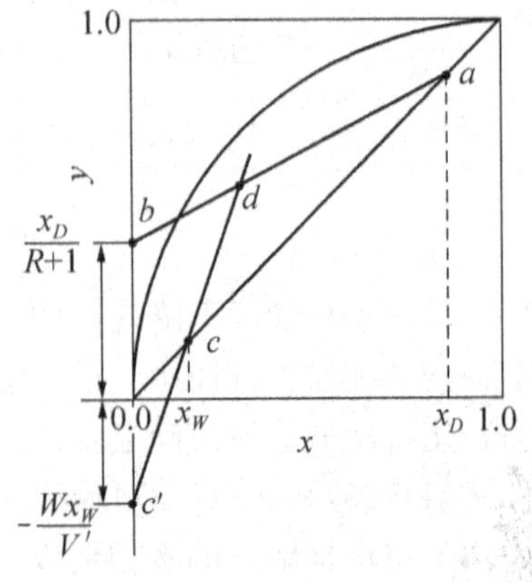

图1-23　精馏塔的操作线

1.5.3 进料热状况(q 线)方程

组成一定的原料液可以在常温下加入塔内，也可以预热到一定的温度，甚至在部分或全部汽化的状态下进入塔内。原料入塔时的温度及状态称为进料热状况。在精馏塔的操作过程中，精馏段和提馏段气液两相流量参数的大小都与塔的进料热状况有关，因而塔的操作线方程也与进料热状况有着直接的关系。

根据工艺条件和操作要求，加入精馏塔中的原料液可能有以下五种不同的热状况：①温度低于泡点的冷液进料；②泡点温度下的饱和液体进料(泡点进料)；③温度介于泡点和露点之间的气液混合物进料；④露点温度下的饱和蒸气进料(露点进料)；⑤温度高于露点的过热蒸气进料。

1. 进料热状况的影响

由于原料进塔的状态不同，使从进料板上升到精馏段的蒸气量及下降到提馏段的液体量发生了变化，图 1-24 定性地表示了在不同热状况下，进料板上、下的各股物流关系。

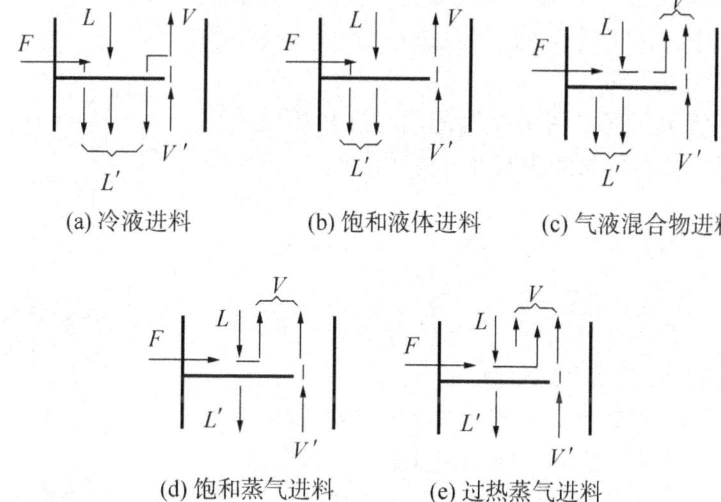

图 1-24 进料状况对进料板上、下各股物流的影响

(1)冷液进料

冷液进料时，原料液温度低于泡点。该原料液加入后，使得进料板上部分蒸气冷凝。因此，提馏段的液流量除包括精馏段的液流量和进料量外，还包括部分蒸气冷凝所形成的液量；而精馏段的气流量小于提馏段的气流量，即

$$L' > L + F \qquad V' > V$$

(2)饱和液体进料

饱和液体进料(或称泡点进料)时，原料液温度等于泡点。该原料液加入后全部进入提馏段。因此，提馏段的液流量为精馏段的液流量与进料量之和；而精馏段的气流量等于提馏段的气流量，即

$$L' = L + F \qquad V' = V$$

(3)气液混合物进料

气液混合物进料时，原料液温度介于泡点和露点之间。该原料液加入后，其气相部分进入精馏段，液相部分进入提馏段。因此，提馏段的液流量大于精馏段的液流量；而精馏段的气流量大于提馏段的气流量，即

$$L < L' < L + F \qquad V' < V$$

(4)饱和蒸气进料

饱和蒸气进料(或称露点进料)时，原料液温度等于露点。该原料液加入后全部进入精馏段。因此，提馏段的液流量等于精馏段的液流量；而精馏段的气流量为提馏段的气流量与进料量之和，即

$$L' = L \qquad V = V' + F$$

(5)过热蒸气进料

过热蒸气进料时，原料液温度高于露点。该原料加入后，使得进料板上部分液体汽化。因此，提馏段的液流量小于精馏段的液流量；而精馏段的气流量除包括提馏段的气流量与进料量之和外，还包括部分液体汽化所形成的蒸气量，即

$$L' < L \qquad V > V' + F$$

在实际生产中，以接近泡点的冷液进料和泡点进料居多。

2. 进料热状况参数 q

如图 1-25 所示，现以图中虚线范围对进料板作物料及热量衡算，以单位时间为基准，可写出

总物料

$$F + L + V' = L' + V \qquad (1-33)$$

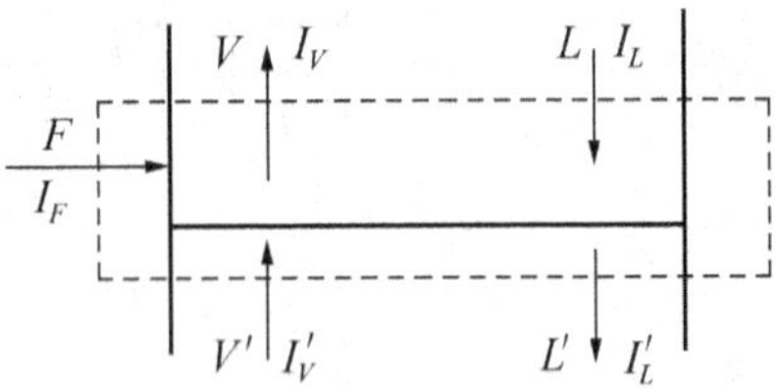

热量衡算

$$FI_F + LI_L + V'I_{V'} = L'I_{L'} + VI_V \qquad (1-34)$$

图 1-25　进料板上的物料衡算与热量衡算

式中，I_F——原料液的焓，kJ/kmol；

I_V、$I_{V'}$——进料板上、下饱和蒸气的焓，kJ/kmol；

I_L、$I_{L'}$——进料板上、下饱和液体的焓，kJ/kmol。

由于塔中液体和蒸气都呈饱和状态，且进料板上、下的温度及气液相组成各自都比较相近，故

$$I_V \approx I_{V'} \qquad I_L \approx I_{L'}$$

于是，式(1-34)可改写为

$$FI_F + LI_L + V'I_V = L'I_L + VI_V$$

将式(1-33)代入上式，可得

$$\frac{L' - L}{F} = \frac{I_V - I_F}{I_V - I_L} \qquad (1-35)$$

令

$$q = \frac{L' - L}{F} = \frac{I_V - I_F}{I_V - I_L} \qquad (1-35a)$$

可见，q 值的定义式可表示为

$$q = \frac{\text{饱和蒸气的焓} - \text{料液的焓}}{\text{饱和蒸气的焓} - \text{饱和液体的焓}} = \frac{\text{1kmol 原料变为饱和蒸气所需热量}}{\text{1kmol 原料的汽化潜热}} \qquad (1-36)$$

q 称为进料的热状况参数，它的另一个物理意义是：对于饱和液体、气液混合物以及饱和蒸气而言，q 值就等于进料的液相分率。通过 q 可以计算精馏塔内提馏段上升蒸气及下降液体的摩尔流量。由式(1-35a)得

$$L' = L + qF \tag{1-37}$$

将式(1-37)代入式(1-33)，并整理得

$$V = V' + (1-q)F \tag{1-38}$$

式(1-37)和式(1-38)表示在精馏塔内精馏段和提馏段的气液相流量及进料热状况参数之间的基本关系。将式(1-37)代入式(1-32a)，则提馏段操作线方程可改写为

$$y'_{m+1} = \frac{L+qF}{L+qF-W}x'_m - \frac{W}{L+qF-W}x_W \tag{1-39}$$

q 值可依不同进料状况进行计算：若饱和液体进料，据定义可得 $q=1$；若饱和蒸气进料，据定义可得 $q=0$；对于气液混合物进料，若其中液相所占的百分率为 a，则 $q=a$；若进料为冷液进料或过热蒸气进料，q 可采用下面介绍的方法进行计算：

过冷液体进料

$$q = \frac{I_V - I_F}{I_V - I_L} = \frac{I_V - I_L + I_L - I_F}{I_V - I_L} \approx \frac{r + \bar{c}_{pL}(t_b - t_F)}{r} \tag{1-40}$$

过热蒸气进料

$$q = \frac{I_V - I_F}{I_V - I_L} = \frac{I_V - [I_V + \bar{c}_{pV}(t_F - t_d)]}{I_V - I_L} \approx -\frac{\bar{c}_{pV}(t_F - t_d)}{r} \tag{1-41}$$

式中，$\bar{c}_{pL}$——原料在温度$(t_b+t_F)/2$下液体的比热容，kJ/(kmol·℃)；

$\bar{c}_{pV}$——原料在温度$(t_F+t_d)/2$下气体的比热容，kJ/(kmol·℃)；

r——原料的摩尔汽化潜热，kJ/kmol；

t_b、t_d——原料组成所对应的泡点温度和露点温度，℃。

3. 进料热状况(或 q 线)方程

在进料板上，应同时满足精馏段和提馏段的物料衡算，故两操作线的交点落在进料板上。联立两操作线方程可求得操作线交点的轨迹。

将精馏段与提馏段操作线方程(1-30)和(1-32)中变量的上、下标略去，可分别写成如下形式：

$$Vy = Lx + Dx_D$$
$$V'y = L'x - Wx_W$$

将上述两式联解，得

$$(V'-V)y = (L'-L)x - (Dx_D + Wx_W) \tag{1-42}$$

将式(1-37)、式(1-38)和式(1-26)代入式(1-42)并经整理得

$$y = \frac{q}{q-1}x - \frac{x_F}{q-1} \tag{1-43}$$

式(1-43)是精馏段和提馏段交点的轨迹方程，它是一条过点 $e(x_F, x_F)$、斜率为 $q/(q-1)$ 的直线。这条直线仅与 q、x_F 有关，所以常称之为进料线方程，简称为 q 线方程。

如图1-26所示，当 x_F、x_D、x_W 和 R 一定时，精馏段操作线 ab 确定，它与 q 线相交于点 d，此点即为两操作线的交点坐标。q 值的大小将直接影响到点 d 的位置，从而影响到提馏段的操作线。五种不同进料状况下的 q 线、点 d 和提馏段操作线的变化由图中可

清晰地反映出来。

因此，在 $x-y$ 相图中绘制提馏段操作线时，通常先画出 q 线，找到 q 线与精馏段操作线的交点 d，然后连接 cd，便可绘出提馏段操作线。

4. 进料热状况的选择

精馏操作的进料可采用冷液到过热蒸气等五种方式，对应的进料热状况参数 q 值从大到小变化。由图 1-26 可见，随着 q 的减小，操作线和平衡线之间的偏离程度减小，为完成规定的分离要求所需的理论板数增多。所以，进料预热程度愈高，对精馏分离愈不利。

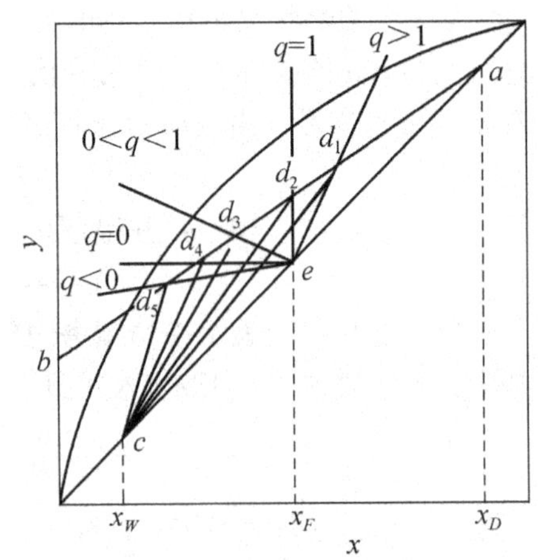

图 1-26　不同进料热状况对 q 线及提馏段操作线的影响

但从分离角度来看，应尽可能降低进料的温度。此外，进料预热程度愈高，需要再沸器提供的上升蒸气量 V' 愈小，从而再沸器负荷也愈小。尽管对冷液而言，预热至某一温度进料与不经预热直接加料相比，所需预热器和再沸器的能量综合而言基本相等，但因预热器需要的能量品位较再沸器低，例如可用废热蒸气或其他高温液体来预热料液(在很多精馏流程中，可用塔釜排出的高温液体来预热料液)，所以从能耗的角度来考虑将料液预热是有好处的。但是进料温度也不要太高，一方面它会影响到塔的分离能力，另一方面若 V' 太小，精馏段和提馏段气相负荷差别太大，会给精馏塔的设计带来很大的不便(精馏塔的塔径主要取决于气相负荷)。通常，料液预热至泡点附近最为常见，除综合考虑了上述因素外，泡点进料还有一个好处是可以避免季节变化引起料液温度变化，从而影响精馏塔操作的稳定性。

当然，若受前段工序的影响，精馏塔的进料本身就是气相，那么为减少能耗，一般不再将它冷却而直接采用气相加料。

【例 1-4】 在连续精馏塔中分离某理想二元混合物。已知原料液流量为 100kmol/h，组成为 0.5(易挥发组分的摩尔分数，下同)，饱和蒸气进料，馏出液组成为 0.98，回流比为 2.6。若要求易挥发组分回收率为 96%，试求：

(1)釜残液的摩尔流量；

(2)提馏段操作线方程。

解　(1)釜残液的摩尔流量 W

利用易挥发组分回收率定义式计算塔顶馏出液量为

$$\eta_D = \frac{Dx_D}{Fx_F} \times 100\%$$

代入已知数据，可得

$$\frac{0.98D}{100 \times 0.5} \times 100\% = 96\% \qquad D = 48.98(\text{kmol/h})$$

利用全塔总物料衡算式 $F=D+W$，可求出釜残液的摩尔流量为

$$w = 100 - 48.98 = 51.02(\text{kmol/h})$$

(2)提馏段操作线方程

提馏段操作线方程可写为

$$y'_{m+1}=\frac{L'}{V'}x'_m-\frac{W}{V'}x_W$$

由于

$$V=(R+1)D=(2.6-1)\times 49.98=176.33(\text{kmol/h})$$
$$L=RD=2.6\times 48.98=127.35(\text{kmol/h})$$

饱和蒸气进料，$q=0$，故

$$L'=L+qF=127.35(\text{kmol/h})$$
$$V'=V+(q-1)F=176.33-100=76.33(\text{kmol/h})$$

塔底釜残液的组成可由下式求出：

$$Fx_F=Dx_D+Wx_W$$

故

$$x_W=\frac{Fx_F-Dx_D}{W}=\frac{100\times 0.5-48.98\times 0.98}{51.02}=0.039$$

将上述数据代入，可得提馏段操作线方程为

$$y'_{m+1}=\frac{127.35}{76.33}x'_m-\frac{51.02}{76.33}\times 0.039=1.668x'_m-0.026$$

【例 1-5】 在常压操作的连续精馏塔中分离含苯 0.46(易挥发组分摩尔分数)的苯-甲苯二元混合物。已知原料液的泡点为 92.5℃，苯的汽化潜热为 390kJ/kg，甲苯的汽化潜热为 361kJ/kg。试求以下各种进料热状况下的 q 值：

(1)进料温度为 20℃；

(2)饱和液体进料；

(3)饱和蒸气进料。

解 (1)原料液的平均汽化潜热为

$$r_m=0.46\times 390\times 78+0.54\times 361\times 92=31\,927.68(\text{kJ/kmol})$$

进料温度为 20℃，泡点为 92.5℃，故平均温度为

$$t_m=\frac{1}{2}(20+92.5)=56.25(℃)$$

从手册中查得在 56.25℃时，苯的比热容为 1.81kJ/(kg·℃)，甲苯的比热容为 1.82kJ/(kg·℃)，故原料液的平均比热容为

$$c_{pm}=0.46\times 1.81\times 78+0.54\times 1.82\times 92=155.4[\text{kJ/(kmol·℃)}]$$

q 值可由定义式计算，即

$$q=\frac{I_V-I_F}{I_V-I_L}=\frac{r_m+c_{pm}(t_b-t_F)}{r_m}$$
$$=\frac{31\,927.68+155.4\times(92.5-20)}{31\,927.68}=1.353$$

(2)饱和液体进料，依定义

$$q=1$$

(3)饱和蒸气进料，依定义

$$q=0$$

1.5.4 适宜回流比的确定

回流是保证精馏塔连续稳定操作的主要条件之一，且回流比的大小影响到精馏操作费和设备费用的大小。精馏段操作线的斜率和截距与回流比有关。对一定的分离指标(即 x_F、x_W、x_D 及进料状态)而言，操作线位置仅随回流比而变。回流比愈大，精馏段操作线的截距 $x_D/(R+1)$ 越小，操作线离平衡线就越远，此时每一梯级的垂直线段的距离将加大，即推动力增大，完成同样任务所需的理论板层数减小，故设备费用可降低。但另一方面，回流比增大，回流量 $L=RD$ 及上升蒸气量 $V=(R+1)D$ 均随之增大，塔顶冷凝器和塔底再沸器负荷随之增大，这就增加了操作费用。因此，应选择适宜的回流比使精馏操作费用和设备投资费用之和最低。回流比有两个极限值，上限为全回流时的回流比，下限为最小回流比，适宜的回流比介于两者之间。

1. 全回流

(1)全回流的概念

将上升至塔顶的蒸气冷凝后全部流回到塔内的操作方式称为全回流。可见，全回流操作时产品量 $D=0$，因此，全回流时的回流比为

$$R=\frac{L}{D}=\frac{L}{0}=\infty$$

精馏段操作线的斜率为

$$\frac{R}{R+1}=1$$

精馏段操作线的截距为

$$\frac{x_D}{R+1}=0$$

所以，精馏段操作线变为

$$y_{n+1}=x_n \tag{1-44}$$

也就是说，全回流时精馏段操作线在 $x-y$ 相图上与对角线重合，q 线与精馏段操作线的交点轨迹点 d 与点 e 在对角线重合。所以，提馏段操作线亦与对角线重合，其方程与式(1-44)相同，写为

$$y_{m+1}=x_m \tag{1-45}$$

应当指出，在全回流操作下，塔顶产品 D 为零，一般 F 和 W 也均为零，既不向塔内进料，也不从塔内取出产品，装置的生产能力为零，因此对正常生产并无实际意义。但在精馏塔的开工阶段或实验研究时，采用全回流操作可缩短稳定时间并便于过程控制。

全回流时精馏段操作线及提馏段操作线与对角线重合，且离平衡线的距离最远，即精馏的推动力最大，所以为达到同样的分离指标所需的理论板层数最少，用 N_{min} 表示。

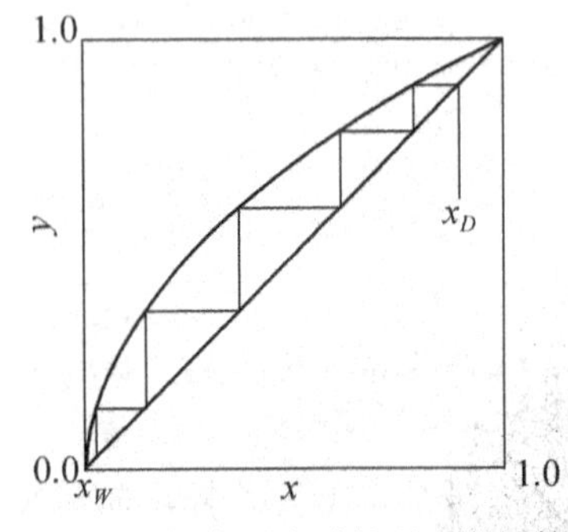

图 1-27 全回流时的理论塔板数

(2)全回流时最少理论板层数的确定

全回流时最少理论板层数 N_{min} 可由逐板计算法或图解法求出，如图 1-27 所示。对理想物系，在全回流时进行逐板计算，可推导出一条简单的公式，即

芬斯克(Fenske)公式。其推导依据：

①所处理的溶液是理想溶液或接近于理想溶液，其气液相平衡关系可表示为

$$\left(\frac{y_A}{y_B}\right)_n=\alpha_n\left(\frac{x_A}{x_B}\right)_n$$

②采用全回流操作，故在 $x-y$ 相图中精馏段和提馏段操作线均可用对角线 $y=x$ 表示，即操作线方程可写为

$$\left(\frac{y_A}{y_B}\right)_{n+1}=\left(\frac{x_A}{x_B}\right)_n$$

其推导过程如下：

若塔顶采用全凝器，那么离开第一层塔板上升蒸气的组成为 $y_1=x_D$，或写为

$$\left(\frac{y_A}{y_B}\right)_1=\left(\frac{x_A}{x_B}\right)_D$$

离开第一层理论板的气液相平衡关系为

$$\left(\frac{y_A}{y_B}\right)_1=\alpha_1\left(\frac{x_A}{x_B}\right)_1=\left(\frac{x_A}{x_B}\right)_D \qquad ①$$

在第一层板和第二层板间操作关系为

$$\left(\frac{y_A}{y_B}\right)_2=\left(\frac{x_A}{x_B}\right)_1$$

则由①式得

$$\left(\frac{x_A}{x_B}\right)_D=\left(\frac{y_A}{y_B}\right)_1=\alpha_1\left(\frac{x_A}{x_B}\right)_1=\alpha_1\left(\frac{y_A}{y_B}\right)_2 \qquad ②$$

同理，第二层理论板的气液相平衡关系为

$$\left(\frac{y_A}{y_B}\right)_2=\alpha_2\left(\frac{x_A}{x_B}\right)_2$$

代入②式得

$$\left(\frac{x_A}{x_B}\right)_D=\alpha_1\left(\frac{y_A}{y_B}\right)_2=\alpha_1\alpha_2\left(\frac{x_A}{x_B}\right)_2 \qquad ③$$

在第二层板与第三层板间操作关系为

$$\left(\frac{y_A}{y_B}\right)_3=\left(\frac{x_A}{x_B}\right)_2$$

代入③式得

$$\left(\frac{x_A}{x_B}\right)_D=\alpha_1\alpha_2\left(\frac{x_A}{x_B}\right)_2=\alpha_1\alpha_2\left(\frac{y_A}{y_B}\right)_3$$

再应用相平衡关系写出

$$\left(\frac{x_A}{x_B}\right)_D=\alpha_1\alpha_2\left(\frac{y_A}{y_B}\right)_3=\alpha_1\alpha_2\alpha_3\left(\frac{x_A}{x_B}\right)_3$$

……

如此重复上述计算过程。若将再沸器作为第 $N+1$ 层理论板，逐板计算至再沸器为止，可得

$$\left(\frac{x_A}{x_B}\right)_D=\alpha_1\alpha_2\cdots\alpha_{N+1}\left(\frac{x_A}{x_B}\right)_W$$

若令 $\alpha_m=\sqrt[N+1]{\alpha_1\alpha_2\cdots\alpha_{N+1}}$，则上式可写为

$$\left(\frac{x_A}{x_B}\right)_D = \alpha_m^{N+1}\left(\frac{x_A}{x_B}\right)_W$$

由于全回流时所需理论板层数为 N_{min}，以 N_{min} 代替上式的 N，可将该式等号两边取对数，经整理得

$$N_{min}+1=\frac{\lg\left[\left(\frac{x_A}{x_B}\right)_D\left(\frac{x_B}{x_A}\right)_W\right]}{\lg\alpha_m}$$

对两组分溶液，略去上式下标 A、B，可写为

$$N_{min}+1=\frac{\lg\left[\left(\frac{x_D}{1-x_D}\right)\left(\frac{1-x_W}{x_W}\right)\right]}{\lg\alpha_m} \tag{1-46}$$

式中，N_{min}——全回流时所需的最少理论板层数(不包括再沸器)；

α_m——全塔平均相对挥发度，当 α 变化不大时，可取塔顶和塔底的几何平均值，即 $\alpha_m=\sqrt{\alpha_D\alpha_W}$，$\alpha_D$ 和 α_W 分别为塔顶与塔底温度下馏出液和釜液的相对挥发度。

式(1-46)称为芬斯克公式，可用来计算全回流下采用全凝器时的最少理论板层数。

若将式中 x_W 换成进料组成 x_F，α 取为塔顶和进料处的平均值，则该式也可用于计算精馏段的理论板层数及确定加料板的位置。

2. 最小回流比

回流比的下限是最小回流比 R_{min}，它是一个非常重要的设计参数。

在精馏设计中，对于指定的分离要求，即 x_F、x_D、x_W 及 q 值一定，若减小精馏塔的操作回流比，则精馏段操作线的斜率变小，截距增大，两操作线的交点将沿 q 线逐渐向平衡线靠近，使得两操作线与平衡线距离减小，所需理论板层数将会增多。当回流比减小至某一数值时，两操作线的交点落在平衡线的点 d 上(图 1-28)，此时操作线、平衡线、q 线相交于同一点 d。若从点 a 出发做梯级，即使做无穷多个梯级也不可能跨越交点 d 进入提馏段，只能是无限接近点 d。

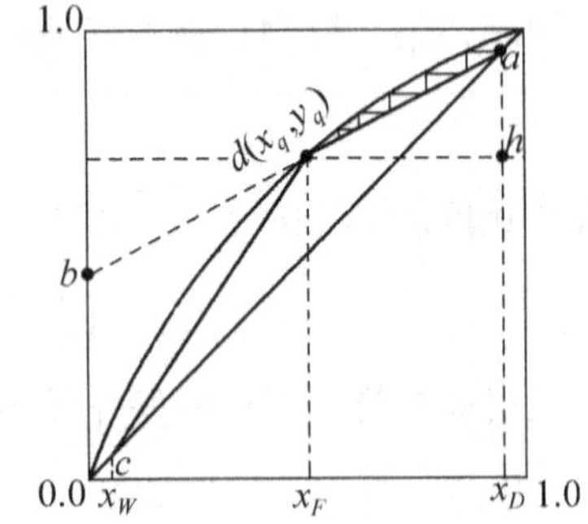

图 1-28 最小回流比 R_{min} 求解示意图

上述情况下所对应的回流比称为最小回流比，以 R_{min} 表示。在最小回流比条件下，精馏塔所需理论塔板数为无穷多，点 d 称为夹紧点。塔内趋向于夹紧点附近的塔板中，各板的提浓作用极微，$x_{n+1}\approx x_n$，故此区域称为“恒浓区”。

上述分析是对正常平衡曲线(无下凹的部分)而言，可定义为精馏段操作线、提馏段操作线和 q 线三线在平衡线上相交(图 1-28)，这种情况下与精馏段操作线斜率相对应的回流比称为最小回流比。

最小回流比的计算方法有作图法和解析法两种。

(1)作图法

如图 1-28 所示，过点 $d(x_q, y_q)$作 X 轴的平行线交 ax_D线于点 h，精馏段操作线 ab 的斜率为

$$\frac{R_{min}}{R_{min}+1}=\frac{\overline{ah}}{\overline{dh}}=\frac{x_D-y_q}{x_D-x_q}$$

整理可得

$$R_{min}=\frac{x_D-y_q}{y_q-x_q} \tag{1-47}$$

此外，在图 1-28 中读出精馏段操作线在 Y 轴上的截距 $x_D/(R_{min}+1)$，亦可求得 R_{min}。

(2)解析法

对于理想物系，最小回流比时精馏段的操作线与 q 线的交点 $d(x_q, y_q)$ 位于平衡线上。将平衡线方程(1-13)与 q 线方程(1-43)联立求解，得 d 点坐标 $d(x_q, y_q)$ 后代入式(1-47)可求得 R_{min}，即将 $y_q=\frac{\alpha x_q}{1+(\alpha-1)x_q}$ 代入式(1-47)，写为

$$R_{min}=\frac{x_D-\dfrac{\alpha x_q}{1+(\alpha-1)x_q}}{\dfrac{\alpha x_q}{1+(\alpha-1)x_q}-x_q}$$

上式简化得

$$R_{min}=\frac{1}{\alpha-1}\left[\frac{x_D}{x_q}-\frac{\alpha(1-x_D)}{1-x_q}\right] \tag{1-48}$$

对于泡点进料，由于 $x_q=x_F$，可写为

$$R_{min}=\frac{1}{\alpha-1}\left[\frac{x_D}{x_F}-\frac{\alpha(1-x_D)}{1-x_F}\right] \tag{1-49}$$

对于露点进料，由于 $y_q=y_F$，可写为

$$R_{min}=\frac{1}{\alpha-1}\left(\frac{\alpha x_D}{y_F}-\frac{1-x_D}{1-y_F}\right)-1 \tag{1-50}$$

(3)不正常平衡曲线的最小回流比

有些非理想体系的相平衡曲线比较特殊，如图 1-29a 所示的乙醇-水溶液的平衡曲线，具有下凹的部分。在操作线与 q 线的交点尚未落到平衡线之前，操作线已与平衡线相切，如图中点 g 所示，恒浓区出现在切点附近。这种情况下最小回流比的求法是，由点 $a(x_D, x_D)$ 向平衡线作切线，再由此切线的斜率或截距求 R_{min}。

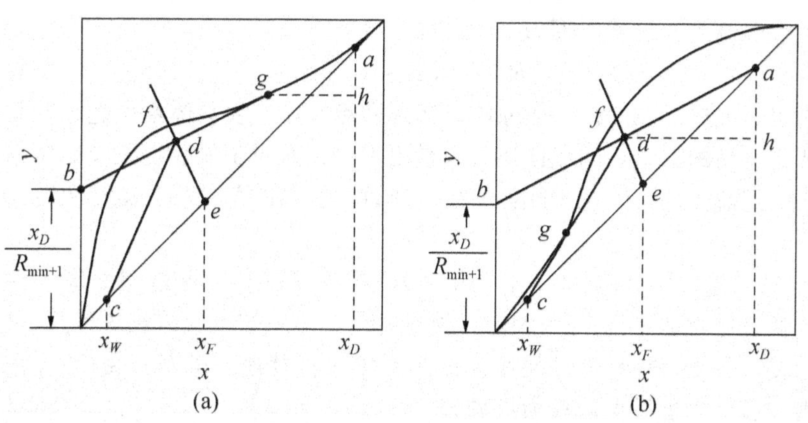

图 1-29 不正常平衡曲线最小回流比 R_{min} 求解示意图

如果出现如图 1-29b 所示的平衡曲线，则提馏段操作线与平衡线相切于点 $g(y_e, x_e)$，此时可先解出此切线与 q 线的交点 $d(y_q, x_q)$，然后，再利用定义式(1-47)求 R_{min}。

应当指出，最小回流比一方面与系统的相平衡性质有关，另一方面也与分离要求有关。对于确定的系统，最小回流比是对一定的分离要求而言的，脱离分离要求而谈最小回流比是毫无意义的，分离要求改变，最小回流比也会改变。最小回流比与设计条件有关，它仅对设计型问题有意义。当操作中选用的回流比等于设计时的最小回流比时，因实际塔板数目有限，其操作结果达不到原指定的分离要求。

3. 适宜回流比的确定

全回流和最小回流比是精馏塔设计中的最大值和最小值，实际选用的回流比应该介于两者之间。

适宜回流比的选择应该考虑到精馏过程的经济核算。精馏的费用分为设备费和操作费两种：设备费包括设备的投资费、折旧费和维修费，它主要与塔径、塔板数、冷凝器和再沸器的大小有关；操作费主要取决于冷凝器的冷凝水用量、再沸器的加热蒸汽消耗量以及泵动力消耗。图 1-30 显示了回流比对精馏费用的影响，图中曲线 1 表示了设备费随回流比的变化，可以看出：当 $R=R_{min}$ 时，因完成分离要求所需的理论板数 $N=\infty$，所以相应的设备费为无穷大；当 R 稍稍增大时，N 即从 ∞ 急剧减少，设备费也急剧减小；当 R 增大到一定程度后，R 对 N 的影响已不再显著，此时塔径、冷凝器、再沸器的增大占主导，所以设备费又会增加。曲线 2 是操作费随回流比的变化关系。随着 R 的增大，冷凝器和再沸器的负荷相应增大，所以操作费也随之增大。设备费和操作费之和为总费用，其随 R 的变化关系可用曲线 3 表示。显然，图中存在一个总费用最低的点。所以，为使精馏操作的经济性最佳，适宜的回流比 R 应该取对应总费用为最低的那一点。

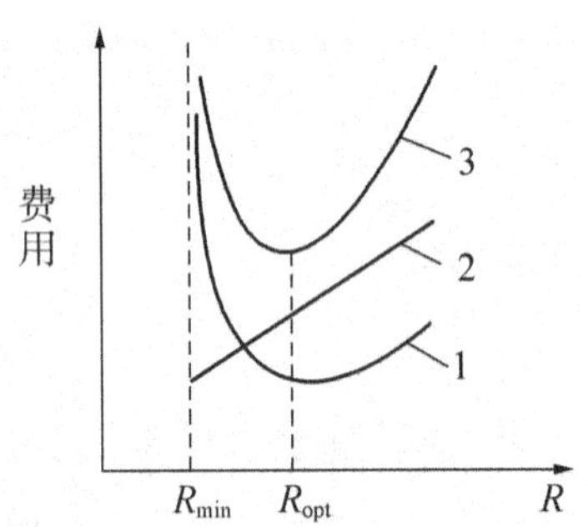

图 1-30 适宜回流比的确定

1—设备费用；2—操作费用；3—总费用

由此看出，回流比是影响精馏操作经济性的一个重要指标。但是，在精馏设计过程中往往难以获取完整、准确的数据进行经济核算，所以适宜的回流比通常是根据经验来选取。一般适宜回流比的数值范围为

$$R=(1.1\sim 2.0)R_{min} \tag{1-51}$$

应当指出，上述考虑的是一般原则，实际回流比还应视具体情况选定。譬如，对难分离或分离要求较高的物系，回流比还可取得更大些；而对于能稳定操作的精馏塔来说，适当采用较小的回流比，可以减少能耗指标。所以，目前的总趋势是减小回流比，以利于节约能量。

【例 1-6】 含苯 60%(摩尔分数，下同)的苯-甲苯混合液用精馏分离，$x_D=0.95$，回流比为最小回流比的 2.4 倍，$\alpha=2.52$，泡点进料，求精馏段操作线方程。

解 只要求得 R_{min} 就可写出精馏段操作线方程。对泡点进料，由于 $x_q=x_F$，故利用气液相平衡方程可求出平衡的气相组成为

$$y_q=\frac{\alpha x_F}{1+(\alpha-1)x_F}=\frac{2.52\times 0.6}{1+(2.52-1)\times 0.6}=0.791$$

$$R_{min}=\frac{x_D-y_q}{y_q-x_q}=\frac{0.95-0.791}{0.791-0.6}=0.832$$

$$R=2.4\times R_{min}=2.4\times 0.832\approx 2$$

所以，由精馏段操作线方程写出

$$y=\frac{R}{R+1}x+\frac{x_D}{R+1}=\frac{2}{2+1}x+\frac{0.95}{2+1}$$

因此，精馏段操作线方程为

$$y=0.667x+0.317$$

1.5.5 理论板层数的计算

理论板层数的确定是精馏设计计算的主要内容之一，它是确定精馏塔有效高度的关键。两组分连续精馏塔所需的理论塔板层数通常采用的计算方法有逐板计算法、图解法和简捷法，下面分别进行说明。

1. 逐板计算法

理论板层数的计算依据是相平衡方程、精馏段操作线方程、提馏段操作线方程和 q 线方程，即

相平衡方程

$$y_n=\frac{\alpha x_n}{1+(\alpha-1)x_n} \tag{1-13}$$

精馏段操作线方程

$$y_{n+1}=\frac{R}{R+1}x_n+\frac{x_D}{R+1} \tag{1-31}$$

提馏段操作线方程

$$y'_{m+1}=\frac{L+qF}{L+qF-W}x'_m-\frac{Wx_W}{L+qF-W} \tag{1-39}$$

q 线方程

$$y_n=\frac{q}{q-1}x_n-\frac{x_F}{q-1} \tag{1-43}$$

精馏塔内的操作压强直接影响到气液相平衡关系。当系统的物系和操作压强一定时，相平衡关系一定，若此时 x_F、x_D、x_W、R 和 q 已知，则精馏段和提馏段的操作线方程也就随之确定，从而决定了沿塔的逐板组成的变化情况，据此可确定精馏塔所需的理论塔板数。

如图 1-31 所示为一连续精馏塔，塔顶设有全凝器，泡点回流。从塔顶最上一层塔板(第 1 层板)上升的蒸气经全凝器冷凝成饱和液体，冷凝液一部分作为

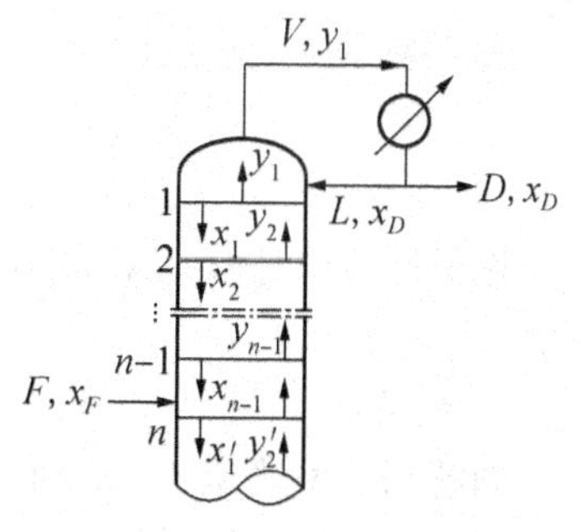

图 1-31 逐板计算法示意图

回流液 L 返回塔中，其余为馏出液 D 引出塔外。馏出液和回流液的组成均与第 1 层板的上升蒸气组成相同，即

$$y_1 = x_D$$

根据理论板的概念，自第一层板下降的液相组成 x_1 与 y_1 互为平衡，由相平衡方程可求得 x_1；从第二层塔板上升的蒸气组成 y_2 与 x_1 符合操作关系，故利用精馏段操作线方程由 x_1 可求得 y_2，即

$$y_2 = \frac{R}{R+1}x_1 + \frac{x_D}{R+1}$$

同理，对于第二层塔板 y_2 与 x_2 互为平衡，由相平衡关系可求得 x_2，再用精馏段操作线方程由 x_2 计算 y_3。如此交替地利用相平衡关系和精馏段操作线方程进行逐板计算，直至求得的 $x_n \leqslant x_F$ 时，第 n 层理论板便为进料板。通常，进料板算在提馏段，因此精馏段所需理论板层数为$(n-1)$。

在进料板以下，改用提馏段操作线方程，即

$$y'_{m+1} = \frac{L+qF}{L+qF-W}x'_m - \frac{W}{L+qF-W}x_W$$

由 x_n(将其记为 x'_1)求得 y'_2，再利用相平衡关系求算 x'_2。如此重复计算，直至计算到 $x'_m \leqslant x_W$ 为止。对于间接蒸汽加热，再沸器内气液两相可视为平衡，再沸器相当于一层理论板，故提馏段所需理论板层数为$(m+1)$。在计算过程中，每使用一次平衡关系，便对应一层理论板。

综上所述，逐板计算法的计算过程可简述如下：

①依 $y_1 = x_D$ 由相平衡方程求出 x_1。

②依 x_1 由精馏段操作线方程求出 y_2，再由相平衡方程求出 x_2。

③交替利用相平衡关系、精馏段及操作线方程，直至 $x_n \leqslant x_F$ 为止，即

$$y_1 = x_D \xrightarrow{\text{平}} x_1 \xrightarrow{\text{操}} y_2 \xrightarrow{\text{平}} x_2 \xrightarrow{\text{操}} \cdots y_n \xrightarrow{\text{平}} x_n \leqslant x_F$$

由于共用了 n 次相平衡方程，对应第 n 块为加料板位置，可得到精馏段所需理论板层数为$(n-1)$块。

④其后，改用提馏段操作线方程重复上述过程，直至 $x'_m \leqslant x_W$ 为止，即

$$y'_1 \xrightarrow{\text{加料板}} x_n = x'_1 \xrightarrow{\text{操}} y'_2 \xrightarrow{\text{平}} x'_2 \xrightarrow{\text{操}} y'_3 \xrightarrow{\text{平}} \cdots y'_m \xrightarrow{\text{平}} x'_m \leqslant x_W$$

共用了 m 次相平衡方程，其中第 m 块为塔釜，故提馏段所需理论板层数为 m 块。

⑤所需总理论板层数(间接蒸汽加热)为

$$N_T = (n-1) + (m+1) = m+n\text{(包括塔釜)}$$

$$N_T = m+n-1\text{(不包括塔釜)}$$

逐板计算法计算结果准确，概念清晰，但计算过程繁琐，一般适用于计算机的编程计算。

2. 图解法

图解法又称麦克布-蒂利(McCabe - Thiele)法，简称M - T法。其原理与逐板计算法完全相同，只是将逐板计算过程在 x - y 相图上直观地表示出来，该方法在两组分精馏计算中得到广泛应用。

图解法的依据同样是相平衡关系与操作线关系。图1－32表示出第$(n-2)$层塔板的气液变化关系，由图可见：

①一个阶梯的垂直高度表示气相中轻组分组成经一块理论板后的变化，即

$$y_{n-1} \rightarrow y_{n-2}^{*}$$

②一个阶梯水平距离表示液相中轻组分组成经过一块理论板后的变化，即

$$x_{n-3} \rightarrow x_{n-2}^{*}$$

③从塔顶浓度 x_D 开始，在相平衡线与操作线间画梯级，所得阶梯数正好为所需的理论板层数。

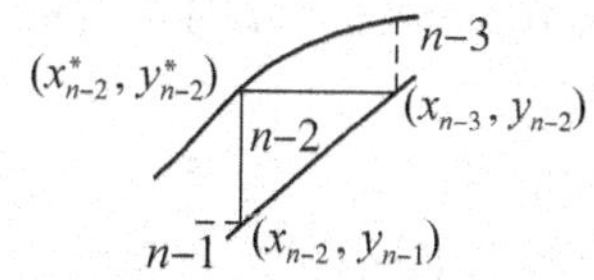

图1－32　图解法梯级示意图

图解法的步骤如下：

(1)根据物系和操作压强在 $x-y$ 相图上画出相平衡曲线，并画出对角线作为辅助线。

(2)在 $x-y$ 相图上画出操作线。用图解法求理论板层数时，需先在 $x-y$ 相图上画出精馏段和提馏段的操作线。前已述及，精馏段和提馏段的操作线方程在 $x-y$ 相图上均为直线。作图时，先找出操作线与对角线的交点坐标，然后根据已知条件求出操作线的截距或另一交点坐标，即可绘出这两条操作线。

①精馏段操作线的画法。精馏段操作线方程$y=\frac{R}{R+1}x+\frac{1}{R+1}x_D$与对角线的交点为$a(x_D, x_D)$，求出精馏段操作线在 y 轴上的截距 $x_D/(R+1)$，依此值在 y 轴上标出点 b，直线 ab 即为精馏段操作线，如图1－33所示。

②q 线的画法。q 线方程 $y=\frac{q}{q-1}x-\frac{x_F}{q-1}$与对角线的交点为 $e(x_F, x_F)$，过点 e 作斜率为$\frac{q}{q-1}$的直线 ef，即可得到 q 线。q 线与精馏段操作线的交点为 d。

③提馏段操作线的画法。提馏段操作线与对角线的交点为 $c(x_W, x_W)$，连接 c、d 两点即得到提馏段操作线 cd。

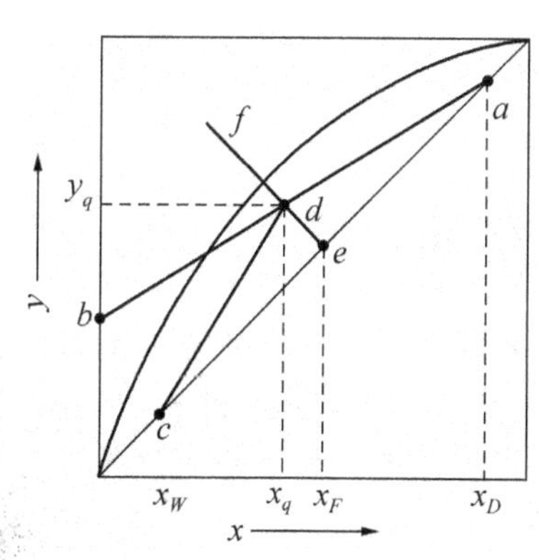

图1－33　操作线的画法

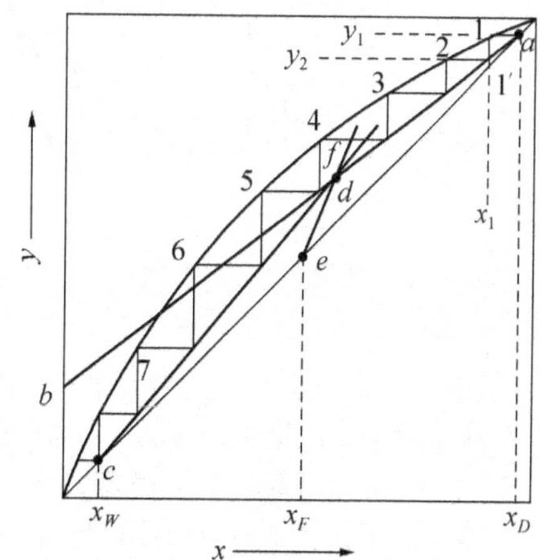

图1－34　图解法求理论板层数

(3)画梯级求理论板层数。理论板层数的图解方法如图 1-34 所示。图解的出发点可以从点 a 开始，a 点坐标代表了关系式：$y_1=x_D$。从点 a 作水平线与相平衡线交于点 1，该点即代表离开第一层理论板的气液相平衡组成(x_1，y_1)，故由点 1 可确定 x_1。由点 1 作铅垂线与精馏段操作线交于点 1′，由此可确定 y_2。再由点 1′作水平线与相平衡线交于点 2，由此点定出 x_2。如此，重复地在相平衡线与精馏段操作线之间做阶梯。当阶梯跨过两操作线的交点 d 时，改在提馏段操作线与相平衡线之间绘阶梯，直至阶梯的垂线达到或跨过点 $c(x_W，x_W)$为止。相平衡线上每个阶梯的顶点即代表一层理论板。跨过点 d 的阶梯为进料板，最后一个阶梯为再沸器。总理论板层数为阶梯数减 1(不包括再沸器)。

若从塔底点 c 开始往上做阶梯，会得到基本一致的结果。

值得注意的是，如果精馏塔塔顶上的冷凝器不是全凝器，而是将进入冷凝器的上升蒸气部分冷凝下来形成回流液，则称为分凝器。离开分凝器的气液两相互为平衡，即分凝器相当于一块理论板，这种情况下，精馏段理论板层数比所画出的梯级数少 1。

必须指出，对应于两操作线交点 e 所在的梯级的位置，就是适宜的进料位置。若实际进料位置下移，即梯级已跨过两操作线交点 d 而仍在精馏段操作线和相平衡线之间绘梯级，所需的理论板层数会增多，如图 1-35a 所示。若将实际进料位置上移，未跨过两操作线交点 d 便过早更换操作线，所需的理论板层数也会增多，如图 1-35b 所示。只有在达到(或跨过)两操作线交点 d 后，更换操作线所需的理论板层数才最少，如图 1-35c 所示。

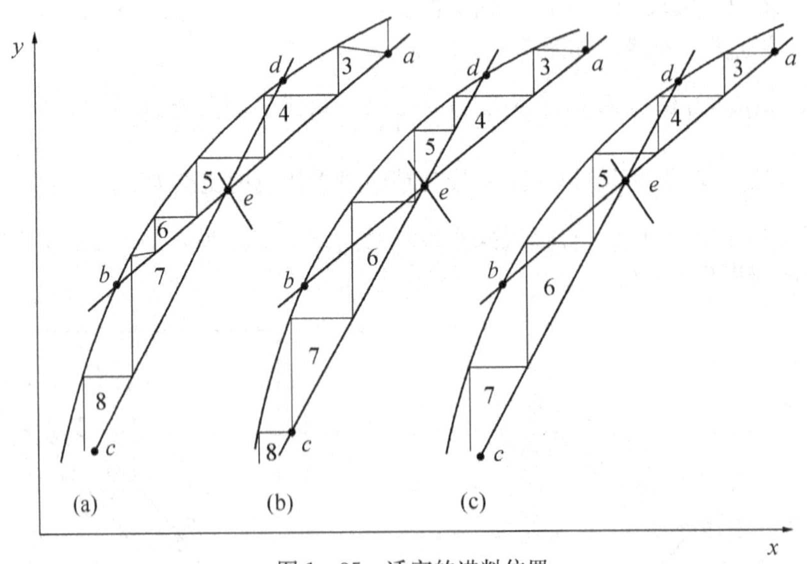

图 1-35　适宜的进料位置

【例 1-7】 常压下将含苯 25%(摩尔分数，下同)的苯和甲苯混合液连续精馏。已知原料液流量为 100 kmol/h，要求馏出液中含苯 98%，釜残液中含苯不超过 8.5%。回流比为 5，泡点进料，塔顶为全凝器，泡点回流。试用逐板计算法确定所需理论板层数。已知常压下苯和甲苯混合液的平均相对挥发度为 2.47。

解　苯-甲苯气液相平衡方程写为

$$y=\frac{2.47x}{1+(2.47-1)x} \tag{1}$$

由全塔物料衡算方程计算塔顶、塔底产品流量，即

$$F = D + W = 100$$
$$Fx_F = Dx_D + Wx_W$$
$$100 \times 0.25 = 0.98D + 0.085 \times (100 - D)$$

可解得 $D = 18.43(\text{kmol/h})$ $W = 81.57(\text{kmol/h})$

精馏段操作线方程为

$$y = \frac{R}{R+1}x + \frac{x_D}{R+1} = \frac{5}{5+1}x + \frac{0.98}{5+1} = 0.8333x + 0.1633 \tag{2}$$

泡点进料，故 $q=1$，提馏段下降液体量为

$$L' = L + qF = RD + F = 5 \times 18.43 + 100 = 192.15(\text{kmol/h})$$

所以，提馏段操作线方程为

$$y = \frac{L+qF}{L+qF-W}x - \frac{Wx_W}{L+qF-W}$$

$$y = \frac{192.15}{192.15-81.57}x - \frac{81.57 \times 0.085}{192.15-81.57} = 1.738x - 0.0627 \tag{3}$$

根据相平衡线方程、两操作线方程逐板计算理论板数。由于采用全凝器，泡点回流，则 $y_1 = x_D = 0.98$，利用相平衡方程(1)可求得 x_1，即

$$x_1 = \frac{y_1}{\alpha - (\alpha-1)y_1} = \frac{0.98}{2.47 - (2.47-1) \times 0.98} = 0.952$$

由精馏段操作线方程(2)可求得 y_2，即

$$y_2 = 0.8333x_1 + 0.1633 = 0.8333 \times 0.952 + 0.1633 = 0.9566$$

重复上述方法逐板计算，当求到 $x_n \leqslant 0.25$ 时该板为进料板。然后，改用提馏段操作线方程(3)和相平衡方程(1)进行计算，直至 $x_W \leqslant 0.085$ 为止。计算结果列于本题附表。

例 1-7 附表

	1	2	3	4	5	6	7	8	9	10
y	0.98	0.9567	0.9128	0.8376	0.7268	0.5955	0.4745	0.3864	0.2903	0.1842
x	0.952	0.8894	0.8091	0.6762	0.5186	0.3734	0.2677	0.2032	0.1421	0.08376

可见，总理论板数为 10(包括再沸器)，其中精馏段为 7 层，第 8 层为进料板。

【例 1-8】 欲用一常压连续精馏塔分离含苯 44%(摩尔分数，下同)、甲苯 56%的混合液，要求塔顶馏出液含苯 97%，釜液含苯 2%。已知泡点回流，且回流比取 3，相对挥发度可近似取 2.58。试求泡点进料时全塔需要的理论塔板数和第二块板下降液体的组成。

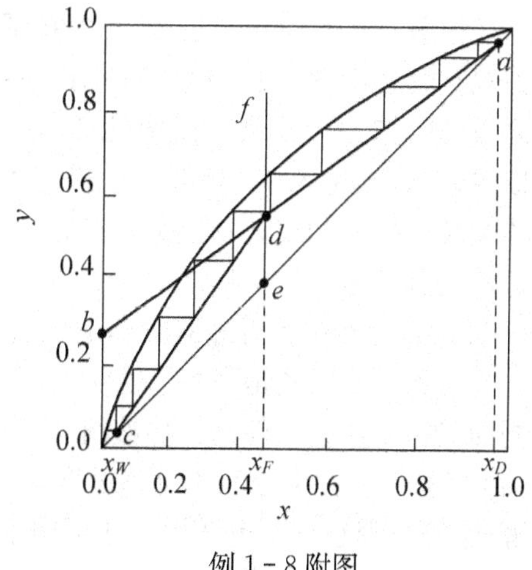

例 1-8 附图

解 首先作出常压下苯-甲苯体系的相图，根据 $x_D=0.97$，$x_F=0.44$ 和 $x_W=0.02$ 定出点 a、点 e 和点 c，然后由 $x_D=0.97$，$R=3$ 在 y 轴上定出 $y_b=x_D/(R+1)=0.243$ 的点 b，并作出

精馏段操作线。

当饱和液体进料时，$q=1$，此时 q 线为过点 e 且垂直于 x 轴的直线，其方程形式为 $x=x_F$。作 q 线交精馏段操作线于点 d，并画出提馏段操作线。然后，从点 a 出发，在相平衡线与操作线之间画阶梯，结果如本例附图所示。由图可读得所需理论板层数为 11 块(含再沸器)，其中精馏段 5 块，提馏段 6 块，加料板在第 6 块。

第二块板下降液体的组成 x_2 可直接从图中读得，也可用逐板计算法求解。下面以逐板计算法为例，其计算过程如下：

已知相对挥发度为 2.58，根据题意其相平衡方程为

$$x_n=\frac{y_n}{2.58-1.58y_n}$$

精馏段操作线方程为

$$y_{n+1}=0.75x_n+0.243$$

由于 $y_1=x_D=0.97$，故

$$x_1=\frac{y_1}{2.58-1.58y_1}=\frac{0.97}{2.58-1.58\times0.97}=0.926$$

$$y_2=0.75x_1+0.243=0.75\times0.926+0.243=0.938$$

再利用相平衡方程就可求出第二块板下降的液体组成

$$x_2=\frac{y_2}{2.58-1.58y_2}=\frac{0.938}{2.58-1.58\times0.938}=0.854$$

3. 简捷法

这种方法是在对理想溶液进行逐板计算的基础上发展起来的。在 1.5.4 节对于理想溶液全回流时已推导出一条简单的计算公式，即芬斯克公式。根据芬斯克公式并借助于吉利兰关联图，便可快捷地估算出某指定分离任务的理论板层数，故此法又称为芬斯克-吉利兰(Fenske - Gilliland)图法。

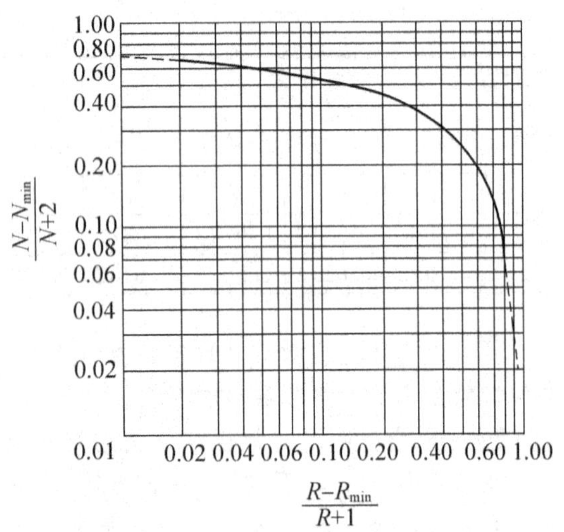

图 1-36　吉利兰关联图

如图 1-36 所示为吉利兰关联图，其为双对数坐标图。吉利兰关联图将不同精馏塔的回流比 R、最小回流比 R_{min}、理论板层数 N 及最小理论板数 N_{min} 进行了定量的关联。图中的横坐标为$(R-R_{min})/(R+1)$，纵坐标为$(N-N_{min})/(N+2)$。其中，N 与 N_{min} 为不包括再沸器的理论板层数和最少理论板层数。

吉利兰关联图是考察了八种不同物系，在广泛精馏条件下由逐板计算法得出的结果绘制而成的。这些条件是：溶液组分数目为 2～11；包括五种进料热状况；最小回流比 R_{min} 为 0.53～7.0；组分间相对挥发度为 1.26～4.05；理论板层数的范围是 2.4～43.1。对甲醇-水等非理想物系也适用，还可用于多组分精馏的计算。

为便于用计算机计算，图中曲线在横坐标为0.01～0.90范围内，可用下述回归方程代替查图：

$$Y=0.545\,827-0.591\,422X+0.002\,743/X \tag{1-52}$$

其中 $X=(R-R_{min})/(R+1)$ $Y=(N-N_{min})/(N+2)$

简捷法求理论板层数的步骤如下：

(1)按题给条件计算最小回流比 R_{min}，并确定出操作回流比 R。

(2)利用芬斯克公式求出最小理论板层数 N_{min}。

(3)计算 $(R-R_{min})/(R+1)$ 值，查图1-36或利用式(1-52)可求出所需理论板层数 N。

(4)求出精馏段所需最小理论板层数 N'_{min} 后，利用吉利兰关联图(图1-36)可确定精馏段所需的理论板层数 N'，从而可确定适宜的进料位置。

【例1-9】 常压下用连续精馏塔分离含苯44%(摩尔分数，下同)的苯-甲苯混合物。进料为泡点液体，进料流量取100 kmol/h为计算基准。要求馏出液中含苯不小于94%，釜液中含苯不大于8%。设该物系为理想溶液，相对挥发度为2.47，塔顶设置全凝器，泡点回流，选用的回流比为3。试利用简捷法求泡点液体进料时所需的理论塔板数及进料位置。

解 已知

$$x_D=0.94,\quad x_W=0.08,\quad x_F=0.44,\quad q=1,\quad R=3,\quad \alpha=2.47$$

由 $R_{min}=\dfrac{x_D-y_q}{y_q-x_q}$，对于泡点液体进料：

$$x_q=x_F=0.44$$

由相平衡方程 $y=\dfrac{\alpha x}{1+(\alpha-1)x}$ 可求出 y_q，即

$$y_q=\frac{\alpha x_F}{1+(\alpha-1)x_F}=\frac{2.47\times0.44}{1+(2.47-1)\times0.44}=0.66$$

故

$$R_{min}=\frac{x_D-y_q}{y_q-x_q}=\frac{0.94-0.66}{0.66-0.44}=1.273$$

由芬斯克公式可求得所需最小理论塔板数，写为

$$N_{min}+1=\frac{\lg\left[\left(\dfrac{x_D}{1-x_D}\right)\left(\dfrac{1-x_W}{x_W}\right)\right]}{\lg\alpha}$$

$$N_{min}=\frac{\lg\left[\left(\dfrac{0.94}{1-0.94}\right)\left(\dfrac{1-0.08}{0.08}\right)\right]}{\lg2.47}-1=4.744$$

因此

$$X=\frac{R-R_{min}}{R+1}=\frac{3-1.273}{3+1}=0.432$$

利用图1-36查得 $\dfrac{N-N_{min}}{N+2}=0.3$，或由式(1-52)计算

$$Y=\frac{N-N_{min}}{N+2}=0.545\,827-0.591\,422\times0.432+\frac{0.002\,743}{0.432}$$
$$=0.296\,7\approx0.3$$

将 N_{min} 值代入，即可解得 $N=7.63\approx8$(不含塔釜)。

进料位置则可通过求出精馏段所需最小理论板层数 N'_{min} 和所需的理论板层数 N' 来确定。

$$N'_{min}=\frac{\lg\left[\left(\frac{x_D}{1-x_D}\right)\left(\frac{1-x_F}{x_F}\right)\right]}{\lg\alpha'}-1$$

仍近似取 $\alpha'=2.47$，那么

$$N'_{min}=\frac{\lg\left[\left(\frac{0.94}{1-0.94}\right)\left(\frac{1-0.44}{0.44}\right)\right]}{\lg2.47}-1=2.31$$

利用图 1-36 查得 $\frac{N'-N'_{min}}{N'+2}\approx\frac{N-N_{min}}{N+2}=0.3$，可求得 $N'=4.16\approx5$(不含加料板)。所以，加料板为第 6 块理论板。

1.5.6 几种特殊情况下理论板层数的计算

在实际生产中，针对不同的物料、不同的操作条件和分离要求，往往需要采用与常规方法不同的操作方式进行精馏。现分别讨论如下。

1. 直接蒸汽加热

在分离液体混合物时，如果其中难挥发的组分是水，通常可将加热蒸汽直接通入塔釜以汽化釜液，这样可省去一个再沸器。为了便于计算，设加入的水蒸气为饱和蒸汽，按恒摩尔流的假定，塔釜的蒸发量与加热蒸汽量相等。

直接蒸汽加热时理论板层数的求法，原则上与间接蒸汽加热时是相同的。精馏段的操作情况与常规塔没有区别，故其操作线不变，q 线的做法也与常规塔做法相同。但由于塔底增多了一股蒸汽，故提馏段操作线方程应修正。

(1)物料衡算

如图 1-37 所示，对全塔作物料衡算，可写出

总物料 $$F+V_0=D+W$$

易挥发组分 $$Fx_F+V_0y_0=Dx_D+Wx_W$$

式中，V_0——直接加热蒸汽的流量，kmol/h；

y_0——加热蒸气中易挥发组分的摩尔分数，一般 $y_0=0$。

一般 F、x_F、V_0 为给定，D、W、x_W、x_D 中只要已知其中两个量就可求得剩余的两个量。

(2)操作线方程

①精馏段操作线方程。精馏段操作线方程与间接蒸汽加热时的相同，即

$$y_{n+1}=\frac{R}{R+1}x_n+\frac{x_D}{R+1}$$

②提馏段操作线方程。对图 1-37 所示的虚线范围作物料衡算，可写出

总物料 $$L'+V_0=V'+W$$

易挥发组分 $$L'x'_m+V_0y_0=V'y'_{m+1}+Wx_W$$

由于塔内恒摩尔流动仍能适用，故 $V'=V_0$，$L'=W$，且 $y_0=0$，则上式可改写为

$$Wx'_m + 0 = V_0 y'_{m+1} + Wx_W$$

或

$$y'_{m+1} = \frac{W}{V_0}x'_m - \frac{W}{V_0}x_W \tag{1-53}$$

式(1-53)即为直接蒸汽加热时的提馏段操作线方程。与间接蒸汽加热时提馏段操作线的不同之处，是它在 $x-y$ 相图上与对角线的交点不在点(x_W，x_W)上。由上式可知，当 $y'_{m+1}=0$ 时，$x'_m=x_W$。所以，提馏段操作线必通过点 g(x_W，0)，如图 1-38 所示，点 g 落在横坐标轴上。

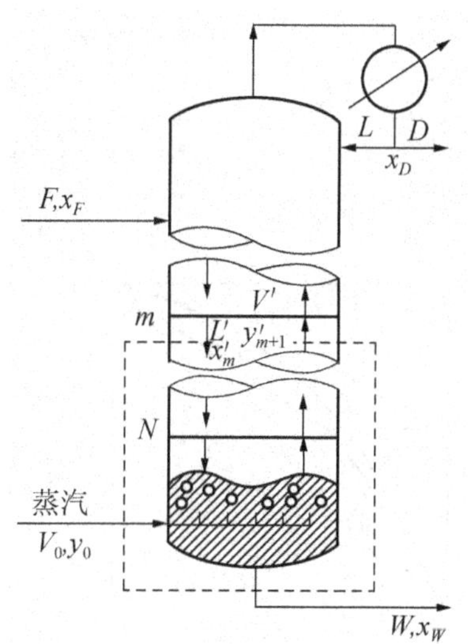

图 1-37　直接蒸汽加热精馏塔

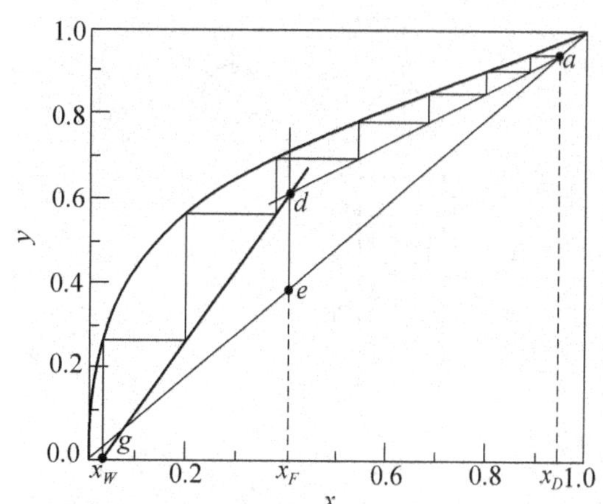

图 1-38　直接蒸汽加热时求理论板层数的图解法

(3)图解法求理论板数

精馏段操作线与提馏段操作线的交点轨迹仍然是 q 线，图 1-38 中的点 d 是精馏段操作线与 q 线的交点。连线 dg 即为直接蒸汽加热时的提馏段操作线。此后，从点 a 开始在相平衡线与操作线之间绘阶梯，直至 $x'_m \leqslant x_W$ 为止，所得梯级数即为理论板层数。

直接蒸汽加热与间接蒸汽加热的比较：

①在 x_F、x_D 及 x_W 相同的情况下，直接蒸汽加热时，由于冷凝水作为塔釜产品的一部分，必使釜液排放量 W 增加，因此釜液排放带走的轻组分比间接加热时稍多，使轻组分的回收率降低。

②如欲保持轻组分的回收率不变，由于蒸汽的稀释作用，釜液的组成 x_W 必定比间接蒸汽加热时低，从而使所需理论塔板数略有增加。

③直接蒸汽加热热能利用率高，且可略去再沸器。

在精馏塔操作中，一定的塔顶蒸气冷凝量对应于一定的塔底上升蒸气量 V_0。故当进料热状况与塔顶产物量 D 一定的条件下，加热蒸汽用量取决于回流比的大小。

2. 多侧线的精馏塔

有多股进料或出料的塔称为多侧线的精馏塔。在化工生产中，有时为分离不同浓度的原料液，在塔中间不同的塔板位置上设置不同的进料口，这种情况称为多股进料，有时为获得不同规格的精馏产品，在精馏段或提馏段不同位置上开设侧线出料口，以引出不同浓度的饱和液体或饱和蒸气作为产品，这种精馏操作称为侧线出料。

若精馏塔上共有 i 个侧线(包括进料口和侧线出料口)，则全塔被分成$(i+1)$段，每一段都有一条对应的操作线方程。图解法求理论板的方法与常规精馏塔相同。

(1)多股进料

现以两股不同组成进料为例介绍多股进料的理论板的计算。

如图 1-39 所示，两股不同组成的料液分别进到塔的相应位置，此塔被分成三段，每段均可用物料衡算推出其操作线方程。第Ⅰ段为精馏段，第Ⅲ段为提馏段，其操作线方程与单股加料的常规塔相同，如图 1-40 所示。两股进料板之间塔段的操作线方程，可在图 1-39 中虚线范围内作物料衡算求得，即

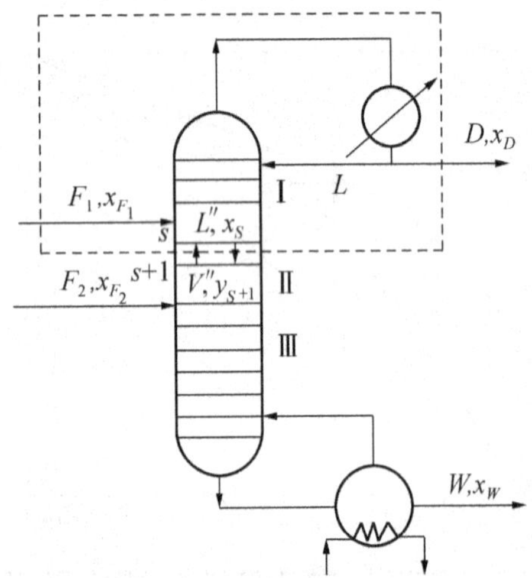

图 1-39　有两股进料的精馏塔

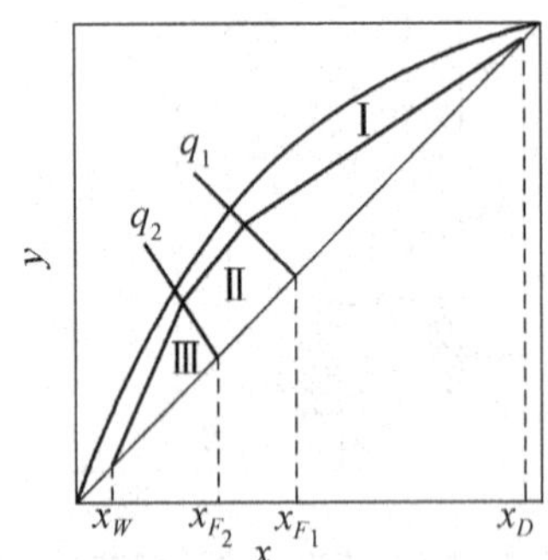

图 1-40　有两股进料的精馏塔的操作线

总物料　　$V''+F_1=L''+D$

易挥发组分　　$V''y_{S+1}+F_1x_{F_1}=L''x_S+Dx_D$

式中，V''——两股进料之间各层板的上升蒸气流量，kmol/h；

L''——两股进料之间各层板的下降液体流量，kmol/h。

下标 S、S+1 为两股进料之间各层板的序号。

将上两式联立求解，可得

$$y_{S+1}=\frac{L''}{V''}x_S+\frac{Dx_D-F_1x_{F_1}}{V''}$$

由于 $V''=V+(q-1)F_1=(R+1)D+(q_1-1)F_1$，$L''=L+q_1F_1$，故

$$y_{S+1}=\frac{L+q_1F_1}{(R+1)D+(q_1-1)F_1}x_S+\frac{Dx_D-F_1x_{F_1}}{(R+1)D+(q_1-1)F_1} \tag{1-54}$$

式(1-54)即为两股进料之间塔段(第Ⅱ段)的操作线方程，它也是直线方程，其在 y 轴上的截距为$(Dx_D-F_1x_{F_1})/[(R+1)D+(q_1-1)F_1]$。其中，$D$ 可由物料衡算求得。

各股进料的 q 线方程与单股加料时相同，可写为

$$y=\frac{q_1}{q_1-1}x-\frac{x_{F_1}}{q_1-1}$$

$$y=\frac{q_2}{q_2-1}x-\frac{x_{F_2}}{q_2-1}$$

对于双加料口的精馏塔，夹紧点可能在Ⅰ～Ⅱ段两操作线的交点，也可能出现在Ⅱ～Ⅲ段两操作线的交点。设计计算时，求出两个最小回流比后，取其中较大者作为设计依据。对于不正常的相平衡曲线，夹紧点也可能出现在塔的某个中间位置。

操作时，减小回流比，三段操作线均向相平衡线靠拢，所需的理论板数将增加。

若不采用多股进料，也可将浓度不同的物料预先混合，然后加入塔中某适当位置进行分离，但这样做是不利的。须知精馏分离是以能耗为代价的，而混合与分离是两个相反的过程。在分离过程中任何混合现象，都意味着能耗的增加。

(2)侧线出料

当需要组成不同的两种或多种产品时，可在塔内相应组成的塔板上安装侧线抽出产品。侧线抽出的产品可为塔板上的泡点液体或板上的饱和蒸气。如图1-41所示为有一股侧线产品采出的精馏塔。

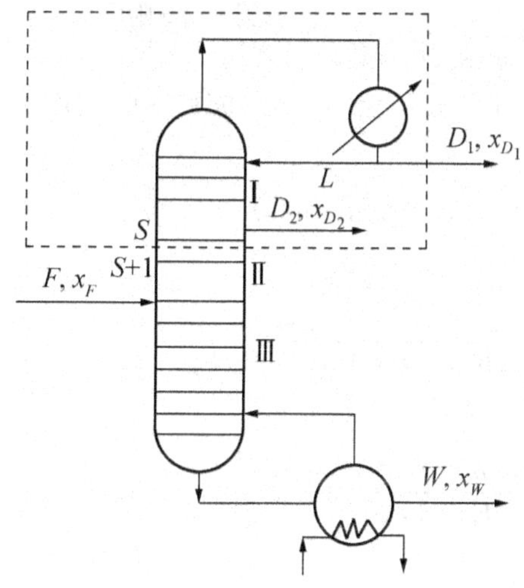

图1-41　有一股侧线产品采出的精馏塔

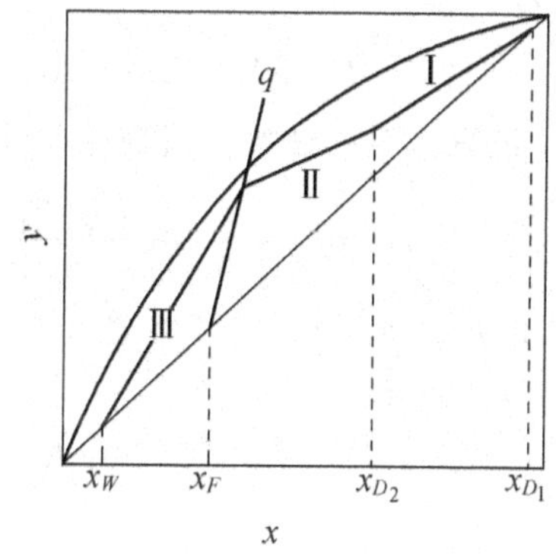

图1-42　有一股侧线产品采出的精馏塔的操作线

与两股进料时的精馏塔相似，塔内被分成三段，其中第Ⅰ段和第Ⅲ段的操作线分别与普通塔的精馏段和提馏段相同，如图1-42所示。当侧线产品为泡点液体时，通过物料衡算可求得第Ⅱ段的操作线方程为

$$y_{S+1}=\frac{L-D_2}{L+D_1}x_S+\frac{D_1x_{D_1}+D_2x_{D_2}}{L+D_1} \tag{1-55}$$

或

$$y_{S+1}=\frac{RD_1-D_2}{(R+1)D_1}x_S+\frac{D_1x_{D_1}+D_2x_{D_2}}{(R+1)D_1} \tag{1-55a}$$

当侧线产品为饱和蒸气时，第Ⅱ段的操作线方程变为

$$y_{S+1}=\frac{L}{V+D_2}x_S+\frac{D_1x_{D_1}+D_2x_{D_2}}{V+D_2} \tag{1-56}$$

或

$$y_{S+1}=\frac{RD_1}{(R+1)D_1+D_2}x_S+\frac{D_1x_{D_1}+D_2x_{D_2}}{(R+1)D_1+D_2} \tag{1-56a}$$

式中，D_1——塔顶馏出液流量，kmol/h；

D_2——侧线产品流量，kmol/h。

侧线出料时的三条操作线如图 1-42 所示。无论是液相采出还是气相采出，第Ⅱ段操作线斜率必小于第Ⅰ段。在最小回流比时，夹紧点一般出现在 q 线与平衡线的交点处。

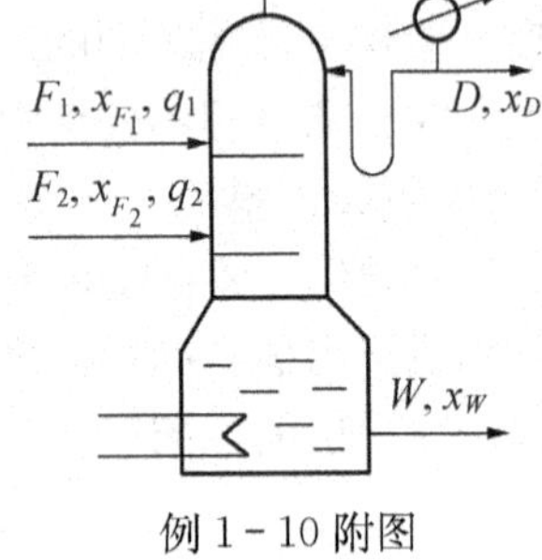

例 1-10 附图

【例 1-10】 二元混合物采用本题附图所示精馏分离流程，泡点回流，塔釜间接蒸汽加热。第一股加料，$F_1=1.5$ kmol/s，$x_{F_1}=0.6$，$q_1=1$；第二股加料，$F_2=0.8$kmol/s，$x_{F_2}=0.4$，$q_2=0$，要求 $x_D=0.95$，$x_W=0.02$。试求：

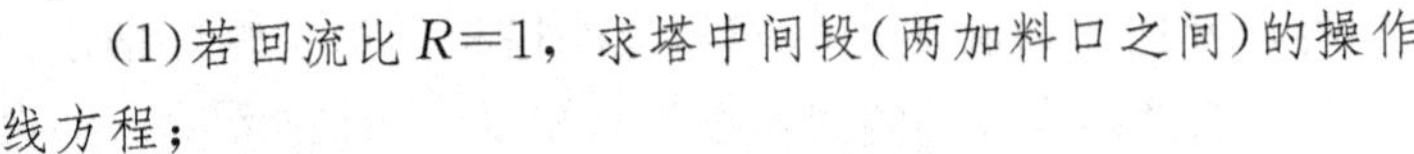

(1)若回流比 $R=1$，求塔中间段(两加料口之间)的操作线方程；

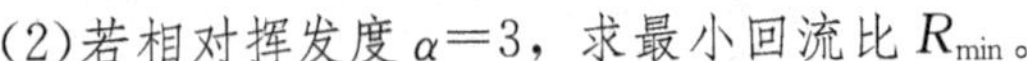

(2)若相对挥发度 $\alpha=3$，求最小回流比 R_{min}。

解 (1)由物料衡算方程写出

$$\left.\begin{aligned}F_1+F_2&=D+W\\F_1x_{F_1}+F_2x_{F_2}&=Dx_D+Wx_W\end{aligned}\right\}\longrightarrow\left\{\begin{aligned}1.5+0.8&=D+W\\1.5\times0.6+0.8\times0.4&=0.95D+0.02W\end{aligned}\right.$$

联立求解得

$$D=1.262(\text{kmol/s})\qquad W=1.038(\text{kmol/s})$$

由式(1-54)写出两股进料之间的操作线方程为

$$y_{S+1}=\frac{L+q_1F_1}{(R+1)D+(q_1-1)F_1}x_S+\frac{Dx_D-F_1x_{F_1}}{(R+1)D+(q_1-1)F_1}$$

由于 $q_1=1$(泡点进料)，上式可写为

$$y_{S+1}=\frac{L+F_1}{(R+1)D}x_S+\frac{Dx_D-F_1x_{F_1}}{(R+1)D}$$

已知

$$L=RD=D=1.262\text{kmol/s}$$

$$L+F_1=1.262+1.5=2.762(\text{kmol/s})$$

$$(R+1)D=(1+1)\times1.262=2.524(\text{kmol/s})$$

将已知数据代入，得

$$y_{S+1}=\frac{2.762}{2.524}x_S+\frac{1.262\times0.95-1.5\times0.6}{2.524}$$

$$y_{S+1}=1.094x_S+0.118$$

(2)最小回流比

由于 $q_1=1$，$x_{q_1}=0.6$，故

$$y_{q_1}=\frac{\alpha x_{q_1}}{1+(\alpha-1)x_{q_1}}=\frac{3\times0.6}{1+2\times0.6}=0.82$$

$$R_{min(1)}=\frac{x_D-y_{q_1}}{y_{q_1}-x_{q_1}}=\frac{0.95-0.82}{0.82-0.6}=0.591$$

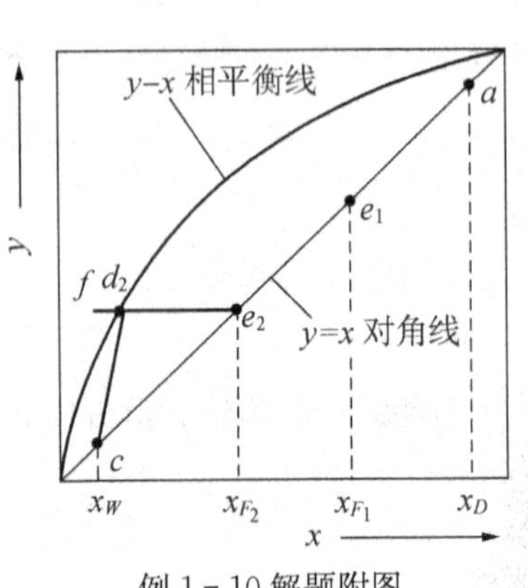

例 1-10 解题附图

又由于 $q_2=0$，$y_{q_2}=x_{F_2}=0.4$，则

$$x_{q_2}=\frac{y_{q_2}}{\alpha-(\alpha-1)y_{q_2}}=\frac{0.4}{3-2\times0.4}=0.182$$

在相平衡线交点 $d_2(x_{q_2}, y_{q_2})$ 上的提馏段操作线斜率为

$$\frac{L''}{V''}=\frac{y_{q_2}-x_W}{x_{q_2}-x_W}=\frac{0.4-0.02}{0.182-0.02}=2.346 \tag{a}$$

由第二股加料口下任一截面至塔底间写出物料衡算方程

$$L''-V''=W=1.038 \tag{b}$$

将(a)、(b)两式联立求解，得

$$V''=0.771(\text{kmol/s}) \qquad L''=1.809(\text{kmol/s})$$

由于提馏段下降液体量 $L''=L'=L+F_1$（其中 L' 为两股进料间下降液体量），所以精馏段下降液体量(回流量)为

$$L=L''-F_1=1.809-1.5=0.309(\text{kmol/s})$$

$$R_{\min(2)}=\frac{L}{D}=\frac{0.309}{1.262}=0.245$$

可见，在夹紧点 (x_{q_1}, y_{q_1}) 上计算的最小回流比大于在点 (x_{q_2}, y_{q_2}) 计算的最小回流比，故决定全塔的最小回流比为

$$R_{\min}=R_{\min(1)}=0.591$$

有关带侧线塔的最小回流比确定的几点说明如下：

①带侧线塔的最小回流比是根据对全塔起决定性作用的夹紧点所对应的最小回流比来确定的。

②夹紧点是相平衡线、q 线和操作线三线的交点，在夹紧点处所需理论板层数为无穷多，应按最早出现的夹紧点所计算出的最小回流比来确定全塔的最小回流比。

③全塔有几个夹紧点就有几个最小回流比 $R_{\min}$，其中最大值者也是最早出现的对全塔起决定性作用的最小回流比。

3. 提馏塔

只有提馏段而没有精馏段的塔称为提馏塔。当精馏的目的仅为回收稀溶液中的易挥发组分且对馏出液的组成要求不高，或物系在低组成下的相对挥发度较大，不用精馏段亦可达到必要的馏出液组成时，可用提馏塔进行精馏操作。从稀氨水中回收氨即为一例。

图 1-43a 所示为一般提馏塔装置简图。原料液预热至泡点加入塔内，其逐板下流提供塔内的液相。塔顶蒸气冷凝后全部作为馏出液产品，塔釜用间接蒸汽加热。

在设计计算时，给定原料液组成 x_F，规定釜液组成 x_W 及回收率，则塔顶馏出液产品组成 x_D 及采出率 D/F 可由全塔物料衡算确定。此种情况下的操作线方程与一般精馏塔的提馏段操作线方程相同，即

$$y_{m+1}=\frac{L'}{V'}x_m-\frac{W}{V'}x_W$$

当为泡点进料时 $L'=F$，$V'=D$，上式可写为

$$y_{m+1}=\frac{F}{D}x_m-\frac{W}{D}x_W \tag{1-57}$$

此操作线上端通过图 1-43b 中的点 $a(x=x_F, y=x_D)$，下端通过点 $c(x=x_W, y=x_W)$，

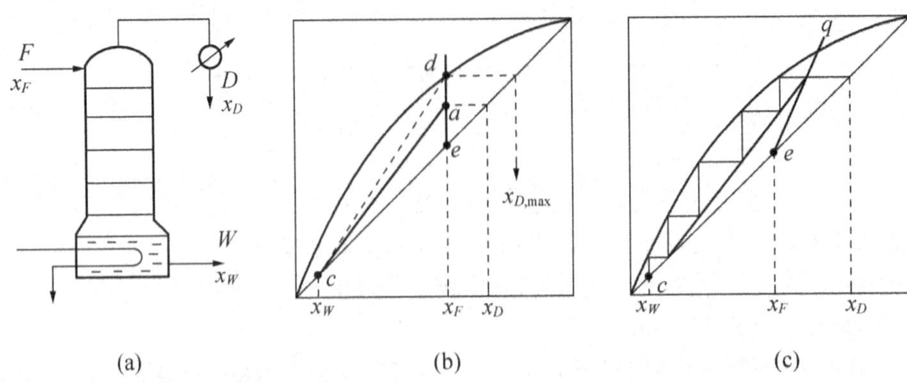

图 1-43 提馏塔装置及其操作线

斜率为 F/D。

欲提高馏出液产品组成，则必须减少蒸发量，即减少液气比，增大操作线斜率 F/D，所需的理论板层数也相应增加。当操作线上端移至点 d 时，与 x_F 互为平衡的气相组成为最大可能获得的馏出液产品组成。

冷液进料时，可与一般的精馏塔一样先作出 q 线，q 线与 $y=x_D$ 的交点即为操作线上端点，如图 1-43c 所示。

1.5.7 塔高和塔径的计算

1. 塔的有效高度

有关塔高的计算实质上指的是塔主体的有效高度的计算，它不包括塔底的蒸馏釜和塔顶空间等高度。

用于精馏操作的塔设备有板式塔和填料塔两种，其塔的有效高度计算方法如下。

(1)板式塔

对于板式塔，通过板效率将理论板层数换算为实际板层数，并选择合适的板间距(指相邻两层实际板之间的距离，选择方法见第 3 章)，由实际板层数和板间距可计算塔主体的有效高度，即

$$Z=(N_P-1)H_T \tag{1-58}$$

式中，Z——塔主体的有效高度，m；

N_P——实际板层数；

H_T——板间距，m。

(2)填料塔

填料层的有效高度即为等板高度与理论板数 N_T 的乘积。

$$Z=\text{HETP}\times N_T \tag{1-59}$$

式中，HETP 称为等板高度，单位为 m。设在填料塔内，将填料层分为若干相等的高度单位，每一单位的作用相当于一层理论板，通过这一高度单位后，上升蒸气与下降液体互为平衡。此单位填料层高度称为理论板当量高度，即为等板高度。

等板高度由实验测定，缺乏实验数据时，可用经验公式估算。有关内容将在第 3 章作进一步讨论。

2. 塔板效率

前面讨论理论板时是假定在每一块理论塔板上气液接触完全达到相平衡状态，但因接触面积有限及接触时间短暂等原因，实际上要达到相平衡状态是不可能的。由于实际塔板和理论塔板在分离效果上的差异，实际板层数总比理论板层数多。为反映这种差异程度，通常引入塔板效率这一参数。下面介绍两种常用塔板效率的表示方法。

(1)全塔效率 E

全塔效率又称为总板效率，其定义表达式为

$$E=\frac{\text{理论板层数 } N_T}{\text{实际板层数 } N_P}\times 100\% \tag{1-60}$$

全塔效率反映塔内各层塔板的平均效率，由于它是理论板层数的一个校正系数，其值恒小于1。对于一定结构的板式塔，若已知在某种条件下的全塔效率，即可由式(1-60)求得实际板层数。

影响全塔效率的主要因素有以下几个方面：塔的操作条件，包括温度、压强、蒸气上升速度及气液流量比等；塔板结构，包括塔板类型、塔径、板间距、堰高及开孔率等；系统物性，包括粘度、密度、表面张力、扩散系数及相对挥发度等。上述这些因素是彼此联系而又相互制约的，因此，很难得到各影响因素之间的定量关系。设计中所用的全塔效率数据，一般是从条件相近的生产装置或中试装置中取得的经验数据，也可通过经验关联式计算。比较典型、简易的方法是奥康奈尔(O'Connell)的关联法。此法将总板效率对液相粘度与相对挥发度的乘积进行关联，得到如图1-44所示曲线，这一曲线也可关联为如下形式，即

$$E=0.49(\alpha\mu_L)^{-0.245} \tag{1-61}$$

式中，α——塔顶与塔底平均温度下的相对挥发度；

μ_L——塔顶与塔底平均温度下的液体粘度，mPa·s。

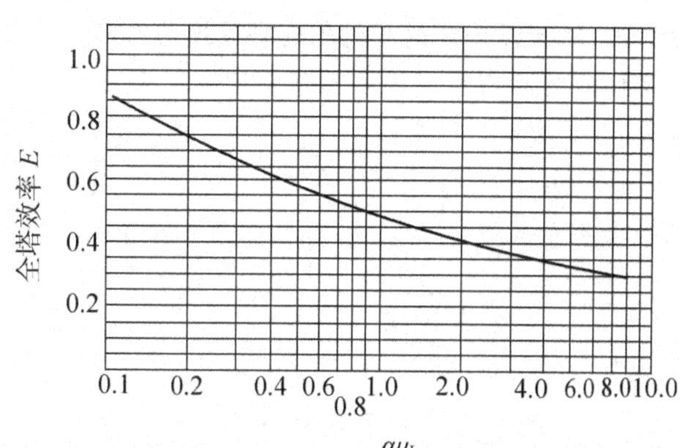

图1-44　精馏塔效率关系曲线

应当指出，近年来还提出了一些计算总板效率的关联式，详细内容可参考有关文献。

(2)单板效率

单板效率又称默弗里(Murphree)效率，它是以混合物经过实际板的组成变化与经过理论板的组成变化之比来表示的，单板效率既可用气相组成表示，也可用液相组成表示，分别称为气相单板效率和液相单板效率。对任意的第 n 层塔板，其表达式分别为

气相单板效率

$$E_{MV}=\frac{y_n-y_{n+1}}{y_n^*-y_{n+1}} \tag{1-62}$$

液相单板效率

$$E_{ML}=\frac{x_{n-1}-x_n}{x_{n-1}-x_n^*} \tag{1-63}$$

式中，E_{MV}——气相单板效率(气相默弗里板效率)；

E_{ML}——液相单板效率(液相默弗里板效率)；

y_n^*——与 x_n 互为平衡的气相组成，摩尔分数；

x_n^*——与 y_n 互为平衡的液相组成，摩尔分数。

一般来说，同一层塔板的 E_{MV} 与 E_{ML} 的数值并不相等。在一定的简化条件下，通过对第 n 层塔板作物料衡算，可以得到 E_{MV} 与 E_{ML} 有如下关系，即

$$E_{MV}=\frac{E_{ML}}{E_{ML}+\frac{mV}{L}(1-E_{ML})} \tag{1-64}$$

式中，m——第 n 层塔板所涉及组成范围内的相平衡线斜率；

V/L——气液两相摩尔流量比，即操作线斜率。

可见，只有当操作线与相平衡线平行时，E_{MV} 与 E_{ML} 才会相等。

应当指出，单板效率可直接反映该层塔板的传质效果，但各层塔板的单板效率通常并不相等。即使塔内各板效率相等，全塔效率在数值上也不等于单板效率。这是因为两者定义的基准不同，全塔效率是基于所需理论板数的概念，而单板效率是基于该板理论增浓程度的概念。

【例 1-11】 在连续操作的板式精馏塔中分离苯-甲苯混合液。在全回流条件下测得相邻板上的液相组成为 0.28、0.41 和 0.57，试求三层塔板中较低两层的单板气相默弗里效率 E_{MV}。操作条件下苯-甲苯混合液的平均相对挥发度为 2.5。

解 设相邻三块塔板的气液相组成如本例附图所示。全回流操作时，操作线方程为

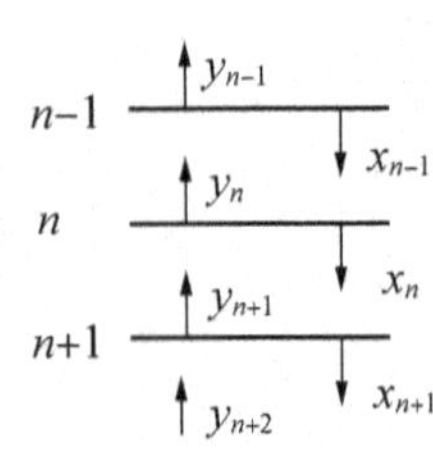

例 1-11 附图

$$y_{n+1}=x_n$$

由单板气相默弗里效率定义式写出

$$E_{MV}=\frac{y_n-y_{n+1}}{y_n^*-y_{n+1}}$$

根据本题所给条件可写出

$$x_{n-1}=y_n=0.57$$

$$x_n=y_{n+1}=0.41$$

$$x_{n+1}=y_{n+2}=0.28$$

利用气液相平衡关系式可求得

$$y_n^*=\frac{\alpha x_n}{1+(\alpha-1)x_n}=\frac{2.5\times0.41}{1+(2.5-1)\times0.41}=0.6347$$

$$y_{n+1}^*=\frac{\alpha x_{n+1}}{1+(\alpha-1)x_{n+1}}=\frac{2.5\times0.28}{1+(2.5-1)\times0.28}=0.493$$

所以，第 n 层单板气相默弗里效率为

$$E_{MV}=\frac{y_n-y_{n+1}}{y_n^*-y_{n+1}}=\frac{0.57-0.41}{0.6347-0.41}=0.712$$

第 $n+1$ 层单板气相默弗里效率为

$$E_{MV}=\frac{y_{n+1}-y_{n+2}}{y_{n+1}^*-y_{n+2}}=\frac{0.41-0.28}{0.493-0.28}=0.61$$

3. 塔径

精馏塔的直径，可由塔内上升蒸气的体积流量及其通过塔横截面的空塔速度求得，即

$$V_s=\frac{\pi}{4}D^2u$$

或

$$D=\sqrt{\frac{4V_s}{\pi u}} \tag{1-65}$$

式中，D——精馏塔内径，m；

u——空塔速度，m/s；

V_s——塔内上升蒸气的体积流量，m^3/s。

空塔气速是影响精馏操作的重要因素，空塔速度的确定方法将在第 3 章进行说明。

应当指出，由于进料热状况及操作条件不同，精馏段和提馏段内的上升蒸气量若相差较大时，精馏段和提馏段的直径应分别进行计算。

精馏段上升蒸气量为

$$V=L+D=(R+1)D$$

其中 V 为摩尔流量。用式(1-65)计算时应换算为体积流量，即

$$V_s=\frac{VM_m}{3\,600\rho_V} \tag{1-66}$$

式中，V——精馏段摩尔流量，kmol/h；

ρ_V——在精馏段平均操作压强和温度下的气相密度，kg/m^3；

M_m——平均摩尔质量，kg/kmol。

若操作压强较低，气相可视为理想气体混合物，则

$$V_s=\frac{22.4V}{3\,600}\cdot\frac{Tp_0}{T_0p} \tag{1-66a}$$

式中，T、T_0——精馏段的平均温度和标准状况下的热力学温度，K；

p、p_0——精馏段的平均压强和标准状况下的压强，Pa。

提馏段上升蒸气摩尔流量为

$$V'=V+(q-1)F$$

计算出提馏段上升蒸气摩尔流量 V' 后，可按式(1-66)或式(1-66a)换算为体积流量。

若精馏段和提馏段内的上升蒸气量相差不大，为简化结构，宜采用相同的塔径。

1.5.8 连续精馏装置的热量衡算

对精馏装置进行热量衡算，可求得冷凝器和再沸器的热负荷，从而算出加热蒸汽消耗量和冷却水用量以及与此有关的操作费用，既可为设计换热设备提供基本数据，又可确定

所设计的技术经济指标。

1. 塔顶冷凝器的热量衡算

如图 1-45 所示，对塔顶全凝器作热量衡算，以单位时间为基准并忽略热损失，则全凝器的热负荷 Q_C 可依下式计算：

$Q_C = Q_V - Q_D - Q_L = VI_{VD} - DI_{LD} - LI_{LD}$

由于 $V=L+D=(R+1)D$，代入上式并整理得

$$Q_C = (R+1)D(I_{VD} - I_{LD}) \quad (1-67)$$

式中，Q_C——全凝器的热负荷，kJ/h；

Q_V——塔顶上升蒸气带出的热量，kJ/h；

Q_D——塔顶产品带入的热量，kJ/h；

Q_L——回流液带入的热量，kJ/h；

R——操作回流比；

I_{VD}——塔顶上升蒸气的焓，kJ/kmol；

I_{LD}——塔顶馏出液的焓，kJ/kmol。

若回流液在泡点温度下进入塔内，那么 $I_{VD}-I_{LD}=r$，式(1-67)变为

$$Q_C = (R+1)Dr \quad (1-67a)$$

式中，r——塔顶上升蒸气的汽化潜热，kJ/kmol。

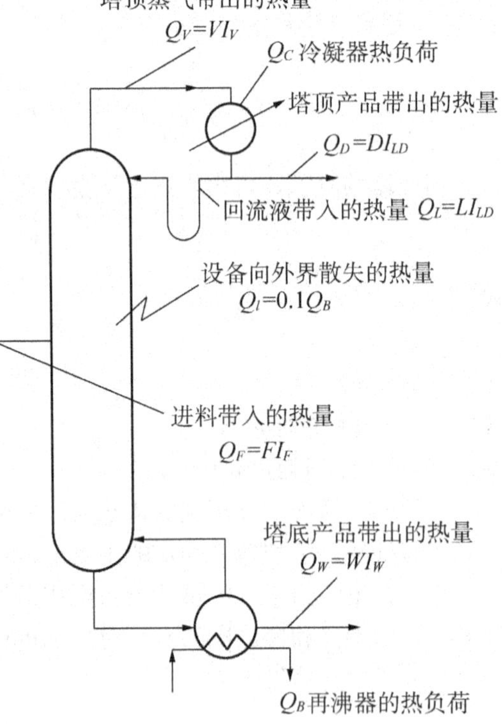

图 1-45 精馏塔热量衡算示意图

这样一来，冷凝器冷凝介质的消耗量可由下式计算：

$$W_c = \frac{Q_C}{c_{pc}(t_2 - t_1)} \quad (1-68)$$

式中，W_c——冷凝介质的消耗量，kg/h；

c_{pc}——冷凝介质的比热容，kJ/(kg·℃)；

t_1，t_2——冷凝介质进、出冷凝器的温度,℃。

2. 塔底再沸器的热量衡算

精馏塔的加热方式分为直接蒸汽加热与间接蒸汽加热两种方式，工业上采用后者为多。如图 1-45 所示，对全塔作热量衡算，那么

$$Q_V + Q_W + Q_l = Q_L + Q_F + Q_B \quad (1-69)$$

式中，Q_V——塔顶蒸气带出的热量，kJ/h；

Q_W——塔底产品带出的热量，kJ/h；

Q_l——设备向外界散失的热量，kJ/h；

Q_L——回流液带入的热量，kJ/h；

Q_F——进料带入的热量，kJ/h；

Q_B——再沸器的热负荷，kJ/h。

通常，设备向外界散失的热量 Q_l 取其热负荷10%裕量计算，经整理可得再沸器热负荷 Q_B 的计算式为

$$Q_B = 1.1 \times (Q_V + Q_W - Q_L - Q_F) \tag{1-69a}$$

这样一来，加热介质的消耗量可由下式求出

$$W_h = \frac{Q_B}{I_{B_1} - I_{B_2}} \tag{1-70}$$

式中，W_h——加热介质消耗量，kg/h；

I_{B_1}，I_{B_2}——加热介质进、出再沸器的焓，kJ/kg。

若用饱和蒸汽加热，且冷凝液在饱和温度下排出，则加热蒸汽消耗量可按下式计算，即

$$W_h = \frac{Q_B}{r} \tag{1-71}$$

式中，r——加热蒸气的汽化热，kJ/kg。

3. 热能回收利用

在精馏操作中，热能的消耗是相当大的，因此精馏生产中怎样提高能量的有效利用率、降低能耗，是进行精馏装置设计时必须考虑的问题。精馏操作的节能途径可以根据具体情况参考以下措施：

①产生低压水蒸气。

②利用装置排出的余热作加热源。

③热泵技术的利用。热泵的循环介质在冷凝器中吸收塔顶蒸气的热量而蒸发为蒸气，该蒸气经过压缩后提高温度进入再沸器中冷凝放热，冷凝后的液体经节流阀减压再进入冷凝器中蒸发吸热，如此循环。

④优化工艺，合理选择流程，以达到降低能耗的目的。

除上述几种节能措施外，还可在精馏装置上设置中间再沸器或中间冷凝器，或采用多效精馏等方法达到降低能耗的目的。

【例1-12】 某二元混合液的精馏操作流程如附图所示。已知原料液以饱和液体状态加入塔内，原料液的组成 $x_F=0.52$(摩尔分数，下同)，要求塔顶产品组成 $x_D=0.8$，$D/F=0.5$，操作条件下，物系的相对挥发度 $\alpha=3.0$，塔顶设全凝器，泡点回流。若设计的操作回流比 $R=3.0$，试求：

(1)为完成上述分离任务所需的理论板数(操作满足恒摩尔流假定)；

(2)全回流操作时，塔顶第一块板的气相默弗里效率为0.6，塔顶第二块板上升的气相组成。

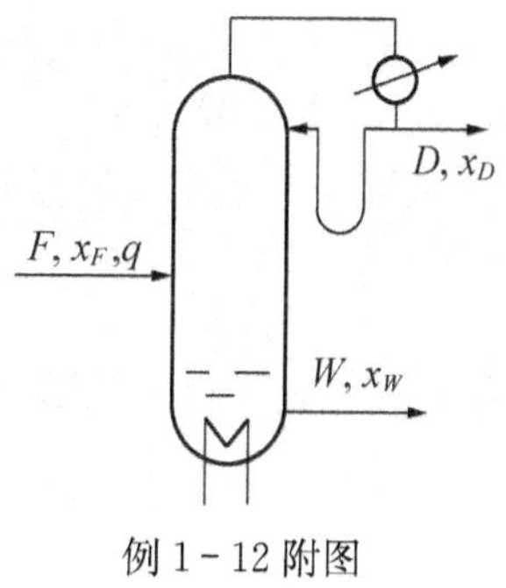

例1-12附图

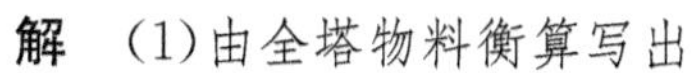

解 (1)由全塔物料衡算写出

$$\left.\begin{aligned} F &= D + W \\ Fx_F &= Dx_D + Wx_W \end{aligned}\right\} \rightarrow \frac{D}{F} = \frac{x_F - x_W}{x_D - x_W} = 0.5$$

代入已知数据解得

$$x_W = 0.24$$

精馏段操作线方程为

$$y_{n+1}=\frac{R}{R+1}x_n+\frac{x_D}{R+1}$$

即

$$y_{n+1}=\frac{3}{3+1}x_n+\frac{0.8}{3+1}=0.75x_n+0.2 \qquad (a)$$

提馏段操作线方程为

$$y_{m+1}=\frac{L+qF}{L+qF-W}x_m-\frac{Wx_W}{L+qF-W}$$

其中，若 $F=1\text{kmol/s}$，由 $1=D/F+W/F$，可解得

$$W=D=0.5\text{kmol/s}$$

由于泡点进料，$q=1$，那么

$$L+qF=RD+qF=3\times0.5+1\times1=2.5(\text{kmol/s})$$
$$L+qF-W=2.5-0.5=2(\text{kmol/s})$$

所以，提馏段操作线方程为

$$y_{m+1}=\frac{2.5}{2}x_m-\frac{0.5\times0.24}{2}=1.25x_m-0.06 \qquad (b)$$

平衡线方程为

$$y_n=\frac{\alpha x_n}{1+(\alpha-1)x_n}=\frac{3x_n}{1+2x_n}$$

可改写为

$$x_n=\frac{y_n}{3-2y_n} \qquad (c)$$

利用逐板计算法，由于 $y_1=x_D=0.8$

据式(c)解得， $x_1=0.571$ 据式(a)解得， $y_2=0.628$

据式(c)解得， $x_2=0.36<x_F=0.52$ 据式(b)解得， $y_3=0.39$

据式(c)解得， $x_3=0.176<x_W=0.24$

可见，利用相平衡方程共3次，因此所需理论板层数共3块(包括塔釜)。其中，精馏段1块，提馏段2块。

(2)由单板气相默弗里效率定义可写出

$$\frac{y_1-y_2}{y_1^*-y_2}=0.6$$

由于 $y_1=x_D=0.8$，全回流操作 $y_{n+1}=x_n$，即 $y_2=x_1$，则

$$y_1^*=\frac{\alpha x_1}{1+(\alpha-1)x_1}=\frac{\alpha y_2}{1+(\alpha-1)y_2}=\frac{3y_2}{1+2y_2}$$

所以

$$\frac{0.8-y_2}{\dfrac{3y_2}{1+2y_2}-y_2}=0.6$$

可解得 $y_2=0.693$

【例1-13】 欲用连续精馏塔分离苯-甲苯溶液。已知 $x_F=0.5$，$x_D=0.9$，$x_W=0.1$(均为摩尔分数)。采用回流比 $R=2R_{\min}$，系统相对挥发度 $\alpha=2.5$。饱和液体由塔中部加

入，泡点回流，塔釜间接蒸汽加热。试求：

(1)采出率 D/F；

(2)精馏段和提馏段的操作线方程；

(3)完成上述分离任务所需理论板层数最少不少于几块？

解 (1)采出率

$$\frac{D}{F}=\frac{x_F-x_W}{x_D-x_W}=\frac{0.5-0.1}{0.9-0.1}=0.5$$

(2)由于 $q=1$(泡点进料)，$x_q=x_F=0.5$，利用相平衡方程

$$y_q=\frac{\alpha x_q}{1+(\alpha-1)x_q}=\frac{2.5\times0.5}{1+(2.5-1)\times0.5}=0.714$$

最小回流比 $$R_{\min}=\frac{x_D-y_q}{y_q-x_q}=\frac{0.9-0.714}{0.714-0.5}=0.869$$

操作回流比 $$R=2R_{\min}=2\times0.869=1.738$$

精馏段操作线方程 $$y_{n+1}=\frac{R}{R+1}x_n+\frac{x_D}{R+1}$$

代入数据并化简得 $$y=0.635x+0.328$$

提馏段操作线方程 $$y_{m+1}=\frac{L+qF}{L+qF-W}x_m-\frac{Wx_W}{L+qF-W}$$

由于 $q=1$，$L=RD$，$W/F=1-D/F=0.5$，则

$$y_{m+1}=\frac{R\cdot(D/F)+1}{(R+1)(D/F)}x_m-\frac{(W/F)\cdot x_W}{(R+1)(D/F)}=\frac{(1.738\times0.5)+1}{(1.738+1)\times0.5}x_m-\frac{0.5\times0.1}{(1.738+1)\times0.5}$$

整理化简可得提馏段操作线方程 $y=1.36x-0.0365$

(3)全回流(即 $R=\infty$)下操作所需理论板层数最少，即

$$N_{\min}=\frac{\lg\left[\left(\frac{x_D}{1-x_D}\right)\left(\frac{1-x_W}{x_W}\right)\right]}{\lg\alpha}=\frac{\lg\left[\left(\frac{0.9}{1-0.9}\right)\left(\frac{1-0.1}{0.1}\right)\right]}{\lg2.5}$$

$$=4.8\approx5(\text{块})(\text{包括塔釜})$$

【例 1-14】 在连续精馏塔中分离某组成为 0.5(易挥发组分的摩尔分数，下同)的两组分溶液。原料液于泡点下进入塔内，塔顶采用分凝器和冷凝器，分凝器向塔内提供回流液，其组成为 0.88，全凝器提供组成为 0.95 的合格产品。塔顶馏出液中易挥发组分的回收率为 96%。若测得塔顶第一层塔板的液相组成为 0.79，试求：

(1)操作回流比和最小回流比；

(2)若馏出液量为 100kmol/h，则原料液流量为多少？

解 如附图所示，分凝器相当于一块理论板，故有如下结论：

①y_L 与 x_L 互为相平衡关系；

②y_1 与 x_L 为操作关系。

(1)操作回流比和最小回流比

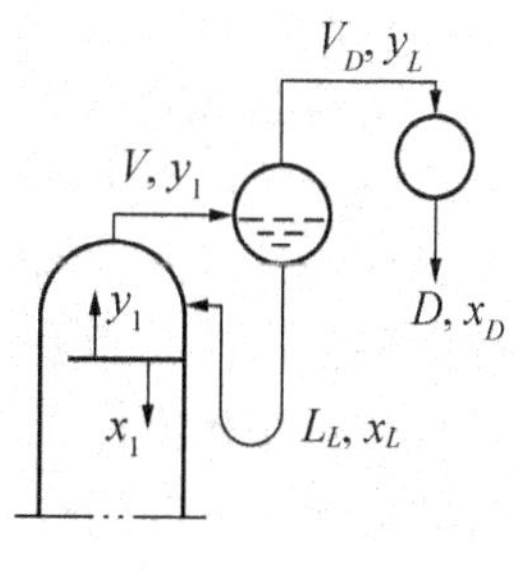

例 1-14 附图

由于 $y_L=x_D=\dfrac{\alpha x_L}{1+(\alpha-1)x_L}$，代入已知数据可求得相对挥发度为

$$0.95=\frac{0.88\alpha}{1+(\alpha-1)\times 0.88}$$

$$\alpha=2.591$$

由于$q=1$(泡点进料)，故有$x_q=x_F$，由相平衡方程求得

$$y_q=\frac{2.591\times 0.5}{1+1.591\times 0.5}=0.7215$$

最小回流比为

$$R_{\min}=\frac{x_D-y_q}{y_q-x_q}=\frac{0.95-0.7215}{0.7215-0.5}=1.032$$

已知$x_1=0.79$(题给)，由相平衡方程又可求得

$$y_1=\frac{\alpha x_1}{1+(\alpha-1)x_1}=\frac{2.591\times 0.79}{1+1.591\times 0.79}=0.907$$

将上述数据代入精馏段操作线方程，可写出

$$y_1=\frac{R}{R+1}x_L+\frac{x_D}{R+1}$$

$$0.907=\frac{R}{R+1}\times 0.88+\frac{0.95}{R+1}$$

可解得操作回流比为 $R=1.593$

(2)由回收率定义写出

$$\eta=\frac{Dx_D}{Fx_F}$$

原料液流量为

$$F=\frac{Dx_D}{\eta x_F}=\frac{100\times 0.95}{0.96\times 0.5}=198\ (\text{kmol/h})$$

1.5.9 精馏过程的操作型计算

在精馏塔的分析和计算中，另外一大类命题是操作型问题。所谓操作型问题，就是在现有设备(已知精馏段理论板层数及全塔理论板层数)条件下，由指定的操作条件预测精馏操作的结果，或由某些操作参数(如R、F、x_F、q)的改变预测其他操作参数的变化。

精馏操作型计算包括定性分析和定量计算两部分。定性分析是对运行中的精馏塔，分析某操作条件改变后分离效果的变化，或者提出为获得合格产品必须采取的调节措施，等等；定量计算通常核算某精馏塔的分离能力，或分析精馏操作过程中产品组成的变化。严格说来，操作条件的改变将引起塔内气液相流量和组成的变化，从而影响塔板效率，但是，只要精馏塔能正常操作，一般该项影响很小，可以忽略不计，所以精馏塔操作条件改变后理论板数可视为不变。

操作型计算所用的方程与设计型相同，包括物料衡算式、热量衡算式、平衡关系和操作线方程，但待求的未知量不同。设计型计算是计算完成规定任务下所需理论板层数及加料板位置；操作型计算则是在某些已知条件下，计算精馏塔操作的最终结果。所以，两者的计算方法是不同的。

操作型计算的特点：

①由于众多变量之间的非线性关系，使操作型计算一般均需通过试差(迭代)，即先假

设一个塔顶(或塔底)组成，再用物料衡算及逐板计算予以校核的方法来解决。

②加料板位置(或其他操作条件)一般不满足最优化条件。

下面以回流比和回流液热状况变动及进料组成和进料热状况变动这两种情况为例，讨论此类问题的计算方法。

1. 回流比和回流液热状况的影响

回流比是影响精馏塔分离效果的主要因素。生产中经常采用回流比来调节、控制产品的质量。回流比增大时，精馏段操作线斜率 L/V 增大，该段内传质推动力相应增大，故在一定的精馏段理论板层数下馏出液组成将增大。另一方面，回流比增大，提馏段操作线斜率 L'/V' 变小，该段的传质推动力也相应增大，因此在一定的提馏段理论板层数下釜液组成将变小。反之，回流比减小时，x_D 减小而 x_W 增大，使得分离效果变差。

设某塔的精馏段有$(n-1)$块理论板，提馏段有$(N-n+1)$块理论板，在回流比 R' 下操作获得塔顶组成 x'_D 与塔底组成 x'_W，如图 1-46a 所示。

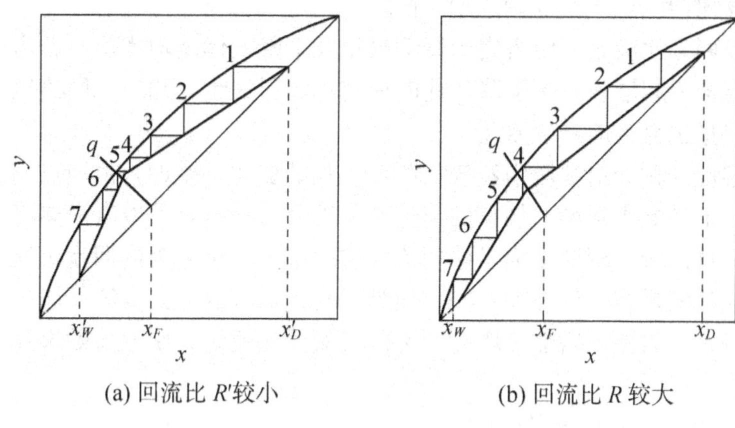

(a) 回流比 R' 较小　　(b) 回流比 R 较大

图 1-46　增大回流比对精馏操作结果的影响

现将回流比加大至 R，精馏段液气比增加，操作线斜率变大；提馏段气液比加大，操作线斜率变小。当操作达到稳定时馏出液组成 x_D 必有所提高，釜液组成 x_W 必有所降低，如图 1-46b 所示。

定量计算的方法是：先设定某一 x_W 值，可按物料衡算式求出相应的馏出液组成，即

$$x_D = \frac{x_F - x_W(1 - D/F)}{D/F} \tag{1-72}$$

然后，自组成为 x_D 起交替使用精馏段操作方程

$$y_{n+1} = \frac{R}{R+1}x_n + \frac{x_D}{R+1}$$

及相平衡方程

$$x_n = \frac{y_n}{\alpha - (\alpha - 1)y_n}$$

进行 n 次逐板计算，算出离开第 1 至第 n 块板的气、液两相组成，直至算出离开加料板液体的组成 x_n。跨过加料板以后，须改用提馏段操作方程，即

$$y_{m+1}=\frac{R+q\dfrac{F}{D}}{(R+1)-(1-q)\dfrac{F}{D}}x_m-\frac{\dfrac{F}{D}-1}{(R+1)-(1-q)\dfrac{F}{D}}x_W$$

及相平衡方程再进行 $N-n$ 次逐板计算，算出最后一块理论板的液体组成 x_N。将此时的 x_N 值与所假设的 x_W 值比较，两者基本接近则有效，否则重新试差。

必须注意，在馏出液流率 D/F 规定的条件下，藉增加回流比 R 以提高 x_D 的方法并非总是有效的，原因是：

①x_D 的提高受精馏段塔板数即精馏塔分离能力的限制。对一定板数，即使回流比增至无穷大(全回流)时，x_D 也有确定的最高极限值，在实际操作的回流比下不可能超过此极限值。

②x_D 的提高受全塔物料衡算的限制。加大回流比可提高 x_D，但其极限值为 $x_D=Fx_F/D$。对一定塔板数，即使采用全回流，x_D 也只能在某种程度上趋近于此极限值。如 $x_D=Fx_F/D$ 的数值大于 1，则 x_D 的极限值为 1。

应当指出，回流比增大，使塔内上升蒸气量及下降液体量均增加，若塔内气液负荷超过允许值，可能会引起塔板效率下降，此时应减小原料液量。此外，回流比变化时再沸器和冷凝器的传热量也会相应发生变化。

回流液的温度变化会引起塔内蒸气实际循环量的变化。譬如，由泡点回流改为低于泡点的冷回流时，上升到塔顶第一块板的蒸气有一部分被冷凝，其冷凝潜热将回流液加热到该板上的泡点。这部分冷凝液成为塔内回流液的一部分，称之为内回流，这使塔内第一层板以下的实际回流液量较 RD 要大一些。而且，与此对应的上升到第一层板的蒸气量也要比 $(R+1)D$ 大一些。内回流增加了塔内实际的气液两相流量，使分离效果提高，但会加大能耗。

2. 进料组成和进料热状况的影响

当进料状况(x_F 和 q)发生变化时，会引起馏出液组成和釜残液组成的变化。譬如，若进料组成 x_F 下降至 x_F'，那么在同一回流比 R 及理论板层数下塔顶馏出液组成 x_D 将下降为 x_D'，釜残液组成 x_W 也将下降为 x_W'。图 1-47 表示进料组成变化后精馏段操作线位置的改变。此时，欲要维持原馏出液组成 x_D 不变，一般需加大回流或减少采出量 D/F。此外，通常在精馏塔上设置几个进料位置，以适应生产中进料状况的变化，保证在精馏塔的适宜位置进料。

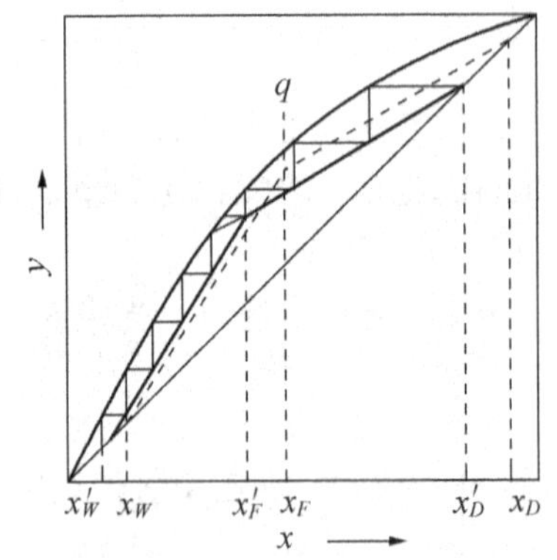

图 1-47 进料组成下降对精馏结果的影响

【例 1-15】 一精馏塔有五块理论板(包括塔釜)。含苯 0.5(摩尔分数)的苯-甲苯混合液预热至泡点，连续加入塔的第三块板上。采用回流比 3，塔顶产品的采出率 0.44，物系的相对挥发度 2.47。求操作可得的塔顶和塔底产品组成 x_D 和 x_W。

解 由塔顶产品的采出率定义

$$\frac{D}{F}=\frac{x_F-x_W}{x_D-x_W}=0.44$$

可写为

$$x_D = \frac{x_F - x_W}{0.44} + x_W$$

x_D 和 x_W 均为待求，需用试差法。先假设 $x_W=0.194$，那么

$$x_D = \frac{0.5 - 0.194}{0.44} + 0.194 = 0.889$$

因此，精馏段操作线方程为

$$y = \frac{R}{R+1}x + \frac{x_D}{R+1} = \frac{3}{3+1}x + \frac{0.889}{3+1} = 0.75x + 0.222$$

提馏段操作线方程写为

$$y = \frac{L'}{V'}x - \frac{W}{V'}x_W$$

由于 $q=1$，故

$$L' = L + qF = RD + F$$
$$V' = V = (R+1)D$$

代入提馏段操作线方程并整理，可写为

$$y = \frac{R + F/D}{R+1}x - \frac{F/D - 1}{R+1}x_W = \frac{3 + 1/0.44}{3+1}x - \frac{1/0.44 - 1}{3+1} \times 0.194$$
$$y = 1.32x - 0.0617$$

气液相平衡方程写为

$$x = \frac{y}{\alpha - (\alpha - 1)y} = \frac{y}{2.47 - 1.47y}$$

采用逐板计算法，自塔顶开始：

$$y_1 = x_D = 0.889$$
$$x_1 = \frac{y_1}{2.47 - 1.47y_1} = \frac{0.889}{2.47 - 1.47 \times 0.889} = 0.764$$
$$y_2 = 0.75 \times 0.764 + 0.222 = 0.795$$
$$x_2 = \frac{0.795}{2.47 - 1.47 \times 0.795} = 0.611$$
$$y_3 = 0.75 \times 0.611 + 0.222 = 0.680$$
$$x_3 = \frac{0.68}{2.47 - 1.47 \times 0.68} = 0.462$$

$m = 3$,改用提馏段操作线方程计算

$$y_4 = 1.32 \times 0.462 - 0.0617 = 0.548$$
$$x_4 = \frac{0.548}{2.47 - 1.47 \times 0.548} = 0.329$$
$$y_5 = 1.32 \times 0.329 - 0.0617 = 0.373$$
$$x_5 = \frac{0.373}{2.47 - 1.47 \times 0.373} = 0.194$$

计算结果表明 $x_W = x_5 = 0.194$,与假设相符,所以

$$x_D = 0.889, \quad x_W = 0.194$$

3. 精馏塔温度分布和灵敏板

(1)精馏塔的温度分布

溶液的泡点与总压及组成有关。精馏塔内各块板上物料的组成及总压并不相同，因而从塔顶至塔底形成某种温度分布。

在加压或常压精馏中，各板的总压差别不大，形成全塔温度分布的主要原因是各板组成不同。图1-48a表示各板组成与温度的对应关系，由此可求出各板的温度并将它标绘在图1-48b中，即得全塔温度分布曲线。

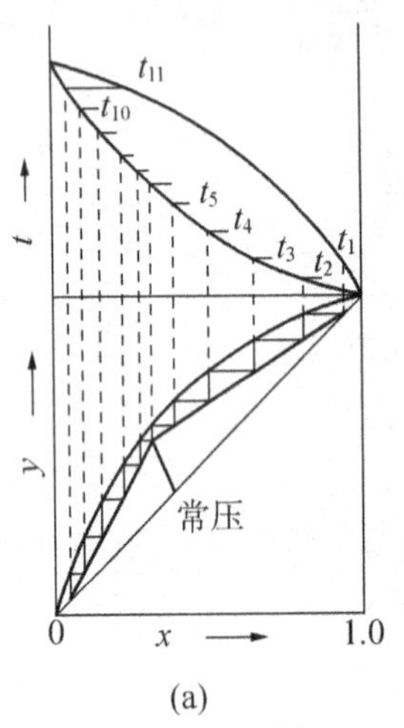

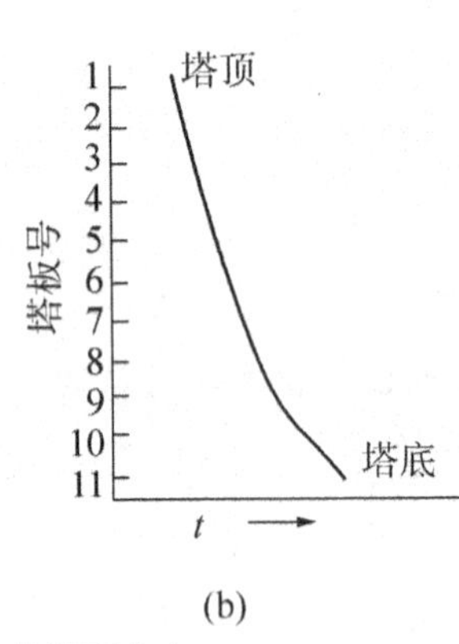

图1-48 精馏塔的温度分布

减压精馏中，蒸气每经过一块板就有一定压降，如果塔板数较多，塔顶与塔底压强的差别与塔顶绝对压强相比，其数值相当可观，总压降可能是塔顶压强的几倍。因此，各板组成与总压的差别都是影响全塔温度分布的重要因素，且后一因素的影响往往更为显著。

(2)灵敏板

一个正常操作的精馏塔当受到某一外界因素的干扰(如回流比、进料组成发生波动等)时，全塔各板组成会发生变动，全塔的温度分布也会发生相应的变化。因此，有可能用测量温度的方法预示塔内组成(尤其是塔顶馏出液组成的变化)。

在一定总压下，塔顶温度是馏出液组成的直接反映。但是，高纯度分离时，在塔顶(或塔底)相当高的一个塔段中温度变化极小，典型的温度分布曲线如图1-49所示。这样，当塔顶温度有了可觉察的变化，馏出液组成的波动早已超出了允许的范围。以乙苯-苯乙烯在8kPa下减压精馏为例，当塔顶馏出液中所含乙苯由99.9%降至90%时，泡点变化仅为0.7℃。可见，高纯度分离时一般不能用测量塔顶温度的方法来控制馏出液的质量。

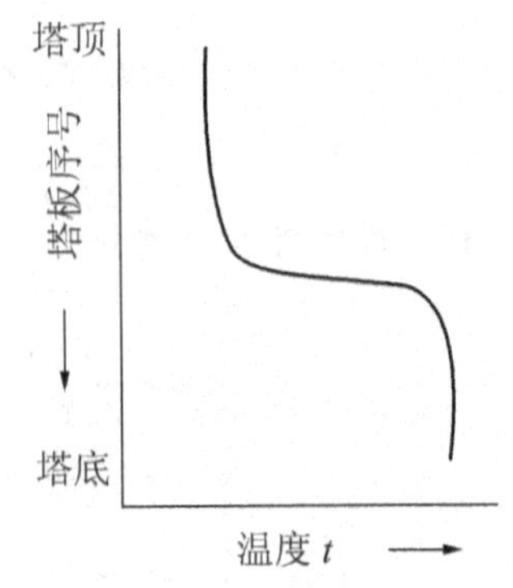

图1-49 高纯度分离时全塔的温度分布

仔细分析操作条件变动前后温度分布的变化，可发现在精馏段或提馏段的某些塔板上，温度变化最为显著。或者说，这些塔板的温度对外界干扰因素的反应最为灵敏，故将这些塔板称之为灵敏板。将感温元件安置在灵敏板上可以较早觉察精馏操作所受到的干扰；而且灵敏板比较靠近进料口，可在塔顶馏出液组成尚未产生变化之前先感受到进料参数的变动并及时采取调节手段，以稳定馏出液的组成。

1.6 间歇精馏

间歇精馏又称分批精馏，其流程如图 1-50 所示。间歇精馏实际上是在简单蒸馏釜的上方加一段精馏段。在间歇精馏过程中，被处理的物料一次性加入精馏釜中，塔釜采用间接蒸汽加热，料液逐渐汽化，产生的蒸气在上升过程中与下降的回流液体逐级接触。离开塔顶的蒸气经冷凝后，一部分作为馏出液产品，另一部分作为回流返回塔内。当釜液组成降到规定值后，将其一次排出，再进行下一批精馏操作。与连续精馏相比，间歇精馏具有以下特点：

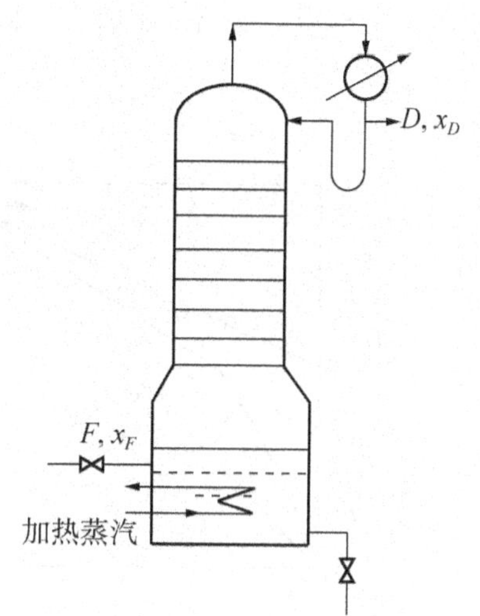

图 1-50　间歇精馏流程示意图

①间歇精馏为非稳态过程。由于釜中液相组成随精馏过程的进行而不断降低，因此塔内各处操作参数(如温度、组成等)随时间而变化；

②间歇精馏塔只有精馏段而没有提馏段；

③塔顶馏出液组成随操作方式的不同而不同。

间歇精馏主要适用于以下场合：精馏的原料液是分批生产得到的，这时分离过程也要分批进行；在实验室精馏操作一般处理量较少，且原料的品种、组成及分离程度经常变化，采用间歇精馏更为灵活方便；多组分混合液的初步分离，要求获得不同馏分(组成范围)的产品，这时也可采用间歇精馏。

间歇精馏有两种基本操作方式：一种是回流比恒定，馏出液组成逐渐减小；另一种是馏出液组成恒定，回流比不断增大。实际生产中，往往采用联合操作方式，即某一阶段(如操作初期)采用恒馏出液组成的操作，另一阶段(如操作后期)采用恒回流比的操作。联合的方式可视具体情况而定。

1.6.1　回流比恒定时的间歇精馏

恒回流比是在精馏操作过程中一直保持回流比 R 不变，此时塔顶馏出液组成 x_D 随釜液组成 x_W 的下降而不断降低。通常，当釜液组成下降到规定值后，即停止精馏操作。恒回流比下间歇精馏的主要计算内容包括：

1. 回流比 R 的确定

设计计算中恒回流比 R 的选定类似于普通精馏，取最小回流比 R_{min} 的倍数，但由于恒回流比操作时 x_D、x_W 连续变化，所以计算 R_{min} 时有一个基准问题，一般多以操作初态作为基准，此时 $x_W=x_F$，$x_D=x_{D_1}$。根据最小回流比的定义，由 x_{D_1}、x_F 及气液相平衡关

系可求出$R_{\min}$，即

$$R_{\min}=\frac{x_{D_1}-y_F}{y_F-x_F} \tag{1-73}$$

操作回流比可在$R=(1.1\sim2.0)R_{\min}$的范围内选取。

2. 理论塔板层数的确定

当回流比R选定后，可作出操作线。然后，从点$a(x_{D_1},x_{D_1})$出发，在操作线和相平衡线之间画梯级，直至跨越交点d为止，就能确定全塔需要的理论板层数N。如图1-51所示，表示需要理论板层数为3块。

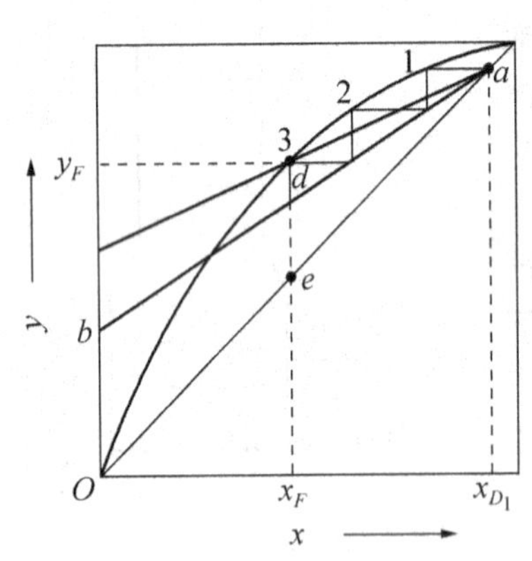

图1-51 恒回流比间歇精馏理论板层数的确定

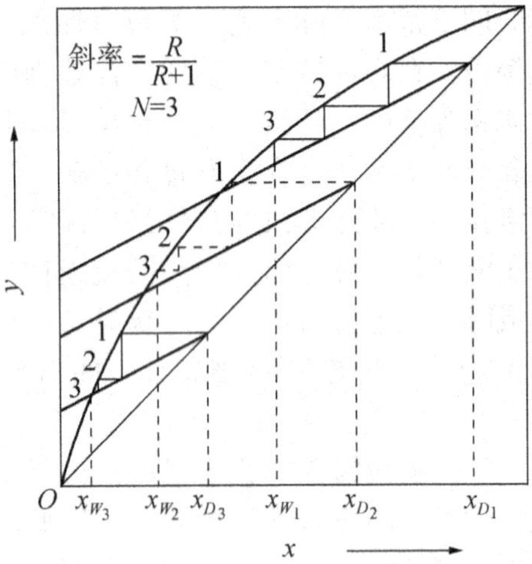

图1-52 恒回流比间歇精馏时x_D和x_W的关系

3. 操作参数的确定

(1)确定操作过程中瞬间x_D和x_W之间的关系

由于间歇精馏操作过程中回流比不变，因此各个操作瞬间的操作线斜率$R/(R+1)$都相同，各操作线为彼此平行的直线。若在馏出液的初始和终了组成的范围内，任意选定若干x_{D_i}值，通过各点(x_{D_i},x_{D_i})作一系列斜率为$R/(R+1)$的平行线，这些直线分别对应于某x_{D_i}的瞬间操作线。然后，在每条操作线和相平衡线间画梯级，使其等于所规定的理论板层数，最后一个梯级所达到的液相组成，就是与x_{D_i}相对应的x_{W_i}值，如图1-52所示。

(2)确定操作过程中x_D(或x_W)与釜液量W、馏出液量D之间的关系

由于在精馏过程中釜液量及组成随时间而变化，故需通过微分物料衡算式推导出它们之间的关系。

设某瞬间釜液量为Wkmol，组成为x_W，经微分时间$d\tau$后蒸出的釜液量为$-dW$kmol，余下的釜液量为$(W+dW)$kmol，组成变为(x_W+dx_W)；相应的馏出液量为dDkmol，组成为x_D。根据物料衡算关系可写出

总物料 $$dD=-dW$$

易挥发组分 $$Wx_W=(W+dW)(x_W+dx_W)-dWx_D$$

将上两式联立求解并略去二阶无穷小项$(dWdx_W)$，得

$$\frac{dW}{W}=\frac{dx_W}{x_D-x_W}$$

当 $F \to W_e$ 时，$x_F \to x_{W_e}$，代入上式并积分，可写为

$$\int_{W_e}^{F} \frac{\mathrm{d}W}{W} = \int_{x_{W_e}}^{x_F} \frac{\mathrm{d}x_W}{x_D - x_W}$$

或

$$\ln \frac{F}{W_e} = \int_{x_{W_e}}^{x_F} \frac{\mathrm{d}x_W}{x_D - x_W} \tag{1-74}$$

式中，x_{W_e}——一批操作终了时的釜液组成，摩尔分数；

W_e——与釜液组成 x_{W_e} 相对应的釜液量，kmol。

式(1-74)等号右边积分项中 x_D 和 x_W 可用上述(1)作图求出，积分值则可用图解积分法或数值积分法求出。

(3)馏出液平均组成 x_{Dm} 及每批精馏所需时间

馏出液平均组成 x_{Dm} 可由一批操作的物料衡算求出，即

$$x_{Dm} = \frac{Fx_F - Wx_W}{F - W} \tag{1-75}$$

由于间歇精馏每批操作的汽化量 V 可由下式计算，即

$$V = (R+1)D$$

所以，每批操作所需的精馏时间为

$$\tau = \frac{汽化量}{汽化速率} = \frac{V}{V_r} \tag{1-76}$$

式中，τ——每批精馏所需操作时间，h；

V_r——汽化速率，kmol/h。

汽化速率可通过塔釜的传热速率及混合液的潜热计算。

1.6.2 馏出液组成保持恒定时的间歇精馏

间歇精馏的恒馏出液组成操作是指在精馏过程中一直保持馏出液组成 x_D 不变，此操作情况下因釜液组成 x_W 的下降，需要不断加大回流比 R 以维持 x_D 不变，其塔内的操作线和逐板组成变化关系如图1-53所示(设 $N=4$，x_D 不变，操作线斜率逐渐增大)。

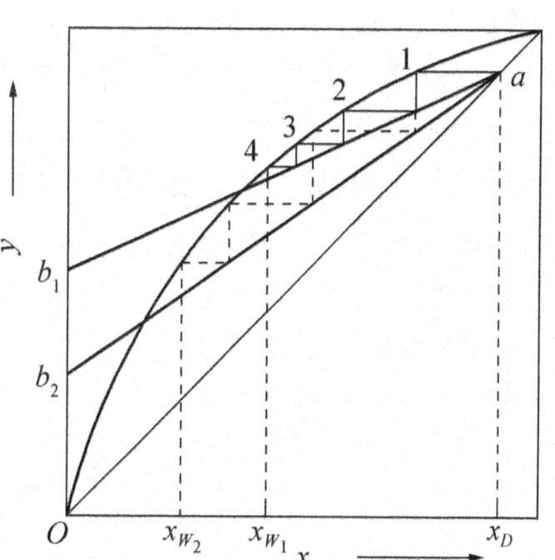

图1-53 恒馏出液组成下间歇精馏的 R 和 x_W 的关系

1. 理论板层数的确定

对于馏出液组成恒定的间歇精馏，由于操作终了时釜液组成 x_{W_e} 最低，所要求的分离程度最高，因此需要的理论板层数应按精馏最终阶段进行计算。

由馏出液组成 x_D 和最终的釜残液组成 x_{W_e} 求最小回流比，即

$$R_{\min} = \frac{x_D - y_{W_e}}{y_{W_e} - x_{W_e}} \tag{1-77}$$

式中，y_{W_e}——与x_{W_e}互为相平衡的气相组成，摩尔分数。

同样，由$R=(1.1\sim2.0)R_{\min}$确定精馏最后阶段的操作回流比R_e。这样一来，就可在$x-y$相图上，由x_D、x_{W_e}和R_e图解求得理论板层数。

2. 有关操作参数的确定

(1)确定x_W和R的关系

若已知精馏过程某一时刻的釜液组成x_{W_i}，对应的R可采用试差作图的方法求得，即先假设一R值，然后在$x-y$相图上图解求理论板层数。若梯级数与给定的理论板层数相等，则R即为所求，否则重设R值，直至满足要求为止。

(2)每批精馏所需时间

设在微分时间$d\tau$内，溶液的汽化量为dV kmol，馏出液量为dDkmol，瞬间的回流比为R，则根据恒摩尔流假定，可写出

$$dV=dL+dD=\frac{dL}{dD}dD+dD=(R+1)dD \tag{1-78}$$

一批操作中任一瞬间前馏出液量D可由物料衡算求得(忽略塔内持液量)，即

$$D=F\frac{x_F-x_W}{x_D-x_W}$$

经微分可得

$$dD=F\frac{x_F-x_W}{(x_D-x_W)^2}dx_W$$

将上式代入式(1-78)并积分，可得到对应釜液组成x_W的汽化总量为

$$V=\int_0^V dV=F(x_D-x_F)\int_{x_{W_e}}^{x_F}\frac{R+1}{(x_D-x_W)^2}dx_W \tag{1-79}$$

同样，式(1-79)右侧积分值可用图解积分法或数值积分法求出。所以，每批精馏所需时间仍可用式(1-76)计算。

【例1-16】 含正庚烷0.4(摩尔分数，下同)的正庚烷-正辛烷混合液，在101.33kPa下进行间歇精馏，要求塔顶馏出液中正庚烷的组成为0.90，在精馏过程中保持不变，釜液终了时正庚烷的组成为0.10。在101.33kPa下正庚烷-正辛烷混合液可视为理想溶液，平均相对挥发度为2.16。操作终了时的回流比取该瞬时最小回流比的1.32倍，已知加料量为15kmol，塔釜的汽化率为0.003kmol/s。试求：

(1)所需理论板层数；

(2)精馏时间及塔釜总汽化量。

解 (1)操作终了时釜液的组成$x_{W_e}=0.10$，相应的气相组成y_{W_e}为

$$y_{W_e}=\frac{\alpha x_{W_e}}{1+(\alpha-1)x_{W_e}}=\frac{2.16\times0.1}{1+1.16\times0.1}=0.1935$$

由式(1-77)可求出操作终了时的最小回流比为

$$R_{\min}=\frac{x_D-y_{W_e}}{y_{W_e}-x_{W_e}}=\frac{0.9-0.1935}{0.1935-0.1}=7.56$$

操作终了时的回流比为

$$R=1.32\times R_{\min}=1.32\times7.56=10$$

所以，精馏操作线方程为

$$y=\frac{R}{R+1}x+\frac{x_D}{R+1}=\frac{10}{10+1}x+\frac{0.9}{10+1}=0.909x+0.0818 \tag{a}$$

相平衡方程可写为

$$x=\frac{y}{\alpha-(\alpha-1)y}=\frac{y}{2.16-1.16y} \tag{b}$$

例 1-16 附表 1　操作终了时(R=10，x=0.10)理论板层数的计算

气相组成 y	液相组成 x
$y_1=0.90$	$x_1=0.806$
$y_2=0.815$	$x_2=0.671$
$y_3=0.692$	$x_3=0.509$
$y_4=0.545$	$x_4=0.357$
$y_5=0.406$	$x_5=0.241$
$y_6=0.300$	$x_6=0.166$
$y_7=0.233$	$x_7=0.123$
$y_8=0.194$	$x_8=0.100$

例 1-16 附表 2　x_D=0.90 条件下回流比与釜液组成的关系

回流比 R	釜液组成 x	$\frac{R+1}{(x_D-x)^2}$
1.79	0.400	11.18
2.16	0.350	10.43
2.64	0.300	10.10
3.30	0.250	10.19
4.30	0.200	10.84
6.10	0.150	12.62
10.0	0.100	17.19

采用逐板计算法，交替利用精馏操作线方程与相平衡方程依次计算，结果列于附表1，所需理论板层数为8块。

(2)由于馏出液组成恒定，每一瞬间的釜液组成必对应一定的回流比。因此，假定某一瞬时的回流比为R，从x_D=0.90开始交替使用式(a)和式(b)各8次，便可得到该瞬时的釜液组成x_W。如此假设一系列回流比，可求出对应的釜液组成，结果列于附表2。

利用辛普森数值积分公式，得

$$\int_{0.1}^{0.4}\frac{(R+1)}{(x_D-x_W)^2}\mathrm{d}x=\frac{0.05}{3}[11.18+17.19+4\times(10.43+10.19+12.62)+2\times(10.10+10.84)]=3.39$$

一批操作汽化总量为

$$V=\int_0^V \mathrm{d}V=F(x_D-x_F)\int_{x_{W_e}}^{x_F}\frac{(R+1)}{(x_D-x_W)^2}\mathrm{d}x_W$$
$$=15\times(0.9-0.4)\times 3.39=25.43(\mathrm{kmol})$$

所需精馏时间为

$$\tau=\frac{V}{V_r}=\frac{25.43}{0.003}=8477(\mathrm{s})=2.355(\mathrm{h})$$

1.7　特殊精馏

蒸馏的热力学依据是混合物中各组分挥发性的差异。当混合液组分间的相对挥发度较小，如常压下2-丁烯与丁二烯的相对挥发度α=1.04(两者的沸点分别为-6.5℃和-4.5℃)，用普通的精馏方法将它们较完全地分离需要很多块塔板；或者混合液是恒沸物，如常压下含乙醇89.4%(摩尔分数)的乙醇-水溶液的相对挥发度α=1，根本无法用普通精馏将它们分开，此时需要采用其他特殊的方法。分离这类物系较常用的方法是恒沸精馏和萃取精馏，它们的基本原理都是在被分离的混合液中加入第三组分，以提高组分间的相对挥发度，从而用普通精馏方法将它们分离。恒沸精馏和萃取精馏是根据第三组分所起的作用进行划分的，下面分别进行说明。

1.7.1 恒沸精馏

在被分离的二元混合液中加入第三组分，该组分能与原溶液中的一个或者两个组分形成最低恒沸物，从而形成了“恒沸物-纯组分”的精馏体系，恒沸物从塔顶蒸出，纯组分从塔底排出，这种形式的精馏称为恒沸精馏，其中所添加的第三个组分称为恒沸剂或者夹带剂。

图1-54是以苯作为夹带剂恒沸精馏制取无水乙醇的工业流程。常压下苯、乙醇、水会形成沸点为64.85℃的三元恒沸物，其组成分别为含苯53.9%(摩尔分数，下同)、乙醇22.8%、水23.3%，其中水与乙醇的摩尔比为1.02，较原乙醇-水恒沸物的这一摩尔比0.12大得多，因此只要有足够的夹带剂苯，原二元恒沸物中的水就会全部进入三元恒沸物中。操作时乙醇-水二元恒沸物加入恒沸精馏塔Ⅰ中，在夹带剂苯的作用下形成三元恒沸物从塔顶蒸出，无水乙醇则从塔釜排出，即塔Ⅰ分离的对象是三元恒沸物和乙醇。将塔顶的三元恒沸物蒸气冷凝，然后导入分层器静置分层：上层富含苯，其组成为苯74%、乙醇22%、水4%；下层富含水，其组成为苯4%、乙醇35%、水61%。上层回流入塔Ⅰ，下层导入塔Ⅱ。回收塔Ⅱ的作用是回收恒沸剂苯，塔顶蒸出的也是苯、乙醇、水的三元恒沸物，经冷凝后也导入分层器；塔釜排出的是49%的稀乙醇，将它送往塔Ⅲ。精馏塔Ⅲ的作用是回收塔Ⅱ釜液中的乙醇，其塔顶蒸出乙醇和水的二元恒沸物，它与料液一起送入塔Ⅰ；塔釜则排出废水。

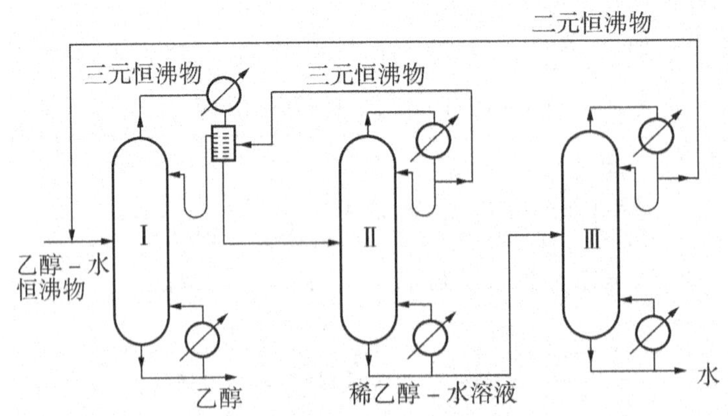

图1-54　无水乙醇的恒沸精馏流程

决定恒沸精馏可行性和经济性的关键是恒沸剂的选择，对恒沸剂的要求主要有：

①与被分离组分之一(或两个)形成最低恒沸物，其沸点与另一半从塔底排出的组分要有足够大的差别，一般要求大于10℃。

②希望能与料液中含量较少的那个组分形成恒沸物，且夹带组分的量要尽可能高，这样夹带剂用量较少，能耗较低。

③新形成的恒沸物要易于分离，以回收其中的夹带剂。如乙醇-水恒沸精馏中静置分层的办法。

④满足一般工业要求，如热稳定、无毒、不腐蚀、来源容易、价格低廉等。

1.7.2 萃取精馏

在被分离的二元混合液中加入第三组分，若该组分与原溶液中 A、B 两组分的分子作用力不同，能有选择性地改变 A、B 的蒸气压，从而增大它们的相对挥发度，或打破原恒沸体系，使精馏得以进行，这种形式的精馏称为萃取精馏，其中所添加的第三组分称为萃取剂。与恒沸精馏不同的是，萃取剂的沸点较原料液中各组分的沸点高得多，且不与组分形成恒沸液，容易回收。

一个较为典型的萃取精馏实例是以糠醛作为萃取剂分离苯-环己烷的混合液。常压下，苯和环己烷的沸点分别为 80.1℃和 80.73℃，两者沸点很接近，相对挥发度 α 近似等于 1。若在苯-环己烷溶液中加入萃取剂糠醛，则溶液的相对挥发度发生显著的变化，且相对挥发度随萃取剂量加大而增大，如表 1-1 所示。由此可知，对于苯-环己烷的分离可用糠醛做萃取剂进行萃取精馏。图 1-55 为分离苯-环己烷溶液的萃取精馏流程示意图。

表 1-1　苯-环己烷溶液加入糠醛后相对挥发度的变化

溶液中糠醛的摩尔分数	0	0.2	0.4	0.5	0.6	0.7
相对挥发度 α	0.98	1.38	1.86	2.07	2.36	2.7

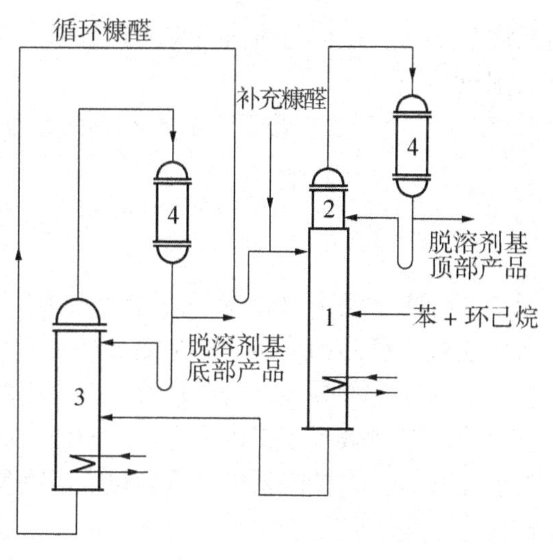

图 1-55　苯-环己烷溶液的萃取精馏流程示意图

1—萃取精馏塔；2—萃取剂回收段；3—苯回收塔；4—冷凝器

在图 1-55 所示流程中，原料液从萃取精馏塔 1 中部加入，萃取剂(糠醛)由塔 1 顶部加入，以便在每层板上都与苯相结合。塔顶蒸出的为环己烷蒸气。为回收微量的糠醛蒸气，在塔 1 上部设置回收段 2(若萃取剂沸点很高，也可以不设回收段)。塔底釜液为苯-糠醛混合液，将其送入苯回收塔3中。由于常压下苯的沸点为80.1℃，糠醛的沸点为161.7℃，故两者很容易分离。塔3中釜液为糠醛，可循环使用。在萃取精馏过程中，萃取剂基本上不被汽化，也不与原料液形成恒沸液，这些都是异于恒沸精馏的。

决定萃取精馏可行性和经济性的关键是萃取剂的选择，对萃取剂的要求主要有：

①萃取剂应使原组分间相对挥发度发生显著的变化；

②萃取剂的挥发性要小，即其沸点应较原混合液中纯组分的为高，且不与原组分形成恒沸液；

③萃取剂与原溶液互溶，不产生分层现象；

④无毒性、无腐蚀性，热稳定性好，来源方便，价格低廉。

萃取精馏中萃取剂的加入量一般较多，以保证各层塔板上足够的添加剂浓度，且萃取精馏塔往往采用饱和蒸气加料，以使精馏段和提馏段的添加剂浓度基本相同。

萃取精馏与恒沸精馏既有共同点，也有差异。恒沸精馏和萃取精馏都是在被分离的混合液中加入第三组分，以提高组分间的相对挥发度，这是两者的共同点，但它们之间也存在如下差异：

(1)恒沸剂要与被分离组分形成恒沸物，而萃取剂无此要求，因此萃取剂选择的范围较恒沸剂广。

(2)恒沸剂从恒沸精馏塔的塔顶蒸出，而萃取剂从萃取精馏塔的塔底排出，因此一般说来，恒沸精馏的热量消耗较萃取精馏大。

(3)一定总压下恒沸物的组成、温度是恒定的，因此恒沸剂对使用量有特定要求；而萃取剂的用量可在一定范围内变化，较为灵活。

(4)萃取剂必须从塔的上部不断加入，因此萃取精馏不适宜间歇精馏，只能采用连续操作方式；恒沸剂既可从塔顶加入，也可与料液一起加入塔釜，因此恒沸精馏能用于大规模的连续生产和试验室的间歇精馏。

(5)恒沸精馏的操作温度通常比萃取精馏低，故当有热敏性组分存在时，采用恒沸精馏更合适。

1.7.3 反应精馏

工业中多数情况下反应和分离这两个单元在不同的设备中单独进行，即在反应器中进行化学反应，在分离设备中实现组分间的分离。但是随着科技的发展，反应和分离结合在一个设备中的单元——伴有化学反应的分离过程已日益引起人们的重视，这些过程由于反应和分离的耦合作用，使反应和分离效果都得以加强，从而使产品的质量和收率得到了提高，除此之外它们还具有设备投资少、能耗低等一系列优点。将反应和精馏耦合在一起的单元操作，称为反应精馏。

反应精馏过程在一个反应精馏塔中完成，该塔除了实现组分间的分离外，还同时伴随着化学反应。通过精馏的作用不断分离反应过程中的各组分(特别是反应产物)，使反应朝着有利的方向进行，因此反应精馏过程对某些化学反应尤其是可逆化学反应十分有利。

随着固体催化剂的不断开发，将催化剂制成固定形状可直接装填进精馏塔内，它同时起化学反应的催化剂和精馏填料的双重作用，这种将非均相催化反应和精馏分离耦合在一起的反应精馏过程，称为催化精馏。采用非均相催化精馏过程，能避免均相反应精馏中存在的催化剂回收难，以及随之带来的腐蚀、污染等一系列问题。

图 1-56 是一个典型的工业催化精馏过程，甲醇和异丁烯在强酸性离子交换树脂上发生催化反应生成甲基叔丁基醚(简写为 MTBE)。图中催化精馏塔 1 是该过程的主体，它包含精馏段、反应段和提馏段。反应段填充催化剂，其余两段填充惰性填料或使用塔板。操作时甲醇(重组分)从反应段顶部加入，异丁烯(轻组分)从反应段底部加入，两者在反应段内相遇，在催化剂的作用下进行化学反应生成 MTBE，同时通过该段的精馏分离作用将体系中挥发度最小的组分——MTBE 不断向下移走，从而使化学反应能够较完全地进行。各组分经精馏段和提馏段进一步分离，塔顶蒸出的是未反应的异丁烯和甲醇所形成的恒沸物，将它们送往水洗塔 2 做进一步处理；塔釜则排出目的产品 MTBE。在塔 2 中用水将恒沸物萃取分离，塔顶出来的是较纯净的异丁烯，返回塔 1 再进行反应；塔釜出来的是甲醇-水溶液，将它们送往甲醇回收塔 3。塔 3 的作用是分离甲醇-水溶液，塔顶蒸馏出甲醇，可返回塔 1 继续反应；塔釜排出水，返回塔 2 循环使用。

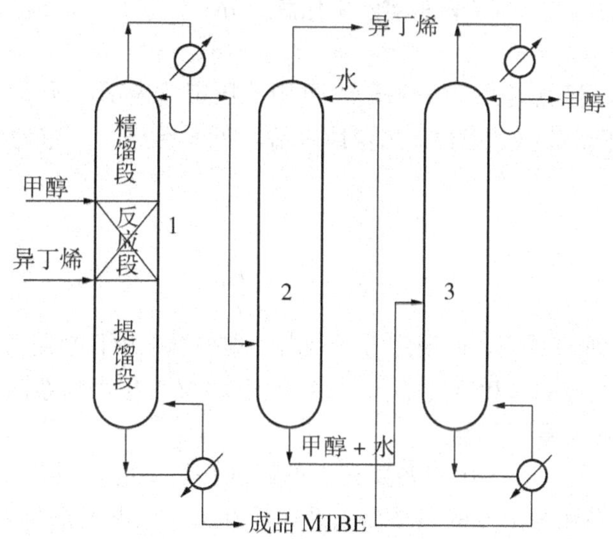

图 1-56　MTBE 催化精馏分离工艺流程

1—催化精馏塔；2—水洗塔；3—甲醇回收塔

反应精馏能够用于醚化、酯化、水解、烷基化等多种过程，但由于反应精馏塔内包含反应和多组分分离等复杂的相互影响，加上过程实施中还存在着一些难点，所以目前对某些反应精馏过程的开发尚处于研究阶段。

1.8　多组分精馏

将具有三个或三个以上组分的混合物进行精馏称为多组分精馏，可以说，在工业生产中遇到的精馏过程多数是多组分精馏。多组分精馏原理与两组分精馏完全相同，即利用组分间挥发度的差异，在塔内构成气、液两相的接触而使物系发生多次部分汽化和多次部分冷凝，从而实现组分间的分离，其基本计算也是以两组分计算原理为基础的。

因多组分精馏中涉及的组分数目增多，故影响因素也增多，计算过程也就更加复杂。

本节仅就多组分精馏不同于两组分精馏的一些特性作简要介绍。

1.8.1 多组分物系的气液相平衡

多组分物系分为理想物系和非理想物系两种：理想物系是指液相为理想溶液，气相为理想气体；凡与理想物系有较明显偏差的，就是非理想物系。

1. 理想物系的气液相平衡

多组分溶液的气液相平衡关系，一般采用相平衡常数法和相对挥发度法获得。

(1)相平衡常数法

当系统的气液两相在恒定的温度和压强下达到平衡时，液相中某组分的组成 x_i 与该组分在气相中的平衡组成 y_i 的比值，称为组分 i 在此温度、压强下的相平衡常数，写为

$$K_i = \frac{y_i}{x_i} \tag{1-80}$$

式中，K_i 为相平衡常数(下标 i 表示溶液中任意组分)。式(1-80)既适用于理想系统，也适用于非理想系统。

对于理想气体，任意组分 i 的分压 p_i 可用分压定律表示，即 $p_i = py_i$；对于理想溶液，任意组分 i 的平衡分压可用拉乌尔定律表示，即 $p_i = p_i^0 x_i$。气液达到相平衡时，上两式相等，即

$$py_i = p_i^0 x_i$$

$$K_i = \frac{y_i}{x_i} = \frac{p_i^0}{p} \tag{1-81}$$

式(1-81)仅适用于理想系统。由该式可以看出，理想物系中任意组分 i 的相平衡常数 K_i 只与总压强 p 及该组分的饱和蒸气压 p_i^0 有关，而 p_i^0 又直接由物系的温度所决定，故 K_i 随组分性质、总压强及温度而定。

应当说明，在精馏塔中，由于各层板上的温度是不等的，因此，相平衡常数也是变量，利用 K 值计算各组分溶液的相平衡关系比较麻烦。但由于相对挥发度随温度变化较小，全塔可取定值或平均值，故采用相对挥发度表示相平衡关系可使计算大为简化。

(2)相对挥发度法

一般取难挥发的组分 j 作为基准组分，根据相对挥发度的定义，写出

$$\alpha_{AB} = \frac{v_A}{v_B} = \frac{p_A/x_A}{p_B/x_B} = \frac{py_A/x_A}{py_B/x_B} = \frac{y_A/x_A}{y_B/x_B} = \frac{K_A}{K_B}$$

$$\alpha_{ij} = \frac{y_i/x_i}{y_j/x_j} = \frac{K_i}{K_j} = \frac{p_i^0}{p_j^0} \tag{1-82}$$

气液相平衡组成与相对挥发度的关系可依下述方法推出。因为

$$y_i = K_i x_i = \frac{p_i^0 x_i}{p}$$

而
$$p = \sum p_i, \qquad p = p_1^0 x_1 + p_2^0 x_2 + \cdots + p_n^0 x_n$$

所以
$$y_i = \frac{p_i^0 x_i}{p_1^0 x_1 + p_2^0 x_2 + \cdots + p_n^0 x_n}$$

上式等号右边的分子、分母同除以 p_j^0，并将式(1-82)代入得

$$y_i=\frac{\alpha_{ij}x_i}{\alpha_{1j}x_1+\alpha_{2j}x_2+\cdots+\alpha_{nj}x_n}=\frac{\alpha_{ij}x_i}{\sum\limits_{i=1}^{n}\alpha_{ij}x_i} \tag{1-83}$$

同理，由于 $x_i=\dfrac{y_i}{K_i}$，将液相组成从 $i=1$ 到 $i=n$ 相加得

$$\sum_{i=1}^{n}x_i=\sum_{i=1}^{n}\left(\frac{y_i}{K_i}\right)=1$$

$$x_i=\frac{y_i/K_i}{\sum\limits_{i=1}^{n}\dfrac{y_i}{K_i}}=\frac{y_i/(K_i/K_j)}{\sum\limits_{i=1}^{n}y_i/(K_i/K_j)}=\frac{y_i/\alpha_{ij}}{\sum\limits_{i=1}^{n}y_i/\alpha_{ij}} \tag{1-84}$$

一般来说，若精馏塔中相对挥发度 α 变化不大，则用相对挥发度法计算相平衡关系较为简便；若 α 变化较大，则用相平衡常数法计算较为准确。

2. 非理想物系的气液相平衡

(1)气相是非理想气体，液相是理想溶液

若系统的压强较高，气相不能视为理想气体，但液相仍是理想溶液，此时需用逸度代替压强。修正的拉乌尔定律为

$$f_{iL}=f_{iL}^{0}x_i \qquad f_{iV}=f_{iV}^{0}y_i$$

式中，f_{iL}，f_{iV}——液相和气相混合物中组分 i 的逸度，Pa；

f_{iL}^{0}，f_{iV}^{0}——液态和气态的纯组分 i 在压强 p 及温度 t 下的逸度，Pa。

两相达到平衡时，$f_{iL}=f_{iV}$，所以

$$K_i=\frac{y_i}{x_i}=\frac{f_{iL}^{0}}{f_{iV}^{0}} \tag{1-85}$$

(2)气相为理想气体，液相为非理想溶液

非理想溶液遵循修正的拉乌尔定律，即

$$p_i=\gamma_i p_i^{0}x_i \tag{1-86}$$

式中，γ_i 为组分 i 的活度系数。

活度系数用来衡量实际气体对理想气体的偏差。对理想溶液，活度系数等于 1；对非理想溶液，活度系数可大于 1，也可小于 1。

理想气体遵循道尔顿分压定律，即

$$p_i=py_i$$

将上式代入式(1-86)，可得

$$K_i=\frac{y_i}{x_i}=\frac{\gamma_i p_i^{0}}{p} \tag{1-87}$$

活度系数随压强、温度及组成而变，其中压强影响较小，一般可忽略，而组成的影响甚大。活度系数的求法可参阅有关资料。

(3)气相为非理想气体，液相为非理想溶液

这种情况下需用逸度系数校正压强，用活度系数校正组成，则相平衡常数变为

$$K_i=\frac{\gamma_i f_{iL}^{0}}{f_{iV}^{0}} \tag{1-88}$$

3. 相平衡常数的应用

在多组分精馏的计算中，相平衡常数可用来计算泡点温度、露点温度和汽化率等。

(1)泡点温度及平衡气相组成的计算(已知液相组成与总压)

由于
$$y_1+y_2+\cdots+y_n=1$$

或写成
$$\sum_{i=1}^{n} y_i = 1$$

将式(1-80)代入上式，得
$$\sum_{i=1}^{n} K_i x_i = 1 \tag{1-89}$$

利用上式要用试差法，由于气液平衡均处于混合液沸腾状态(即泡点温度)下，故可先假设泡点温度，根据已知的压强和所设的温度，求出平衡常数，再校核 $\sum y_i$ 是否等于1。若是，即表示所设的泡点温度正确，否则再另设温度，重复上面的计算，直至 $\sum y_i \approx 1$ 为止，此时的温度和气相组成即为所求。

(2)露点温度和平衡液相组成的计算(已知气相组成和总压)

由于
$$x_1+x_2+\cdots+x_n=1$$

或写成
$$\sum_{i=1}^{n} x_i = 1$$

将式(1-80)代入上式，得
$$\sum_{i=1}^{n} \frac{y_i}{K_i} = 1 \tag{1-90}$$

可利用上式计算气相混合物的露点温度及平衡液相组成，计算时也应用试差法。试差原则与计算泡点温度时的完全相同。应当指出，利用相对挥发度进行上述计算，可得到相近的结果。

(3)汽化率 V/F 的计算

将多组分溶液部分汽化，两相的量和组成随压强和温度而变化，它们的定量关系可按下述步骤推导。

对一定量的原料液作物料衡算，写出

总物料
$$F=V+L \tag*{①}$$

任一组分
$$Fx_{F_i}=Vy_i+Lx_i \tag*{②}$$

②式可改写成
$$Fx_{F_i}=Vy_i+L\frac{y_i}{K_i}$$

或
$$y_i=\frac{x_{F_i}}{\dfrac{V}{F}+\dfrac{L}{FK_i}} \tag*{③}$$

将①式写为 $L=F-V$ 并代入③式，可得
$$y_i=\frac{x_{F_i}}{\dfrac{V}{F}(1-\dfrac{1}{K_i})+\dfrac{1}{K_i}} \tag{1-91}$$

式中，$\dfrac{V}{F}$——汽化率；

x_{F_i}——液相混合物中任意组分 i 的组成，摩尔分数；

x_i——部分汽化后液相中组分 i 的组成，摩尔分数；

y_i——部分汽化后气相中组分 i 的组成，摩尔分数。

当物系的温度和压强一定时，可用式(1-91)计算汽化率及相应的气液相组成。反之，当汽化率一定时，也可用式(1-91)计算汽化条件。

1.8.2 流程方案的选择

用普遍精馏塔分离有 n 个组分的溶液，若要得到 n 个高纯度的组分，原则上需要 $(n-1)$ 个塔。这是因为各塔只在塔顶和塔底出料，除了最后一个塔为两组分精馏，可由塔顶和塔底同时得两个高纯度组分外，其余的塔均为多组分精馏，只能得到一个高纯度组分。在 $(n-1)$ 个塔中分离 n 个组分，必然涉及组分分离的顺序排列，即分离流程的安排。例如，A、B、C(按挥发度由大到小依次排列)三组分溶液的分离需要两个精馏塔，有两种流程可供选择，如图1-57所示。其中流程(a)是按组分挥发性递减的顺序逐塔依次从塔顶蒸出，最难挥发的组分从最后一个塔的塔釜排出。这样安排的流程，组分A和B各被汽化一次和冷凝一次。而流程(b)是按组分挥发性递增的顺序逐塔依次从塔釜分出，最轻的组分从最后一个塔的塔顶蒸出。这样安排的流程，组分A被汽化两次、冷凝两次，组分B被汽化和冷凝各一次。比较(a)与(b)两种流程可知，流程(b)中蒸气汽化和冷凝的总量较流程(a)多，因此所需的塔径大、再沸器及冷凝器的传热面积大，加热和冷却介质消耗量也大，即设备费用和操作费用都较流程(a)高。所以，从节省投资和操作费用来考虑，流程方案(a)优于流程方案(b)。

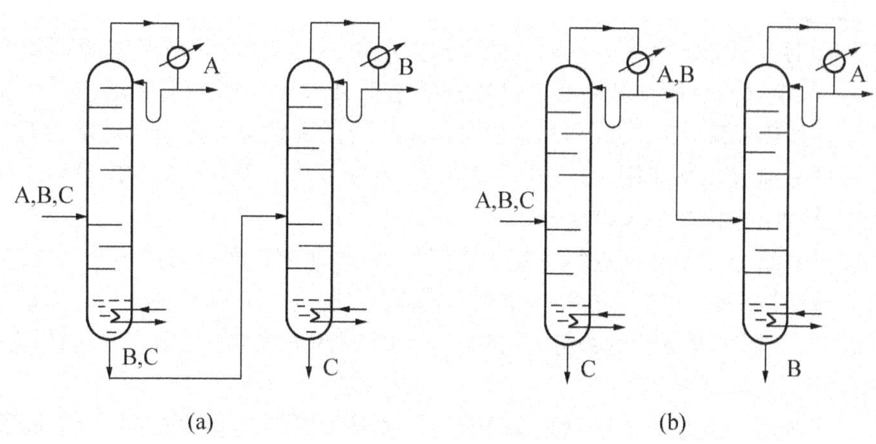

图1-57 三组分精馏流程

相应地，如果待分离的组分数增加，则塔序可选择的方案更多，例如四组分混合物的高纯度分离需3个塔，有5种流程方案；五组分混合物的高纯度分离需4个塔，有14种流程方案；六组分混合物的高纯度分离需5个塔，有42种流程方案，等等。

由此可见，多组分精馏流程方案的确定不是简单地排列组合，尤其待分离的组分数较多时难度就更大。流程的选择不仅要考虑经济上的优化，使设备费用与操作费用之和最少，同时还需兼顾所分离混合物的各组分性质(如热敏性、聚合结焦倾向等)以及对产品纯度的要求，对多种方案作估算分析比较后，再进行优化，最后确定合理的流程。通常，可按如下规则设置流程的初选方案：

(1)对热敏性组分，为减少被加热的次数，应优先分离；对有强腐蚀性的组分，为避免多个设备的腐蚀，也应优先分离。

(2)对纯度要求较高的组分，最好从塔顶蒸出，因为塔底常含有少量难挥发性的杂质。

(3)若存在一对较难分离的相邻组分，宜置于最后分离。因为精馏该混合物常要很多塔板，而放在最后需要的塔径最小。

(4)各组分在流程中的汽化、冷凝次数应尽可能少，以降低设备的负荷和能耗。以“最轻的组分首先被分离出来”为原则，采用按组分挥发度从大到小的次序逐个从塔顶蒸出的流程。

1.8.3 主要工艺计算

通过工艺计算，主要应解决馏出液量、釜液量及它们的组成，最小回流比和理论板层数等。下面逐一予以说明。

1. 物料衡算

通过物料衡算可以确定出馏出液量、釜液量及塔顶、塔底产品的组成。与两组分精馏相同，在计算理论板层数时，必须先规定分离要求，即指定塔顶、塔底产品的组成。但在多组分精馏中，只能规定馏出液中某组分的组成不能高于某一限定值，釜液中另一组分的组成不能高于另一限定值，两产品中其他组分的组成不能任意规定，而要确定它们又很困难。为此，为简化计算，引入关键组分概念。

(1)关键组分

在待分离的多组分溶液中，选取工艺中最关心的两个组分(一般是选择挥发度相邻的两个组分)，规定它们在塔顶和塔底产品中的组成或回收率，即分离要求，那么在一定的分离条件下，所需的理论板层数和其他组分的组成也随之确定。由于所选定的两个组分对多组分溶液的分离起控制作用，故称它们为关键组分，其中挥发度高的组分称为轻关键组分，挥发度低的组分称为重关键组分。

所谓轻关键组分，是指在进料中相对较轻的组分(即挥发度更高的组分)，其自身的绝大部分进入馏出液中，而它在釜液中的组成应加以限制。所谓重关键组分，是指进料中相对较重的组分(即挥发度更低的组分)，其自身的绝大部分进入釜液中，而它在馏出液中的组成应加以限制。

例如，当分离由组分 A、B、C、D 和 E(按挥发度降低的顺序排列)所组成的混合液时，根据分离要求规定 B 为轻关键组分，C 为重关键组分。因此，在馏出液中有组分 A、B 及限量的 C，而比 C 更重的组分(D 和 E)在馏出液中只有极微量或没有。同样，在釜液中有组分 E、D、C 及限量的 B，比 B 还轻的组分 A 在釜液中含量极微或不出现。

对于同样的进料，若选择不同的流程方案，则关键组分可能不同。此外，有时因相邻的轻、重关键组分之一的含量很低，也可选择与它们邻近的另一组分为关键组分，如上述组分 C 含量若很低，就可选择 B、D 分别为轻、重关键组分。

(2)组分在塔顶和塔底产品中的预分配

与两组分精馏类似，n 组分精馏的全塔物料衡算式有 n 个，即

总物料衡算

$$F=D+W \tag{1-92}$$

任一组分 i 的物料衡算

$$Fx_{F_i}=Dx_{D_i}+Wx_{W_i} \qquad (i=1\sim n-1) \tag{1-93}$$

归一化方程

$$\sum x_{F_i}=1,\quad \sum x_{D_i}=1,\quad \sum x_{W_i}=1$$

通常进料组成是给定的，当规定关键组分在塔顶或塔底产品中的组成或回收率时，其他组分的分配应通过物料衡算或近似估算得到。待求出理论板层数后，再核算塔顶和塔底产品的组成。根据各组分间挥发度的差异，可按以下两种情况进行组分在产品中的预分配。

①清晰分割情况

若两关键组分的挥发度相差较大，且两者为相邻组分，此时可认为比重关键组分还重的组分全部在塔底产品中，比轻关键组分还轻的组分全部在塔顶产品中，这种情况称为清晰分割。

清晰分割时，非关键组分在塔顶和塔底产品中的预分配，可通过上述物料衡算求得。

②非清晰分割情况

若两关键组分不是相邻组分，则塔顶和塔底产品中必有中间组分；或若进料中非关键组分的相对挥发度与关键组分的相差不大，则塔顶产品中就含有比重关键组分还重的组分，塔底产品中含有比轻关键组分还轻的组分。上述两种情况称为非清晰分割。

非清晰分割时，组分在两产品中的分配不能用上述物料衡算求得，但可用芬斯克全回流公式进行估算。这种分配方法称为亨斯特别克(Hengstebeck)法，计算中进行以下假设：

a. 在任何回流比下操作时，各组分在塔顶和塔底产品中的分配情况与全回流操作时的相同。

b. 非关键组分在产品中的分配情况与关键组分的相同。

多组分精馏时，全回流的芬斯克方程的分配情况与关键组分相似，表示为

$$N_{\min}+1=\frac{\lg\left[\left(\frac{x_l}{x_h}\right)_D\left(\frac{x_h}{x_l}\right)_W\right]}{\lg\alpha_{lh}} \tag{1-94}$$

式中，下标 l 表示轻关键组分，h 表示重关键组分。

由于
$$\left(\frac{x_l}{x_h}\right)_D=\frac{D_l}{D_h} \quad 及 \quad \left(\frac{x_h}{x_l}\right)_W=\frac{W_h}{W_l} \tag{1-95}$$

式中，D_l、D_h——馏出液中轻、重关键组分的流量，kmol/h；

W_l、W_h——釜液中轻、重关键组分的流量，kmol/h。

将式(1-95)代入式(1-94)，得

$$N_{\min}+1=\frac{\lg\left[\left(\frac{D_l}{D_h}\right)\left(\frac{W_h}{W_l}\right)\right]}{\lg\alpha_{lh}}=\frac{\lg\left[\left(\frac{D}{W}\right)_l\left(\frac{W}{D}\right)_h\right]}{\lg\alpha_{lh}} \tag{1-96}$$

上式表示全回流下，轻、重关键组分在塔顶和塔底产品中的分配关系。根据前述假定，它也适用于任意组分 i 和重关键组分之间的分配，即

$$N_{\min}+1=\frac{\lg\left[\left(\frac{D}{W}\right)_i\left(\frac{W}{D}\right)_{\rm h}\right]}{\lg\alpha_{i\rm h}} \tag{1-97}$$

由式(1-96)及式(1-97)写出

$$\frac{\lg\left[\left(\frac{D}{W}\right)_{\rm l}\left(\frac{W}{D}\right)_{\rm h}\right]}{\lg\alpha_{\rm lh}}=\frac{\lg\left[\left(\frac{D}{W}\right)_i\left(\frac{W}{D}\right)_{\rm h}\right]}{\lg\alpha_{i\rm h}} \tag{1-98}$$

因为 $\alpha_{\rm hh}=1$，$\lg\alpha_{\rm hh}=0$，上式可写为

$$\frac{\lg\left(\frac{D}{W}\right)_{\rm l}-\lg\left(\frac{D}{W}\right)_{\rm h}}{\lg\alpha_{\rm lh}-\lg\alpha_{\rm hh}}=\frac{\lg\left(\frac{D}{W}\right)_i-\lg\left(\frac{D}{W}\right)_{\rm h}}{\lg\alpha_{i\rm h}-\lg\alpha_{\rm hh}} \tag{1-99}$$

式(1-99)表示全回流下任意组分在两产品(塔顶与塔底产品)中的分配关系。根据前述假设，上式可用于估算任何回流比下各组分在两产品中的分配。

【例1-17】 在连续精馏塔中，分离由A、B、C、D(挥发度依次下降)所组成的混合液量100 kmol/h。原料液的组成及平均操作条件下各组分的相平衡常数见本题附表。若要求在馏出液中回收原料液中95%(摩尔分数，下同)的B组分，釜液中回收95%的C组分，试用亨斯特别克法估算各组分在产品中的组成。假设混合液可视为理想物系。

例1-17附表

组　分	A	B	C	D
组　成 x_{F_i}	0.06	0.17	0.32	0.45
相平衡常数 K_i	2.17	1.67	0.84	0.71

解 选取组分B为轻关键组分，组分C为重关键组分，则各组分对重关键组分的相对挥发度为

$$\alpha_{\rm AC}=\frac{K_{\rm A}}{K_{\rm C}}=\frac{2.17}{0.84}=2.583$$

同理可求得　　$\alpha_{\rm BC}=1.988$，　$\alpha_{\rm CC}=1.0$，　$\alpha_{\rm DC}=0.8452$

以100 kmol/h为基准，则馏出液中组分B的流量为

$$D_{\rm B}=100\times0.17\times0.95=16.15({\rm kmol/h})$$

釜液中组分B的流量为

$$W_{\rm B}=100\times0.17\times0.05=0.85({\rm kmol/h})$$

同理，馏出液和釜液中组分C的流量为

$$D_{\rm C}=100\times0.32\times0.05=1.6({\rm kmol/h})$$

$$W_{\rm C}=100\times0.32\times0.95=30.4({\rm kmol/h})$$

所以

$$\left(\frac{D}{W}\right)_{\rm B}=\frac{16.15}{0.85}=19 \qquad \lg19=1.279$$

$$\left(\frac{D}{W}\right)_{\rm C}=\frac{1.6}{30.4}=0.05263 \qquad \lg0.05263=-1.279$$

$$\lg\alpha_{\rm BC}=\lg1.988=0.2984$$

由式(1-99)可求得

$$\frac{\lg\left(\frac{D}{W}\right)_{l}-\lg\left(\frac{D}{W}\right)_{h}}{\lg\alpha_{lh}-\lg\alpha_{hh}}=\frac{\lg\left(\frac{D}{W}\right)_{i}-\lg\left(\frac{D}{W}\right)_{h}}{\lg\alpha_{ih}-\lg\alpha_{hh}}$$

$$\frac{1.279-(-1.279)}{0.2984-0}=\frac{\lg\left(\frac{D}{W}\right)_{A}-(-1.279)}{\lg 2.583-0}$$

$$\left(\frac{D}{W}\right)_{A}=179 \qquad D_A=100\times 0.06=6(\text{kmol/h})$$

同理可求得$\left(\frac{D}{W}\right)_{D}=0.0124$，由于$D_D+W_D=100\times0.45=45(\text{kmol/h})$，故解得

$$D_D=0.55(\text{kmol/h}) \quad 及 \quad W_D=44.45(\text{kmol/h})$$

计算结果列于本例解题附表中。

例 1-17 解题附表

组 分	F，kmol/h	α_{iC}	$\left(\frac{D}{W}\right)_i$	D_i，kmol/h	x_{D_i}	W_i，kmol/h	x_{W_i}
A	6	2.583	179	6	0.2469	0	0
B	17	1.988	19	16.15	0.6646	0.85	0.0112
C	32	1.0	0.05263	1.6	0.0658	30.4	0.4016
D	45	0.8452	0.0124	0.55	0.0226	44.45	0.5872
合计	100	—	—	24.3	1.00	75.7	1.00

2. 最小回流比

与两组分精馏一样，求理论板数是多组分精馏的一个主要问题，其方法有逐板计算法和捷算法等。逐板计算较准确，但很繁琐；捷算法虽误差较大，但作为初步估计很有用，包括得到用计算机进行逐板计算的初值。

多组分精馏的捷算法与两组分精馏完全类似，根据最少理论板层数、最小回流比、操作回流比的值，利用吉利兰关联图求取理论板层数和加料板位置。

多组分精馏的最小回流比R_{min}也是指为达到规定的分离要求，需要的理论板层数为无穷大时所对应的回流比。但这里最小回流比的确定较两组分精馏复杂得多，因为在最小回流比下操作时，两组分精馏通常出现一个恒浓区，而多元精馏往往出现多个恒浓区。

基于上述情况，多组分精馏最小回流比很难严格计算，故常采用一些简化的公式进行估算。常用的是恩德伍德(Underwood)方程，这是针对理想物系和基于恒摩尔流假定的基础上得到的，共包括以下两个方程：

$$\sum_{i=1}^{n}\frac{\alpha_{ij}x_{F_i}}{\alpha_{ij}-\theta}=1-q \qquad (1-100)$$

$$R_{min}=\sum_{i=1}^{n}\frac{\alpha_{ij}x_{D_i}}{\alpha_{ij}-\theta}-1 \qquad (1-101)$$

式中，α_{ij}——组分 i 对基准组分 j(常取重关键组分)的相对挥发度，可取塔顶和塔底的几何平均值；

q——进料液的液相分率；

θ——式(1-100)的根，其值介于轻、重关键组分对基准组分的相对挥发度之间，即 $\alpha_{lj}<\theta<\alpha_{hj}$。

若轻、重关键组分是相邻组分，θ 仅有一个值；若两关键组分之间有 k 个中间组分，则 θ 有 $(k+1)$ 个值。

计算时先用试差法由式(1-100)求出 θ 值，然后再由式(1-101)求出 R_{min}。当两关键组分之间有中间组分，可求得多个 R_{min} 值，设计时可取多个 R_{min} 的平均值。

3. 理论板层数

多组分精馏理论板层数的计算，目前常用的有简捷法和逐板计算法两种。逐板计算法可以得到较准确的结果，但计算繁琐；简捷法计算简便，但误差较大。

(1)简捷法

简捷法计算的基本原则是将多组分精馏简化为轻、重关键组分的“两组分”精馏，故可采用芬斯克公式-吉利兰关联图求解理论板层数。

简捷法的具体步骤如下：

①根据分离任务要求确定关键组分。

②根据进料组成及分离任务要求进行物料衡算，计算各组分在塔顶、塔底产品中的组成。

③计算全塔平均相对挥发度，用芬斯克公式计算最少理论板层数，即

$$N_{min}=\frac{\lg\left[\left(\frac{x_l}{x_h}\right)_D\left(\frac{x_h}{x_l}\right)_W\right]}{\lg\alpha_{lh}}-1 \tag{1-102}$$

④用恩德伍德公式计算最小回流比，并选定适宜的回流比。

⑤用吉利兰关联图求取理论板层数。

⑥仿照两组分连续精馏计算方法，用芬斯克公式和吉利兰关联图计算精馏段理论板层数，确定加料板位置。若为泡点进料，也可用下面的经验公式计算，即

$$\lg\frac{n}{m}=0.206\lg\left[\left(\frac{W}{D}\right)\left(\frac{x_{hF}}{x_{lF}}\right)\left(\frac{x_{lW}}{x_{hD}}\right)^2\right] \tag{1-103}$$

式中，n——精馏段理论板层数；

m——提馏段理论板层数(包括塔釜)。

由于简捷法将多组分精馏简化为轻、重关键组分的两组分精馏，从而使计算大大简化，但因忽略了其他组分对精馏的影响，使计算结果带有近似性，捷算法一般适于作为初步计算，用以估计设备费用和操作费用，以及为精确计算提供初值。

【例 1-18】 在连续精馏塔中，分离例 1-17 的多组分混合液。塔顶全凝器，若原料液在泡点温度下进入精馏塔内，操作回流比取最小回流比的 1.5 倍。试用简捷法求所需的理论板层数及进料板的位置。

解 关键组分选择及各组分在塔顶、塔底产品中的组成可参见例 1-17。利用式(1-100)先求出 θ 值，即

$$\sum_{i=1}^{n}\frac{\alpha_{ij}x_{F_i}}{\alpha_{ij}-\theta}=1-q$$

由于泡点进料 $q=1$，上式右边 $1-q=0$，设 $\theta=1.602$，那么

$$\sum_{i=1}^{n}\frac{\alpha_{ij}x_{F_i}}{\alpha_{ij}-\theta}=\frac{2.583\times0.06}{2.583-1.602}+\frac{1.988\times0.17}{1.988-1.602}+\frac{1\times0.32}{1-1.602}+\frac{0.8452\times0.45}{0.8452-1.602}$$
$$=0.00062$$

可见，其左边也近似为零，故 $\theta=1.602$，代入式(1-101)则可求出最小回流比，即

$$R_{\min}=\sum_{i=1}^{n}\frac{\alpha_{ij}x_{D_i}}{\alpha_{ij}-\theta}-1$$
$$=\frac{2.583\times0.2469}{2.583-1.602}+\frac{1.988\times0.6646}{1.988-1.602}+\frac{1\times0.0658}{1-1.602}+\frac{0.8452\times0.0226}{0.8452-1.602}-1$$
$$=2.939$$

所以操作回流比为

$$R=1.5R_{\min}=1.5\times2.939=4.408$$

最小理论板层数为

$$N_{\min}=\frac{\lg\left[\left(\frac{x_l}{x_h}\right)_D\left(\frac{x_h}{x_l}\right)_W\right]}{\lg\alpha_{lh}}-1=\frac{\lg\left[\left(\frac{0.6646}{0.0658}\right)\left(\frac{0.4016}{0.0112}\right)\right]}{\lg1.988}-1$$
$$=7.575$$

$$\frac{R-R_{\min}}{R+1}=\frac{4.408-2.939}{4.408+1}=0.272$$

由吉利兰关联图查得

$$\frac{N-N_{\min}}{N+2}=\frac{N-7.575}{N+2}=0.4$$

解得 $N=13.96$ 块，取整为 14 块。

利用式(1-103)求加料板位置，即

$$\lg\frac{n}{m}=0.206\lg\left[\left(\frac{W}{D}\right)\left(\frac{x_{hF}}{x_{lF}}\right)\left(\frac{x_{lW}}{x_{hW}}\right)^2\right]$$
$$=0.206\lg\left[\left(\frac{75.7}{24.3}\right)\left(\frac{0.32}{0.17}\right)\left(\frac{0.0112}{0.4016}\right)^2\right]=-0.4821$$

由 $\frac{n}{m}=0.3295$ 及 $n+m=15$(包括塔釜)

解得 $n=3.72$ 层，取整为 4 层。所以，第 5 层为理论加料板。

(2)逐板计算法

严格的多组分精馏的计算应采用逐板计算法。通过逐板计算法可以得到各层塔板间的组成变化情况，以及塔内温度分布情况。

逐板计算有多种方法，在设计中常采用刘易斯-麦提逊(Lewis-Mathson)法，简称L-M法。该法是由两组分精馏的逐板计算发展而来的，两者基本原理完全相同，计算过程中交替地应用相平衡方程和操作线方程，依次逐板计算则可得所需的理论板层数，与此同时还可得到各塔板上气、液组成和温度的数据。

L－M 法计算的基本步骤如下：

①根据已知的进料量和组成及其分离任务要求，通过物料衡算、估算初定塔顶、塔底产品量及各组分的组成。

②计算最小回流比并选定操作回流比，由恒摩尔流假定和加料热状况 q 计算出塔内精馏段和提馏段的气、液相流量(L，V，L'，V')。

③列出各组分的操作线方程，即

精馏段

$$y_{n+1,i}=\frac{R}{R+1}x_{n,i}+\frac{x_{D_i}}{R+1} \tag{1-104}$$

提馏段

$$y_{m-1,i}=\frac{L'}{L'-W}x_{m,i}-\frac{W}{L'-W}x_{W_i} \tag{1-105}$$

式中，下标 n 为从塔顶往下计的塔板序号；下标 m 为从塔釜往上计的塔板序号。

④列出各组分的相平衡方程，即

$$\sum_{i=1}^{n}\frac{y_i}{K_i}=1,\quad x_i=\frac{y_i}{K_i}$$

及

$$x_i=\frac{y_i/\alpha_{ij}}{\sum\limits_{i=1}^{n}y_i/\alpha_{ij}}$$

⑤从塔顶开始(塔板号从上往下增加)交替地应用相平衡方程和精馏段操作线方程计算，即

$$y_{1,i}=x_{D_i}$$

式中，y 的下标第一个字母表示塔板序号，第二个字母表示任意组分。

第一层塔板下降的液体组成 $x_{1,i}$ 可由相平衡方程求得，即

$$x_{1,i}=\frac{y_{1,i}}{K_{1,i}}$$

第二层塔板上升蒸气组成 $y_{2,i}$ 可由精馏段操作线方程求得，即

$$y_{2,i}=\frac{R}{R+1}x_{1,i}+\frac{x_{D_i}}{R+1}$$

此后，再用相平衡方程求第二层塔板下降液体的组成 $x_{2,i}$，如此循环往下计算，直至第 $(n-1)$ 层及第 n 层塔板上的液相中轻、重关键组分的组成满足下述条件为止，即

$$\left(\frac{x_l}{x_h}\right)_{n-1}\geqslant\left(\frac{x_l}{x_h}\right)_{F_i}\geqslant\left(\frac{x_l}{x_h}\right)_{n}$$

共用了相平衡方程 n 次，因此精馏段所需理论板层数为 $(n-1)$ 块。

⑥根据估算初定的塔釜组成 $x_{W,i}$，由相平衡方程可求出塔釜上升蒸气的组成 $y_{W,i}$，即

$$y_{W,i}=K_{W,i}x_{W,i}$$

从塔釜开始(塔板号从下往上增加)交替地应用相平衡方程和提馏段操作线方程计算，即

$$y_{W,i}=\frac{L'}{L'-W}x_{1,i}-\frac{W}{L'-W}x_{W_i}$$

此后，再用相平衡方程求第一层塔板上升蒸气的组成 $y_{1,i}$，如此循环往下计算，直至第$(m-1)$层及第 m 层塔板上的液相中轻、重关键组分的组成满足下述条件为止，即

$$\left(\frac{x_1}{x_h}\right)_{m-1}\leqslant\left(\frac{x_1}{x_h}\right)_{F_i}\leqslant\left(\frac{x_1}{x_h}\right)_m$$

计算过程中共用了相平衡方程 m 次，因此提馏段所需理论板层数为 m 块(不包括塔釜)。所以，所需理论板层数为

$$N=n-1+m=m+n-1(\text{不包括塔釜})$$

或

$$N=m+n(\text{包括塔釜})$$

应当指出，若从塔顶和塔底两端计算得到 $x_{n,i}$ 和 $x_{m-1,i}$ 能基本吻合，则第 n 层和第 m 层板重合。当进料热状况 $q\geqslant 0$ 时，第 n 层为加料板；当 $q<0$ 时，第$(n-1)$层即为加料板。若上述 $x_{n,i}$ 和 $x_{m-1,i}$ 不能吻合，则需调整塔顶和塔底产品中非关键组分的组成或改变回流比，然后重复上述计算，直至 $x_{n,i}$ 和 $x_{m-1,i}$ 能较好地吻合为止。

习　题

1. 正戊烷(A)与正己烷(B)的饱和蒸气压和温度的关系列于本题附表。正戊烷-正己烷溶液为理想溶液，试求总压强为 101.33kPa 下的 $t-y-x$ 数据，并绘制出 $t-y-x$ 相图。

习题 1 附表

温度,℃	p_A^0，kPa	p_B^0，kPa	温度,℃	p_A^0，kPa	p_B^0，kPa
36.1	101.33	31.98	55	185.18	64.44
40	115.62	37.26	60	214.35	76.36
45	136.05	45.02	65	246.89	89.96
50	159.16	54.04	68.7	273.28	101.33

2. 试用相平衡方程计算正戊烷-正己烷溶液的 $y-x$ 数据，并与习题 1 计算的对应数据进行比较。正戊烷-正己烷的饱和蒸气压见习题 1。

3. 某含苯摩尔分数为 0.2 的苯-甲苯溶液，在压强为 106.7kPa 的蒸馏釜中达到平衡。试求此溶液的泡点及平衡时的气相组成。

苯-甲苯溶液可视为理想溶液，纯组分的蒸气压为

苯 $$\lg p_A^0=6.031-\frac{1211}{t+220.8}$$

甲苯 $$\lg p_B^0=6.080-\frac{1345}{t+219.5}$$

式中，p^0 的单位为 kPa；t 的单位为℃。

4. 常压下对含苯 0.5(摩尔分数)的苯-甲苯混合液进行蒸馏分离。原料液处理量为 100kmol，物系的平均相对挥发度为 2.5，汽化率为 0.4。试求：

(1)平衡蒸馏的气液组成；

(2)简单蒸馏的馏出液量及其平均组成。

5. 在连续精馏塔中分离由二硫化碳和四氯化碳所组成的混合液。已知原料液流量为14 000kg/h，组成x_F为0.3(二硫化碳的质量分数，下同)。若要求釜液组成x_W不大于0.05，馏出液回收率为90%，试求馏出液的流量和组成，分别以质量流量和摩尔分数表示。

6. 在常压连续精馏塔中分离苯-甲苯混合液，进料量为10 000kg/h，进料组成含苯40%(质量分数，下同)，釜残液组成为2%，馏出液组成为97.1%。试求：

(1)精馏塔馏出液流量和釜残液流量(kmol/h)；

(2)塔顶苯的回收率。

7. 正戊烷-正己烷混合液(理想溶液)连续精馏，其$x_F=0.4$，$x_D=0.98$(均为摩尔分数)，已知平均相对挥发度$\alpha=2.92$。试计算下述三种进料状况下的最小回流比：

(1)冷液进料($q=1.2$)；

(2)饱和液体进料；

(3)气液混合物进料，进料温度为55℃。

(55℃时气、液相组成可参考习题1附表求出)

8. 在连续精馏塔中分离某一组成为0.4(易挥发组分的摩尔分数，下同)的混合液，已知原料液流量为110kmol/h，馏出液组成为0.95，釜残液组成为0.02，操作回流比为3.2。试求：

(1)塔顶和塔底的产品流量(kmol/h)；

(2)精馏段内各板的上升蒸气量和下降液体量(kmol/h)；

(3)当为饱和蒸气进料时，提馏段内各板的上升蒸气量和下降液体流量(kmol/h)。

9. 用一精馏塔分离二元理想混合液，进料量为100kmol/h，易挥发组分组成$x_F=0.5$(摩尔分数，下同)，泡点进料，要求塔顶产品组成$x_D=0.95$，塔底釜液$x_W=0.05$，操作回流比$R=1.2R_{\min}$。若该物系相对挥发度$\alpha=2.25$，试求：

(1)塔顶和塔底的产品量(kmol/h)；

(2)提馏段上升蒸气量(kmol/h)；

(3)提馏段的操作线方程。

10. 苯-甲苯混合液中含苯30%(摩尔分数，下同)，预热至40℃以10kmol/h的流量连续加入一精馏塔。塔的操作压强为101.33kPa。塔顶馏出液中含苯95%，塔底釜残液含苯3%，回流比$R=3$。试求塔釜的蒸发量。(当$x_F=0.3$时混合液的沸点$t_s=98.6$℃)

11. 在连续精馏操作中，已知精馏段操作线方程及q线方程分别为

$$y=0.8x+0.19 \qquad q=-0.5x+0.675$$

试求：(1)进料热状况参数q及原料液组成x_F；

(2)精馏段和提馏段两操作线的交点坐标(x_q, y_q)。

12. 在连续精馏塔中分离某组成为0.45(易挥发组分的摩尔分数，下同)的两组分理想溶液，原料液于泡点进入塔内。塔顶采用分凝器和全凝器。分凝器向塔内提供回流液，其组成为0.90，全凝器提供组成为0.96的合格产品。塔顶馏出液中易挥发组分的回收率为96%。若测得塔顶第一层板的液相组成为0.80，试求：

(1)操作回流比和最小回流比；

(2)若馏出液量为100kmol/h，那么原料液流量是多少？

13. 常压下将含苯摩尔分数为 0.25 的苯-甲苯混合液连续精馏，要求馏出液中含苯摩尔分数为 0.98，釜液中含苯摩尔分数为 0.085。操作所用回流比为 5，泡点进料，塔顶为全凝器。试用逐板计算法求所需理论板层数。(常压下苯-甲苯混合液可视为理想物系，相对挥发度为 2.47)

14. 用一连续精馏塔分离乙醇-水混合液。原料液中含乙醇 40%(摩尔分数，下同)，进料状态参数 $q=1.103$。塔顶设置全凝器，泡点回流，回流比 $R=3$。塔顶馏出液含乙醇 78%，釜液含乙醇 2%。试用图解法求所需理论板层数并写出具体解题过程。乙醇-水溶液的气液相平衡数据见本题附表。

习题 14 附表

温度,℃	100	90.6	86.4	83.2	81.7	80.7	79.9	79.1	78.7	78.4	78.15	78.2	78.3
x(摩尔分数)	0.0	0.05	0.10	0.20	0.30	0.40	0.50	0.60	0.70	0.80	0.894	0.95	1.00
y(摩尔分数)	0.0	0.31	0.43	0.52	0.575	0.614	0.657	0.698	0.755	0.82	0.894	0.942	1.00

15. 试用简捷法计算习题 9 的连续精馏塔所需的理论板层数。

16. 有两股苯-甲苯混合液，其组成分别为 0.5 与 0.3(苯的摩尔分数，下同)，流量均为 50kmol/h，在同一板式精馏塔进行分离。第一股物料在泡点下加入塔内，第二股为饱和蒸气进料。要求馏出液组成为 0.95，釜液组成为 0.04。操作回流比为最小回流比的 1.8 倍，物系的平均相对挥发度为 2.5。试求所需理论板层数及加料板位置。

17. 含易挥发组分 42%(摩尔分数，下同)的两组分混合液在泡点状态下连续加入精馏塔塔顶，釜液组成保持 2%。物系的相对挥发度为 2.5，塔顶不设回流。试求：

(1)欲获得塔顶产物组成为 60%时，所需的理论板层数；

(2)在设计条件下若板层数不限，塔顶产物可能达到的最高组成为多少？

18. 用板式精馏塔在常压下分离苯-甲苯溶液，塔顶为全凝器，塔釜间接蒸汽加热，平均相对挥发度为 2.47。

(1)进料量为 150kmol/h、组成为 0.4(摩尔分数)的饱和蒸气，回流比为 4，塔顶馏出液中苯的回收率为 0.98，塔釜采出液中甲苯的回收率为 0.96。求：

①塔顶馏出液及塔釜采出液的组成；

②精馏段和提馏段的操作线方程；

③回流比与最小回流比的比值。

(2)若全回流操作，塔顶第一块板的气相默弗里效率为 0.6，全凝器凝液组成为 0.98，求由塔顶第二块板上升的气相组成。

19. 由一块理论板与塔釜组成的连续精馏塔(如本题附图所示)，每小时向塔釜加入含甲醇 40%(摩尔分数)的甲醇-水溶液 100kmol，要求塔顶馏出液组成 $x_D=0.84$，塔顶采用全凝器，回流比 $R=3$，操作条件下的相平衡关系为 $y=0.45x+0.55$。试求：

(1)塔釜组成 x_W；

(2)每小时能获得的馏出液量 D。

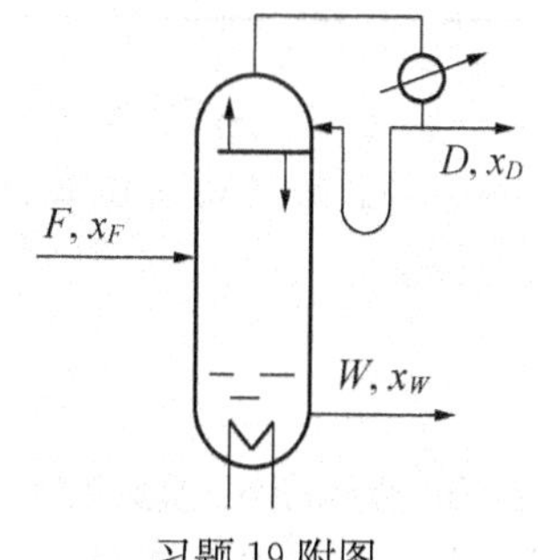

习题 19 附图

20. 一精馏塔有五块理论板（包括塔釜）。含苯 0.5（摩尔分数）的苯-甲苯混合液预热至泡点，连续加入塔的第二块板上。采用的回流比为 3，塔顶产品的采出率为 0.44，物系的相对挥发度为 2.47。求操作可得的塔顶和塔底产品组成 x_D 和 x_W。

21. 在连续精馏塔中分离正戊烷-正己烷溶液（可视为理想溶液，平均相对挥发度 α=2.92，进料组成 x_F=0.4，进料状态参数 q=1.22，理论板层数为 10，进料板为第六块。若回流比 R=2，试求馏出液的组成 x_D 及釜液组成 x_W。

22. 常压下将二硫化碳和四氯化碳的混合液进行间歇精馏分离。原料液的组成为 0.4（二硫化碳的摩尔分数，下同），每批处理量为 50kmol。要求馏出液的组成为 0.9，当釜液组成降至 0.092 时停止操作。塔釜的汽化速率为 18kmol/h，若采用馏出液组成保持恒定的操作方式，最终回流比为最小回流比的 1.534 倍。二硫化碳和四氯化碳混合液的气液相平衡数据见本题附表。试求每批精馏所需的时间。

习题 22 附表

液相中二硫化碳的含量 x（摩尔分数）	气相中二硫化碳的含量 y（摩尔分数）	液相中二硫化碳的含量 x（摩尔分数）	气相中二硫化碳的含量 y（摩尔分数）
0	0	0.3908	0.6340
0.0296	0.0823	0.5318	0.7470
0.0615	0.1555	0.6630	0.8290
0.1106	0.2660	0.7574	0.8790
0.1435	0.3325	0.8604	0.9320
0.2580	0.4950	1.0	1.0

23. 在连续精馏塔中，分离本题附表所示的液体混合物。操作压强为 2780.0kPa，加料量为 100kmol/h。若要求在馏出液中回收原料液中 91.1%乙烷，釜液中回收原料液中 93.7%丙烯，试分别用清晰分割与非清晰分割方法估算馏出液流量及各组分在两产品中的组成。

习题 23 附表

序　号	1	2	3	4	5	6
组　分	甲烷	乙烷	丙烯	丙烷	异丁烯	正丁烯
组成 x_{F_i}	0.05	0.35	0.15	0.20	0.10	0.15
平均相对挥发度 α_{ih}	10.95	2.59	1	0.884	0.422	0.296

24. 在连续精馏塔中，分离习题 23 的多组分混合液。塔顶全凝器，泡点回流，饱和液体进料。操作回流比取为最小回流比的 1.5 倍。试用简捷法求所需的理论板层数及进料板的位置。

思　考　题

1. 两组分理想溶液的气液两相达到平衡时，若已知平衡温度 t 与液相组成 x，如何计算气相组成 y 与总压强 p？反之，若已知气相组成 y 与总压强 p，如何计算平衡温度 t 与

液相组成 x？

2. 两组分理想溶液的相对挥发度与哪些因素有关？应如何计算？它的大小对两组分精馏有何影响？

3. 平衡蒸馏与简单蒸馏有何不同？

4. 蒸馏的依据与精馏原理有何不同？实现连续精馏的充分必要条件有哪些？

5. 精馏过程中恒摩尔流假定的主要依据是什么？

6. 精馏塔中气相组成、液相组成及温度沿塔高如何变化？

7. 回流比、最小回流比的定义是什么？如何进行计算？

8. 当进料量 F 及组成 x_F 一定时，若馏出液量 D 增加而釜液量 W 减少，馏出液组成 x_D 及釜液组成 x_W 将如何变化？

9. 常见进料状况有几种？它们各对精馏操作有何影响？

10. 如何在 $x-y$ 相图上绘制精馏段和提馏段的操作线？需要已知哪些必要的数据？

11. 何谓全回流操作？有哪些特点？

12. 何谓理论塔板？理论板层数的计算方法有几种？

13. 默弗里单板效率应如何定义？它与总板效率有何不同？

14. 间歇精馏与连续精馏有何不同？常用间歇精馏的操作方式有几种？

15. 何谓恒沸精馏和萃取精馏？有何异同点？

16. 多组分精馏的操作流程应如何选定？

17. 何谓轻关键组分、重关键组分？如何进行选定？

18. 应用亨斯特别克法对各组分在塔顶和塔底产品中的预分配应进行哪些假设？

19. 简捷法计算多组分连续精馏所需理论板层数的主要步骤有哪些？

2 气体吸收

2.1 概述

利用混合气体中各组分在某种溶剂中溶解度的差异，使得气体混合物得以分离的操作过程称为气体吸收，简称为吸收。吸收过程是溶质由气相转移至液相的相际传质过程，通常在吸收塔中进行。图 2-1 所示为合成氨生产中合成气 CO_2 的生产流程，现简述如下。

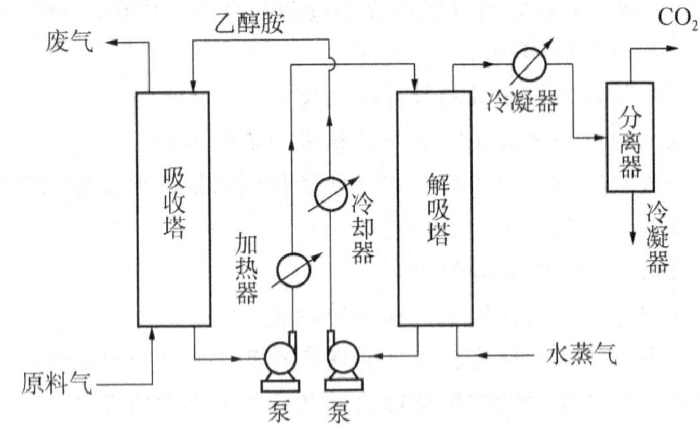

图 2-1　合成气 CO_2 的生产流程

由造气炉产生的合成氨原料气(含 CO_2 30%左右)从吸收塔底部进入塔内，与塔顶喷淋下来的乙醇胺液体接触，乙醇胺吸收了 CO_2 后从塔底部排出，从塔顶排出的气体中所含 CO_2 可降低到 0.2%～0.5%。此后，将吸收塔底部排出的含 CO_2 的乙醇胺溶液用泵送至加热器，加热到 130℃左右从解吸塔顶喷淋下来，解吸塔底部通入水蒸气，CO_2 在高温、低压(约 3×10^5 Pa)下从溶液中释放出来，这一过程称为解吸(或脱吸)。从解吸塔顶部排出的气体经冷却、冷凝后便得到纯度高、生产所需的 CO_2 气体；从解吸塔底部排出的溶液经冷却降温至 50℃左右及加压(约 18×10^5 Pa)后仍作为吸收剂循环使用。可见，在工业生产中，除以制取溶液产品为目的的吸收(如用水吸收 HCl 气制取盐酸、用水吸收 NH_3 制取氨水等)外，大都将吸收液进行解吸，以便得到纯的溶质或使吸收剂再生后循环利用。

在化工生产中，吸收操作广泛应用于混合气体的分离，其目的大致有如下几方面：

①净化或精制气体，去除混合气中的杂质。如用碳酸丙烯酯(或碳酸钾水溶液)脱除合成气中的二氧化碳；用丙酮脱除石油裂解气中的乙炔等。

②制取某种气体的液态产品。如用水吸收二氧化氮以制取硝酸；用水吸收甲醛以制取福尔马林等。

③回收混合气体中的有用组分。如用洗油处理焦炉气以回收其中的芳烃；用液态烃处

理石油裂解气以回收其中的乙烯、丙烯等。

④除去有害成分，以改善环境。如工业生产中所排放的废气中常含有 SO_2、NO、NO_2、HF 等有害成分，其含量一般都很低，但若直接排入大气，对人体和自然环境的危害很大，故在排放之前必须进行处理，选用碱性吸收剂吸收这些有害的酸性气体是环保工程中常采用的处理方法之一。

在吸收操作中，通常将所用的液体溶剂称为吸收剂，以 S 表示；混合气体中能显著被吸收剂溶解的组分称为吸收质或溶质，以 A 表示；而几乎不被吸收剂溶解的组分统称为惰性组分(或惰性气体)，以 B 表示；吸收操作得到的溶液称为吸收液或溶液，以(S+A)表示。

在吸收过程中若溶质气体与溶剂之间不发生显著的化学反应，可以把吸收过程视为吸收质单纯地溶解于吸收剂的物理过程，称为物理吸收。如用水吸收二氧化碳、用洗油吸收其中的粗苯等过程。反之，若在吸收过程中溶质气体与溶剂之间发生显著的化学反应，则称为化学吸收。如用碱液吸收二氧化碳、用硫酸吸收氨等均属于化学吸收。若混合气体在吸收过程中，仅有一个组分进入液相，其余组分可认为不溶于吸收剂，这样的吸收过程称为单组分吸收。如用水吸收氯化氢气制取盐酸、用碳酸丙烯酯吸收合成气(含 N_2、CO、H_2、CO_2 等)中的二氧化碳等均属于单组分吸收。若混合气体在吸收过程中，有多个组分进入液相，这样的吸收过程称为多组分吸收。如用洗油处理焦炉气时，其中苯、甲苯、二甲苯等组分在洗油中均有显著溶解，故属于多组分吸收。

气体溶质溶解于吸收剂时常常伴随有热效应，当发生化学反应时还会有反应热，结果使得液相温度逐渐升高，这样的吸收称为非等温吸收。若吸收过程的热效应很小，或被吸收的组分在气相中的组成较低而吸收剂用量又相对较大，或虽然热效应较大，但吸收设备的散热效果良好，能及时将吸收过程所产生的热量移出，使得液相的温度变化并不显著，这种吸收就称为等温吸收。此外，气体的吸收过程还有低组成吸收与高组成吸收之分。

工业生产中的吸收过程以低组成(混合气中溶质组分 A 的摩尔分数低于 0.1)吸收为主，因此本章主要讨论低组成单组分的等温物理吸收过程的基本理论与计算，对其他吸收过程仅作简单介绍。

值得一提的是，气体吸收与液体蒸馏均为分离均相物系的气-液传质操作，但二者存在显著的差异，如表 2-1 所示。

表 2-1　蒸馏操作与吸收操作的差异

差　异	蒸　馏	吸　收
两相产生	用改变状态参数的方法(如加热或冷却)，使混合物内部产生第二个物相	通过从外界引入另一物质(如吸收剂)的方法造成两相
产品	可直接获得较纯的轻、重组分产品	要获得较纯的溶质组分，需经第二个分离操作(脱吸)才能实现
操作温度	塔板上蒸气和液体均接近溶液的饱和温度	液相温度远远低于溶液的沸点
传递方向	溶液中轻、重组分同时向彼此相反的方向传递	只有混合气中溶质组分进入液相的单向传递

2.2 气液相平衡关系

在恒定温度和压强下，混合气体与一定量的吸收剂相接触，发生溶质组分向液相转移，使得液相中溶质组成增大。当经过较长时间的充分接触后，液相中的溶质达到饱和，组成不再增加，此时任何瞬间由气相进入液相的溶质分子数与从液相逸出的溶质分子数恰好相抵，这种状态就称为相际动平衡，简称为相平衡。

相平衡状态下，气相中溶质组分的分压称为平衡分压；液相中的溶质组成称为溶质在液相中的平衡溶解度，或简称为溶解度。

2.2.1 溶解度

气体在溶液中的溶解度表明一定条件下吸收过程的极限程度，习惯上常以单位质量(或体积)的溶剂中所含溶质的最大质量来表示。溶解度与温度、溶质在气相中的分压有关。若在一定温度下，将平衡时溶质在气相中的分压与其在液相中的平衡溶解度相关联，可得溶解度曲线。

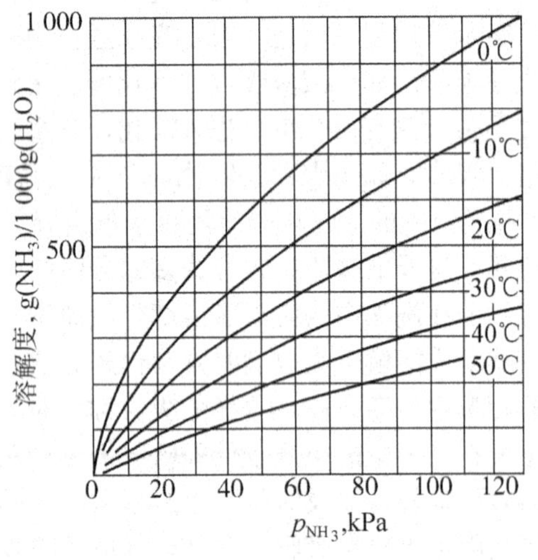

图 2-2　氨在水中的溶解度

图 2-2、图 2-3 和图 2-4 分别表示常压下氨、二氧化硫和氧在水中的溶解度曲线。由图可见，同一种气体在水中的平衡溶解度随气相中的平衡分压增大而增大，随温度的增大而减小。

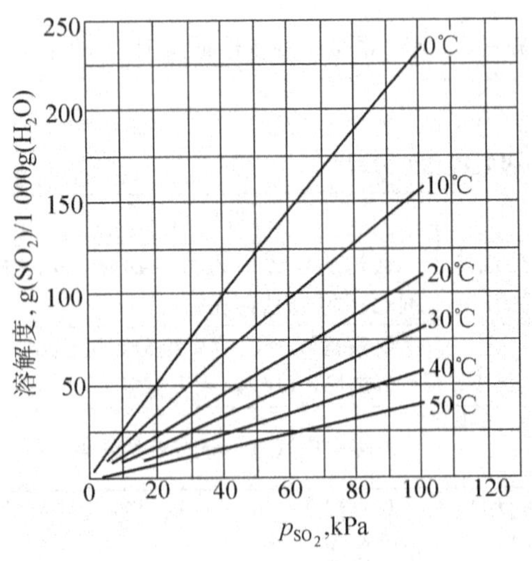

图 2-3　二氧化硫在水中的溶解度

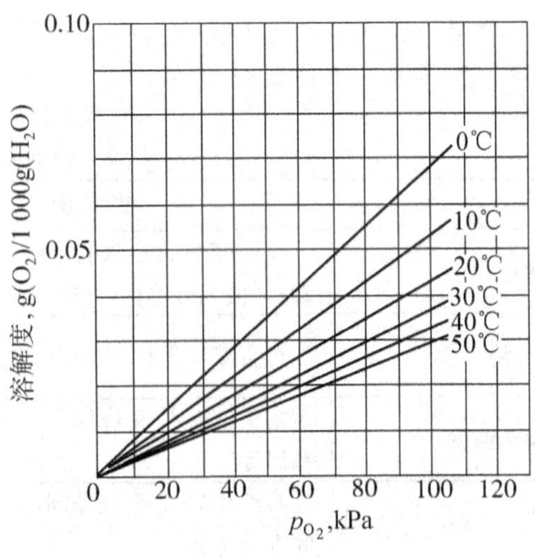

图 2-4　氧在水中的溶解度

由图 2-2、图 2-3 和图 2-4 可看出，不同气体在同一种溶剂中溶解度不同。如温度为 20℃时，氨在水中的溶解度最大，氧最小，而二氧化硫居中。此外，还可看出，对于同样组成的溶液，易溶气体溶液上方的气相分压小，难溶气体溶液上方的气相分压大。例如，分别有 100kg 的氨和 100kg 的二氧化硫各溶于温度为 20℃的 1000kg 水中，由图 2-2 读出氨在溶液上方的气相分压为 9.3kPa，而由图 2-3 读出二氧化硫在溶液上方的气相分压为 93kPa。

由溶解度曲线又可得知，加压和降温可提高气体的溶解度，因此加压和降温均对吸收操作有利。

2.2.2 气液相平衡关系

吸收操作常用于分离低浓度的气体混合物，吸收时相应液相的组成较低，常在稀溶液范围。当总压强不高(一般不超过 5×10^5 Pa)时，一定温度下，稀溶液上方气相中溶质的平衡分压与溶解度(用液相中溶质的摩尔分数表示)成正比，写为

$$p_A^* = Ex \tag{2-1}$$

式中，p_A^*——溶质 A 在气相中的平衡分压，kPa；

x——液相中溶质的摩尔分数；

E——比例系数，称为亨利系数，kPa。

式(2-1)称为亨利(Henry)定律。由式可知，在一定的气相平衡分压下，E 值小，液相中溶质的摩尔分数大，即溶质的溶解度大。所以，易溶气体的 E 值小，而难溶气体的 E 值大。

亨利系数 E 的数值随物系的特性及温度而异，需由实验测定。在恒定的温度下，对指定的物系进行实验，测得一系列平衡状态下的 x 与相应的气相溶质分压 p_A^*，然后将所测得的各组数值标绘在直角坐标系中，求出组成趋于零时的 p_A^*/x 值，即为系统在该温度下的亨利系数 E。

常见物系的亨利系数可从有关手册中查得。表 2-2 列出了 15 种气体水溶液的 E 值。由表可知，对一定的物系，温度升高，E 值增大。

由于气相、液相组成可采用不同的表示方法，因而亨利定律可写成如下三种表达形式。

(1)气相组成用溶质 A 在气相中的平衡分压 p_A^* 表示，液相组成用溶质在液相中的物质的量浓度 c 表示时，亨利定律可写为

$$p_A^* = \frac{c}{H} \tag{2-2}$$

式中，c——物质的量浓度，即单位体积溶液中溶质的物质的量，kmol/m^3；

H——溶解度系数，kmol/(kN · m)。

表 2-2　若干气体水溶液的亨利系数 E

气体	温度,℃															
	0	5	10	15	20	25	30	35	40	45	50	60	70	80	90	100
	$E\times10^{-6}$, kPa															
H_2	5.87	6.16	6.44	6.70	6.92	7.16	7.39	7.52	7.61	7.70	7.75	7.75	7.71	7.65	7.61	7.55
N_2	5.35	6.05	6.77	7.48	8.15	8.76	9.36	9.98	10.5	11.0	11.4	12.2	12.7	12.8	12.8	12.8
空气	4.38	4.94	5.56	6.15	6.73	7.30	7.81	8.34	8.82	9.23	9.59	10.2	10.6	10.8	10.9	10.8
CO	3.57	4.01	4.48	4.95	5.43	5.88	6.28	6.68	7.05	7.39	7.71	8.32	8.57	8.57	8.57	8.57
O_2	2.58	2.95	3.31	3.69	4.06	4.44	4.81	5.14	5.42	5.70	5.96	6.37	6.72	6.96	7.08	7.10
CH_4	2.27	2.62	3.01	3.41	3.81	4.18	4.55	4.92	5.27	5.58	5.85	6.34	6.75	6.91	7.01	7.10
NO	1.71	1.96	2.21	2.45	2.67	2.91	3.14	3.35	3.57	3.77	3.95	4.24	4.44	4.54	4.58	4.60
C_2H_6	1.28	1.57	1.92	2.90	2.66	3.06	3.47	3.88	4.29	4.69	5.07	5.72	6.31	6.70	6.96	7.01
	$E\times10^{-5}$, kPa															
C_2H_4	5.59	6.62	7.78	9.07	10.3	11.6	12.9	—	—	—	—	—	—	—	—	—
N_2O	—	1.19	1.43	1.68	2.01	2.28	2.62	3.06	—	—	—	—	—	—	—	—
CO_2	0.738	0.888	1.05	1.24	1.44	1.66	1.88	2.12	2.36	2.60	2.87	3.46	—	—	—	—
C_2H_2	0.73	0.85	0.97	1.09	1.23	1.35	1.48	—	—	—	—	—	—	—	—	—
Cl_2	0.272	0.334	0.399	0.461	0.537	0.604	0.669	0.74	0.80	0.86	0.90	0.97	0.99	0.97	0.06	—
H_2S	0.272	0.319	0.372	0.418	0.489	0.552	0.617	0.686	0.755	0.825	0.689	1.04	1.21	1.37	1.46	1.50
	$E\times10^{-4}$, kPa															
SO_2	0.167	0.203	0.245	0.294	0.355	0.413	0.485	0.567	0.661	0.763	0.871	1.11	1.39	1.70	2.01	—

溶解度系数 H 值的大小可表示溶质气体溶解的难易程度。由式(2-2)可知，当溶液组成 c 一定，若 H 值小，溶质气体在气相中的气相分压大，为难溶气体；反之，H 值大，溶质气体在气相中的气相分压小，为易溶气体。

溶解度系数 H 与亨利系数 E 之间的换算关系推导如下：若溶液的组成为 c koml/m^3，密度为 ρkg/m^3，那么，1 m^3 溶液中所含的溶质 A 为 c koml，而溶剂 S 为 $\left(\dfrac{\rho-cM_A}{M_S}\right)$koml，其中 M_A 与 M_S 分别为溶质 A 和溶剂 S 的摩尔质量。这样一来，溶质在液相中的摩尔分数 x 可写为

$$x=\frac{c}{c+\dfrac{\rho-cM_A}{M_S}}=\frac{cM_S}{\rho+c(M_S-M_A)}$$

将上式代入式(2-1)，可得

$$p_A^*=\frac{EcM_S}{\rho+c(M_S-M_A)}$$

此式与式(2-2)比较，得 H 与 E 间的关系为

$$\frac{1}{H}=\frac{EM_S}{\rho+c(M_S-M_A)}$$

对于稀溶液来说，c 值很小，上式等号右边分母中的 $c(M_S-M_A)$ 与 ρ 相比可忽略不

计，故可简化为

$$H \approx \frac{\rho}{EM_S} \tag{2-3}$$

溶解度系数 H 也是温度的函数。对于一定的溶质和溶剂，H 值随温度的升高而减少。

(2)气液两相的组成分别用溶质 A 的摩尔分数 y 与 x 表示时，亨利定律可写为

$$y^* = mx \tag{2-4}$$

式中，y^*——溶质在气相中的平衡摩尔分数；

m——相平衡常数。

由式(2-4)可知，溶质在气相中的平衡摩尔分数一定，m 值越小，液相中溶质的摩尔分数越大，即溶质的溶解度越大。所以，易溶气体 m 值小，难溶气体 m 值大。

相平衡常数与亨利系数间的换算关系推导如下：若系统总压强为 p，由理想气体分压定律写出 $p_A^* = py^*$，代入式(2-1)，可得

$$y^* = \frac{p_A^*}{p} = \frac{Ex}{p}$$

将此式与式(2-4)比较，得 m 与 E 间的关系为

$$m = \frac{E}{p} \tag{2-5}$$

由式(2-5)可知，总压强一定，温度升高，由于 E 值增大，m 值变大；或温度一定(E 值一定)，总压强降低，m 值变大。所以，温度升高、总压强下降均不利于吸收操作。

(3)气液两相组成用摩尔比 Y、X 表示

由摩尔比的定义，写为

$$Y = \frac{\text{气相中溶质的摩尔分数}}{\text{气相中惰性气体的摩尔分数}} = \frac{y}{1-y}$$

$$X = \frac{\text{液相中溶质的摩尔分数}}{\text{液相中溶剂的摩尔分数}} = \frac{x}{1-x}$$

根据定义式可解得 $y=\frac{Y}{1+Y}$，$x=\frac{X}{1+X}$，代入式(2-4)，整理得

$$Y^* = \frac{mX}{1+(1-m)X} \tag{2-6}$$

式中，Y^*——相平衡时气相中溶质的摩尔比。

当溶液组成 X 很低时，式(2-6)右端分母趋于 1，故可化简为

$$Y^* = mX \tag{2-7}$$

式(2-7)表明当液相中溶质组成足够低时，平衡关系在 $Y-X$ 相图中可近似表示为一条通过原点的直线，其斜率为 m。

亨利定律的各种表达式所描述的都是互成平衡的气、液两相组成间的关系，它们既可用来根据液相组成计算出与之平衡的气相组成，也可用来根据气相组成计算出与之平衡的液相组成。为此，上述亨利定律的几种表达式可改写为

$$x^* = \frac{p}{E} \tag{2-1a}$$

$$c^* = Hp \tag{2-2a}$$

$$x^* = \frac{y}{m} \tag{2-4a}$$

$$X^* = \frac{Y}{m} \tag{2-7a}$$

【例 2-1】 在总压强 101.33 kPa、温度 20℃时，1 000 kg 水中溶解 15kg NH_3，此时测得溶液上方气相中 NH_3 的平衡分压为 1.2kPa。试求：

(1)此时的亨利系数 E、溶解度系数 H 及相平衡常数 m；

(2)以摩尔比 Y 与 X 表示的气、液相组成。

解 (1)亨利系数 E、溶解度系数 H 及相平衡常数 m

NH_3 的摩尔质量 17 kg /kmol，溶液的量为 15kg NH_3 与 1 000 kg 水之和。故液相中溶质组成的摩尔分数为

$$x = \frac{n_A}{n_A + n_S} = \frac{15/17}{15/17 + 1\,000/18} = 0.015\,63$$

由于 NH_3 组成较低，NH_3 溶液的密度可按同条件下纯水的密度进行计算。查得 20℃水的密度为 $\rho_S = 998.2 kg/m^3$。由式(2-1)可求出亨利系数 E，写为

$$E = \frac{p^*}{x} = \frac{1.2}{0.015\,63} = 76.8(\text{kPa})$$

由式(2-3)可求出溶解度系数 H，即

$$H \approx \frac{\rho}{EM_S} = \frac{998.2}{76.8 \times 18} = 0.722[\text{kmol}/(\text{kN} \cdot \text{m})]$$

由式(2-5)可求出相平衡常数 m，即

$$m = \frac{E}{p} = \frac{76.8}{101.33} = 0.758$$

(2)以摩尔比表示的气、液相组成

$$y = mx = 0.758 \times 0.015\,63 = 0.011\,85$$

$$Y = \frac{y}{1-y} = \frac{0.011\,85}{1-0.011\,85} = 0.011\,99$$

$$X = \frac{x}{1-x} = \frac{0.015\,63}{1-0.015\,63} = 0.015\,88$$

2.2.3 相平衡关系在气体吸收中的应用

相平衡关系可表示出气、液两相接触传质的极限状态。根据气、液两相的实际组成与相应条件下平衡组成的比较，可以判定溶质的传质方向，确定传质推动力的大小，还可指明传质过程所能达到的极限。

1. 判定溶质的传质方向

如图 2-5a 所示，若气相中溶质的实际组成 y 大于与液相溶液组成相平衡的气相组成 y^*，即 $y>y^*$，说明溶液还没有达到饱和状态，此时气相中的溶质继续溶解，溶质的传质方向由气相到液相，为吸收过程；反之，如图 2-5b 所示，$y<y^*$，溶质从溶液中逸出，溶质的传质方向为由液相到气相，为解吸(或脱吸)过程。

同理，若 $x^*>x$，溶质从气相向液相传递，为吸收过程，如图 2-5a 所示；反之，$x^*<x$ 时，溶质由液相向气相传递，为解吸(或脱吸)过程，如图 2-5b 所示。

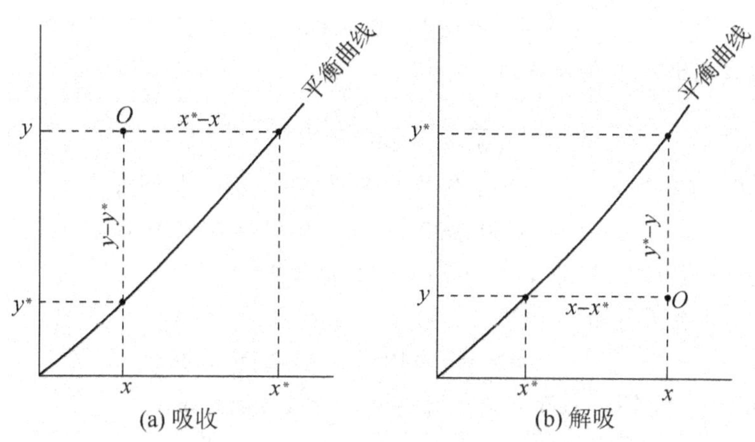

图 2-5　传质方向与推动力示意图

2. 确定传质推动力的大小

传质过程的推动力通常以实际组成与其平衡组成的偏离程度来表示。如图 2-5 所示，点 O 代表相互接触的实际的气、液相组成。就吸收过程而言，$(y-y^*)$称为以气相摩尔分数表示的吸收推动力，(x^*-x)称为以液相摩尔分数表示的吸收推动力。同理，对于解吸操作，(y^*-y)称为以气相摩尔分数表示的解吸推动力，$(x-x^*)$称为以液相摩尔分数表示的解吸推动力。

3. 指明传质过程所能达到的极限

现将溶质摩尔分数为 y_1 的混合气体从填料塔底部送入，溶剂则由填料塔顶部喷淋而下作逆流吸收，如图 2-6 所示。若减少淋下的吸收溶剂量，则塔底流出溶液的摩尔分数 x_1 必会增加。但即使在塔很高、吸收溶剂量很少的情况下，x_1 也不会无限增大，其极限是气相摩尔分数 y_1 的平衡组成 x_1^*，即 $x_1^*=y_1/m$。相反，若吸收溶剂量很大而混合气体流量较小时，即使在无限高的塔内进行逆流吸收，其出口气体的溶质含量也不会低于平衡含量 y_2^*，即 $y_2^*=mx_2$。

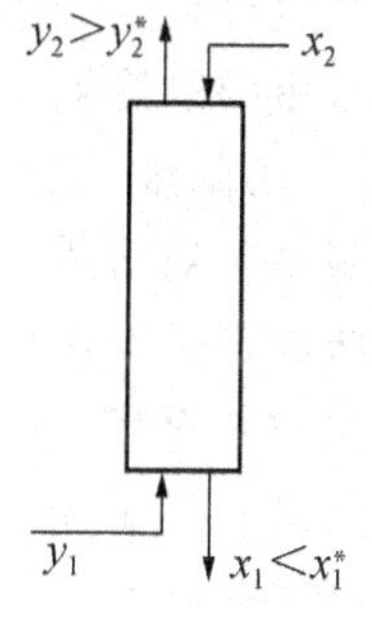

图 2-6　吸收过程的极限

由此可见，相平衡关系限制了吸收溶剂离塔时的最高含量和气体混合物离塔时的最低含量。

【例 2-2】 在温度 20℃、总压强 0.1MPa 下，含有 10%(体积分数，下同)CO_2 的空气与含有 0.002%CO_2 的水相接触。试判定 CO_2 的传质方向，并计算传质推动力。如果水溶液中 CO_2 的组成为 0.02%，试判定 CO_2 的传质方向，并计算传质推动力。

解 (1)水溶液含有 0.002%(即 $x=0.00002$)CO_2 的情况

由表 2-2 可查得 20℃时 CO_2 水溶液的亨利系数 $E=144$Pa，相平衡常数 m 为

$$m=\frac{E}{p}=\frac{144}{0.1}=1\,440$$

用气相组成判定 CO_2 的传质方向：

$$y^*=mx=1\,440\times0.000\,02=0.028\,8$$

由于 $y=0.1>y^*$，故 CO_2 从气相向液相传递，传质推动力为

$$y - y^* = 0.1 - 0.0288 = 0.0712$$

用液相组成判定 CO_2 的传质方向：

$$x^* = \frac{y}{m} = \frac{0.1}{1440} = 0.0000694$$

由于 $x^* = 0.0000694 > x$，故 CO_2 从气相向液相传递，传质推动力为

$$x^* - x = 0.0000694 - 0.00002 = 0.0000494$$

(2)水溶液含有 0.02%(即 $x=0.0002$)CO_2 的情况

用气相组成判定 CO_2 的传质方向：

$$y^* = mx = 1440 \times 0.0002 = 0.288$$

由于 $y=0.1<y^*$，故 CO_2 从液相向气相传递，传质推动力为

$$y^* - y = 0.288 - 0.1 = 0.188$$

用液相组成判定 CO_2 的传质方向：

$$x^* = \frac{y}{m} = \frac{0.1}{1440} = 0.0000694$$

由于 $x^* = 0.0000694 < x$，故 CO_2 从液相向气相传递，传质推动力为

$$x - x^* = 0.0002 - 0.0000694 = 0.0001306$$

2.2.4 吸收剂的选择

吸收过程是利用溶质气体在吸收剂中的溶解实现的，因此，吸收剂性能对吸收操作效果具有重要的影响。在选择吸收剂时，应注意考虑以下几方面的问题。

(1)溶解度

吸收剂对溶质组分的溶解度要大，这样，对于一定量的混合气体，可提高吸收速率，减少吸收剂的耗用量。当吸收剂与溶质组分有化学反应发生时，溶解度可大大提高，但若要使吸收剂循环使用，则化学反应必须是可逆的；对于物理吸收，要选择随操作条件的变化溶解度有显著变化的吸收剂。

(2)选择性

吸收剂应对溶质具有良好的选择性，即对溶质的溶解度大，吸收能力强；而对混合气中的其他组分溶解度小，基本不能吸收或吸收甚微。

(3)挥发度

操作温度下吸收剂的蒸气压要低，因为离开吸收设备的气体往往被吸收剂蒸气所饱和，吸收剂的挥发度越高，其损失量越大。

(4)粘性

吸收剂在操作温度下的粘度要低，这样可改善塔内的流动状况，有助于传质速率的提高及降低泵的功耗与传热阻力。

(5)其他

所选用的吸收剂应尽可能满足无毒性、无腐蚀性、不易燃易爆、不发泡、冰点低、价廉易得及化学性质稳定等要求。

实际上，很难找到一种溶剂能同时满足以上所有要求。因此，应对可供选用的吸收剂作出技术与经济评价后，合理选用。

2.3 吸收过程机理及速率方程

吸收操作是溶质从气相转移到液相的传质过程。它包括以下三个步骤：

①溶质由气相主体传递到气、液两相界面的气相一侧，即溶质在气相内传递；

②溶质在相界面上溶解，从相界面气相一侧进入液相一侧；

③溶质从相界面液相一侧传递至液相主体，即溶质在液相内传递。

可见，吸收过程涉及两相间的物质传递。一般来说，溶质在相界面上的溶解过程，其阻力极小，容易进行，可认为界面上气、液两相的溶质组成满足气、液相平衡关系。

气、液两相界面与气相或液相之间的传质称为对流传质，对流传质中同时存在分子扩散和涡流扩散。分子扩散类似于传热中的热传导，是凭借流体分子无规则热运动而传递物质的，为发生在静止或层流流体内的扩散。涡流扩散是凭借流体质点的湍动和旋涡而传递物质的，发生在湍动流体内的扩散主要是涡流扩散。如将一勺砂糖加入水杯中，片刻后整杯水就会变甜，这是分子扩散的表现；若用勺进行搅动，则水甜得更快更匀，那就是涡流扩散的效果。

为了更好地研究吸收过程的传质机理，首先必须了解和掌握物质在单一相(气相或液相)中的传递规律。

2.3.1 菲克定律

分子扩散是由于一相内部有浓度差异所引起的，习惯上常把它称为扩散。如图 2-7 所示，用一块板将容器分隔为左、右两室，两室中分别充入温度及压强相同的 A、B 两种气体。当抽出隔板后，由于气体分子的无规则热运动，左侧 A 分子会进入右半部，右侧 B 分子也会进入左半部。左、右两室交换的分子数虽相等，但因左侧 A 的浓度高而右侧 A 的浓度低，故在同一时间内进入右侧的 A 分子较多而返回左侧的较少。同理，B 分子进入左侧较多而返回右侧较少。其结果是物质 A 自左向右传递而物质 B 自右向左传递，即两种物质各自沿其浓度低的方向发生传递现象。产生这种传递现象的推动力是不同部位的浓度差，实现这种传递是凭借分子的无规则热运动。上述扩散过程一直进行到整个容器内 A、B 两种物质的浓度均匀为止，是一个不稳定的分子扩散过程。随着容器内各部位浓度差异的逐渐变小，扩散的推动力逐渐趋近于零，过程将进行得愈来愈慢。

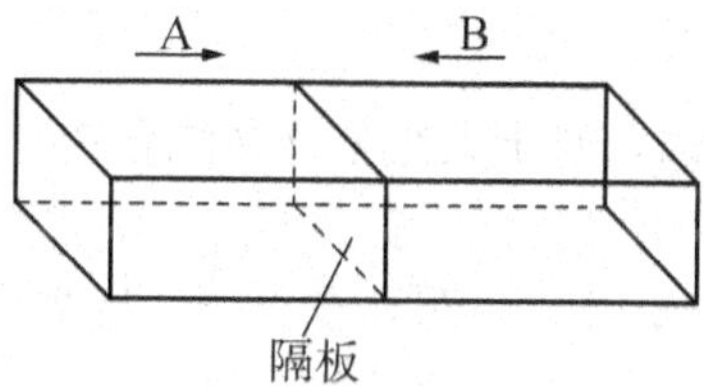

图 2-7 两种气体相互扩散

扩散过程的快慢程度可用扩散通量来量度。单位时间通过单位面积扩散传递的物质的量称为扩散通量，单位为 kmol/(m^2 · s)。实验证明，当物质 A 在介质 B 中发生扩散时，任一点处物质 A 的扩散通量与该位置上 A 的浓度梯度成正比，可写为

$$J_A = -D_{AB}\frac{dc_A}{dz} \qquad (2-8)$$

式中，J_A——物质 A 在 z 方向上的分子扩散通量，kmol/(m^2 · s)；

$\frac{dc_A}{dz}$——物质A的浓度 c_A 在 z 方向上的变化率，即浓度梯度，$kmol/m^4$；

D_{AB}——物质A在介质B中的分子扩散系数，或简称为扩散系数，m^2/s。

式中负号表示扩散沿着物质A浓度降低的方向进行。

式(2-8)称为菲克(Fick)定律，它是在食盐溶解中发现的经验定律，仅适用于两组分混合物。菲克定律在形式上与描述粘性流体内部内摩擦规律的牛顿粘性定律及与描述热传导规律的傅里叶定律相类似。但需注意，动量和热量并不占有任何空间，而物质本身却要占据一定空间，故物质的传递现象要比动量和热量传递现象复杂。

对两组分气体混合物而言，当系统总压强不高且各处温度均匀时，任一点处总物质的量浓度 c 可表示为

$$c = \frac{p}{RT} = \text{常数}$$

或表示为组分A的物质的量浓度 c_A 与组分B的物质的量浓度 c_B 之和，即

$$c = c_A + c_B = \text{常数}$$

因此，任一时刻内任一点处组分A沿 z 方向的浓度梯度与组分B沿 z 方向的浓度梯度互为相反值，写为

$$\frac{dc_A}{dz} = -\frac{dc_B}{dz} \tag{2-9}$$

可见，在两组分气体混合物内，产生物质A的扩散通量 J_A 的同时，必伴有方向相反的物质B的扩散通量 J_B，即 $J_A = -J_B$。由菲克定律可写为

$$J_B = -D_{BA}\frac{dc_B}{dz} \tag{2-10}$$

所以，对于两组分气体混合物

$$D_{AB} = D_{BA} = D \tag{2-11}$$

式(2-11)表明，在由A、B两种气体构成的混合物中，组分A在B中的扩散系数等于组分B在A中的扩散系数。

物质传递通量又可表示为该物质的浓度与其传递速度的乘积。譬如，对于任一点处物质A的扩散通量可写为

$$J_A = c_A u_{D_A} \tag{2-12}$$

式中，c_A——该点处物质A的浓度，$kmol/m^3$；

u_{D_A}——该点处物质A沿 z 方向的扩散速度，m/s。

虽然扩散是物质分子热运动的结果，但物质A的扩散速度 u_{D_A} 并不等于在扩散温度下单个分子的热运动速度。以气体为例，尽管气体分子热运动的速度很大，但由于分子间的碰撞极其频繁，使分子不断改变其运动方向，因此，分子沿扩散方向前进的平均速度，即扩散速度一般都是很小的。

2.3.2 分子扩散和对流传质

分子扩散的方式有等分子反向扩散和一组分通过另一停滞组分的扩散两种。在吸收操作过程中，吸收质(溶质)组分稳定地通过气、液两相由气相主体传递到液相主体中，下面先讨论气相中的稳定分子扩散。

1. 气相中的稳定分子扩散

如图 2-8 所示，两个很大的容器分别充有浓度不同的 A、B 两种气体混合物。两容器内总压强及温度相同且装有搅拌器，以保持各自浓度均匀，已知 $p_{A1}>p_{A2}$ 及 $p_{B1}<p_{B2}$。若用一根粗细均匀的直管将这两个容器连通，那么，连通管内会发生分子扩散。由于 $p_{A1}>p_{A2}$，使得物质 A 自左向右传递；而 $p_{B1}<p_{B2}$，同样会使得物质 B 自右向左传递。因为容器很大而连通管较细，故在有限时间内扩散作用不会使两容器中的组成发生显著变化，可认为 1、2 截面处的 A、B 分压都维持不变，连通管内所发生的分子扩散过程是稳定的。

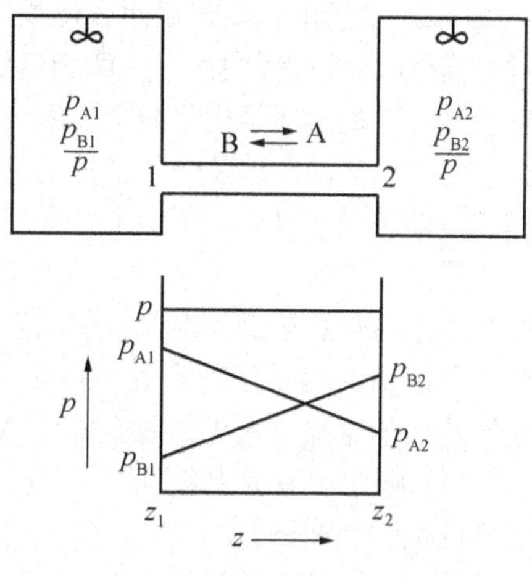

图 2-8　等分子反向扩散

(1)等分子反向扩散

因为两容器内气体总压强相同，故连通管内任一截面上单位面积向右传递的 A 分子数与向左传递的 B 分子数必定相等，这种情况属于稳定的等分子反向扩散。等分子反向扩散发生在静止的或垂直于浓度梯度的方向上作层流运动的流体中。

通常，在传质过程中利用传质速率(又称传质通量)进行计算。就气体吸收而言，所谓传质速率，是指在任一固定的空间位置上，单位时间通过单位面积所传递的 A 物质量，以 N_A 表示。在单纯的等分子反向扩散中，物质 A 的传质速率应等于物质 A 的扩散通量，即

$$N_A = J_A = -D_{AB}\frac{dc_A}{dz}$$

对于理想气体混合物，组分 A 的浓度 c_A 与其分压 p_A 的关系为

$$c_A = \frac{n_A}{V} = \frac{p_A}{RT}$$

或写为

$$dc_A = \frac{dp_A}{RT}$$

所以

$$N_A = J_A = -D_{AB}\frac{dc_A}{dz} = -\frac{D_{AB}}{RT}\frac{dp_A}{dz}$$

稳态条件下连通管内各截面上的 N_A 值应为常数，故 $\frac{dp_A}{dz}$ 也应是常数，p_A - z 关系应为直线，如图 2-8 所示。利用边界条件 $z_1=0$、$p_A=p_{A1}$(截面 1)、$z_2=z$、$p_A=p_{A2}$(截面 2)，对上式进行积分得

$$N_A\int_0^z dz = -\frac{D}{RT}\int_{p_{A1}}^{p_{A2}} dp_A$$

$$N_A = \frac{D}{RTz}(p_{A1}-p_{A2}) \tag{2-13}$$

(2)一组分A通过另一静止组分的扩散

如图2-8所示，设在截面2位置上有一层只允许A分子通过但不允许任何其他分子通过的膜(如吸收过程中气、液两相间的接触表面)。在这种情况下，由于1、2截面间的浓度差异，可使连通管内物质A的分子不断地自左向右扩散，而物质B的分子也应有自右向左的扩散运动。但从分子扩散的观点出发，两种物质的扩散通量仍然是数值相等而方向相反，即 $J_A=-J_B$。

值得注意的是，由于A分子能通过截面2膜层进入右侧空间，右侧空间的任何其他分子却不能通过膜层返回左侧，势必造成截面2左侧附近不断出现相应的空缺，于是，连通管中各截面上的混合气体便会自动向膜表面依次填补过来，以随时填充进入右侧的A分子所造成的空缺。这样，就会发生A、B两种分子并行的向右替补运动，这种递补运动称为“总体流动”。稳定状况下，A分子以恒定的速率进入膜的右侧，这种总体流动也会按同样的恒定速率进行。

总体流动为A、B两种物质并行的传递运动。因此，就总体流动而言，两种物质具有相同的传递方向和传递速率。若以 N 代表总体流动的通量，c 为混合气体的总浓度，那么，总体流动中物质A和物质B向右传递的通量分别为

$$Ny_A=N\frac{c_A}{c} \qquad Ny_B=N\frac{c_B}{c}$$

如图2-9所示，对于物质A来说，因其扩散运动方向与总体流动方向一致，因此，单位时间通过膜层面积进入右侧的物质量 N_A 应等于连通管内任意截面上A的扩散通量和A在总体流动中的传递通量之和，即

$$N_A=J_A+N\frac{c_A}{c} \tag{2-14}$$

物质B因不允许通过膜层，只在连通管内不断地作往复运动，也就是说，其任意截面上的扩散通量与在总体流动中的传递通量正好抵消，即

$$J_B+N\frac{c_B}{c}=0$$

可改写为

$$N\frac{c_B}{c}=-J_B=J_A$$

$$N=J_A\frac{c}{c_B}$$

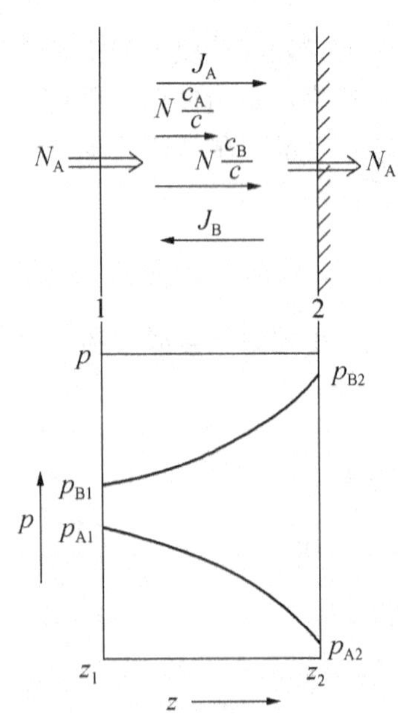

图2-9 组分A通过停滞组分B的扩散

故式(2-14)又可写为

$$N_A=J_A+J_A\frac{c}{c_B}\frac{c_A}{c}=J_A\frac{c}{c-c_A}$$

将菲克定律式(2-8)代入，经整理写出

$$N_A=\frac{-Dc}{c-c_A}\frac{dc_A}{dz}=-\frac{D}{RT}\frac{p}{p-p_A}\frac{dp_A}{dz}$$

利用边界条件 $z_1=0$、$p_A=p_{A1}$(截面1)、$z_2=z$、$p_A=p_{A2}$(截面2)，对上式积分可得

$$N_A = \frac{Dp}{RTz}\ln\frac{p-p_{A2}}{p-p_{A1}} = \frac{Dp}{RTz}\ln\frac{p_{B2}}{p_{B1}} \tag{2-15}$$

若令

$$p_{Bm} = \frac{p_{B2}-p_{B1}}{\ln\frac{p_{B2}}{p_{B1}}} \tag{2-16}$$

那么

$$\ln\frac{p_{B2}}{p_{B1}} = \frac{p_{B2}-p_{B1}}{p_{Bm}} = \frac{(p-p_{A2})-(p-p_{A1})}{p_{Bm}} = \frac{p_{A1}-p_{A2}}{p_{Bm}}$$

所以式(2-15)可写为

$$N_A = \frac{D}{RTz}\frac{p}{p_{Bm}}(p_{A1}-p_{A2}) \tag{2-17}$$

式中，p_{Bm}——1、2截面上物质B分压的对数平均值，kPa；

$\frac{p}{p_{Bm}}$——漂流因子，量纲为1。

式(2-17)适用于描述气体吸收及解吸等过程的传质速率关系。对于比较简单的吸收过程，气相中的吸收质组分A不断地进入液相，而惰性组分B不能进入液相，且吸收剂S是不汽化的，即液相中也无任何溶剂分子逸出，这种情况恰属于一组分A通过另一静止组分的扩散。

必须指出，漂流因子$\frac{p}{p_{Bm}}$表示总体流动对传质速率的影响。当气相溶质组分的浓度较高时，由于$p_{Bm}<p$，故$\frac{p}{p_{Bm}}>1$，这表明总体流动使得组分A的传质速率较单纯分子扩散时的传递速率大$\frac{p}{p_{Bm}}$倍，其总体流动不可忽略。当气相溶质组分的浓度较低时，由于$p_{Bm}\approx p$，故$\frac{p}{p_{Bm}}\approx 1$，这种情况下，其总体流动可忽略，传质过程可仅按等分子反向扩散即单纯分子扩散考虑。

【例2-3】 在20℃及101.33kPa下，含15%(体积分数)CO_2的空气混合物缓慢地沿Na_2CO_3溶液液面流过，空气不溶于Na_2CO_3溶液。CO_2透过厚1mm的静止空气层扩散到Na_2CO_3溶液中，在Na_2CO_3溶液面上被迅速吸收，故相界面上CO_2的浓度极小，可忽略不计。已知20℃及101.33kPa下，CO_2在空气中的扩散系数D为0.18cm²/s，试计算CO_2的传质速率。

解 此题属一组分通过另一停滞组分的扩散，其传质速率写为

$$N_A = \frac{D}{RTz}\frac{p}{p_{Bm}}(p_{A1}-p_{A2})$$

已知 扩散系数 $D=0.18\text{cm}^2/\text{s}=1.8\times10^{-5}\text{m}^2/\text{s}$ 扩散距离 $z=1\text{mm}=0.001\text{m}$

气相总压强 $p=101.33\text{kPa}$

据题意，气液界面上CO_2的分压 $p_{A2}=0$

气相主体中CO_2的分压 $p_{A1}=py_A=101.33\times0.15=15.2(\text{kPa})$

由于

$$p_{B1}=p-p_{A1}=101.33-15.2=86.13(\text{kPa})$$

$$p_{B2}=p-p_{A2}=101.33-0=101.33(\text{kPa})$$

故空气在气相主体与截面上分压的对数平均值为

$$p_{Bm}=\frac{p_{B2}-p_{B1}}{\ln\frac{p_{B2}}{p_{B1}}}=\frac{101.33-86.13}{\ln\frac{101.33}{86.13}}=93.52(\text{kPa})$$

将以上数值代入，则 CO_2 的传质速率为

$$N_A=\frac{1.8\times10^{-5}}{8.314\times293\times0.001}\times\frac{101.33}{93.52}\times(15.2-0)=1.22\times10^{-4}[\text{kmol}/(\text{m}^2\cdot\text{s})]$$

2. 液相中的稳定分子扩散

一般来说，物质在液相中的扩散速度远小于在气相中的扩散速度，也就是说，液体中发生扩散时分子定向运动的平均速度更缓慢。

就数量级而言，物质在气相中的扩散系数较在液相中的扩散系数约大 10^5 倍。但由于液体的密度远大于气体，因而液相中的物质浓度及浓度梯度远大于气相中的物质浓度及浓度梯度，故在一定条件下，气、液两相仍可达到相同的扩散通量。

由于对液体的分子运动规律远不如对气体研究得充分，故通常采用仿照气相的传质速率关系式，写出溶质气体从相界面向液相主体传递的传质速率关系式为

$$N'_A=\frac{D'}{z}\frac{c}{c_{Sm}}(c_{A1}-c_{A2}) \tag{2-18}$$

式中，N'_A——溶质 A 在液相中的传质速率，$\text{kmol}/(\text{m}^2\cdot\text{s})$；

D'——溶质 A 在溶剂中的扩散系数，m^2/s；

c——溶液的总浓度，$c=c_A+c_S$，kmol/m^3；

c_{A1}，c_{A2}——1、2 两截面上的溶质浓度，kmol/m^3；

c_{Sm}——1、2 两截面上溶剂 S 浓度的对数平均值 $c_{Sm}=\frac{c_{S2}-c_{S1}}{\ln\left(\frac{c_{S2}}{c_{S1}}\right)}$，$\text{kmol}/\text{m}^3$。

3. 扩散系数

分子扩散系数简称扩散系数，它表示物质在介质中的扩散能力，是物质的特性常数之一。扩散系数随介质的种类、温度、浓度和压力的不同而变化。但一般而言，若组分在气体中扩散，其浓度的影响可忽略，而温度和压力的影响不可忽略；若组分在液体中扩散，其浓度的影响不可忽略，而压力的影响可忽略。

在需要了解某一物质的扩散系数时，一般应通过实验测定。图 2-10 所示为常用的蒸发管法测定气体扩散系数的装置。装置的主体为一细长的圆管，该圆管置于恒温恒压系统内。测定时，将液体 A 注入圆管底部，使气体 B 徐徐流过管口。因此，液体 A 便汽化，通过气层 B 进行扩散。物质 A 扩散到管口处，即被气体 B 带走，使得管口处的浓度很低，可认为 $p_{A2}\approx0$，而液面上物质 A 的分压 p_{A1} 为在测定条件下物质 A 的饱和蒸气压。在扩散过程中，由于液体 A 的不断汽化并被气体 B 带走，液面随时间不断下降，扩散距离 z 随时间变化，故此过程是非稳态过程。但由于液体 A 的汽化和扩散速度很慢，以至于在

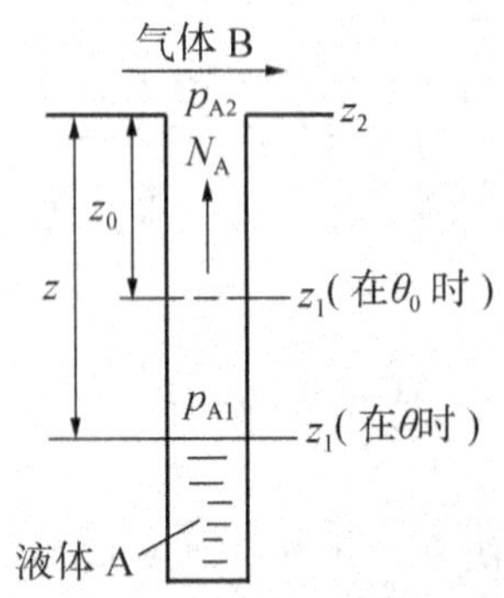

图 2-10　蒸发管法测定气体扩散系数装置

很长时间内，液面下降的距离与整个扩散距离相比很小，故可将此过程按稳态过程处理。其传质速率方程写为

$$N_A = \frac{D}{RTz}\frac{p}{p_{Bm}}(p_{A1} - p_{A2})$$

若在 $d\theta$ 时间内，液面下降距离为 dz，根据物料衡算可写出

$$\rho_{AL} S dz = N_A S M_A d\theta$$

整理得

$$N_A = \frac{\rho_{AL}}{M_A}\frac{dz}{d\theta}$$

式中，ρ_{AL}——物质 A 的密度，kg/m^3；

M_A——物质 A 的摩尔质量，kg/kmol；

S——圆管的横截面积，m^2。

故

$$\frac{D}{RTz}\frac{p}{p_{Bm}}(p_{AL} - p_{A2}) = \frac{\rho_{AL}}{M_A}\frac{dz}{d\theta}$$

设积分限为 $\theta=0$，$z=z_0$，$\theta=\theta$，$z=z$，对上式分离变量并积分得

$$\int_0^{\theta} d\theta = \frac{\rho_{AL} RT p_{Bm}}{Dp M_A (p_{A1} - p_{A2})}\int_{z_0}^{z} dz$$

解得

$$D = \frac{\rho_{AL} RT p_{Bm}(z^2 - z_0^2)}{2p M_A (p_{A1} - p_{A2})\theta} \tag{2-19}$$

测定时，可记录一系列时间间隔与 z 的对应关系，利用式(2-19)即可计算出扩散系数 D。

常见物质的扩散系数可从有关手册中查到。气体扩散系数一般在 0.1～1.0cm^2/s 之间，液体扩散系数一般比气体的小得多，在 $1\times10^{-5}\sim5\times10^{-5}$ cm^2/s 之间。表 2-3 及表 2-4 分别列出一些物质在空气及水中的扩散系数，供参考。此外，某些计算扩散系数的经验公式或半经验公式也可作为粗略估算。

表 2-3　一些物质在空气中的扩散系数(0℃，101.33kPa)

扩散物质	扩散系数 D，cm^2/s	扩散物质	扩散系数 D，cm^2/s
H_2	0.611	H_2O	0.220
N_2	0.132	C_6H_6	0.077
O_2	0.178	C_7H_8	0.076
CO_2	0.138	CH_3OH	0.132
HCl	0.130	C_2H_5OH	0.102
SO_2	0.103	CS_2	0.089
SO_3	0.095	$C_2H_5OC_2H_5$	0.078
NH_3	0.17		

表 2-4　一些物质在水中的扩散系数(20℃，稀溶液)

扩散物质	扩散系数 $D'\times10^9$，m^2/s	扩散物质	扩散系数 $D'\times10^9$，m^2/s
O_2	1.80	C_2H_2	1.56
CO_2	1.50	CH_3COOH	0.88
N_2O	1.51	CH_3OH	1.28
NH_3	1.76	C_2H_5OH	1.00
Cl_2	1.22	C_3H_7OH	0.87
Br_2	1.2	C_4H_9OH	0.77
H_2	5.13	C_6H_5OH	0.84
N_2	1.64	$CH_2OH\cdot CHOH\cdot CH_2OH$(甘油)	0.72
HCl	2.64	NH_2CONH_2(尿素)	1.06
H_2S	1.41	$C_5H_{11}O_5CHO$(葡萄糖)	0.60
H_2SO_4	1.73	$C_{12}H_{22}O_{11}$(蔗糖)	0.45
NHO_3	2.6		
NaCl	1.35		
NaOH	1.51		

例如，对于气体中的扩散系数的估算，吉利兰(Gilliland)最早给出的半经验公式为

$$D=\frac{4.36\times10^{-5}T^{3/2}}{p(v_A^{1/3}+v_B^{1/3})^2}\left(\frac{M_A+M_B}{M_AM_B}\right)^{1/2} \tag{2-20}$$

式中，D——扩散系数，m^2/s；

p——总压强，kPa；

T——热力学温度，K；

M_A，M_B——两种物质的摩尔质量，g/mol；

v_A，v_B——两种物质在正常沸点下的分子体积，cm^3/mol。

对于某些常见的物质，其在正常沸点下的分子体积可参见表 2-5；对于其他结构较复杂的物质，可根据分子式中所含原子的种类和数目，由原子体积加和而得。某些物质在正常沸点下的原子体积参见表 2-6。

表 2-5　某些物质在正常沸点下的分子体积

物　质	分子体积，cm^3/mol	物　质	分子体积，cm^3/mol	物　质	分子体积，cm^3/mol
空气	29.9	Cl_2	48.4	NH_3	25.8
H_2	14.3	CO	30.7	NO	23.6
O_2	25.6	CO_2	34.0	N_2O	36.4
N_2	31.2	H_2O	18.9	SO_2	44.8
Br_2	53.2	H_2S	32.9	I_2	71.5

表 2-6　某些物质在正常沸点下的原子体积

物　质	原子体积，cm^3/mol	物　质	原子体积，cm^3/mol
碳	14.8	氮	
氢		有双键的	15.6
在氢分子中	7.15	在伯胺(RHN_2)中	10.5
在化合物中	3.7	在仲胺中	12.0
氧(下述者除外)	7.4	氟	8.7
成羰基的	7.4	氯	
当与其他两种元素连接时		在 R—Cl 中(结尾)	21.6
在醛、酮中	7.4	在 R—Cl—R′中	24.6
在甲醚中	9.9	溴	27.0
在甲酯中	9.1	碘	37.0
在乙醚中	9.9	硫	25.6
在乙酯中	9.9	磷	27.0
在较高级酯和醚中	11.0	砷	30.5
在酸类(—OH)中	12.0	硅	32.5
与 S、P、N 相连	8.3	矽	32.0

由式(2-20)可看出温度和压强对气体扩散系数的影响。气体扩散系数与温度和压强的关系常用下式计算：

$$D = D_0\left(\frac{p_0}{p}\right)\left(\frac{T}{T_0}\right)^{3/2} \qquad (2-21)$$

根据上式，已知温度 T_0、压强 p_0 下的扩散系数 D_0 时，就可推算出温度 T、压强 p 下的扩散系数 D。

液体中的扩散系数也可用经验公式估算。例如，非电解质稀溶液中的扩散系数可按下式粗略估算：

$$D' = \frac{7.7\times10^{-15}T}{\mu(v_A^{1/3}+v_0^{1/3})} \qquad (2-22)$$

式中，D'——物质在稀溶液中的扩散系数，m^2/s；

T——热力学温度，K；

μ——液体的粘度，Pa·s；

v_A——扩散物质的分子体积，cm^3/mol；

v_0——常数，对于物质在水、甲醇或苯中的稀溶液，v_0 值可分别取为 $8cm^3/mol$、$14.9cm^3/mol$ 及 $22.8cm^3/mol$。

【例 2-4】 试用式(2-20)计算在 20℃、101.33kPa 下，乙醇蒸气(A)在甲烷气体(B)中的扩散系数。

解 查表 2-6，先计算出乙醇和甲烷的分子体积为

$$v_A = 14.8 \times 2 + 3.7 \times 6 + 7.4 = 59.2(\mathrm{cm^3/mol})$$

$$v_B = 14.8 \times 1 + 3.7 \times 4 = 29.6(\mathrm{cm^3/mol})$$

由于 M_A、M_B 的摩尔质量分别为：$M_A = 46\mathrm{g/mol}$，$M_B = 16\mathrm{g/mol}$，将上述数据代入式(2-20)，写出

$$D = \frac{4.36 \times 10^{-5} T^{3/2}}{p(v_A^{1/3} + v_B^{1/3})^2}\left(\frac{M_A + M_B}{M_A M_B}\right)^{1/2}$$

$$= \frac{4.36 \times 10^{-5} \times 293^{3/2}}{101.33 \times (59.2^{1/3} + 29.6^{1/3})^2}\left(\frac{46 + 16}{46 \times 16}\right)^{1/2} = 1.29 \times 10^{-5}(\mathrm{m^2/s})$$

4. 对流传质

分子扩散现象仅在静止流体或层流流体中发生。但工业生产中常见的是物质在湍流流体中的对流传质现象。

物质在湍流流体中的扩散，主要是靠湍动时流体中所产生的大量旋涡，引起各部位流体间的剧烈混合，在有浓度差存在的条件下，物质朝着浓度降低的方向传递。这种凭借流体质点的湍动和旋涡来传递物质的现象称为涡流扩散。

与对流传热类似，对流传质通常是指流体在某一界面(如气体吸收过程的气、液两相接触面)的传质，它同时存在分子扩散和涡流扩散。其扩散通量可用下式表示，即

$$J_A = -(D + D_e)\frac{\mathrm{d}c_A}{\mathrm{d}z} \tag{2-23}$$

式中，J_A——扩散通量，$\mathrm{kmol/(m^2 \cdot s)}$；

D——分子扩散系数，$\mathrm{m^2/s}$；

D_e——涡流扩散系数，$\mathrm{m^2/s}$；

$\frac{\mathrm{d}c_A}{\mathrm{d}z}$——沿 z 方向的浓度梯度，$\mathrm{kmol/m^4}$。

涡流扩散系数 D_e 与湍动程度有关且随位置而不同，由于其难以测定和计算，故常将分子扩散和涡流扩散两种传质作用结合在一起考虑。

下面以湿壁塔的吸收过程为例对单相内的对流传质现象做进一步说明。

在湿壁塔中吸收剂自上而下沿塔内壁面呈膜状流动，混合气体自下而上通过塔内，两流体在塔内逆流接触进行传质，如图 2-11a 所示。

在传质过程中，气相呈湍流流动，但由流体力学知识可知，不管其湍动剧烈程度如何，在靠近两相界面处仍存在一层层流内层 $z_{G'}$，湍动程度愈大，则 $z_{G'}$ 愈小。

溶质 A 自气相主体向界面转移时，气相中的分压愈靠近相界面愈小，如图 2-11b 所示。在层流内层里，由于没有旋涡的帮助，溶质 A 仅靠分子扩散作用，因而分压梯度较大，$p_A - z$ 曲线较为陡峭；在过渡区，由于开始发生涡流扩散的作用，分压梯度逐渐变小，$p_A - z$ 曲线逐渐平缓；在湍流主体中，由于剧烈的涡流扩散作用，使得气相主体内的溶质分压趋于一致，分压线几乎为水平线。

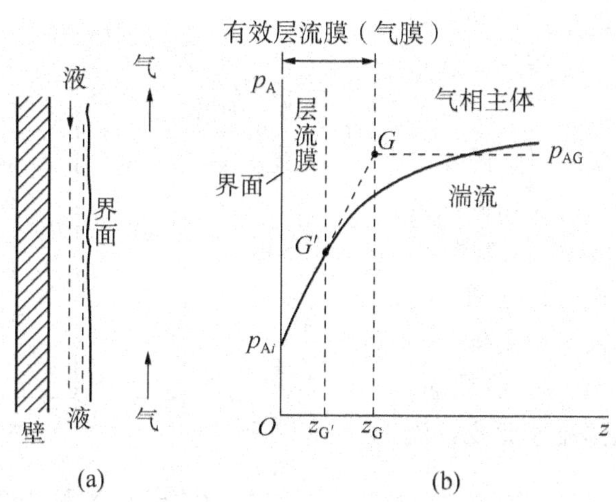

图 2-11　对流传质的有效膜层

延长层流内层的分压线使其与气相主体的水平线交于一点 G，令交点与相界面的距离为 z_G。假定相界面附近存在一层厚度为 z_G 的层流膜层，在层流膜层内的流动纯属层流，故其物质传递方式纯属分子扩散，此虚拟的膜层称为有效层流膜层。由图可见，气相主体与相界面处的分压差便是整个有效层流膜层的传质推动力。换言之，从气相主体与相界面处的传质阻力都被包含在这一有效层流膜层之中(这与对流传热机理非常相似)。这样一来，可按有效层流膜层内的分子扩散速率写出由气相主体至相界面(气相一侧)的对流传质速率方程，即

$$N_A = \frac{D}{RTz_G}\frac{p}{p_{Bm}}(p_A - p_{Ai}) \tag{2-24}$$

式中，N_A——溶质 A 的对流传质速率，kmol/(m^2 · s)；

z_G——气相有效层流膜层厚度，m；

p_A——气相主体中溶质 A 的分压，kPa；

p_{Ai}——相界面处溶质 A 的分压，kPa。

其他符号的意义与单位同前。

同理，利用有效层流膜层的概念，将式(2-18)中液膜层厚度 z 改为有效层流膜层 z_L，可写出相界面液相一侧(由相界面至液相主体)的对流传质速率关系式为

$$N'_A = \frac{D'}{z_L}\frac{c}{c_{Sm}}(c_{Ai} - c_A) \tag{2-25}$$

式中，z_L——液相有效层流膜层厚度，m；

c_A——液相主体中溶质 A 的浓度，kmol/m^3；

c_{Ai}——相界面处溶质 A 的浓度，kmol/m^3。

其他符号的意义与单位同前。

2.3.3　吸收过程机理

20 世纪 20 年代刘易斯(W. K. Lewis)和惠特曼(W. G. . Whitman)提出的双膜理论，一直以来在吸收过程机理的研究方面占有重要的地位。前面讨论的单一相内传质过程机

理，都是围绕着双膜理论进行的。双膜理论示意图如图 2 - 12 所示，其基本论点如下：

①当气、液两相接触时，两相之间有一个稳定的相界面，在相界面两侧均存在一个很薄的有效层流膜层，吸收质以分子扩散方式通过这两个有效膜层由气相主体进入液相主体。在膜层外气、液两相主体呈湍流状态，膜层的厚度主要随流体流速而变，流速愈大厚度愈小。

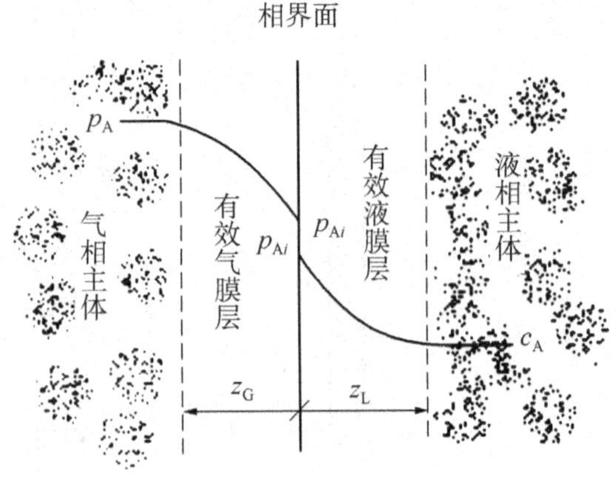

图 2 - 12　双膜理论示意图

②在相界面上气、液两相互为平衡，界面上没有传质阻力。

③在膜层外的气、液两相主体中，由于流体充分湍动，吸收质的浓度基本均匀，即认为主体中没有浓度梯度存在。换句话说，浓度梯度全部集中在两个有效层流膜层内。

双膜理论将整个传质过程归结为经由两个层流膜层的分子扩散过程，也就是说，传质过程的阻力全部体现在这两个层流膜层内，而相界面处及两相流体主体中均无传质阻力存在。当气体流过湿壁塔壁面或两相流体速度不高时，基本上可认为两相间具有稳定的相界面，这时采用双膜理论可对气体吸收的传质过程给予形象化的解释。双膜理论为吸收过程的计算提供了类似于间壁两边流体通过固体壁面传热一样的简易解决方法，根据这一理论所确定的传质速率关系，迄今仍作为设备设计的主要依据且对生产实际具有重要的指导作用。

但当气、液两相以很高的相对速度接触时，则难以想象两相间会有稳定的相界面膜层存在，这时两相接触不断为气、液相的旋涡所冲刷、贯穿与渗透，相界面会被分裂成许多旋涡而形成滴泡，使得相际接触不断更新，面积大大增加。因此，认为两相间存在稳定的相界面和稳定的层流膜层，这与实际并不相符。此外，根据双膜理论，要强化传质过程必须增加气、液两相的接触面积。换言之，传质速率与设备结构有关，设备结构一定，两相接触面积也就固定，传质速率就受到限制，这也与实际情况不符。

针对双膜理论的局限性，后来学者相继提出了溶质渗透理论、表面更新理论和界面动力状态理论等。这些理论对于相际传质过程中界面状况及流体动力学因素的影响等方面研究更为深入、充分，但目前将这些理论用于过程计算和设备设计仍有一段距离。

2.3.4　膜吸收速率方程

吸收速率与吸收推动力之间关系的数学表达式称为吸收速率方程。在稳定吸收操作中，任一位置上相界面两侧的气、液膜层中的传质速率应是相同的，否则在相界面处会有溶质的积累。因此，任何一侧有效膜中的传质速率均代表该部位上的吸收速率。单独根据气膜或液膜的推动力及阻力写出的速率关系式称为气膜或液膜吸收速率方程，也称为膜吸收速率方程。下面就膜吸收速率方程先作讨论，然后，在此基础上导出总吸收速率方程。

1. 气膜吸收速率方程

就式(2-24)而言，操作条件一定时，p、T、p_{Bm}为常数，对于一定的物系，D为定值；而一定流动状态下的稳定吸收，z_G也应是定值。若令

$$k_G = \frac{D}{RTz_G} \cdot \frac{p}{p_{Bm}}$$

则式(2-24)可写为

$$N_A = k_G(p_A - p_{Ai}) \qquad (2-26)$$

式中，k_G——气膜吸收系数，kmol/(m^2·s·kPa)。

式(2-26)称为气膜吸收速率方程。此式又可写为

$$N_A = \frac{p_A - p_{Ai}}{\frac{1}{k_G}} = \frac{\text{气膜吸收推动力}}{\text{气膜吸收阻力}}$$

可见，吸收质通过气膜的传递阻力为$1/k_G$，其与推动力$(p_A - p_{Ai})$是相对应的。

当气相总压强不高时，根据分压定律可知：$p_A = py_A$，$p_{Ai} = py_{Ai}$，代入式(2-26)可改写为

$$N_A = pk_G(y_A - y_{Ai}) = k_y(y_A - y_{Ai}) \qquad (2-27)$$

式中，y_A——溶质A在气相主体中的摩尔分数；

y_{Ai}——溶质A在相界面处的摩尔分数；

k_y——又称气膜吸收系数，$k_y = pk_G$，kmol/(m^2·s)。

式(2-27)为气相的组成用摩尔分数表示时的气膜吸收速率方程。

2. 液膜吸收速率方程

同理，对于物系与操作条件一定的稳定吸收过程，式(2-25)中的D'、c、c_{Sm}为常数，z_L也应是定值。若令

$$k_L = \frac{D'}{z_L} \cdot \frac{c}{c_{Bm}}$$

式(2-25)可写为

$$N_A = k_L(c_{Ai} - c_A) \qquad (2-28)$$

式中，k_L——液膜吸收系数，kmol/(m^2·s·kmol/m^3)或m/s。

式(2-28)称为液膜吸收速率方程。此式又可写为

$$N_A = \frac{c_{Ai} - c_A}{\frac{1}{k_L}} = \frac{\text{液膜吸收推动力}}{\text{液膜吸收阻力}}$$

可见，吸收质通过液膜的传递阻力为$1/k_L$，其与推动力$(c_{Ai} - c_A)$是相对应的。

由于$c_A = cx_A$及$c_{Ai} = cx_{Ai}$，代入式(2-28)可改写为

$$N_A = ck_L(x_{Ai} - x_A) = k_x(x_{Ai} - x_A) \qquad (2-29)$$

式中，x_A——溶质A在液相主体中的摩尔分数；

x_{Ai}——溶质A在相界面处的摩尔分数；

k_x——又称液膜吸收系数，$k_x = ck_L$，kmol/(m^2·s)。

式(2-29)为液相的组成用摩尔分数表示时的液膜吸收速率方程。

3. 界面浓度(c_{Ai}，p_{Ai})的确定

在气膜或液膜吸收速率方程中，其推动力均为某一相主体浓度与界面浓度之差，要使用时还必须解决如何确定界面浓度(c_{Ai}，p_{Ai})的问题。

图 2-13 所示为某一吸收过程中气相分压与液相浓度间的关系图。图中 OE 为气液相平衡线，OE 线以上为溶液不饱和区。以点 A 为例，它表示浓度为 c_A 的溶液与分压为 p_A 的气相相接触，这时与气相分压 p_A 相平衡的溶液浓度为 c_A^*。由于 $c_A^* > c_A$，因此吸收质继续从气相溶入液相。若当时吸收质在相界面的分压为 p_{Ai}，而界面液相浓度为 c_{Ai}，根据双膜理论界面处气液两相平衡，故可在相平衡线上用点 I 表示。由图可见，$p_A - p_{Ai}$ 和 $c_{Ai} - c_A$ 分别表示气相主体吸收质向相界面扩散和界面吸收质向液相主体扩散的推动力。

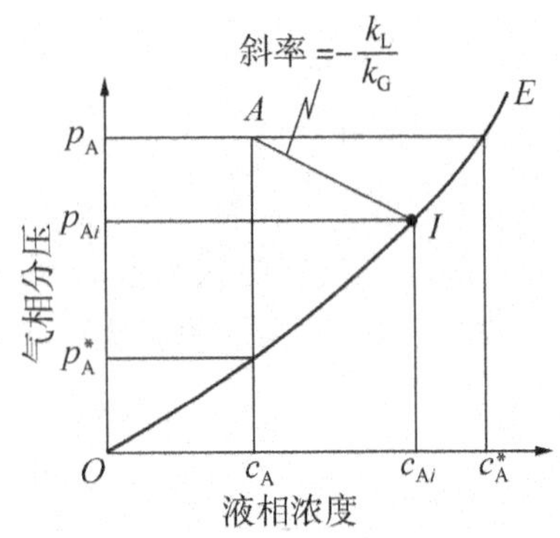

图 2-13 界面浓度的确定

在连续稳定操作条件下，吸收质通过有效层流气膜层的传质速率应等于吸收质通过有效层流液膜层的传质速率，即

$$N_A = k_G(p_A - p_{Ai}) = k_L(c_{Ai} - c_A) = -k_L(c_A - c_{Ai})$$

所以

$$\frac{p_A - p_{Ai}}{c_A - c_{Ai}} = -\frac{k_L}{k_G} \tag{2-30}$$

由上式可见，$-k_L/k_G$ 为图中 AI 线的斜率，点 I 的坐标值(c_{Ai}，p_{Ai})便为相界面处液相吸收质浓度 c_{Ai} 和气相吸收质分压 p_{Ai}。

综上所述，过代表液相主体浓度 c_A 与气相吸收质分压 p_A 的点 A，作斜率为 $-k_L/k_G$ 的直线，而与相平衡线交于点 I，点 I 的坐标值(c_{Ai}，p_{Ai})便为所求界面浓度。

必须指出，上述界面浓度的确定方法中仍需要知道气膜与液膜吸收系数 k_L、k_G，但 k_L、k_G 的实验测定也是困难的。

2.3.5 总吸收速率方程

为了避开界面浓度确定的困扰，在实际计算中可以气、液两相主体的分压或浓度为依据，有关这种计算的方程就称为总吸收速率方程。

在前面对流传质的讨论中，我们把从气相主体至相界面或从相界面至液相主体的传递阻力归并在相应有效层流膜层内分子扩散的阻力。这与间壁式对流传热非常相似，故可采用与间壁式对流传热相类似的处理方法导出气体吸收的总吸收速率方程。

由于气、液两相组成有不同的表示方法，故吸收总推动力的表示方式不同，总吸收速率方程就有不同的表达形式。

1. 以 $p_A - p_A^*$ 表示总推动力的总吸收速率方程

若已知与液相主体组成 c_A 相平衡的气相分压为 p_A^*，由亨利定律可写出

$$p_A^* = \frac{c_A}{H}$$

根据双膜理论相界面上两相互为平衡，故

$$p_{Ai} = \frac{c_{Ai}}{H}$$

将上两式代入液膜吸收速率方程 $N_A = k_L(c_{Ai} - c_A)$，可写出

$$N_A = Hk_L(p_{Ai} - p_A^*) \quad 或 \quad \frac{N_A}{Hk_L} = p_{Ai} - p_A^*$$

则气膜吸收速率方程 $N_A = k_G(p_A - p_{Ai})$ 也可改写为

$$\frac{N_A}{k_G} = p_A - p_{Ai}$$

利用加和定律，将上两式左右两边分别相加，可写成

$$N_A\left(\frac{1}{Hk_L} + \frac{1}{k_G}\right) = p_A - p_A^*$$

令

$$\frac{1}{K_G} = \frac{1}{k_G} + \frac{1}{Hk_L} \tag{2-31}$$

可将上式写成

$$N_A = K_G(p_A - p_A^*) \tag{2-32}$$

式中，K_G——气相总吸收系数，kmol/(m²·s·kPa)。

式(2-32)称为以 $p_A - p_A^*$ 表示总推动力的总吸收速率方程，或称为气相总吸收速率方程。显而易见，$1/K_G$ 为吸收质通过两膜层的总阻力，它由气膜阻力 $1/k_G$ 和液膜阻力 $1/Hk_L$ 两部分组成。

对于易溶气体(如用水吸收氨或用浓硫酸吸收气相中的水蒸气等过程)，由于 H 值很大，$\frac{1}{k_G} \gg \frac{1}{Hk_L}$，由式(2-31)可得

$$K_G \approx k_G \tag{2-33}$$

这种情况下吸收总推动力主要用于克服气膜阻力，称为“气膜控制”过程。对于气膜控制过程，要提高总吸收系数 K_G，应从如何增大气相的湍动程度以减小气膜阻力等方面入手。

2. 以 $c_A^* - c_A$ 表示总推动力的总吸收速率方程

同理，若已知与气相主体分压 p_A 相平衡的液相分压 c_A^*，由亨利定律可写出

$$p_A = \frac{c_A^*}{H}$$

根据双膜理论相界面上两相互成平衡，故

$$p_{Ai} = \frac{c_{Ai}}{H}$$

将上两式代入气膜吸收速率方程 $N_A = k_G(p_A - p_{Ai})$，可写出

$$N_A = \frac{k_G}{H}(c_A^* - c_{Ai}) \quad 或 \quad \frac{HN_A}{k_G} = c_A^* - c_{Ai}$$

则液膜吸收速率方程 $N_A = k_L(c_{Ai} - c_A)$ 也可改写为

$$\frac{N_A}{k_L} = c_{Ai} - c_A$$

利用加和定律，将上两式左右两边分别相加，可写成

$$N_A\left(\frac{1}{k_L}+\frac{H}{k_G}\right)=c_A^*-c_A$$

令

$$\frac{1}{K_L}=\frac{H}{k_G}+\frac{1}{k_L} \tag{2-34}$$

可将上式写成

$$N_A=K_L(c_A^*-c_A) \tag{2-35}$$

式中，K_L 为液相总吸收系数，kmol/(m^2·s·kmol/m^3)或 m/s。

式(2-35)称为以 $c_A^*-c_A$ 表示总推动力的总吸收速率方程，或称为液相总吸收速率方程。显而易见，$1/K_L$ 为吸收质通过两膜层的总阻力，它由气膜阻力 H/k_G 和液膜阻力 $1/k_L$ 两部分组成。

对于难溶气体（如用水吸收氧或二氧化碳等气体的过程），由于 H 值很小，$\frac{H}{k_G}\ll\frac{1}{k_L}$，由式(2-34)可得

$$K_L\approx k_L \tag{2-36}$$

这种情况下吸收总推动力主要用于克服液膜阻力，称为“液膜控制”过程。对于液膜控制过程，要提高总吸收系数 K_L 应从如何增大液相的湍动程度以减小液膜阻力等方面入手。

必须指出，对于具有中等溶解度的气体（如丙酮用水吸收）吸收过程，其气膜阻力与液膜阻力都不可忽略。要提高过程的传递速率，应同时增大气相和液相的湍动程度，才能获得满意的结果。

【例 2-5】 用水作为吸收剂吸收某溶质气体生成稀溶液（服从亨利定律），操作压强为 850mmHg 柱，相平衡常数 $m=0.25$，已知其气膜吸收分系数 $k_G=1.25$kmol/(m^2·h·atm)，液膜吸收分系数 $k_L=0.85$m/h，试计算分析该气体被水吸收时，是属于气膜控制过程还是液膜控制过程？

解 相平衡常数为 $m=\frac{E}{p}$，故

$$E=mp=0.25\times\frac{850}{760}=0.28(\text{atm})$$

由于是稀溶液，溶解度系数可由下式求出，即

$$H\approx\frac{\rho_s}{EM_s}=\frac{1000}{0.28\times 18}=198.4[\text{kmol/(m}^3\cdot\text{atm)}]$$

根据 $\frac{1}{K_G}=\frac{1}{k_G}+\frac{1}{Hk_L}$，代入已知数据，求得

$$\frac{1}{K_G}=\frac{1}{1.25}+\frac{1}{198.4\times 0.85}$$

$$K_G\approx 1.25[\text{kmol/(m}^2\cdot\text{h}\cdot\text{atm)}]=k_G$$

可见，该气体被吸收时，属于气膜控制过程。

3. 以摩尔分数 $y_A-y_A^*$ 或 $x_A^*-x_A$ 表示总推动力的总吸收速率方程

若已知与液相主体组成 x_A 相平衡的气相摩尔分数为 y_A^*，由亨利定律可写出

$$x_A = \frac{y_A^*}{m}$$

根据双膜理论相界面上两相互成平衡，故

$$x_{Ai} = \frac{y_{Ai}}{m}$$

将上两式代入式(2-29)可得

$$N_A = \frac{k_x}{m}(y_{Ai} - y_A^*) \quad 或 \quad N_A \frac{m}{k_x} = y_{Ai} - y_A^*$$

若将式(2-27)写为

$$N_A \frac{1}{k_y} = y_A - y_{Ai}$$

利用加和定律，上两式左右两边分别相加，可写成

$$N_A\left(\frac{m}{k_x} + \frac{1}{k_y}\right) = y_A - y_A^*$$

令

$$\frac{1}{K_y} = \frac{m}{k_x} + \frac{1}{k_y} \tag{2-37}$$

可将上式写成

$$N_A = K_y(y_A - y_A^*) \tag{2-38}$$

式中，K_y——以摩尔分数 $y_A - y_A^*$ 表示总推动力的气相总吸收系数，kmol/(m² · s)。

式(2-38)称为以摩尔分数 $y_A - y_A^*$ 表示总推动力的总吸收速率方程，或称为气相总吸收速率方程。显而易见，$1/K_y$ 为吸收质通过两膜层的总阻力，它由气膜阻力 $1/k_y$ 和液膜阻力 m/k_x 两部分组成。

采用类似的方法可推导出以摩尔分数 $x_A^* - x_A$ 表示总推动力的总吸收速率方程为

$$N_A = K_x(x_A^* - x_A) \tag{2-39}$$

其中

$$\frac{1}{K_x} = \frac{1}{k_x} + \frac{1}{mk_y} \tag{2-40}$$

式中，K_x——以摩尔分数 $x_A^* - x_A$ 表示总推动力的气相总吸收系数，kmol/(m² · s)。

若将式(2-37)两边同除以 m 并与式(2-40)相减可得

$$\frac{1}{mK_y} = \frac{1}{K_x}$$

即

$$K_x = mK_y \tag{2-41}$$

4. 以摩尔比 $Y_A - Y_A^*$ 或 $X_A^* - X_A$ 表示总推动力的总吸收速率方程

气膜或液膜总吸收速率方程可用于实际的工程计算中。但在吸收塔的吸收过程中，混合气体中的吸收质组分从气相溶入液相而使得气相总量沿塔高不断变化，计算过程复杂。为简便起见，工程上常选用在吸收过程中不被吸收的气体(惰性组分)或溶剂为基准，即以摩尔比表示总推动力的总吸收速率方程来计算。

若操作总压强为 p，由道尔顿分压定律可得吸收质在气相中的分压为

$$p_A = py_A$$

代入式(2-32)，可写出

$$N_A = K_G(py_A - py_A^*) = pK_G(y_A - y_A^*) \tag{2-42}$$

根据在讨论亨利定律时所引出的摩尔比的概念，又可写出

$$y_A = \frac{Y_A}{1+Y_A} \qquad y_A^* = \frac{Y_A^*}{1+Y_A^*}$$

代入式(2-42)，可写出

$$N_A = \frac{pK_G}{(1+Y_A)(1+Y_A^*)}(Y_A - Y_A^*) \tag{2-43}$$

令

$$K_Y = \frac{pK_G}{(1+Y_A)(1+Y_A^*)}$$

那么，式(2-43)可写为

$$N_A = K_Y(Y_A - Y_A^*) \tag{2-44}$$

式中，K_Y——以摩尔比 $Y_A - Y_A^*$ 表示总推动力的气相总吸收系数，kmol/(m² · s)。

式(2-44)称为以摩尔比 $Y_A - Y_A^*$ 表示总推动力的总吸收速率方程。其中，$1/K_Y$ 为吸收质通过气液两膜层的总阻力。

当吸收质在气相中浓度很低时，由于 Y_A、Y_A^* 很小，而$(1+Y_A)(1+Y_A^*)\approx 1$，故有

$$K_Y \approx pK_G \tag{2-45}$$

同理，可推导出以摩尔比 $X_A^* - X_A$ 表示总推动力的总吸收速率方程，写为

$$N_A = K_X(X_A^* - X_A) \tag{2-46}$$

其中

$$K_X = \frac{cK_L}{(1+X_A)(1+X_A^*)} \tag{2-47}$$

式中，K_X——以摩尔比 $X_A^* - X_A$ 表示总推动力的液相总吸收系数，kmol/(m² · s)。

可见，$1/K_X$ 也为吸收质通过气液两膜层的总阻力。

当吸收质在液相中浓度很低时，由于 X_A、X_A^* 很小，而$(1+X_A)(1+X_A^*)\approx 1$，故有

$$K_X \approx cK_L \tag{2-48}$$

应当指出，基于吸收推动力的表达形式不同，通常吸收速率方程可分为两类：一类是与膜系数相对应的、采用一相主体与界面处的浓度之差来表示推动力，称为膜吸收速率方程。如

$$N_A = k_G(p_A - p_{Ai}^*)$$

$$N_A = k_y(y_A - y_{Ai}^*)$$

$$N_A = k_L(c_{Ai}^* - c_A)$$

$$N_A = k_x(x_{Ai}^* - x_A)$$

另一类是与总吸收系数相对应的、采用任一相主体浓度与另一相溶质浓度相对应的平衡浓度之差来表示推动力，称为总吸收速率方程。如

$$N_A = K_G(p_A - p_A^*)$$

$$N_A = K_y(y_A - y_A^*)$$

$$N_A = K_Y(Y_A - Y_A^*)$$

$$N_A = K_L(c_A^* - c_A)$$

$$N_A = K_x(x_A^* - x_A)$$
$$N_A = K_X(X_A^* - X_A)$$

还应当注意，在应用与吸收系数相对应的总吸收速率方程时，在整个过程所涉及的浓度范围内，其相平衡关系应为直线，即服从亨利定律。而在 k_G 和 k_L 的计算式中，溶解度系数 H 值也应为常数，否则即使膜系数(如 k_G、k_L)为常数，总吸收系数仍随浓度而变化，不便于进行吸收塔的计算。但也有一些例外情况。譬如，对于易溶气体的气膜控制过程，即 $K_G \approx k_G$，或难溶气体的液膜控制过程，即 $K_L \approx k_L$，这时可分别使用总吸收系数 K_G 或 K_L 及相对应的吸收速率方程。

总吸收系数与液膜和气膜吸收系数之间的换算关系归纳如下：

$$\frac{1}{K_G} = \frac{1}{k_G} + \frac{1}{Hk_L} \qquad \frac{1}{K_L} = \frac{H}{k_G} + \frac{1}{k_L}$$
$$\frac{1}{K_y} = \frac{1}{k_y} + \frac{m}{k_x} \qquad \frac{1}{K_x} = \frac{1}{mk_y} + \frac{1}{k_x}$$
$$K_x = mK_y \quad K_Y \approx PK_G \quad K_X \approx cK_L$$

【例 2-6】 在总压强 101.33kPa、温度 27℃下用水吸收混于空气中的甲醇蒸气。已知溶解度系数 H=1.995kmol/(m^3·kPa)，气膜吸收系数 k_G=1.55×10^{-5}kmol/(m^2·s·kPa)，液膜吸收系数 k_L=2.08×10^{-4}(m^2·s·kmol/m^3)。甲醇在气、液两相中的浓度都很低，平衡关系服从亨利定律。试求：

(1)总吸收系数 K_G 及气膜阻力在总阻力中所占的百分数；

(2)稳定操作状况下吸收塔内某一截面上的气相甲醇分压为 5kPa，液相中甲醇浓度为 2.11kmol/m^3，该截面上的吸收速率为多少 kmol/(m^2·h)?

解 (1)将已知数据代入下式，即

$$\frac{1}{K_G} = \frac{1}{k_G} + \frac{1}{Hk_L} = \frac{1}{1.55\times10^{-5}} + \frac{1}{1.995\times2.08\times10^{-5}}$$

解得
$$K_G = 1.128\times10^{-5}[\text{kmol}/(\text{m}^2\cdot\text{s}\cdot\text{kPa})]$$

气膜阻力在总阻力中所占的百分数为

$$\frac{\frac{1}{k_G}}{\frac{1}{K_G}}\times100\% = \frac{1.128\times10^{-5}}{1.55\times10^{-5}}\times100\% = 72.8\%$$

(2)由于平衡关系服从亨利定律，故

$$p_A^* = \frac{c_A}{H} = \frac{2.11}{1.995} = 1.058(\text{kPa})$$

该截面上的吸收速率为

$$N_A = K_G(p_A - p_A^*) = 1.128\times10^{-5}(5-1.058)$$
$$= 4.447\times10^{-5}[\text{kmol}/(\text{m}^2\cdot\text{s})] = 0.16[\text{kmol}/(\text{m}^2\cdot\text{h})]$$

2.4 吸收塔的计算

工业上常见的吸收设备有板式塔、填料塔等，主要区别在于板式塔内为气液逐级接触

方式，而填料塔内为气液连续接触方式。本节主要对填料塔进行讨论。

填料塔为在圆筒形塔体内装入某种特定形状的固体物(即填料)而构成填料层，填料层是塔内气液接触的有效部位。填料塔内的气、液两相的流动方式，原则上可逆流也可并流，但通常采用逆流方式。有关填料塔的主要工艺计算内容包括：物料衡算与操作线方程、吸收剂的用量与吸收液的浓度、塔径与塔的有效高度(填料层高度)等。其计算依据为2.2节所介绍的相平衡关系、吸收速率方程与本节要介绍的操作线方程。

2.4.1 物料衡算与操作线方程

1. 总物料衡算

如图2-14所示为一在稳态下操作的逆流吸收塔。塔底截面以下标“1”表示，塔顶截面以下标“2”表示。若已知进、出塔的惰性气体量为Vkmol(B)/s、溶剂量为Lkmol(S)/s，又设Y_1、Y_2为进、出塔气体中溶质组分的摩尔比，kmol(A)/kmol(B)，X_1、X_2为进、出塔液体中溶质组分的摩尔比，kmol(A)/kmol(S)，那么，对单位时间内进、出吸收塔(全塔范围)的物质A作物料衡算，可写出

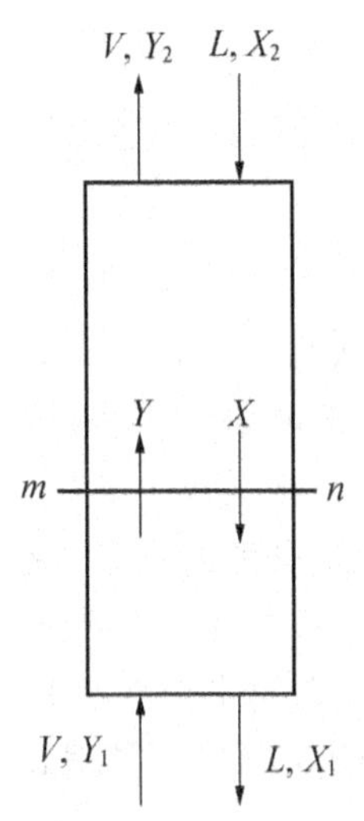

图2-14 逆流吸收塔的物料衡算

$$VY_1+LX_2=VY_2+LX_1$$

或写为

$$V(Y_1-Y_2)=L(X_1-X_2) \tag{2-49}$$

式(2-49)称为全塔物料衡算式。一般情况下，进塔混合气的组成与流量为吸收任务所规定；吸收剂的初始组成与流量往往根据生产工艺要求确定。也就是说，V、Y_1、L及X_2均为已知数，再根据吸收任务所规定的溶质回收率Φ_A，则可求出气体的出塔组成Y_2。这样一来，利用式(2-49)就可求出塔底排出的吸收液组成X_1。

溶质回收率(吸收率)是指在吸收操作过程中实际被吸收的溶质量与完全被吸收的溶质量之比，即

$$\Phi_A=\frac{\text{实际被吸收的溶质量}}{\text{完全被吸收的溶质量}}=\frac{V(Y_1-Y_2)}{VY_1}=1-\frac{Y_2}{Y_1} \tag{2-50}$$

所以，气体出塔组成Y_2为

$$Y_2=(1-\Phi_A)Y_1 \tag{2-51}$$

吸收液的出塔组成X_1可由下式求出，即

$$X_1=\frac{V(Y_1-Y_2)}{L}+X_2 \tag{2-52}$$

2. 操作线方程

在逆流操作的填料塔内，气体自下而上，其组成由Y_1逐渐变至Y_2；而液体自上而下，其组成由X_2变至X_1。然而，在稳态状况下，填料层中各个截面上的气、液组成Y与X间的变化关系如何，尚需通过操作线方程来解决。

如图2-14所示，若在塔内$m-n$截面与塔底范围之间对组分A作物料衡算，可得

$$VY_1 + LX = VY + LX_1$$

或写为

$$Y = \frac{L}{V}X + \left(Y_1 - \frac{L}{V}X_1\right) \tag{2-53}$$

若在塔内 $m-n$ 截面与塔顶范围之间对组分 A 作物料衡算，又可得到

$$Y = \frac{L}{V}X + \left(Y_2 - \frac{L}{V}X_2\right) \tag{2-53a}$$

式(2-53)和式(2-53a)均称为逆流吸收塔的操作线方程。它表明塔内任一截面上气、液组成 Y 与 X 之间为直线关系，其斜率为 L/V 且通过 $T(X_2, Y_2)$与 $B(X_1, Y_1)$两点，如图 2-15 所示。其中点 T 称为“稀端”点，点 B 称为“浓端”点。这条操作线还具有以下特点：

①操作线上任一点 A 表示塔内该点截面上气、液两相浓度 Y 和 X 间的变化关系。

②吸收操作时，塔内任一截面上溶质在气相的分压总是大于与其接触的液相平衡分压，故吸收操作线总是在平衡线上方。

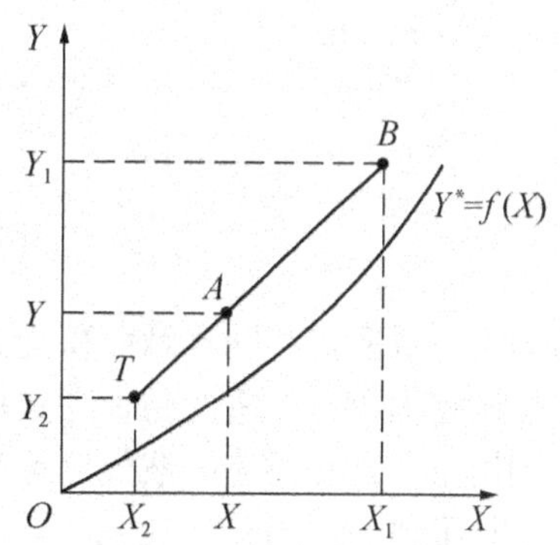

图 2-15 逆流吸收塔中的操作线

③操作线仅与 L/V 及某截面上的气、液组成有关，而与相平衡关系、设备结构形状、相际接触情况以及操作条件等无关。

2.4.2 最小液气比及吸收剂用量的确定

在设计填料塔时，气体的处理量 V 及气体进、出塔组成 Y_1 与 Y_2 通常已由设计任务所规定，吸收剂的入塔组成也可由工艺条件决定或设计者选定。因此，吸收剂用量的确定是进行吸收塔设计计算的首要任务。

吸收剂用量是影响吸收操作的重要因素之一，它直接关系到设备大小及操作费用高低等问题。

如图 2-16a 所示，在 V、Y_1、Y_2 与 X_2 一定的情况下，操作线的端点 $T(X_2, Y_2)$确定，而另一端点则可在 $Y=Y_1$ 的水平线上移动。点 B 的横坐标取决于操作线的斜率 L/V，由于 V 也一定，故关键取决于吸收剂流量的大小。

操作线的斜率 L/V 称为液气比。若增大吸收剂用量 L，L/V 随之增大，操作线向远离平衡线的左端移动，吸收推动力($Y-Y^*$)也增大，故单位时间内吸收等量溶质的设备尺寸可减小，即设备投资费用可减少。但由于吸收剂用量的增加，出塔吸收液的组成(X_1)降低，将使得吸收剂输送、再生及解吸过程所需操作费用增加。反之，吸收剂用量减小，操作线向靠近平衡线的右端移动，吸收推动力减少，设备投资费用增大。而出塔吸收液的组成提高，可减少操作费用。故此，应兼顾设备投资费用与操作运行费用，选择适宜的液气比(使两种费用之和为最小)，从而确定吸收剂用量 L。

当吸收剂用量减小到使得操作线与平衡线相交于点 B^*(如图 2-16a 所示)或相切(如图 2-16b 所示切线 TB')时，由于交点或切点处的气液两相浓度已达到平衡，即吸收推动

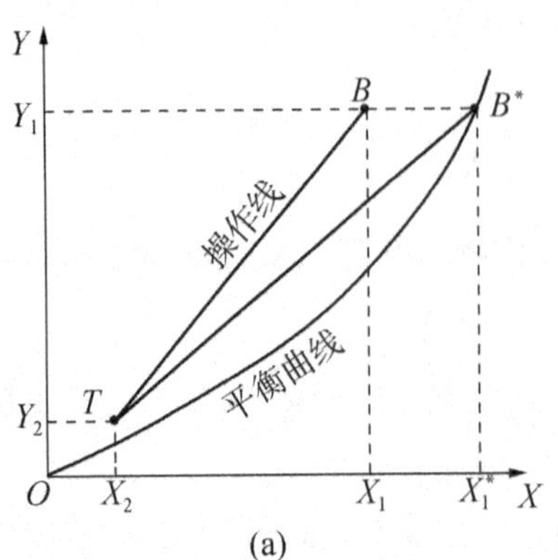

(a)

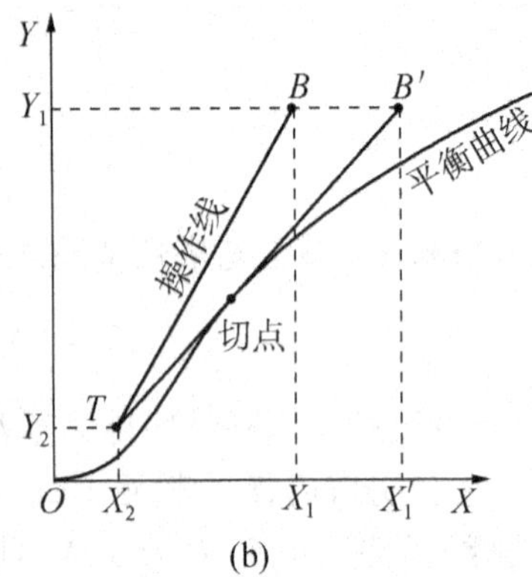

(b)

图 2-16　吸收塔的最小液气比

力为零，故所需相际接触面积为无限大，这是一种实现不了的极限情况，但可为吸收剂用量的确定提供一个重要的参考数据。通常将上述两种极限情况下的吸收剂用量称为最小吸收剂用量，其相对应的液气比称为最小液气比。

1. 最小液气比

在吸收过程中，操作线与平衡线相交或相切时，操作线的斜率称为最小液气比，表示为$(L/V)_{min}$。最小液气比可用图解法求得。

(1)若平衡线为图 2-16a 所示曲线，过水平线 $Y=Y_1$ 与平衡线交点 B^* 可读得相对应的 X_1^* 值，代入下式可求出最小液气比，即

$$\left(\frac{L}{V}\right)_{min}=\frac{Y_1-Y_2}{X_1^*-X_2} \tag{2-54}$$

或

$$L_{min}=V\frac{Y_1-Y_2}{X_1^*-X_2} \tag{2-54a}$$

(2)若平衡线为图 2-16b 所示曲线，过点 T 作平衡线的切线可得到水平线 $Y=Y_1$ 与切线的交点 B'，对应点 B' 可读得 X_1'，代入下式可求出最小液气比，即

$$\left(\frac{L}{V}\right)_{min}=\frac{Y_1-Y_2}{X_1'-X_2} \tag{2-55}$$

或

$$L_{min}=V\cdot\frac{Y_1-Y_2}{X'_1-X_2} \tag{2-55a}$$

(3)若平衡线为直线，即符合亨利定律，那么 $X_1^*=\frac{Y_1}{m}$，可直接用下式计算出最小液气比，即

$$\left(\frac{L}{V}\right)_{min}=\frac{Y_1-Y_2}{\frac{Y_1}{m}-X_2} \tag{2-56}$$

或

$$L_{min}=V\cdot\frac{Y_1-Y_2}{\frac{Y_1}{m}-X_2} \tag{2-56a}$$

2. 吸收剂用量

根据生产经验，一般情况下取适宜操作液气比(即实际液气比)为最小液气比的1.1～2.0倍，可使前述设备费与操作费之和为最小，即

$$\frac{L}{V}=(1.1\sim2.0)\left(\frac{L}{V}\right)_{\min} \tag{2-57}$$

或

$$L=(1.1\sim2.0)L_{\min} \tag{2-57a}$$

必须指出，为了保证填料表面能被充分润湿，还应考虑单位塔截面上单位时间内流下的液体量不得小于某一最低允许值(参见本书第3章第2节)。如果按式(2-57)求出的吸收剂用量不能满足充分润湿填料的起码要求，则应采用更大的液气比。

【例2-7】 在101.33kPa、25℃下用清水在填料塔中逆流吸收某混合气中的硫化氢。已知混合气进塔和出塔的组成分别为 $y_1=0.03$ 与 $y_2=0.001$，操作条件下气液平衡关系为 $p=5.52\times10^7x$。若操作时吸收剂用量为最小吸收剂用量的1.45倍，试求：

(1)吸收液的出塔组成 x_1；

(2)若操作压强提高到1013.3kPa而其他条件不变，吸收液的出塔组成 x_1 又为多少？

解 (1)吸收液的出塔组成 x_1

$$Y_1=\frac{y_1}{1-y_1}=\frac{0.03}{1-0.03}=0.03093,\qquad Y_2=\frac{y_2}{1-y_2}=\frac{0.001}{1-0.001}=0.001001$$

由于吸收剂为清水，故 $X_2=0$。由相平衡关系可知，亨利系数 $E=5.52\times10^7\text{Pa}$，由下式可求出相平衡常数 m，即

$$m=\frac{E}{p}=\frac{5.52\times10^7}{101.33\times10^3}=544.8$$

最小液气比为

$$\left(\frac{L}{V}\right)_{\min}=\frac{Y_1-Y_2}{\dfrac{Y_1}{m}-X_2}=\frac{0.03093-0.001001}{\dfrac{0.03093}{544.8}-0}=527.2$$

所以，操作液气比为

$$\frac{L}{V}=1.45\times\left(\frac{L}{V}\right)_{\min}=1.45\times527.2=764.44$$

吸收液的出塔组成 x_1 为

$$X_1=\frac{V(Y_1-Y_2)}{L}+X_2=\frac{(0.03093-0.001001)}{764.44}+0=3.92\times10^{-5}$$

$$x_1=\frac{X_1}{1+X_1}=\frac{3.92\times10^{-5}}{1+3.92\times10^{-5}}\approx3.92\times10^{-5}$$

(2)操作压强提高到1013.3kPa而其他条件不变，吸收液的出塔组成在这种情况下，其相平衡常数为

$$m'=\frac{E}{p'}=\frac{5.52\times10^7}{1013.3\times10^3}=54.48$$

最小液气比为

$$\left(\frac{L}{V}\right)'_{\min}=\frac{Y_1-Y_2}{\dfrac{Y_1}{m'}-X_2}=\frac{0.03093-0.001001}{\dfrac{0.03093}{54.48}-0}=52.72$$

所以，操作液气比为

$$\left(\frac{L}{V}\right)' = 1.45 \times \left(\frac{L}{V}\right)'_{min} = 1.45 \times 52.72 = 76.44$$

吸收液的出塔组成为

$$x_1 \approx X_1 = \frac{V(Y_1 - Y_2)}{L} + X_2 = \frac{(0.03093 - 0.001001)}{76.44} + 0 = 3.92 \times 10^{-4}$$

【例 2-8】 用水吸收空气中的丙酮，丙酮最初为含量 6%(体积分数，下同)，在塔中被吸收了 98%。已知混合气体量为 1400m^3/h(标准状态下)，试求：

(1)每小时被吸收的丙酮量。

(2)若吸收剂为纯水，液相出口组成为 0.0234，求用水量。

(3)当用水量为 2000kg/h 时，液相出口浓度。

(4)作图说明上述两种操作情况下，哪种需要的传质面积大？为什么？

解 已知 $y_1 = \frac{V_1}{V} = 0.06$，故

$$Y_1 = \frac{y_1}{1 - y_1} = \frac{0.06}{1 - 0.06} = 0.0638$$

$$Y_2 = (1 - \Phi_A)Y_1 = (1 - 0.98) \times 0.0638 = 0.00128$$

(1)每小时被吸收的丙酮量为

$$G_A = \frac{V_s}{22.4}(1 - y_1)(Y_1 - Y_2)$$

$$= \frac{1400}{22.4}(1 - 0.06)(0.0638 - 0.00128) = 3.67(\text{kmol/h})$$

(2)由于 $X_1 = 0.0234$，$X_2 = 0$(清水)，故用水量为

$$L = \frac{V(Y_1 - Y_2)}{X_1} = \frac{1400}{22.4} \times 0.94 \times \frac{0.0638 - 0.00128}{0.0234} = 157(\text{kmol/h})$$

(3)当 $L = 2000\text{kg/h}$ 时，由于 $X_2 = 0$(清水)，故液相出口组成为

$$X_1' = \frac{V(Y_1 - Y_2)}{L} = \frac{1400}{22.4} \times 0.94 \times \frac{18}{2000} \times (0.0638 - 0.00128)$$

$$= 0.0331$$

(4)惰性气体流量为

$$V = \frac{1400}{22.4}(1 - 0.06) = 58.75(\text{kmol/h})$$

如本例附图所示，第一种情况($X_1 = 0.0234$)下操作线斜率为

$$\left(\frac{L}{V}\right)_1 = \frac{157}{58.75} = 2.67$$

第二种情况($X_1 = 0.0331$)下操作线斜率为

$$\left(\frac{L}{V}\right)_2 = \frac{2000/18}{58.75} = 1.89$$

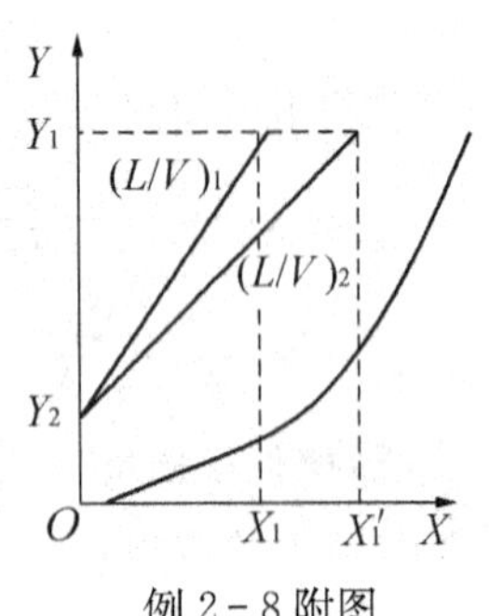

例 2-8 附图

可见，

$$\left(\frac{L}{V}\right)_1 > \left(\frac{L}{V}\right)_2$$

也就是说，第一种情况下的吸收推动力比第二种情况下的吸收推动力大。当传质系数相同，传质量又相同时，第一种情况所需传质面积比第二种情况所需传质面积小。

2.4.3 吸收操作流程的确定

吸收操作是气、液两相在吸收塔内接触进行物质传递的过程。在工业生产中，常见的吸收操作流程有：

①单塔吸收的并流或逆流流程；

②单塔吸收(并流或逆流)，部分吸收剂再循环的流程；

③多塔串联(并流或逆流)，部分吸收剂再循环的流程。

在一般的吸收操作中，带吸收剂再循环或不带吸收剂再循环的流程均常见到。部分吸收剂再循环的主要作用是提高喷淋密度，以保证填料能充分润湿及除去吸收热，其次是用来调节产品的浓度。

吸收操作往往伴有化学反应，因此在吸收过程中不但有溶解热而且有化学反应热产生，这均不利于吸收。利用部分吸收剂再循环，除可增大液体流量使得温度升高的幅度减少外，更为重要的是在循环管线上可设置冷却器，将吸收剂降温后再送回到塔顶喷淋。但在带吸收剂再循环的操作中，吸收剂中吸收质组成必高于不带吸收剂再循环操作中的吸收质组成，因而会减少吸收的推动力。此外，再循环还需要额外的动力消耗。

再循环的循环比主要根据喷淋密度及温度控制等要求来确定，通常可参照工厂生产中的经验数据选定。若工艺要求规定了气体和液体入口浓度及吸收剂的用量，也可按过程的物料衡算求出。

如图 2-17 所示，单塔逆流操作时，塔顶组成为 X_2 的液体与组成为 Y_2 的气体接触，操作点为 T，塔底组成为 X_1 的液体与组成为 Y_1 的气体相接触，操作点为 B，TB 为其操作线。在单塔并流操作时，塔顶组成为 X_2 的液体与组成为 Y_1 的气体接触，操作点为 P，在塔底组成为 X_1 的液体与组成为 Y_2 的气体相接触，操作点为 R，PR 为其操作线。

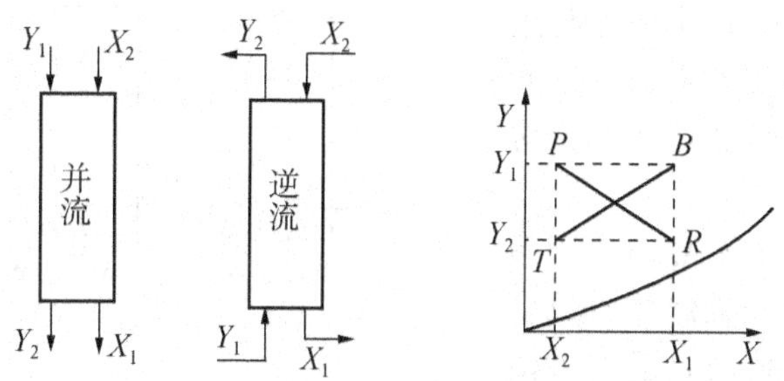

图 2-17 单塔吸收的并流与逆流流程的操作线

由此可知，若要求离塔的气体组成 Y_2 尽量降低而液体的出塔组成 X_1 尽量提高，采用逆流操作较易实现。因为对于并流来说，降低 Y_2 或提高 X_1 均会使得本来已经靠近相平衡线的点 R 更向相平衡线靠拢，吸收总推动力明显减小。当然，逆流时也会使点 B、点 T 靠近相平衡线，但 TB 操作线与相平衡线间的距离较均匀，故吸收总推动力的减小没有并流操作明显。换言之，并流时其操作线与相平衡线间的距离十分不均匀，总推动力 ΔY 或 ΔX 在各截面上变化很大，故在 Y_1、Y_2、X_1、X_2 相同时，采用逆流操作比并流操作的吸收推动力大。

如图 2-18 所示为单塔逆流部分吸收剂再循环流程，在塔底仍是组成为 X_1 的液体与组成为 Y_1 的气体相接触，操作点 B 不变。在塔顶由于循环液的加入，新鲜液与循环液混合后，使得进入塔顶的溶液组成增大到 $X_2'(X_2'>X_2)$，故操作点变为 G，BG 为其操作线。

由此可见，带部分吸收剂再循环的操作，会使原逆流操作线 TB 变为 GB，减小了操作线与平衡线的距离，即吸收总推动力将减小。

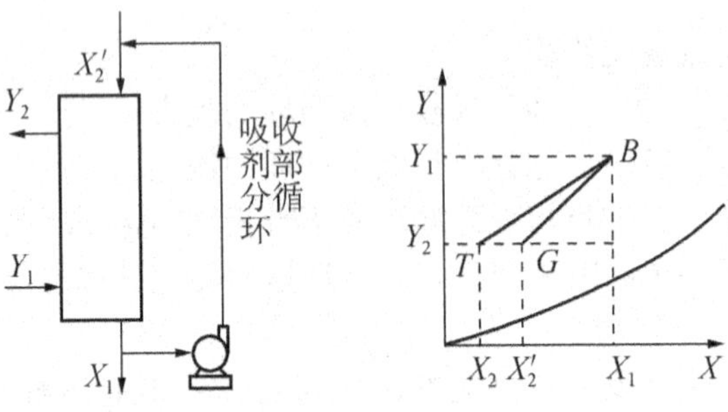

图 2-18　单塔逆流部分吸收剂再循环流程的操作线

综上所述，吸收的操作流程可依以下原则考虑确定：

①对于相同的液气比 L/V，逆流操作可得到较高的回收率。这是因为逆流操作可尽量使得 Y_2 降低。

②对于相同的回收率，并流操作所需液气比比逆流大，故液体出塔浓度较低，动力消耗及吸收剂用量大。

③对于相同的回收率和液气比，逆流操作所需的接触面积比并流小。这是因为逆流操作时总的平均推动力较大。

④当吸收易溶气体时，由于气相的平衡浓度很低，这时并流操作与逆流操作的吸收推动力相差不大，但并流不受液流的限制，气速可提高，对增产有利。

⑤当塔高过高或虽不高但由于系统堵塞严重等，为便于维修可分成多塔串联流程。多塔串联时，通常可根据各塔的填料层高度相等的原则，确定各塔的浓度分配。

图 2-19 所示为多塔逆流串联、部分吸收剂再循环的流程与操作线。

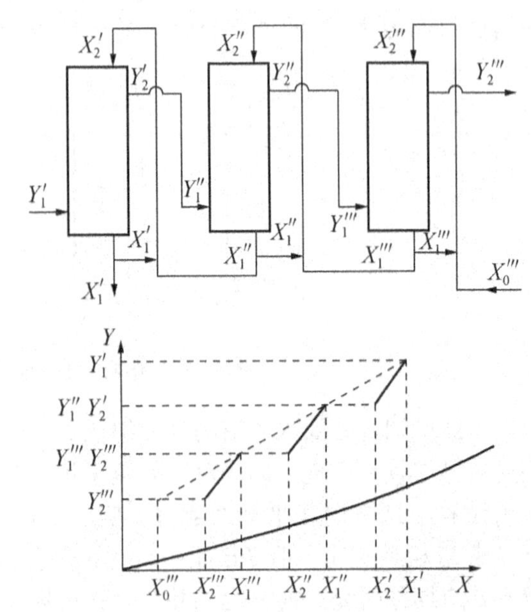

图 2-19　多塔逆流串联、部分吸收剂再循环的操作线

2.4.4　塔径的计算

吸收塔的直径可按圆管道的流量公式计算，即

$$V_s = \frac{\pi}{4} D^2 u$$

故

$$D = \sqrt{\frac{4V_s}{\pi u}} \tag{2-58}$$

式中，D——塔径，m；

V_s——操作条件下混合气体的体积流量，m^3/s；

u——空塔速度，即按空塔截面积计算的混合气体的线速度，m/s。

计算塔径的关键在于确定适宜的空塔速度 u。如何确定空塔速度 u，属于气液传质设备的流体力学问题，将在第 3 章进行讨论。

需要指出，在吸收过程中，由于吸收质不断由气相进入液相，故混合气体量从塔底至塔顶逐渐减少。所以，在计算塔径时，一般应以塔底的混合气体量为依据。

2.4.5 填料层高度的计算

有关填料层高度的计算实质上是物料衡算方程、吸收速率方程和气液相平衡方程的具体应用，详细说明如下。

2.4.5.1 填料层高度的基本计算式

前已述及，填料塔是连续接触式设备，在填料塔内气、液两相的组成是沿填料层的高度连续变化的。因此，塔内各截面上的传质推动力和吸收速率也随填料层的高度变化，故对填料层高度的基本计算式的推导需采用微积分法。

如图 2-20 所示，设在填料吸收塔内任意截取一段高度为 dZ 的微分填料层，若塔的截面积为 Ω m^2，那么微元体体积为 ΩdZ m^3。若已知单位体积填料层所提供的有效接触面积为 a m^2/m^3，那么相界面面积为 $dA = a\Omega dZ$。

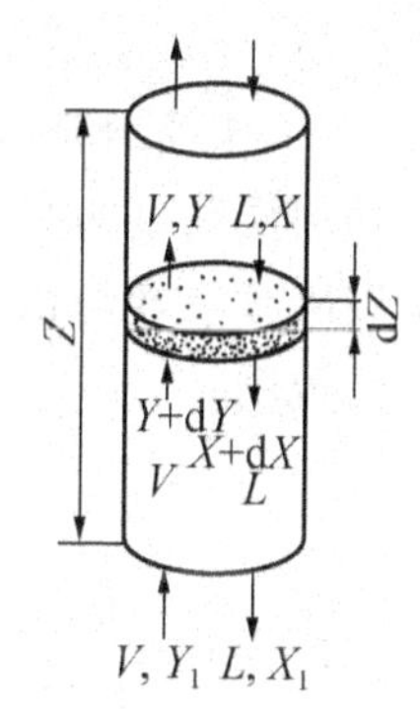

图 2-20 微分填料层的物料衡算

在微元填料层中对组分 A 作物料衡算，可写出

$$dG_A = VdY = LdX \tag{2-59}$$

在微元填料层中，由于气、液组成变化极小，可认为吸收速率 N_A 为定值，则

$$dG_A = N_A dA = N_A(a\Omega dZ) \tag{2-60}$$

微元填料层中的吸收速率方程可写为

$$N_A = K_Y(Y - Y^*) = K_X(X^* - X)$$

将此式先代入式(2-60)后再代入式(2-59)可得

$$VdY = K_Y(Y - Y^*)(a\Omega dZ)$$

$$LdX = K_X(X^* - X)(a\Omega dZ)$$

经整理可写成

$$\frac{dY}{(Y - Y^*)} = \frac{K_Y a\Omega}{V} \cdot dZ \tag{2-61}$$

$$\frac{dX}{(X^* - X)} = \frac{K_X a\Omega}{L} \cdot dZ \tag{2-62}$$

对于稳态操作的吸收过程，当溶质在气、液相的含量不高时，L、V、a 及 Ω 均不随

时间和位置而变化，通常 K_Y 及 K_X 可视为常数(气体溶质具有中等以上溶解度且相平衡关系不为直线的情况除外)。于是，对式(2-61)和式(2-62)分离变量后在全塔范围内积分，可写出

$$Z=\frac{V}{K_Ya\Omega}\int_{Y_2}^{Y_1}\frac{\mathrm{d}Y}{Y-Y^*} \tag{2-63}$$

$$Z=\frac{L}{K_Xa\Omega}\int_{X_2}^{X_1}\frac{\mathrm{d}X}{X^*-X} \tag{2-64}$$

式(2-63)及式(2-64)称为稳态、低组成气体吸收填料层高度的基本计算式。它们是根据总吸收系数 K_Y、K_X 与相应的吸收推动力推导出的。同理，若根据膜吸收系数与相应的吸收推动力，也可推导出类似的填料层高度计算的基本式。

必须指出，上述两式中的 a(也称为有效比表面积)总要小于单位体积填料层中的固体表面积(也称比表面积)。原因是只有被流动的液体膜层所润湿覆盖的那些填料表面积，才能为气、液接触提供有效面积。所以 a 值不仅与填料的形状、尺寸及填充状况有关，还与流体物性和流动状况有关，直接测定 a 值有困难。为避免难以测定的 a 值，常将它与吸收系数的乘积作为一个完整物理量看待，这个乘积称为"体积吸收系数"。如 K_Ya 与 K_Xa 可分别称为气相总体积吸收系数和液相总体积吸收系数。所表示的物理意义为在推动力为一个单位时，单位时间、单位体积填料层内吸收的溶质量，单位为 kmol/(m^3·s)。

2.4.5.2 传质单元数与传质单元高度

填料层高度的基本计算式，无论采用总吸收系数与相应的总吸收速率方程导出，还是根据膜吸收系数与相应的吸收推动力推导出，均具有以下共同点。现以式(2-63)为例进行具体说明。

$$Z=\frac{V}{K_Ya\Omega}\int_{Y_2}^{Y_1}\frac{\mathrm{d}Y}{Y-Y^*}$$

此式右端因式 $\frac{V}{K_Ya\Omega}$ 的单位为 $\frac{[\text{kmol/s}]}{[\text{kmol/(m}^3\cdot\text{s)}]\cdot[\text{m}^2]}=[\text{m}]$，显然，它具有高度的单位。若将 $\frac{V}{K_Ya\Omega}$ 看成由过程条件所决定的某种单元高度，这一单元高度就称为"气相总传质单元高度"，以 H_{0G} 表示，即

$$H_{0G}=\frac{V}{K_Ya\Omega} \tag{2-65}$$

而积分项 $\int_{Y_2}^{Y_1}\frac{\mathrm{d}Y}{Y-Y^*}$ 中分子、分母均为量纲为1的数值，其整个积分必然得到一个量纲为1的数值，故可认为它代表所需填料层高度 Z 相当于气相总传质单元高度 H_{0G} 的倍数，这一倍数称为"气相总传质单元数"，以 N_{0G} 表示，即

$$N_{0G}=\int_{Y_2}^{Y_1}\frac{\mathrm{d}Y}{Y-Y^*} \tag{2-66}$$

这样一来，可将式(2-63)写为

$$Z=N_{0G}H_{0G} \tag{2-63a}$$

同理，也可将式(2-64)写为

$$Z=N_{0L}H_{0L} \tag{2-64a}$$

式中，H_{0L}——液相总传质单元高度，$H_{0L}=\frac{L}{K_X a\Omega}$，m；

N_{0L}——液相总传质单元数，$N_{0L}=\int_{X_2}^{X_1}\frac{dX}{X^*-X}$，量纲为 1。

可见，填料层高度的计算可用下列通式表示，即

$$填料层高度=总传质单元数\times总传质单元高度$$

这就像楼房高度是每层高度与层数的乘积一样。

利用传质单元的概念，不仅可加深对填料层高度的基本计算式的理解，而且，对于各种填料来说，传质单元高度的变化幅度不大(为 0.2～1.5m)，若能从有关资料中查得或根据计算出的传质单元高度的数据，估算完成一定吸收任务所需的填料层高度是比较方便的。

2.4.5.3 总传质单元高度的计算

对于传质单元高度的物理意义，可通过以下分析理解。

如图 2-21a 所示，假定某吸收过程所需的填料层高度恰好等于一个气相总传质单元高度，即

$$Z=H_{0G}$$

在此情况下，由式(2-63)可得

$$N_{0G}=\int_{Y_2}^{Y_1}\frac{dY}{Y-Y^*}=1$$

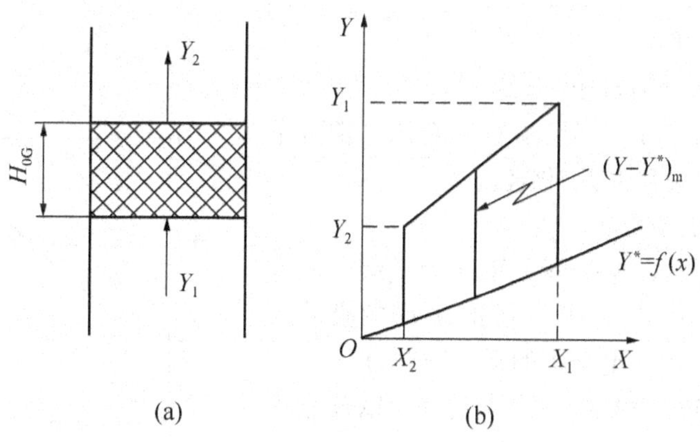

图 2-21　气相总传质单元高度

在整个填料层内吸收推动力$(Y-Y^*)$虽是变化的，但总可以找到某一平均值$(Y-Y^*)_m$来代替$(Y-Y^*)$而不改变积分值，即

$$N_{0G}=\int_{Y_2}^{Y_1}\frac{dY}{Y-Y^*}=\frac{1}{(Y-Y^*)_m}\int_{Y_2}^{Y_1}dY=\frac{Y_1-Y_2}{(Y-Y^*)_m}=1$$

故

$$(Y-Y^*)_m=Y_1-Y_2$$

由此可见，若气体流经一段填料层前后的组成变化(Y_1-Y_2)恰好等于此段填料层内以气相组成差表示的总推动力的平均值$(Y-Y^*)_m$，如图 2-21b 所示，那么这段填料层的高度就是一个气相总传质单元高度。

气相总传质单元高度可用式(2-65)计算出。由式可知，H_{OG}为V/Ω与K_Ya之比。V/Ω为单位塔截面积上的惰性气体摩尔流量。通常V/Ω一定，由于K_Ya增大，H_{OG}随之降低，这表明所用填料效能高，其传质阻力小。反之，K_Ya减小，H_{OG}随之增大，这表明所用填料效能低，其传质阻力大。所以，通过总传质单元高度可反映出传质阻力的大小、填料效能的优劣及润湿情况的好坏。

(1)由于$K_Y=pK_G$，气相总传质单元高度H_{OG}与气相总压强p的关系可写成

$$H_{OG}=\frac{V}{K_Ya\Omega}=\frac{V}{pK_Ga\Omega}$$

可见，H_{OG}与气相总压强p成反比。

(2)由于$K_X=cK_L$，液相总传质单元高度H_{OL}与溶液总浓度c的关系可写成

$$H_{OL}=\frac{L}{K_Xa\Omega}=\frac{L}{cK_La\Omega}$$

可见，H_{OL}与液相总浓度c成反比。

总体积吸收系数K_Ya的影响因素很多，有关计算留待2.4.6节讨论。

2.4.5.4 总传质单元数的计算

在计算填料层高度时，必须首先计算出传质单元数。由式(2-66)可知，当生产任务所要求的气体组成变化Y_1-Y_2一定时，推动力$Y-Y^*$愈大，所需总传质单元数愈小，即吸收过程容易进行；反之，推动力$Y-Y^*$愈小，所需总传质单元数愈大，即吸收过程进行困难。所以，通过传质单元数的大小可反映出吸收过程的难易程度。

传质单元数(如$N_{OG}=\int_{Y_2}^{Y_1}\frac{dY}{Y-Y^*}$)为定积分值，其计算需根据不同的相平衡关系，对应采用不同的方法。

1. 相平衡关系线为直线

相平衡关系为直线，即服从亨利定律，常可采用对数平均推动力法和脱吸因数法。

(1)对数平均推动力法

如图2-22所示，相平衡关系线为直线。塔底B端的推动力$\Delta Y_1=Y_1-Y_1^*$，塔顶T端的推动力$\Delta Y_2=Y_2-Y_2^*$，由此求出全塔的平均推动力。

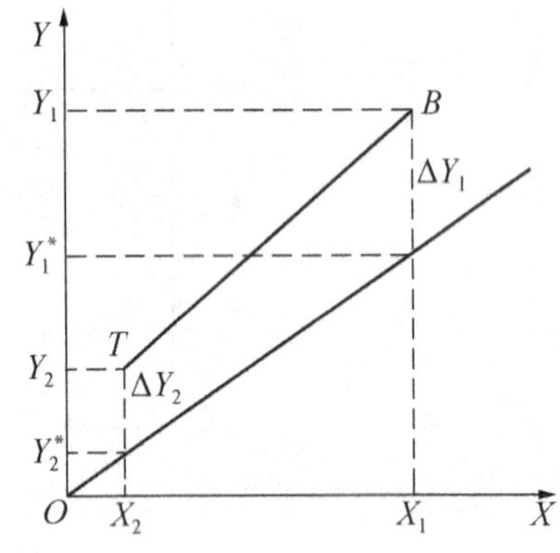

图2-22 对数平均推动力法求N_{OG}

由于操作线与相平衡线均为直线，所以任意截面上的推动力$\Delta Y=Y-Y^*$，与Y的关系也必为直线关系。即

$$\frac{d(\Delta Y)}{dY}=\frac{\Delta Y_1-\Delta Y_2}{Y_1-Y_2}=\text{常数}$$

这样一来，气相总传质单元数可写为

$$N_{OG}=\int_{Y_2}^{Y_1}\frac{dY}{Y-Y^*}=\int_{Y_2}^{Y_1}\frac{dY}{\Delta Y}=\frac{Y_1-Y_2}{\Delta Y_1-\Delta Y_2}\int_{\Delta Y_2}^{\Delta Y_1}\frac{d(\Delta Y)}{\Delta Y}=\frac{Y_1-Y_2}{\Delta Y_1-\Delta Y_2}\ln\frac{\Delta Y_1}{\Delta Y_2}$$

令

$$\Delta Y_m = \frac{(Y_1 - Y_1^*) - (Y_2 - Y_2^*)}{\ln \frac{Y_1 - Y_1^*}{Y_2 - Y_2^*}} = \frac{\Delta Y_1 - \Delta Y_2}{\ln \frac{\Delta Y_1}{\Delta Y_2}} \tag{2-67}$$

则

$$N_{0G} = \frac{Y_1 - Y_2}{\Delta Y_m} \tag{2-68}$$

式中，ΔY_m——气相对数平均推动力，量纲为1。

同理，液相总传质单元数可写为

$$N_{0L} = \int_{X_2}^{X_1} \frac{dX}{X^* - X} = \frac{X_1 - X_2}{\Delta X_m} \tag{2-69}$$

其中，

$$\Delta X_m = \frac{(X_1^* - X_1) - (X_2^* - X_2)}{\ln \frac{X_1^* - X_1}{X_2^* - X_2}} = \frac{\Delta X_1 - \Delta X_2}{\ln \frac{\Delta X_1}{\Delta X_2}} \tag{2-70}$$

式中，ΔX_m——液相对数平均推动力，量纲为1。

当$\frac{\Delta Y_1}{\Delta Y_2}<2$或$\frac{\Delta X_1}{\Delta X_2}<2$时，$\Delta Y_m$或$\Delta X_m$可取算术平均值计算，即

$$\Delta Y_m = \frac{\Delta Y_1 + \Delta Y_2}{2} \quad 或 \quad \Delta X_m = \frac{\Delta X_1 + \Delta X_2}{2}$$

当操作线与相平衡线平行时，即$\frac{L}{mV}=1$时，ΔY_m与ΔX_m可写成

$$\Delta Y_m = \Delta Y_1 = \Delta Y_2, \quad \Delta X_m = \Delta X_1 = \Delta X_2$$

若以气相总传质单元数N_{0G}为例，可写出

$$N_{0G} = \frac{Y_1 - Y_2}{\Delta Y_2} = \frac{Y_1 - Y_2}{Y_2 - mX_2}$$

【例2-9】 在常压逆流填料吸收塔中，用循环吸收剂吸收混合气中的SO_2。进塔吸收剂流量为2000kmol/h，其组成为0.5g(SO_2)/100g(H_2O)；混合气流量为90 kmol/h，其中含SO_2 0.09(摩尔分数，下同)，吸收率为80%。在操作条件下物系相平衡关系为$Y^*=18X-0.01$(式中X、Y为摩尔比)，试求：

(1)吸收剂的出塔组成X_1；

(2)用对数平均推动力法求气相总传质单元数N_{0G}。

解 (1)吸收剂的出塔组成X_1

进塔气相组成 $Y_1=\frac{y_1}{1-y_1}=\frac{0.09}{1-0.09}=0.0989$

出塔气相组成 $Y_2=Y_1(1-\Phi_A)=0.0989\times(1-0.8)=0.0198$

进塔液相组成 $X_2=\frac{\frac{0.5}{64}}{\frac{100}{18}}=0.00141$

进塔惰性气体流量为

$$V=V'(1-y_1)=90\times(1-0.09)=81.9(\text{kmol/h})$$

所以，吸收剂的出塔组成 X_1 为

$$X_1=\frac{V}{L}(Y_1-Y_2)+X_2$$
$$=\frac{81.9}{2\,000}(0.098\,9-0.019\,8)+0.001\,41$$
$$=0.004\,65$$

(2)气相总传质单元数 N_{0G} 写为

$$N_{0G}=\frac{Y_1-Y_2}{\Delta Y_m}$$

由于

$$Y_1^*=mx_1+b=18\times0.004\,65-0.01=0.073\,7$$
$$Y_2^*=18\times0.001\,41-0.01=0.015\,4$$
$$\Delta Y_1=Y_1-Y_1^*=0.098\,9-0.073\,7=0.025\,2$$
$$\Delta Y_2=Y_2-Y_2^*=0.019\,8-0.015\,4=0.004\,4$$
$$\Delta Y_m=\frac{\Delta Y_1-\Delta Y_2}{\ln\frac{\Delta Y_1}{\Delta Y_2}}=\frac{0.025\,2-0.004\,4}{\ln\frac{0.025\,2}{0.004\,4}}=0.011\,9$$

故

$$N_{0G}=\frac{0.098\,9-0.019\,8}{0.011\,9}=6.65$$

(2)脱吸因数法

若相平衡关系方程为 $Y^*=mX+b$，根据传质单元数的定义式可导出 N_{0G} 的计算式。现以气相总传质单元数 N_{0G} 为例，据式(2-66)写出

$$N_{0G}=\int_{Y_2}^{Y_1}\frac{\mathrm{d}Y}{Y-Y^*}=\int_{Y_2}^{Y_1}\frac{\mathrm{d}Y}{Y-(mX+b)}$$

将逆流吸收塔的操作线方程 $X=\frac{V}{L}(Y-Y_2)+X_2$ 代入得

$$N_{0G}=\int_{Y_2}^{Y_1}\frac{\mathrm{d}Y}{Y-m\left[\frac{V}{L}(Y-Y_2)+X_2\right]-b}$$
$$=\int_{Y_2}^{Y_1}\frac{\mathrm{d}Y}{\left(1-\frac{mV}{L}\right)Y+\left[\frac{mV}{L}Y_2-(mX_2+b)\right]}$$

令 $S=\frac{mV}{L}$，上式写为

$$N_{0G}=\int_{Y_2}^{Y_1}\frac{\mathrm{d}Y}{(1-S)Y+(SY_2-Y_2^*)}$$

将上式积分并化简得

$$N_{0G}=\frac{1}{1-S}\ln\left[(1-S)\frac{Y_1-Y_2^*}{Y_2-Y_2^*}+S\right] \tag{2-71}$$

式中，$S=\frac{mV}{L}$称为脱吸因数，是相平衡线斜率与操作线斜率之比，量纲为 1。

同理，可导出液相总传质单元数 N_{0L} 的计算式，即

$$N_{0L}=\frac{1}{1-\frac{L}{mV}}\ln\left[\left(1-\frac{L}{mV}\right)\frac{Y_1-Y_2^*}{Y_1-Y_1^*}+\frac{L}{mV}\right]$$

$$=\frac{1}{1-A}\ln\left[(1-A)\frac{Y_1-Y_2^*}{Y_1-Y_1^*}+A\right] \tag{2-72}$$

式中，$A=\frac{L}{mV}$为脱吸因数 S 的倒数，称为吸收因数，是操作线斜率与相平衡线斜率之比，量纲为 1。

由式(2-71)与式(2-72)可见，两式均具有同样的函数形式，只要将式(2-71)中 N_{0G} 换为 N_{0L}、S 换为 A、$\frac{Y_1-Y_2^*}{Y_2-Y_2^*}$ 换为$\frac{Y_1-Y_2^*}{Y_1-Y_1^*}$，就可得到式(2-72)。

N_{0G}可由图(2-23)直接查出。图中横坐标为$\frac{Y_1-mX_2}{Y_2-mX_2}$，其值的大小反映出溶质吸收率的高低。当气、液进塔组成一定时，所要求吸收率愈高，Y_2 愈小，横坐标的数值愈大，对于一定 S 值的 N_{0G} 也就愈大。

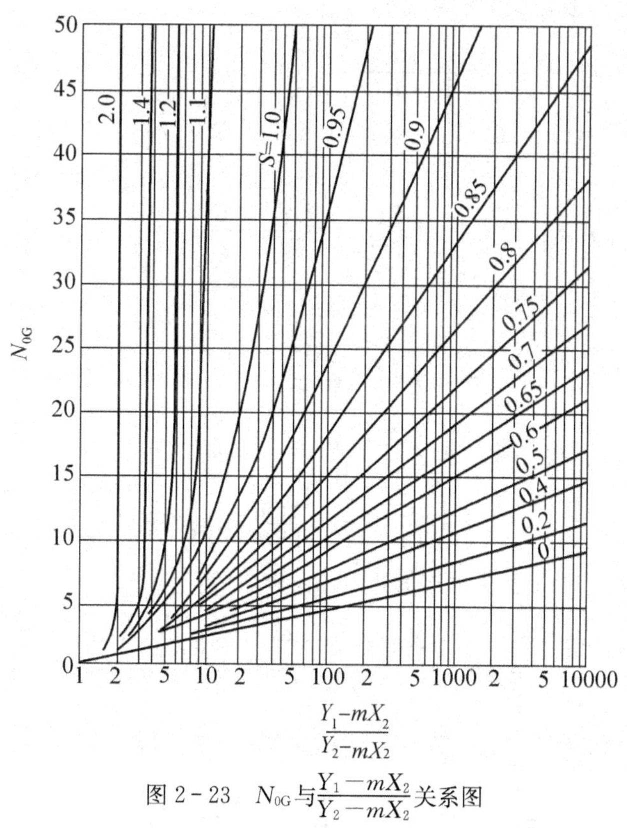

图 2-23　N_{0G}与$\frac{Y_1-mX_2}{Y_2-mX_2}$关系图

参数 S 之值反映出吸收推动力的大小。在气、液进塔组成及溶质吸收率已知的条件下，横坐标$\frac{Y_1-mX_2}{Y_2-mX_2}$的值一定，这时若增大 S 便意味着需减小液气比，其结果使溶液出塔组成提高而塔内吸收推动力变小，N_{0G} 值必然增大。反之，若参数 S 减小，则 N_{0G} 值

变小。

对于以分离为目的的吸收过程，如要获得最高的吸收率，势必力求使出塔气相与进塔液相趋近平衡，故需采用较大的液体流量，使操作线斜率大于相平衡线斜率(即 $S<1$)才有可能。反之，如要获得最高组成的吸收液，则使出塔液相与进塔气相趋近平衡，故需采用较小的液体流量，使操作线斜率小于相平衡线斜率(即 $S>1$)才有可能。一般吸收操作多注重溶质的吸收率，故 S 值常小于 1。有时为了增大液气比，或为达到其他目的，还采用液体循环的操作方式，这样能有效地降低 S 值，但在一定程度上却丧失了逆流操作的优点。一般认为 $S=0.7\sim0.8$ 是经济合适的。

【例 2-10】 在常压逆流操作的填料塔内，用纯溶剂吸收混合气体中的可溶组分 A。入塔气体中 A 的摩尔分数 $y_1=0.03$，要求其回收率 $\Phi_A=95\%$。已知操作条件下$\dfrac{mV}{L}=0.8$(m 可取作常数)，相平衡关系为 $Y=mX$，试计算：

(1)操作液气比与最小液气比的倍数；

(2)若与入塔气体互为平衡的液体组成 $X_1^*=0.03$，求吸收液的组成 X_1；

(3)完成上述分离任务所需的气相总传质单元数 N_{0G}。

解 (1)操作液气比与最小液气比的倍数

$$Y_1=\frac{y_1}{1-y_1}=\frac{0.03}{1-0.03}=0.03093$$

$$Y_2=(1-\Phi_A)Y_1=(1-0.95)\times0.03093=0.00155$$

最小液气比写为

$$\left(\frac{L}{V}\right)_{\min}=\frac{Y_1-Y_2}{\dfrac{Y_1}{m}-X_2}$$

由于 $X_2=0$，故

$$\left(\frac{L}{V}\right)_{\min}=m\cdot\left(\frac{Y_1-Y_2}{Y_1}\right)=m\cdot\Phi_A=0.95m$$

已知$\dfrac{mV}{L}=0.8$，可求出操作液气比为$\dfrac{L}{V}=\dfrac{m}{0.8}=1.25m$，所以

$$\frac{L/V}{(L/V)_{\min}}=\frac{1.25m}{0.95m}=1.316$$

(2)由物料衡算式可求出吸收液的组成 X_1 为

$$X_1=\frac{Y_1-Y_2}{\dfrac{L}{V}}+X_2=\frac{0.03093-0.00155}{1.25\times\dfrac{0.03093}{0.03}}=0.0228$$

(3)由于$\dfrac{mV}{L}=0.8=S$，故所需的气相总传质单元数 N_{0G} 为

$$N_{0G}=\frac{1}{1-S}\ln\left[(1-S)\frac{Y_1-mX_2}{Y_2-mX_2}+S\right]$$

$$=\frac{1}{1-0.8}\ln\left[(1-0.8)\frac{0.03093}{0.00155}+0.8\right]=7.84$$

【例 2-11】 某一逆流操作的填料塔中，用水吸收空气中的氨。已知塔底进塔气体组成为 0.03(摩尔分数，下同)，塔顶出塔气体组成为 0.003，填料层高度为 1.2m，塔内径

为0.2m，吸收过程中亨利系数为0.5atm，操作压力为0.95atm，相平衡关系和操作关系(以摩尔比表示)均为直线关系。用水量0.1m^3/h，混合气的处理量100m^3/h(标准状态下)。试求此条件下，吸收塔的气相总体积吸收系数。

解 据题给已知数据整理

$$Y_1=\frac{y_1}{1-y_1}=\frac{0.03}{1-0.03}=0.0309$$

$$Y_2=\frac{y_2}{1-y_2}=\frac{0.003}{1-0.003}\approx 0.003$$

$$m=\frac{E}{p}=\frac{0.5}{0.95}=0.526$$

$$L=0.1\times\frac{1000}{18}=5.56(\text{kmol/h})$$

$$V=\frac{100(1-0.03)}{22.4}=4.33(\text{kmol/h})$$

因此，操作线液气比为 $\frac{L}{V}=\frac{5.56}{4.33}=1.284$

由于用清水吸收 $X_2=0$，故吸收液出塔组成为

$$X_1=\frac{Y_1-Y_2}{\frac{L}{V}}+X_2=\frac{0.0309-0.003}{1.284}=0.0217$$

塔顶和塔底的推动力分别为

$$\Delta Y_1=Y_1-Y_1^*=0.0309-0.526\times 0.0217=0.0195$$

$$\Delta Y_2=Y_2-Y_2^*=0.003$$

其对数平均推动力为

$$\Delta Y_m=\frac{\Delta Y_1-\Delta Y_2}{\ln\frac{\Delta Y_1}{\Delta Y_2}}=\frac{0.0195-0.003}{\ln\frac{0.0195}{0.003}}=0.00882$$

气相总传质单元数为

$$N_{0G}=\frac{Y_1-Y_2}{\Delta Y_m}=\frac{0.0309-0.003}{0.00882}=3.163$$

所以，气相总体积吸收系数为

$$K_Ya=\frac{V}{\Omega}\cdot\frac{N_{0G}}{Z}=\frac{4.33}{0.785\times 0.2^2}\times\frac{3.163}{1.2}\approx 363[\text{kmol/(m}^3\cdot\text{h)}]$$

【例2-12】 已知某填料吸收塔直径为1m，填料层高度为4m。用清水逆流吸收空气混合物中某可溶组分，该组分进口组成为8%，出口组成为1%(均为摩尔分数)，混合气流量为30kmol/h，操作液气比为2，相平衡关系为 $Y=2X$。试求：

(1)操作液气比为最小液气比的多少倍？

(2)气相总体积吸收系数 K_Ya 为多少？

(3)塔高为2m处气相组成为多少？

(4)若塔高不受限制，最大吸收率为多少？

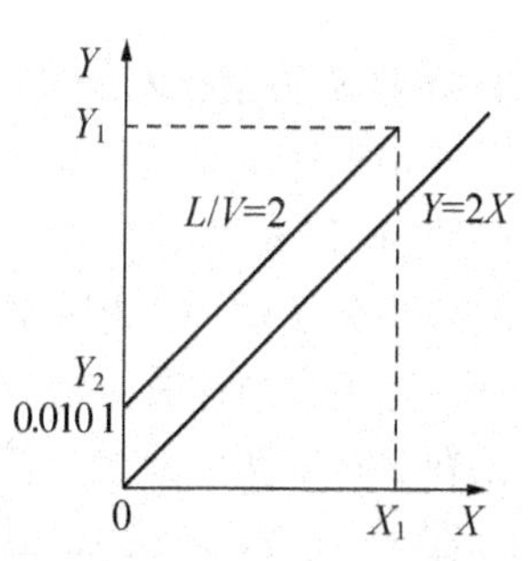

例2-12附图

解 (1)已知

$$Y_1=\frac{y_1}{1-y_1}=\frac{0.08}{1-0.08}=0.087,\quad Y_2=\frac{y_2}{1-y_2}=\frac{0.01}{1-0.01}=0.0101,\quad X_2=0(\text{清水})$$

则最小液气比为

$$\left(\frac{L}{V}\right)_{\min}=\frac{Y_1-Y_2}{\frac{Y_1}{m}-X_2}=2\times\frac{0.087-0.0101}{0.087}=1.768$$

所以操作液气比与最小液气比的比值为

$$\frac{L/V}{(L/V)_{\min}}=\frac{2}{1.768}=1.131$$

(2)由于 $L/V=m=2$，即操作线与相平衡线平行，且 $X_2=0$，故

$$\Delta Y_m=Y_2-mX_2=0.0101-0=0.0101$$

$$N_{0G}=\frac{Y_1-Y_2}{\Delta Y_m}=\frac{0.087-0.0101}{0.0101}=7.61$$

$$H_{0G}=\frac{z}{N_{0G}}=\frac{4}{7.61}=0.526(\text{m})$$

气相总体积吸收系数 K_Ya 为

$$K_Ya=\frac{V}{H_{0G}\Omega}=\frac{30\times(1-0.08)}{0.526\times0.785\times1^2}=66.8[\text{kmol/(m}^3\cdot\text{h)}]$$

(3)塔高为 2m 处气相总传质单元数为

$$N'_{0G}=\frac{z'}{H_{0G}}=\frac{2}{0.526}=3.8$$

对应的气相组成可写为

$$3.8=\frac{Y-Y_2}{\Delta Y_m}=\frac{Y-0.0101}{0.0101}$$

解得

$$Y=0.0485$$

(4)由吸收率的定义写出

$$\Phi_A=\frac{Y_1-Y_2}{Y_1}$$

若塔无限高，这种情况下可在塔顶达到气液平衡，即 $Y_2\rightarrow Y_2^*=mX_2=0$，故

$$\Phi_{A\max}=\frac{Y_1-Y_2^*}{Y_1}=\frac{Y_1}{Y_1}=1=100\%$$

2. 相平衡关系线不为直线

对于相平衡关系线，常可采用图解积分法、数值积分法与梯级图解法。

(1)图解积分法

图解积分法适用于相平衡关系为曲线的场合，这是化工计算中常采用的经典方法。下面以 N_{0G} 为例，简述其方法与步骤，如图 2-24 所示。

①在 $Y-X$ 图中绘出气液相平衡曲线及吸收操作线。

②在 Y_1 与 Y_2 之间选取若干个点，然后分别过纵轴上的各点作水平线与操作线相交，再过各交点作垂直线与相平衡线相交，由此交点便可在纵轴上读出相应的 Y^* 值，并计算

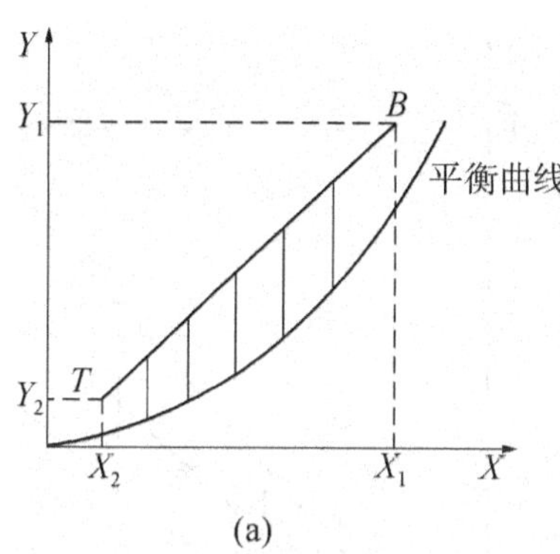

(a)

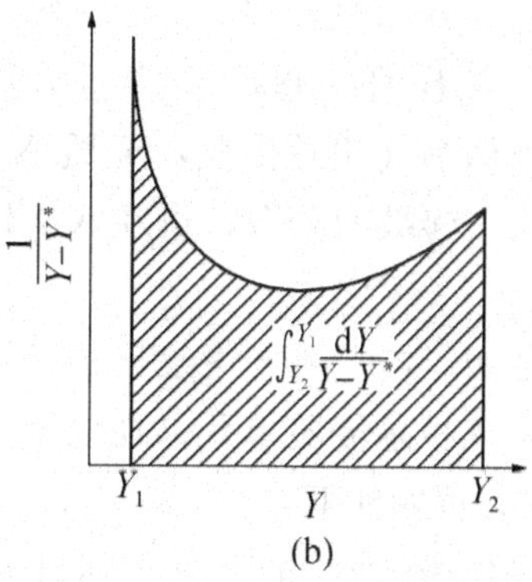

(b)

图 2-24　图解法求解 N_{0G}

出对应的$\frac{1}{Y-Y^*}$值。

③以 Y 为横坐标、$\frac{1}{Y-Y^*}$为纵坐标绘出各对应点，将各点连接为平滑曲线。

④计算所绘曲线与 $Y=Y_1$、$Y=Y_2$ 和$\frac{1}{Y-Y^*}=0$ 直线所包围的面积(见图 2-24b)，这一面积便为所求的气相总传质单元数 N_{0G}。

(2)数值积分法

随着计算机应用水平的提高，定积分 N_{0G}的数值可利用适宜的近似公式编写程序计算。例如，可利用定步长的辛普森(Simpson)数值积分公式求解，即

$$N_{0G}=\int_{Y_0}^{Y_n}f(Y)\,\mathrm{d}Y$$

$$\approx\frac{\Delta Y}{3}[f_0+f_n+4(f_1+f_3+\cdots+f_{n-1})+2(f_2+f_4+\cdots+f_{n-2})]\quad(2-73)$$

式中，ΔY——将(Y_0,Y_n)分成 n 个相等的小区间，$\Delta Y=\frac{Y_n-Y_0}{n}$为每一小区间的步长；

n——在(Y_0,Y_n)间分成的区间数目，可取任意偶数，n 值愈大，计算结果愈准确；

Y_0——进塔气相组成，$Y_0=Y_1$；

Y_n——出塔气相组成，$Y_n=Y_2$；

f_0，f_1，…，f_n——$Y=Y_0$，Y_1，…，Y_n 所对应的纵坐标值。

至于相平衡关系，如果没有形式简单的相平衡方程来表达，那么，可根据过程所涉及的组成范围内所有已知数据点拟合所得到的相应曲线方程来表示。

(3)梯级图解法

梯级图解法适用于相平衡线为直线或弯曲程度不大的曲线。下面仍以 N_{0G}为例，简述其方法和步骤，如图 2-25 所示。

①在操作线 TB 与平衡线 OE 间选取若干个垂直距离中点，然后连成曲线 MN；

②从点 T 开始，过点 T 作水平线交 MN 于点 F，并延长至 F'，使得 $TF=FF'$；

③过点 F'作垂线交 TB 于点 A，$TF'A$ 则为第一个梯级；

④再过点 A 重复步骤②、③作梯级，直至到达或跨过点 B 的横坐标 X_1 为止，所得的全部梯级数目即为气相总传质单元数 N_{0G}。若最后为不满一个梯级的分数，可在水平线段上按比例求出。

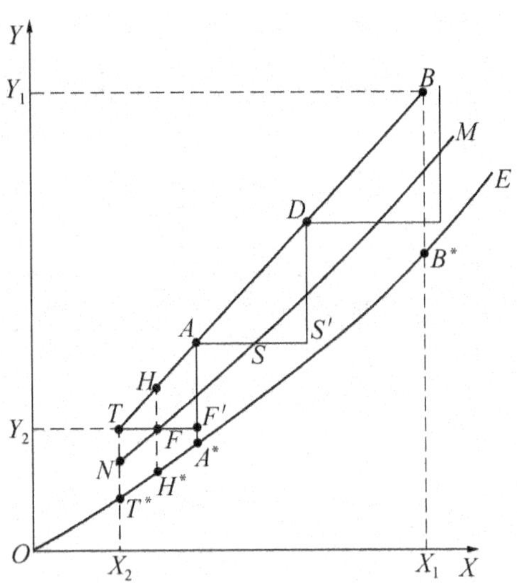

图 2-25　梯级图解法求 N_{0G}

不难证明，按上述方法绘出的每一个梯级均代表一个气相总传质单元。现以第一个梯级 $TF'A$ 为例，说明如下：

令在操作线与相平衡线之间通过 F 及 F' 两点的垂直线段分别为 HH^* 与 AA^*，因为 $TF=FF'$，所以

$$F'A = 2FH = HH^*$$

由于相平衡线 T^*A^* 段弯曲程度不大可视为直线，那么 TT^*A^*A 可视为一个梯形，写出

$$HH^* = (TT^* + AA^*)/2$$

也就是说，HH^* 可代表 TA 段内气相总推动力 $(Y-Y^*)$ 的算术平均值 ΔY_{m1}。$F'A$ 表示此段内气相组成的变化 (Y_A-Y_T)，因为 $F'A=HH^*$，故图中三角形 $TF'A$ 可代表一个气相传质单元，即

$$\int_{Y_T}^{Y_A}\frac{dY}{Y-Y^*}=\frac{Y_A-Y_T}{\Delta Y_{m1}}=1$$

同理，三角形 $AS'D$ 可表示另一个气相传质单元，依此类推。

2.4.6　吸收系数的求算方法

由于影响吸收过程的因素众多，对于不同的物质、不同设备(填料)类型和尺寸以及不同流动状况与操作条件，吸收系数各不相同，迄今尚无通用的计算方法和计算公式。目前，在进行吸收设备设计时，获得吸收系数的途径有：①实验测定；②选用适当的经验公式计算；③利用适当的准数关联式计算等。

1. 实验测定

吸收系数的实验测定是获得吸收系数的根本途径，通常在已知内径和填料层高度的填料塔中进行。在稳态操作状况下测得进、出口处气液流量及组成，根据物料衡算及相平衡关系则可计算出塔的吸收负荷 G_A 及塔内平均气相总推动力 ΔY_m。再根据设备的具体尺寸计算出填料层体积 V_P 后，就可依下式计算总体积吸收系数 K_Ya，即

$$K_Ya=\frac{V(Y_1-Y_2)}{\Omega Z\Delta Y_m}=\frac{G_A}{V_P\Delta Y_m} \tag{2-74}$$

式中，G_A——塔的吸收负荷，即单位时间在塔内吸收的溶质量，$G_A=V(Y_1-Y_2)$，kmol/s；

V_P——填料层体积，m^3；

ΔY_m——塔内平均气相总推动力，量纲为 1。

测定气膜或液膜吸收系数时，应设法在另一相阻力可被忽略或可以推算的条件下进行试验。譬如可采用下述方法获得用水吸收低含量氨气时的气膜体积吸收系数 k_Ga。

先直接测定出总体积吸收系数 K_Ga，然后由下式计算气膜体积吸收系数 k_Ga 的数值，即

$$\frac{1}{k_Ga}=\frac{1}{K_Ga}-\frac{1}{Hk_La}$$

其中液膜体积吸收系数 k_La，可根据相同条件下用水吸收氧气时的液膜体积吸收系数来推算，即

$$(k_La)_{NH_3}=(k_La)_{O_2}\left(\frac{D'_{NH_3}}{D'_{O_2}}\right)^{0.5}$$

因为氧气在水中的溶解度甚微，故用水吸收氧气时，气膜阻力可以被忽略，所测得的 K_La 即等于 k_La。

2. 经验公式计算

经验公式是由特定系统及特定条件下的实验数据整理取得的。在利用经验公式计算时应特别注意其适用条件，结果才较可靠。

(1)用水吸收氨

这属于易溶气体的吸收，一般来说，其主要阻力在气膜中，但液膜阻力仍占 10%或更多一些。计算气膜体积吸收系数的经验公式为

$$k_Ga=6.07\times10^{-4}G^{0.9}W^{0.39} \tag{2-75}$$

式中，k_Ga——气膜体积吸收系数，kmol/(m^3·h·kPa)；

G——气相的空塔质量速度，kg/(m^2·h)；

W——液相的空塔质量速度，kg/(m^2·h)。

式(2-75)的适用条件为用直径 12.5mm 的陶瓷环形填料在塔中用水吸收氨。

(2)常压下用水吸收二氧化碳

这属于难溶气体的吸收，吸收阻力主要集中在液膜中，计算液膜体积吸收系数的经验公式为

$$k_La=2.57U^{0.96} \tag{2-76}$$

式中，k_La——液膜体积吸收系数，h^{-1}；

U——液体喷淋密度，即单位时间单位塔截面上喷淋的液体体积，m^3/(m^2·h)。

式(2-76)的适用条件有：常压下在填料塔内用水吸收二氧化碳；填料为直径 10～32 mm 的陶瓷环；喷淋密度为 3～20 m^3/(m^2·h)；气相的空塔质量速度为 130～580 kg/(m^2·h)；温度为 21～27℃。

(3)用水吸收二氧化硫

这属于中等溶解度气体的吸收，气膜阻力和液膜阻力在总阻力中都占有相当大的比例。计算体积吸收系数的经验公式为

$$k_Ga=9.81\times10^{-4}G^{0.7}W^{0.25} \tag{2-77}$$

$$k_La=\alpha W^{0.82} \tag{2-77a}$$

式中，k_Ga——气膜体积吸收系数，kmol/(m^3·h·kPa)；

k_La——液膜体积吸收系数，h^{-1}；

G——气相的空塔质量速度，kg/(m^2·h)；

W——液相的空塔质量速度，kg/(m^2·h)。

式(2-78)中的α为常数，其值列于表2-7。

表2-7　式(2-78)中的α值

温度,℃	10	15	20	25	30
	0.0093	0.0102	0.0116	0.0128	0.0143

式(2-77)及式(2-78)的适用条件为：气、液相的空塔质量速度，G=320～4150 kg/(m^2·h)、W= 4400～58500 kg/(m^2·h)；直径为25 mm的环形填料。

3. 准数关联式

如同传热过程对流传热系数的准数关联式一样，吸收系数的准数关联式同样为由量纲分析和实验结果整理出的关系式。这种准数关联式相对于经验公式来说，较能概括吸收过程的各种影响因素，其适用范围广，但计算结果的准确性较差。故此，选用时，需注意每一准数关联式的具体应用范围及其适用条件。

为了方便起见，下面就传质过程中常用的几个准数先作简单说明。

(ⅰ)施伍德(Sherwood)准数Sh

施伍德准数与传热中的努塞尔准数$\left(Nu=\frac{\alpha l}{\lambda}\right)$相当，它包含有待求的膜吸收系数。

气相的施伍德准数Sh_G可表示为

$$Sh_G = k_G \frac{RTp_{Bm}}{p} \frac{l}{D} \tag{2-78}$$

式中，l——特征尺寸，依不同关联式要求而定，m；

D——吸收质在气相中的分子扩散系数，m^2/s；

k_G——气膜吸收系数，kmol/(m^2·s·kPa)；

R——通用气体常数，kJ/(kmol·K)；

T——热力学温度，K；

p_{Bm}——相界面处与气相主体中的惰性组分分压的对数平均值，kPa；

p——总压，kPa。

液相的施伍德准数Sh_L可表示为

$$Sh_L = k_L \frac{c_{Sm}}{c} \frac{l}{D'} \tag{2-78a}$$

式中，D'——吸收质在液相中的分子扩散系数，m^2/s；

k_L——液膜吸收系数，m/s；

c_{Sm}——相界面处与液相主体中的溶剂组成的对数平均值，kmol/m^3；

c——溶液的总组成，kmol/m^3。

(ⅱ)施密特(Schmidt)准数 Sc

施密特准数与传热中的普兰特准数$\left(Pr=\frac{c_p\mu}{\lambda}\right)$相当，它反映物性特性影响，表达式为

$$Sc=\frac{\mu}{\rho D} \tag{2-79}$$

式中，μ——混合气体或溶液的粘度，Pa·s；

ρ——混合气体或溶液的密度，kg/m³；

D——溶质的分子扩散系数，m²/s。

(ⅲ)雷诺准数 Re

雷诺准数反映流动状况的影响。气体通过填料层的雷诺准数表达式为

$$Re_G=\frac{d_e u_0 \rho}{\mu}$$

式中，d_e——填料层中流体通道的当量直径，即填料层的当量直径，m；

u_0——流体通过填料层的实际速度，m/s。

由当量直径的定义可写出填料层的当量直径表达式为

$$d_e=4\times 水力半径=4\times\frac{填料层空隙截面积}{“润湿”周边长度}$$

$$=4\times\frac{\dfrac{填料层空隙截面积\times填料层高度}{塔截面积\times填料层高度}}{\dfrac{“润湿”周边长度\times填料层高度}{塔截面积\times填料层高度}}=4\times\frac{\dfrac{填料层空隙体积}{填料层体积}}{\dfrac{填料表面积}{填料层体积}}$$

单位体积填料层内的填料表面积数值称为填料层的比表面积，以 σ 表示，单位为 m²/m³。单位体积填料层内的空隙体积则称为填料层的孔隙率，以 ε 表示，单位为 m³/m³。为此，可将上式写为

$$d_e=\frac{4\varepsilon}{\sigma}$$

这样一来，气体通过填料层的雷诺准数表达式可写为

$$Re_G=\frac{4\varepsilon u_0\rho}{\sigma\mu}=\frac{4\varepsilon\left(\dfrac{u}{\varepsilon}\right)\rho}{\sigma\mu}=\frac{4G}{\sigma\mu} \tag{2-80}$$

式中，u——空塔速度，m/s；

G——气体的空塔质量速度，$G=u\rho$，kg/(m²·s)。

同理，液体通过填料层的雷诺准数表达式可写为

$$Re_L=\frac{4W}{\sigma\mu_L} \tag{2-81}$$

式中，W——液体的空塔质量速度，kg/(m²·s)；

μ_L——液体的粘度，Pa·s。

(ⅳ)伽利略(Gallilio)准数 Ga

伽利略准数反映液体受重力作用而沿填料表面向下流动时，所受重力与黏滞力的相对关系，其表达式为

$$Ga=\frac{gl^3\rho^2}{\mu_L^2} \tag{2-82}$$

式中，l——特征尺寸，m；

ρ——液体的密度，kg/m^3；

μ_L——液体的粘度，Pa·s。

g——重力加速度，m/s^2。

(1)气膜吸收系数的准数关联式

气膜吸收系数可用如下的准数关联式计算，即

$$Sh_G = \alpha (Re_G)^{\beta} (Sc_G)^{\gamma} \tag{2-83}$$

或

$$k_G = \alpha \frac{pD}{RTp_{Bm}l} (Re_G)^{\beta} (Sc_G)^{\gamma} \tag{2-83a}$$

此式是在湿壁塔中实验得到的，其适用范围为：$Re_G=2\times10^3\sim3.5\times10^4$、$Sc_G=0.6\sim2.5$、$p=10.1\sim303$kPa(绝压)。式中，$\alpha=0.023$、$\beta=0.83$、$\gamma=0.44$，特征尺寸 l 为湿壁塔塔径。当此式应用于采用拉西环的填料塔时，$\alpha=0.066$、$\beta=0.8$、$\gamma=0.33$，特征尺寸 l 为单个拉西环的外径。

(2)液膜吸收系数的准数关联式

液膜吸收系数可用如下的准数关联式计算，即

$$Sh_L = 0.005\,95 (Re_L)^{\frac{2}{3}} (Sc_L)^{\frac{1}{3}} (Ga)^{\frac{1}{3}} \tag{2-84}$$

或

$$k_L = 0.005\,95 \frac{cD'}{c_{Sm}l} (Re_L)^{\frac{2}{3}} (Sc_L)^{\frac{1}{3}} (Ga)^{\frac{1}{3}} \tag{2-84a}$$

此式的特征尺寸 l 为填料直径，其他符号的意义与单位同前。

(3)气相及液相传质单元高度的计算

在溶质组成较低的情况下，气相传质单元高度可用如下的准数关联式计算，即

$$H_G = \alpha (G)^{\beta} (W)^{\gamma} (Sc_G)^{0.5} \tag{2-85}$$

式中，H_G——气相传质单元高度，m；

G——气相空塔质量速度，$kg/(m^2 \cdot h)$；

W——液相空塔质量速度，$kg/(m^2 \cdot h)$；

Sc_G——气体的施密特准数，量纲为 1；

α，β，γ——与填料的类型和尺寸有关的常数，其值见表 2-8。

表 2-8　式(2-85)中的常数值

填料		常数			质量流速范围	
类　型	尺寸，mm	α	β	γ	气相 G，$kg/(m^2 \cdot s)$	液相 W，$kg/(m^2 \cdot s)$
弧　鞍	13	0.541	0.30	−0.47	0.271～0.950	0.678～2.034
	13	0.367	0.30	−0.24	0.271～0.950	2.034～6.10
	25	0.461	0.36	−0.40	0.271～1.085	0.542～6.10
	38	0.652	0.32	−0.45	0.271～1.356	0.542～6.10
拉西环	9.5	0.620	0.45	−0.47	0.271～0.678	0.678～2.034
	25	0.557	0.32	−0.51	0.271～0.814	0.678～6.10
	38	0.830	0.38	−0.66	0.271～0.950	0.678～2.034
	38	0.689	0.38	−0.40	0.271～0.950	2.034～6.10
	50	0.894	0.41	−0.45	0.271～1.085	0.678～6.10

表 2-9　式(2-86)中的常数值

填料		常数		液相质量速度范围
类型	尺寸，mm	$\alpha\times10^4$	β	W，kg/(m²·s)
拉西环	9.5	3.21	0.46	0.542～20.34
	13	7.18	0.35	0.542～20.34
	25	23.6	0.22	0.542～20.34
	38	26.1	0.22	0.542～20.34
	50	29.3	0.22	0.542～20.34
弧鞍	13	14.56	0.28	0.542～20.34
	25	12.85	0.28	0.542～20.34
	38	13.66	0.28	0.542～20.34

当溶质组成及气速均较低的情况下，液相传质单元高度可用如下的准数关联式计算，即

$$H_L=\alpha\left(\frac{W}{\mu_L}\right)^{\beta}(Sc_L)^{0.5} \tag{2-86}$$

式中，H_L——液相传质单元高度，m；

W——液体空塔质量速度，kg/(m²·h)；

μ_L——液体的粘度，Pa·s；

Sc_L——液体的施密特准数，量纲为1；

α，β——与填料的类型和尺寸有关的常数，其值见表 2-9。

【例 2-13】 在温度 30℃及总压 101.33kPa 下，用填料塔吸收混合空气中的氨气，所用填料为直径 15mm 的乱堆陶瓷拉西环，其比表面积 $a_t=330\text{m}^2/\text{m}^3$。已知混合气中所含氨的平均分压为 $p_A=6.01$kPa，气体的空塔质量流速为 $G=3.05$ kg/(m²·s)；操作条件下氨在空气中的扩散系数为 $1.98\times10^{-5}\text{m}^2/\text{s}$，30℃时气体的粘度为 1.86×10^{-5}Pa·s、密度为 1.14kg/m³。试计算气膜吸收系数。

解　根据题给条件可用式(2-83a)计算气膜吸收系数，即

$$k_G=\alpha\frac{pD}{RTp_{Bm}l}(Re_G)^{\beta}(Sc_G)^{\gamma}$$

由于采用陶瓷拉西环填料，$\alpha=0.066$、$\beta=0.8$、$\gamma=0.33$，特征尺寸 l 为单个拉西环的外径，即 $l=0.015$m。此外，氨为易溶气体，可近似认为界面处氨的分压为零。所以

$$p_{Bm}\approx\frac{1}{2}[p+(p-p_A)]=\frac{1}{2}[101.33+(101.33-6.01)]=98.33(\text{kPa})$$

$$Re_G=\frac{4G}{\sigma\mu}=\frac{4\times3.05}{330\times1.86\times10^{-5}}=1988$$

$$Sc_G=\frac{\mu}{\rho D}=\frac{1.86\times10^{-5}}{1.14\times1.98\times10^{-5}}=0.824$$

将已知数据代入，可得气膜吸收系数 k_G 为

$$\begin{aligned}k_G&=0.066\times\frac{101.33\times1.98\times10^{-5}}{8.315\times303\times98.33\times0.015}(1988)^{0.8}(0.824)^{0.33}\\&=0.735\times10^{-5}[\text{kmol}/(\text{m}^2\cdot\text{s}\cdot\text{kPa})]\end{aligned}$$

2.4.7 吸收塔的操作型计算

前面主要介绍了根据已知气相流量、气液进口组成及分离任务要求，计算吸收剂用量及填料层高度的方法，通常把这种计算称为设计型计算。

在生产过程中，对于一定物系和一定填料层高度的吸收塔，若气相(惰性气体)流量 V 及其进口组成 Y_1 已定，那么当操作温度 T、总压 p、吸收剂用量 L(或液气比 L/V)及进口组成 X_2 等操作条件改变，将会使得气相出口组成 Y_2(或吸收率 Φ_A)改变。

在操作中要想提高吸收率 Φ_A，可以增大液气比 L/V，改变操作线的位置或降低操作温度，提高操作压力，以减小平衡常数 m，使平衡线远离操作线；或降低吸收剂进口组成 X_2。这些均能增大吸收推动力，提高传质速率。

本节就以上述吸收塔的操作型计算，举例说明。

【例 2-14】 一常压逆流操作的吸收塔，填料层高度为 3m，用清水吸收混合气中的 A 组分，混合气体的流率为 20 kmol/(m² · h)，其中含 A 6%(体积分数)，要求吸收率为 90%，清水流率为 40 kmol/(m² · h)。操作条件下的平衡关系 $Y = 0.9X$。试估算在塔径及其他操作条件均不变时，要求吸收率为 98%，此时所需填料层高度将如何变化？若仍需维持原填料层高度不变，可采取哪些措施？

解 由于混合气体总压较低(p 为常压)，混合气中 A 的摩尔分数

$$y_1 = \frac{V_1}{V} = 0.06$$

原操作条件下：

$$Y_1 = \frac{y_1}{1-y_1} = \frac{0.06}{1-0.06} = 0.0638$$

$$Y_2 = (1-\Phi_A)Y_1 = (1-0.9)\times 0.0638 = 0.00638$$

$$V = V'(1-y_1) = 20\times(1-0.06) = 18.8[\text{kmol/(m}^2\cdot\text{h)}]$$

$$\frac{L}{V} = \frac{40}{18.8} = 2.13$$

$$S = \frac{mV}{L} = \frac{m}{\frac{L}{V}} = \frac{0.9}{2.13} = 0.423$$

$$N_{0G} = \frac{1}{1-S}\ln\left[(1-S)\frac{Y_1-mX_2}{Y_2-mX_2}+S\right] = \frac{1}{1-0.423}\ln\left[(1-0.423)\times\frac{0.0638}{0.00638}+0.423\right]$$
$$=3.16$$

吸收率提高到 98%时，$H_{0G}=\dfrac{\frac{V}{\Omega}}{K_Ya}$不变，即

$$H'_{0G} = H_{0G} = \frac{3}{3.16} = 0.95(\text{m})$$

V、L 不变，L/V、S 也不变

$$Y'_2 = (1-0.98)\times 0.0638 = 0.00128$$

$$N'_{0G} = \frac{1}{1-0.423}\ln\left[(1-0.423)\times\frac{0.0638}{0.00128}+0.423\right] = 5.85$$

$$Z' = N'_{0G} \cdot H'_{0G} = 5.85 \times 0.95 = 5.56(\text{m})$$

可见填料层高度应增加 $\Delta Z m$，即

$$\Delta Z = Z' - Z = 5.56 - 3 = 2.56(\text{m})$$

若仍需维持原填料层高度不变，可采取下述措施：

①提高操作压力 p。因为 p 增大、$m=\dfrac{E}{P}$减小，推动力增大。

②增大吸收剂用量。因为 L 增大、$\dfrac{L}{V}$增大，推动力增大。

【例 2-15】 有一逆流操作的填料吸收塔，填料层高度为 3m，操作压强为 101.33kPa，温度为 20℃，用清水吸收混于空气中的氨。混合气的质量流速 G=580 kg/(m^2·h)，含氨 6%(体积分数)，吸收率为 99%；清水的质量流速 W=770 kg/(m^2·h)。操作条件下的平衡关系 $Y^*=0.9X$。K_Ga 与气相质量流速的 0.8 次方成正比而与液相质量流速大体无关。试计算当操作条件分别作下列改变时，填料层高度应如何变化才能维持原来的吸收率(塔径不变)：①操作压强增大一倍；②液体流量增大一倍；③气体流量增大一倍。

解 为了讨论方便取塔截面积 Ω=1m^2 考虑。

(1)原操作条件下

由于混合气总压较低(p=101.3kPa)，故混合气中 NH_3 的摩尔分数为

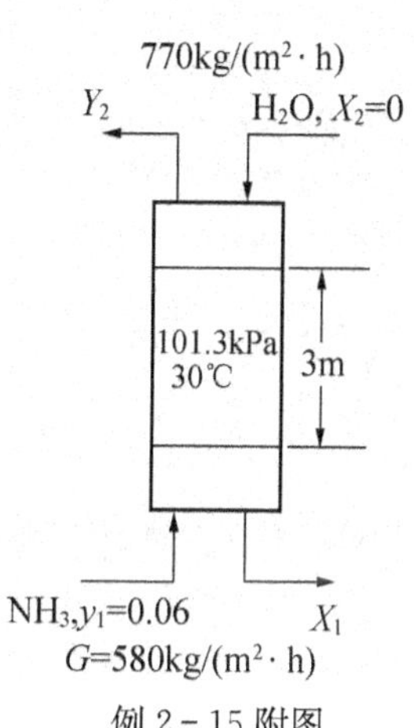

例 2-15 附图

$$y_1 = \frac{V_A}{V} = 0.06,\quad Y_1 = \frac{y_1}{1-y_1} = \frac{0.06}{1-0.06} = 0.0638$$

而已知吸收率 Φ_A=99%，则

$$Y_2 = (1-\Phi_A)Y_1 = 0.00064$$

进入塔惰性气体的摩尔流量为

$$V = \left(\frac{G\Omega}{\overline{M}}\right)(1-y_1)$$

其中，平均摩尔质量由下式求出：

$$\overline{M} = M_{NH_3} y_1 + M_{空气}(1-y_1)$$

$$= 0.06 \times 17 + 0.94 \times 29 = 28.28(\text{kg/kmol})$$

故惰性气体的摩尔流量为

$$V = \left(\frac{580 \times 1}{28.28}\right)(1-0.06) = 19.3(\text{kmol/h})$$

入塔清水的摩尔流量为

$$L = \frac{W\Omega}{M_{H_2O}} = \frac{770 \times 1}{18} = 42.8(\text{kmol/h})$$

所以，操作液气比为

$$\frac{L}{V} = \frac{42.8}{19.3} = 2.22$$

可求出吸收液的出塔浓度为

$$X_1 = \frac{Y_1 - Y_2}{\frac{L}{V}} + X_2 = \frac{0.0638 - 0.00064}{2.22} + 0 = 0.0285$$

脱吸因数为

$$S=\frac{mV}{L}=\frac{m}{\frac{L}{V}}=\frac{0.9}{2.22}=0.405$$

所以，气相总传质单元数可由下式求出，即

$$N_{0G}=\frac{1}{1-S}\ln\left[(1-S)\frac{Y_1-Y_2^*}{Y_2-Y_2^*}+S\right](\text{其中 } Y_2^*=mX_2=0)$$

$$N_{0G}=\frac{1}{1-0.405}\ln\left[(1-0.405)\times\frac{0.0638}{0.00064}+0.405\right]=6.87$$

气相总传质单元高度为

$$H_{0G}=\frac{Z}{N_{0G}}=\frac{3}{6.87}=0.437(\text{m})$$

(2) 操作条件改变后

①压强增加一倍(V，L 不变，L/V 不变)。

压强变为 $p'=2p$，气相总传质单元高度 H_{0G}随之变化，可写为

$$H'_{0G}=\frac{V}{K_Ya\Omega}=\frac{V}{p'K_Ga\Omega}=\frac{V}{2pK_Ga\Omega}$$

压强变为 $p'=2p$，气相总传质单元数 N_{0G}也将随之变化。因为

$$m'=\frac{E}{p'}=\frac{E}{2p}=\frac{1}{2}\times0.9=0.45$$

$$S'=\frac{m'}{L/V}=\frac{1}{2}\times S=0.203$$

故

$$N'_{0G}=\frac{1}{1-S'}\ln\left[(1-S')\frac{Y_1-mX_2}{Y_2-mX_2}+S'\right]=5.5$$

这种条件下，填料层高度 Z_p 为

$$\frac{Z_p}{Z}=\frac{(N_{0G}H_{0G})_p}{N_{0G}H_{0G}}=\frac{pK_Ga}{(2p)K_Ga}\cdot\frac{N'_{0G}}{N_{0G}}=\frac{1}{2}\times\frac{N'_{0G}}{N_{0G}}$$

$$Z_p=\frac{1}{2}\times3\times\frac{5.5}{6.87}=1.2(\text{m})$$

结果表明，压强增大一倍后，填料层高度可降至 1.2m，即可减少 1.8m。

②液体流量增大一倍。

这种情况下，H_{0G}不变，X_1 改变，L/V 改变，引起 N_{0G}变化。由于

$$\left(\frac{L}{V}\right)'=\frac{2L}{V}=2\times2.22=4.44$$

$$X'_1=\frac{Y_1-Y_2}{(L/V)'}=\frac{0.0285}{2}=0.0143$$

$$S'=\frac{m}{(L/V)'}=\frac{0.9}{4.44}=0.203$$

$$N'_{0G}=\frac{1}{1-S'}\ln\left[(1-S')\frac{Y_1-mX_2}{Y_2-mX_2}+S'\right]=5.5$$

这种条件下，填料层高度 Z_L 为

$$\frac{Z_L}{Z}=\frac{(N_{0G}H_{0G})_L}{N_{0G}H_{0G}}=\frac{N'_{0G}}{N_{0G}}$$

$$Z_L = 3 \times \frac{5.5}{6.87} = 2.402(\text{m})$$

结果表明，液体流量增大一倍后，填料层高度可降至2.402m，即可减少0.598m。

③气体流量增大一倍。

这种情况下，由于V变化，H_{0G}变化；而L/V变化，X_1与N_{0G}也会随之变化。即

$$V'' = 2V = 2 \times 19.3 = 38.6[\text{kmol}/(\text{m}^2 \cdot \text{h})]$$

$$S'' = \frac{m}{(L/V)''} = \frac{m}{L/(2V)} = 2S = 2 \times 0.406 = 0.812$$

$$N''_{0G} = \frac{1}{1-S''}\ln\left[(1-S'')\frac{Y_1 - mX_2}{Y_2 - mX_2} + S''\right] = 15.83$$

$$H''_{0G} = \frac{V''}{K''_Y a\Omega} = \frac{2V}{pK''_G a\Omega}$$

这种条件下，填料层高度Z_V为

$$\frac{Z_V}{Z} = \frac{(N_{0G}H_{0G})''}{N_{0G}H_{0G}} = \frac{\dfrac{2V}{pK''_G a\Omega}}{\dfrac{V}{pK_G a\Omega}} \cdot \frac{N''_{0G}}{N_{0G}}$$

$$= \left(\frac{2V}{V}\right) \cdot \left[\frac{V^{0.8}}{(2V)^{0.8}}\right] \times \frac{15.83}{6.87} \quad (\text{其中 } K_G a \approx V^{0.8})$$

$$Z_V = 3 \times 2 \times \left(\frac{1}{2}\right)^{0.8} \times 2.304 = 7.94(\text{m})$$

结果表明，气体流量增大一倍后，填料层高度应增加至7.94m，即需增加4.94m。

由此例分析可知，填料层高度的计算的函数表达式可写为

$$Z = f(V, L, m, p, K_G a, \Omega, Y_1, Y_2, X_1, X_2)$$

因为

$$N_{0G} = \frac{1}{1 - \dfrac{mV}{L}}\ln\left[\left(1 - \frac{mV}{L}\right)\frac{Y_1 - mX_2}{Y_2 - mX_2} + \frac{mV}{L}\right]$$

由式可见，气相总传质单元数的函数表达式可写为

$$N_{0G} = f(V, L, m, Y_1, Y_2, X_1, X_2)$$

又气相总传质单元的计算式为

$$H_{0G} = \frac{V}{K_Y a\Omega}$$

当气相组成较低时，有$K_Y a \approx p \cdot K_G a$，$K_G a \approx G^{0.8} \sim (V^{0.8})$，故气相总传质单元的函数表达式可写为

$$H_{0G} = f(V, p, K_G a, \Omega)$$

2.4.8 解吸

前面已提及解吸(或脱吸)操作是吸收操作的逆过程，其传质方向与吸收方向正好相反，即吸收质由液相向气相传递。通常解吸为吸收的辅助操作，吸收操作得到的吸收液若不是产品，都需要将其中的溶质气体与吸收剂分离。吸收剂回收后，可作循环使用。

为使得传质方向由吸收过程逆转为解吸过程，必须设法将吸收的推动力$(p-p^*)$由原

来的正值转变为负值，即$(p^*-p)>0$。因此在解吸过程中，应尽量增大液相中溶质的平衡分压 p^* 或尽量减小气相中溶质的分压 p。常采用的方法有：

1. 气提解吸法

这种方法又称为载气解吸法，其过程类似逆流吸收。吸收液从解吸塔的塔顶喷淋而下，载气从解吸塔塔底通入，自下而上流动。气液两相在逆流接触的过程中，溶质将不断地由液相转移到气相，如图 2-26a 所示。与逆流吸收塔相比，解析塔的塔顶为浓端，而塔底为稀端。气体解吸常用的载气有惰性气体(如空气、氮气及二氧化碳等)、水蒸气和溶剂蒸气。其作用在于提供与吸收液不相平衡的气相。载气需根据不同的分离工艺特性和具体要求选用。

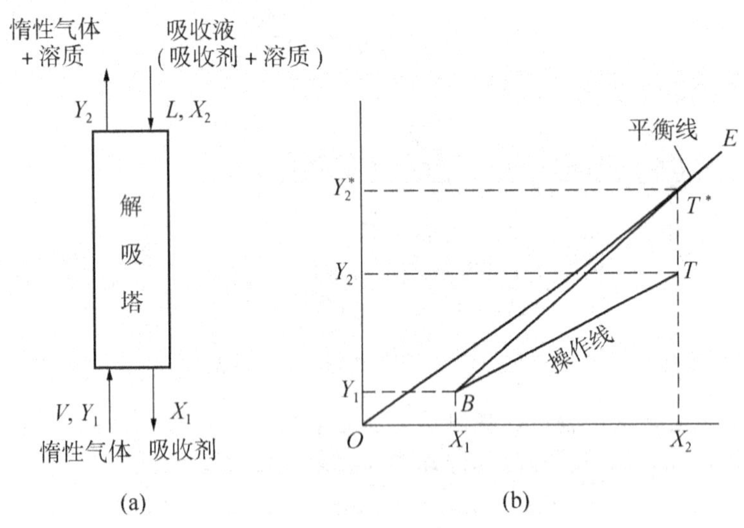

图 2-26 解吸的操作线和最小气液比

2. 减压解吸法

这种方法是对于加压吸收所获得的吸收液，采用一次或多次减压的方法，使得气体溶质从吸收液中释放出来。溶质被释放的程度主要取决于解吸过程的最终压力和温度。

3. 加热解吸法

这种方法是将吸收液加热升温使得气体溶质的溶解度随温度的升高而降低，从而有部分气体溶质从吸收液中释放出来。

4. 加热-减压解吸法

这种方法是将吸收液加热升温后再减压，加热与减压相结合，能显著提高解吸推动力和气体溶质被解吸的程度。

需要指出，在工程上很少采用单一的解吸方法，往往是先升温再减压至常压，最后采用气提法解吸。

解吸操作的有关计算可采用吸收操作相同的方法，但应注意：

①传质推动力中减数与被减数位置应互换。如气相总推动力在吸收过程为$(p-p^*)$，而在解吸过程应为(p^*-p)。

②解吸过程的操作线总是位于平衡线下方，且塔顶为浓端 T，而塔底为稀端 B。当解吸所用惰性气体量减少时，出口气体组成 Y_2 增大，操作线的点 T 向平衡线靠近，但 Y_2

增大的极限为与 X_2 相平衡，即达到点 T^*，这时所对应的操作线斜率 L/V 最大，即气液比为最小。可写为

$$\left(\frac{V}{L}\right)_{\min}=\frac{X_2-X_1}{Y_2^*-Y_1} \tag{2-87}$$

因此，实际气液比为

$$\frac{V}{L}=(1.2\sim2.0)\left(\frac{V}{L}\right)_{\min} \tag{2-88}$$

实际载气的流量为

$$V=(1.2\sim2.0)V_{\min} \tag{2-88a}$$

③由于解吸过程的溶质量以 $L\mathrm{d}X$ 表示方便，通常用以液相组成为推动力的计算式来计算解吸塔填料层高度。即

$$Z=\frac{L}{K_Xa\Omega}\int_{X_1}^{X_2}\frac{\mathrm{d}X}{X-X^*} \tag{2-89}$$

式中，总传质单元数为 $N_{0L}=\int_{X_1}^{X_2}\frac{\mathrm{d}X}{X-X^*}$，常采用如下求解方法。

ⓐ图解法。方法步骤与吸收相同。

ⓑ对数平均推动力法。当平衡关系服从亨利定律 $Y^*=mX$，或在操作范围内平衡关系可用 $Y^*=mX+b$ 表达时，可用对数平均推动力法计算，其表达式为

$$N_{0L}=\frac{X_2-X_1}{\Delta X_m} \tag{2-90}$$

其中

$$\Delta X_m=\frac{(X_2-X_2^*)-(X_1-X_1^*)}{\ln\frac{X_2-X_2^*}{X_1-X_1^*}} \tag{2-90a}$$

ⓒ吸收因数法。当平衡关系服从亨利定律 $Y^*=mX$ 可用吸收因数法计算，其表达式可写为

$$N_{0L}=\frac{1}{1-A}\ln\left[(1-A)\frac{X_2-X_1^*}{X_1-X_1^*}+A\right] \tag{2-91}$$

或

$$N_{0L}=\frac{1}{1-A}\ln\left[(1-A)\frac{Y_1-Y_2^*}{Y_1-Y_1^*}+A\right] \tag{2-91a}$$

式中，$A=\frac{L}{mV}$——吸收因数，量纲为 1。

值得一提的是，在吸收计算中用来求气相总传质单元数 N_{0G} 的图 2-23，只需将纵、横坐标及参数改为 N_{0L}、$\frac{Y_1-Y_2^*}{Y_1-Y_1^*}$ 及 $\frac{L}{mV}$(即 A)，便可用于求算解吸过程的液相总传质单元数 N_{0L}。

【例 2-16】 用洗油吸收焦炉气中的芳烃，含芳烃的洗油经解吸后作循环使用。已知洗油流量为 8.3kmol/h，从塔顶进入解吸塔的组成为 0.12kmol(芳烃)/kmol(洗油)，解吸后离开解吸塔的组成不高于 0.003kmol(芳烃)/kmol(洗油)。解吸塔的操作压力为 101.33kPa、温度为 120℃。解吸塔塔底通入水蒸气，水蒸气耗用量 $V/L=1.5(V/L)_{\min}$，平衡关系为 $Y^*=3.16X$，液相体积传质系数 $K_Xa=30\text{kmol}/(\text{m}^3\cdot\text{h})$。试求解吸塔每小时需要多少水蒸气？若填料解吸塔的塔径为 0.7m，计算所需填料层高度。

解 由于水蒸气不含芳烃，故 $Y_1=0$。据题意已知 $X_1=0.003$、$X_2=0.12$、$L=8.3\text{kmol/h}$ 及 $m=3.16$，因此最小气液比可求出为

$$\left(\frac{V}{L}\right)_{\min}=\frac{X_2-X_1}{Y_2^*-Y_1}=\frac{0.12-0.003}{3.16\times0.12-0}=0.309$$

$$\frac{V}{L}=1.5\left(\frac{V}{L}\right)_{\min}=1.5\times0.309=0.464$$

水蒸气的耗用量为

$$V=0.464L=0.464\times8.3=3.851(\text{kmol/h})=69.3(\text{kg/h})$$

又由于吸收因数 $A=\frac{L}{mV}=\frac{1}{3.16\times0.464}=0.682$，用下式可求出解吸过程的液相总传质单元数 N_{0L}，即

$$N_{0L}=\frac{1}{1-A}\ln\left[(1-A)\frac{X_2-X_1^*}{X_1-X_1^*}+A\right]$$

$$=\frac{1}{1-0.682}\ln\left[(1-0.682)\times\frac{0.12-0}{0.003-0}+0.682\right]=8.16$$

解吸过程的液相总传质单元高度 H_{0L} 为

$$H_{0L}=\frac{L}{K_Xa\Omega}=\frac{8.3}{30\times\frac{\pi}{4}\times(0.7)^2}=0.719(\text{m})$$

填料层高度为

$$Z=N_{0L}\cdot H_{0L}=8.16\times0.719=5.87(\text{m})$$

2.5 其他类型的吸收

本节就其他类型吸收(如高组成气体吸收、非等温吸收、多组分吸收及化学吸收)作简单介绍。

2.5.1 高组成气体吸收

前面着重讨论低组成气体吸收的有关计算，一般仅适用于溶质在气、液两相中组成不高(摩尔分数小于 0.1)时的吸收操作。当溶质的组成较高(摩尔分数大于 0.1)时，由于溶质不断向液相转移，引起气、液两相的摩尔流量沿塔高变化较大，由于传质系数受流动状况影响，故此吸收系数也将随之变化而不能视为常数处理。此外，相平衡关系也将会受到影响。

对于高组成气体吸收，由于溶质被吸收的量较多，溶解所产生的热量将会引起吸收液温度的明显升高。但若溶质的溶解热较小，吸收的液气比较大或吸收塔的散热效果较好，此时吸收仍可视为等温吸收。下面就等温高组成气体的计算作扼要说明。

1. 相平衡关系

当溶质在气、液两相中的组成以摩尔分数 y 与 x 表示时，一般其平衡关系 $y=f(x)$ 不再为直线而是曲线。

2. 操作线方程

若将 $Y=\frac{y}{1-y}$ 及 $X=\frac{x}{1-x}$ 代入前面导出的逆流吸收塔的操作线方程可得

$$\frac{y}{1-y}=\frac{L}{V}\left(\frac{x}{1-x}\right)+\left(\frac{y_1}{1-y_1}-\frac{L}{V}\cdot\frac{x_1}{1-x_1}\right) \tag{2-92}$$

可见，其在 y-x 直角坐标系中也不再为直线。

3. 填料层高度的计算

若在塔内任取一微分填料层高度 $\mathrm{d}Z$ 对溶质组分 A 作衡算，单位时间在此微分段内由气相传递到液相的组分 A 的摩尔数为

$$\mathrm{d}G_{\mathrm{A}}=-\mathrm{d}(V'y)=-\mathrm{d}(L'x)$$

式中，V'——气相总摩尔流量，kmol/s；

L'——液相总摩尔流量，kmol/s。

由于 $V'=\frac{V}{1-y}$，故

$$\mathrm{d}G_{\mathrm{A}}=-\mathrm{d}(V'y)=-V\mathrm{d}\left(\frac{y}{1-y}\right)=V\frac{\mathrm{d}y}{(1-y)^2}=V'\frac{-\mathrm{d}y}{1-y} \tag{2-93}$$

同理

$$\mathrm{d}G_{\mathrm{A}}=L'\frac{-\mathrm{d}x}{1-x} \tag{2-94}$$

由膜吸收速率方程式(2-27)及式(2-29)可写出

$$N_{\mathrm{A}}=k_y(y-y_i)=k_x(x_i-x)$$

因此

$$\mathrm{d}G_{\mathrm{A}}=N_{\mathrm{A}}\mathrm{d}A=k_y(y-y_i)a\Omega\mathrm{d}Z=k_x(x_i-x)a\Omega\mathrm{d}Z \tag{2-95}$$

将式(2-93)及式(2-94)代入式(2-95)后积分得

$$Z=\int_0^Z\mathrm{d}Z=\int_{y_2}^{y_1}\frac{V'\mathrm{d}y}{k_ya\Omega(1-y)(y-y_i)} \tag{2-96}$$

及

$$Z=\int_0^Z\mathrm{d}Z=\int_{x_2}^{x_1}\frac{L'\mathrm{d}x}{k_xa\Omega(1-x)(x_i-x)} \tag{2-97}$$

同理可导出

$$Z=\int_{y_2}^{y_1}\frac{V'\mathrm{d}y}{K_ya\Omega(1-y)(y-y^*)} \tag{2-98}$$

及

$$Z=\int_{x_2}^{x_1}\frac{L'\mathrm{d}x}{K_xa\Omega(1-x)(x^*-x)} \tag{2-99}$$

根据吸收过程的具体条件，在式(2-96)～式(2-99)中选用相应计算式，便可利用图解积分法或数值积分法求出所需填料层高度。今以式(2-96)为例简述采用数值积分方法的求解过程。

①对溶质 A 组分作全塔物料衡算，求出塔底出塔液相浓度 x_1 及其操作线方程；

②在 y_1～y_2 间取 n 个等分小区间，那么 $\Delta y=\frac{y_1-y_2}{n}$，对应可求得 $n+1$ 个 y 值；其后根据所求出的操作线方程再求出与 $n+1$ 个 y 值对应的 $n+1$ 个 x 值；

③根据已知 V、L 值及 $n+1$ 个 x、y 值计算出塔气、液两相的摩尔流率 V' 和 L' 及 $n+1$ 个相应塔截面处气、液两相的质量流速 G 和 W。

④在 $y-x$ 直角坐标系中绘出平衡线与操作线，然后过操作线上 $n+1$ 个 x、y 值的对应点作斜率为 $-k_xa/k_ka$ 的直线，可得到对应在平衡线上的 $n+1$ 个交点，由交点可读得相应 $n+1$ 个界面组成 y_i 和 x_i；

⑤计算出 $n+1$ 个 $f(y)=\dfrac{V'}{k_y a\Omega(1-y)(y-y_i)}$ 之值；

⑥利用辛普森公式求出所需填料层高度，即

$$Z=\int_{y_2}^{y_1} f(y)\mathrm{d}y=\int_{y_2}^{y_1}\frac{V'}{k_y a\Omega(1-y)(y-y_i)}\mathrm{d}y$$

$$\approx\frac{\Delta y}{3}[f_0+f_n+4(f_1+f_3+\cdots+f_{n-1})+2(f_2+f_4+\cdots+f_{n-2})]$$

【例 2-17】 用清水在一个充有 25mm 瓷环的填料塔内吸收混合气中的 SO_2，混合气中的惰性组分为空气。已知操作压力为 101.33kPa、温度为 20℃，进塔气体中 SO_2 的摩尔分数为 0.20。空气流量为 6.53×10^{-4}kmol/s，清水流量为 4.2×10^{-2}kmol/s，塔截面积为 0.0929m^2。在 101.33kPa 总压力下，气膜和液膜体积吸收系数 $k_y a$ 与 $k_x a$ 可分别用以下经验公式计算：

$$k_y a=0.066G^{0.7}W^{0.25}$$

$$k_x a=0.152W^{0.82}$$

式中，$k_y a$ 与 $k_x a$ 的单位均为 kmol/(m^3·s)。20℃ 时 SO_2 在水中的溶解度数据见本例附表 1。试求所需填料层高度。

例 2-17 附表 1

溶解度，g(SO_2)/100g(H_2O)	2.5	1.5	1.0	0.7	0.5	0.3	0.2	0.15	0.10	0.05	0.02
p_{SO_2}，kPa	21.5	12.3	7.87	5.20	3.47	1.88	1.13	0.773	0.427	0.160	0.067

解 ①对溶质 A 组分(SO_2)作全塔物料衡算，求出塔底出塔液相浓度 x_1，即

$$V\frac{y_1}{1-y_1}+L\frac{x_2}{1-x_2}$$

$$=V\frac{y_2}{1-y_2}+L\frac{x_1}{1-x_1}6.53\times10^{-4}\times\left(\frac{0.2}{1-0.2}\right)+4.2\times10^{-2}\times\left(\frac{0}{1-0}\right)$$

$$=6.53\times10^{-4}\times\left(\frac{0.02}{1-0.02}\right)+4.2\times10^{-2}\times\left(\frac{x_1}{1-x_1}\right)$$

可解得 $$x_1=0.00357$$

操作线方程可写为

$$\frac{y}{1-y}=\frac{4.2\times10^{-2}x}{6.53\times10^{-4}(1-x)}+\left[\left(\frac{0.2}{1-0.2}\right)-\left(\frac{4.2\times10^{-2}}{6.53\times10^{-4}}\right)\cdot\left(\frac{0.00357}{1-0.00357}\right)\right]$$

$$=64.32\times\frac{x}{1-x}+0.02$$

②在 $y_1\sim y_2$ 间取 10 个等分小区间，那么 $\Delta y=\dfrac{y_1-y_2}{n}$，对应可求得 11 个 y 值；其后根据所求出的操作线方程再求出 11 个与 y 值对应的 11 个 x 值；然后由已知 V、L 值及 11

个 x、y 值计算出塔气、液两相的摩尔流率 V' 和 L' 及 11 个相应塔截面处气、液两相的质量流速 G 和 W。最后根据所给出的经验公式计算出相应的 k_ya 与 k_xa。计算结果列于本题附表 2。

例 2-17 附表 2

y	x	V'，kmol/s	L'，kmol/s	G，kg/(m²·s)	W，kg/(m²·s)	k_ya，kmol/(m³·s)
0.02	0	6.66×10^{-4}	0.042 00	0.213	8.138	0.037 76
0.038	0.000 303	6.79×10^{-4}	0.042 01	0.221 6	8.147	0.038 83
0.056	0.000 611	6.92×10^{-4}	0.042 03	0.230 5	8.155	0.039 92
0.074	0.000 930 6	7.05×10^{-4}	0.042 04	0.239 8	8.165	0.041 06
0.092	0.001 262	7.19×10^{-4}	0.042 05	0.249 4	8.174	0.042 21
0.11	0.001 608	7.34×10^{-4}	0.042 07	0.259 4	8.184	0.043 40
0.128	0.001 967	7.49×10^{-4}	0.042 08	0.269 9	8.195	0.044 64
0.146	0.002 342	7.65×10^{-4}	0.042 10	0.280 7	8.206	0.045 90
0.164	0.002 73	7.81×10^{-4}	0.042 11	0.292 1	8.217	0.047 22
0.182	0.003 138	7.98×10^{-4}	0.042 13	0.303 7	8.229	0.048 54
0.2	0.003 57	8.16×10^{-4}	0.042 15	0.316 3	8.241	0.049 96

k_xa，kmol/(m³·s)	$-\frac{k_xa}{k_ya}$	y_i	$1-y$	$y-y_i$	$f(y)=\frac{V'}{k_ya\Omega(1-y)(y-y_i)}$
0.848 1	−22.46	0.009	0.98	0.011	17.61
0.848 9	−21.86	0.022	0.962	0.016	12.23
0.849 6	−21.28	0.037	0.944	0.019	10.41
0.850 4	−20.71	0.052	0.926	0.022	9.073
0.851 2	−20.16	0.068	0.908	0.024	8.41
0.852	−19.63	0.083	0.89	0.027	7.574
0.853	−19.11	0.098 5	0.872	0.029 5	7.026
0.853 9	−18.60	0.115	0.854	0.031	6.776
0.854 9	−18.10	0.132	0.836	0.032	6.658
0.855 9	−17.63	0.15	0.818	0.032	6.76
0.856 9	−17.15	0.166	0.8	0.034	6.47

现以 $y=0.038$ 为例，其计算过程如下：

$$\frac{0.038}{1-0.038}=64.32\times\frac{x}{1-x}+0.02$$

解得

$$x=0.000\,303$$

由于

$$V'=\frac{V}{1-y}=\frac{6.53\times10^{-4}}{1-0.038}=6.79\times10^{-4}(\text{kmol/s})$$

$$L'=\frac{L}{1-x}=\frac{4.2\times10^{-2}}{1-0.000303}=4.201\times10^{-2}(\text{kmol/s})$$

$$G=\frac{6.53\times10^{-4}\times29+6.53\times10^{-4}\times\frac{0.038}{1-0.038}\times64}{0.092\,9}=0.221\,6[\text{kg/(m}^2\cdot\text{s)}]$$

$$L=\frac{4.2\times10^{-2}\times18+4.2\times10^{-2}\times\dfrac{0.000\,303}{1-0.000\,303}\times64}{0.092\,9}=8.147[\mathrm{kg/(m^2\cdot s)}]$$

所以 $k_ya=0.066G^{0.7}W^{0.25}=0.066(0.221\,6)^{0.7}(8.147)^{0.25}=0.038\,83[\mathrm{kmol/(m^3\cdot s)}]$

$$k_xa=0.152W^{0.82}=0.152(8.147)^{0.82}=0.848\,9[\mathrm{kmol/(m^3\cdot s)}]$$

③根据 $y-x$ 各组数据在 $y-x$ 直角坐标系中绘出操作线，如本题附图中曲线 BT；又根据 SO_2 在水中的溶解度数据绘出平衡线，如本题附图中曲线 OE。然后，过操作线各已知点作斜率为 $-k_xa/k_ya$ 的直线，可得到对应在平衡线上的 11 个交点，由交点可读得相应 11 个界面组成 y_i 和 x_i。

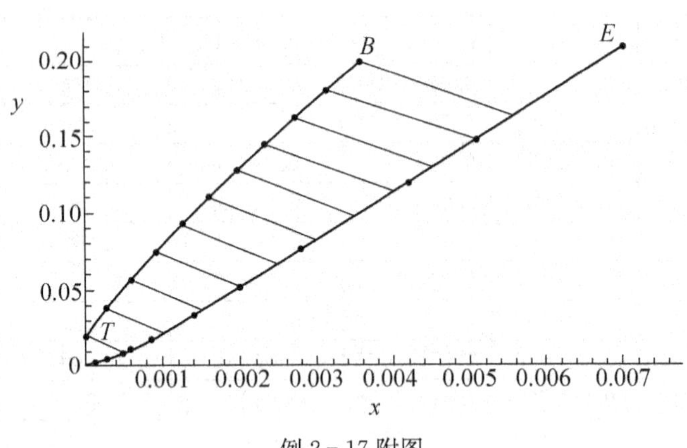

例 2-17 附图

仍以 $y=0.038$ 为例，直线的斜率为

$$-\frac{k_xa}{k_ka}=-\frac{0.848\,9}{0.038\,83}=-21.86$$

过操作线上相对应的点(0.000 303，0.038)作斜率为 -21.86 的直线。可读得在平衡线上的交点坐标 $x_i=0.001\,03$ 及 $y_i=0.022$。

④求 $f(y)=\dfrac{V'}{k_ya\Omega(1-y)(y-y_i)}$ 的值。仍以 $y=0.038$ 为例，其余各计算结果见本例附表 2。

$$f(y)=\frac{V'}{k_ya\Omega(1-y)(y-y_i)}$$
$$=\frac{6.79\times10^{-4}}{0.038\,83\times0.092\,9(1-0.038)(0.038-0.022)}=12.23$$

⑤利用辛普森公式求出所需填料层高度。

由于 $n=10$，$\Delta y=\dfrac{0.2-0.02}{10}=0.018$，故

$$Z=\int_{y_2}^{y_1}f(y)\mathrm{d}y=\int_{y_2}^{y_1}\frac{V'}{k_ya\Omega(1-y)(y-y_i)}\mathrm{d}y$$
$$\approx\frac{\Delta y}{3}[f_0+f_n+4(f_1+f_3+\cdots+f_{n-1})+2(f_2+f_4+\cdots+f_{n-2})]$$
$$=\frac{0.018}{3}[17.16+6.47+4\times(12.23+9.073+7.574+6.776+6.76)+2\times(10.41+8.41+7.026+6.658)]=1.552(\mathrm{m})$$

2.5.2 非等温吸收

在吸收过程中，气体溶质溶解于吸收剂过程中总会有溶解热产生，尤其是伴有化学反

应时常会释放出大量的反应热，因此，气体与液体温度均会上升。前面已提及，当气相溶质组成很低或溶解度很小、吸收剂用量很大及没有显著化学反应发生，这样的吸收过程可近似视为等温吸收，其平衡关系可按塔顶及塔底的平均温度来确定。

对于非等温吸收，由于系统温度升高，相平衡关系、吸收推动力以及膜吸收系数均会受到影响。对于非等温吸收，通常采用的一种近似处理方法是，假定所有释放出来的热量都被液体吸收，即忽略气相的温度变化及其热损失。据此导出液体组成与温度之间的对应关系，从而取得变温下的平衡关系曲线。

图 2-27 所示为在用水绝热吸收氨过程中，由于温度升高使得平衡线位置逐渐变化的情况。水在 20℃ 进入塔顶，在沿填料表面下降的过程中不断吸收氨气，其组成和温度均对应逐渐升高。利用氨在水中的溶解热数据，可求出对应于若干液相组成下的液相温度，然后在 $y-x$ 相图上将代表这种条件下一系列平衡状态的坐标点连结起来，就可得到变温下的平衡曲线，如图 2-27 中的曲线 OE。曲线 OE 与 $y=y_1$ 水平线交于点 B^*，那么曲线 B^*T 则为表示最小液气比时的吸收操作线，据此可确定最小液气比，从而计算出吸收剂用量，并作出吸收操作线。气液两相的实际平衡曲线及操作线经确定后，便可采用与等温吸收相同的计算方法计算出所需填料层高度。

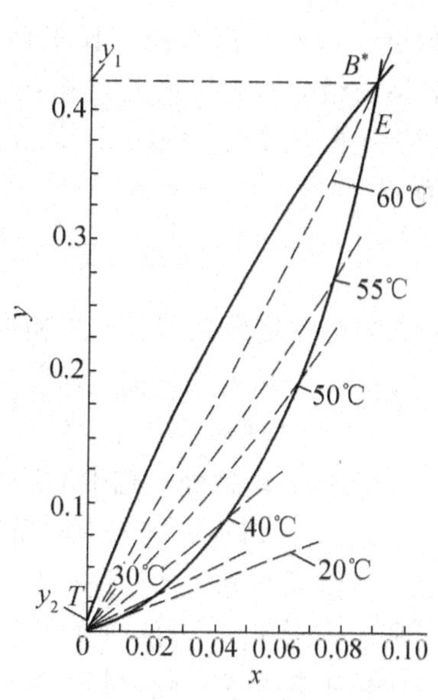

图 2-27 非等温吸收的平衡曲线及最小液气比时的操作线

当吸收过程的热效应很大，譬如用水吸收氯化氢，用 C_3 馏分吸收石油裂解气中的乙烯、丙烯等，必须采取措施排除热量，以控制吸收过程的温度。工业生产中常采用的措施有：

①在吸收塔内设置冷却元件。如在板式塔的塔板上安装蛇管或在板间设置冷却器。

②将液相引出到外部进行冷却。对于填料塔则不宜在塔内设置冷却元件，一般将温度升高的液相在中途引出塔外，经冷却后再送入塔内继续吸收。

③采用边吸收边冷却的吸收装置。例如，氯化氢的吸收，常采用类似于管壳式换热器的吸收装置，吸收过程在管内进行，而在壳方通入冷却剂以移走大量的溶解热。

④加大喷淋密度。吸收时，采用大的喷淋密度操作，可使吸收过程释放的热量以显热的形式被大量的吸收剂带走。

2.5.3 多组分吸收

在实际的吸收操作过程中，若混合气中有两种或两种以上溶质组分同时被溶剂所吸收，这个吸收过程称为多组分吸收。如用洗油吸收焦炉气中的苯、甲苯、二甲苯。

在多组分吸收中，由于其他组分的存在使得各溶质组分在气液两相中的平衡关系有所改变，因此，多组分吸收的计算远较单组分复杂。

设在混合气中有 L、H、K 三个组分同时被某一吸收剂吸收，虽各自的溶解度不同，但其平衡关系都符合亨利定律 $Y_i^*=mX_i$(溶剂量很大的低浓度混合气体吸收)，在 $y-x$ 相图中各自的平衡线可用三条通过原点的直线表示，如图 2-28 中的 OE_L、OE_K 和 OE_H。且这三条直线的斜率关系为 $m_L > m_K > m_H$，也就是说 L 最难溶(称轻组分)，H 最易溶(称为重组分)。

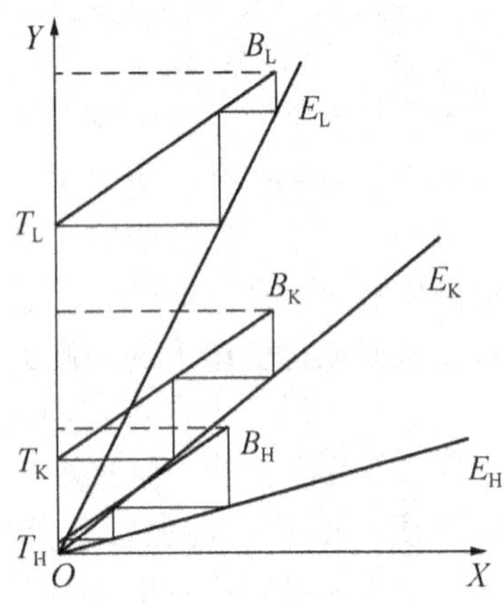

图 2-28　多组分吸收的平衡曲线及操作线

由于在同一塔中吸收，进、出塔的气液两相所含的各组分的组成虽不相同，但在同一截面上液气比是相同的。若混合气中各组分的组成不高(摩尔分数小于 0.1)，那么液气比沿塔高的变化可忽略。故各溶质组分的操作线应是相互平行的直线，如图 2-28 中的 B_LT_L、B_KT_K 和 B_HT_H。操作线方程可写为

$$Y_i = \frac{L}{V}X_i + \left(Y_{i2} - \frac{L}{V}X_{i2}\right) \quad (2-100)$$

式中，Y_i——塔内某截面处气相中溶质组分 i 与惰性气体的摩尔比，量纲为 1；

X_i——塔内某截面处液相中溶质组分 i 与吸收剂的摩尔比，量纲为 1；

L/V——吸收操作液气比，量纲为 1；

Y_{i2}——塔顶处气相中溶质组分 i 与惰性气体的摩尔比，量纲为 1；

X_{i2}——塔顶处液相中溶质组分 i 与吸收剂的摩尔比，量纲为 1。

可见，各溶质组分的操作线相互平行。

所以，对于多组分吸收的有关计算，其大体过程如下：

①依工艺要求，确定某一组分为“关键组分”，以保证这一组分能达到指标要求。

②按所选关键组分作为单组分吸收，确定操作时的液气比 L/V，并求出出塔气体和液体的组成。

③依所选关键组分求解所需的总传质单元高度、总传质单元数和填料层高度。

这样一来，根据所绘出的非关键组分的操作线与平衡线，采用梯级图解法可试差推算出它们的吸收率及其出口气、液相的组成。

2.5.4　化学吸收

工业生产中多数吸收过程都伴有化学反应。伴有显著化学反应的吸收过程称为化学吸收。

对于化学吸收，溶质从气相主体到气液相界面的传质机理与物理吸收完全相同，其差异在于从界面到液相主体间的传质过程。由于溶质由界面向液相主体扩散的过程中，将与吸收剂或液相中的其他活泼组分发生化学反应。因此，溶质的组成沿扩散途径的变化不仅与自身的扩散速率有关，而且与液相中活泼组分的反向扩散速率、化学反应速率以及反应产物的扩散速率等因素有关，使得化学吸收的速率十分复杂。一般说来，由于化学反应消耗了进入液相中的溶质，使得溶质气体的有效溶解度显著增大而平衡分压相应降低，从而增大了吸收过程的推动力；此外，由于部分溶质在液膜内扩散的途中即被化学反应消耗，又使得传质阻力减小，吸收系数则相应增大。所以，化学反应总会使吸收速率得到不同程度的提高，但其提高的程度会依不同情况而有较大差别。

若液相中活泼组分的组成足够大、所发生的是快速不可逆反应时，溶质组分进入液相后立即发生反应而被消耗掉，那么界面上溶质分压为零，此时的吸收过程为气膜中的扩散阻力所控制，可按气膜控制的物理吸收进行计算。如用硫酸吸收氨的过程即属这种情况。

当反应速度较低、化学反应主要在液相主体中进行时，吸收过程中气液两膜的扩散阻力均无变化，仅在液相主体中因化学反应而使溶质组成降低，过程的总推动力比单纯的物理吸收为大。如用碳酸钠水溶液吸收二氧化碳的过程即属这种情况。

若介于上述两种情况之间时，迄今为止尚无可靠的计算方法，设计时主要依据实验数据。

习　题

1. 含30%(体积分数)CO_2的某种混合气与水接触，系统总压为101.33kPa，温度为30℃。试求液相中CO_2的平衡浓度为多少(kmol/m³)?

2. 在总压101.33kPa、温度20℃下，氨在水中的溶解度为2.5 g(NH_3)/100 g(H_2O)。若氨水的气液平衡关系符合亨利定律，相平衡常数为0.76。试求：

(1)以x及X表示的液相组成；

(2)溶液的亨利系数与溶解度系数；

(3)以y及Y表示的气相组成。

3. 已知30℃时CO_2在水中的亨利系数为1.88×10^5kPa，今采用填料塔用清水逆流吸收混于空气中的CO_2，空气中含8%(体积分数)CO_2。操作条件为30℃、506.6kPa，吸收液中CO_2的组成为$x_1=1.5\times10^{-4}$，试求塔底处吸收总推动力Δx、Δy、Δp、Δc、ΔX和ΔY。

4. 用蒸发管法测定丙酮于25℃、98.68kPa下在空气中的扩散系数。已知经过5 h后，液面由0.01m下降至0.019m。在实验条件下丙酮的密度为790kg/ m³，饱和蒸气压为23.98kPa。

5. 一浅盘内存有2mm厚的水层，在20℃的恒定温度下逐渐蒸发并扩散到大气中。假定扩散始终是通过一层厚度为5mm的静止空气膜层，此空气膜层以外的水蒸气分压为零，扩散系数为2×10^{-5} m²/ s，大气压强为101.33kPa。试求蒸干水层所需的时间。

6. 含氨极少的空气在总压101.33kPa、温度20℃下被水吸收。已知气膜吸收系数$k_G=3.15\times10^{-6}$ kmol/(m²·s·kPa)，液膜吸收系数$k_L=1.81\times10^{-4}$(m/s)，溶解度系数$H=0.72$ kmol/(m³·kPa)。气液相平衡关系服从亨利定律。试求气相总吸收系数K_G、K_Y；液相总吸收系数K_L、K_X。

7. 填料塔在总压110kPa下用清水吸收混于空气中的氨气。在塔的某一截面上氨的气、液相组成分别为$y_A=0.03$、$c_A=1$kmol/m³。若在操作条件下平衡关系符合亨利定律，氨气在水中的溶解度系数$H=0.73$ kmol/(m³·kPa)。已知气膜吸收系数$k_G=5\times10^{-6}$ kmol/(m²·s·kPa)，液膜吸收系数$k_L=1.5\times10^{-4}$(m/s)，试求：

(1)以$(p_A-p_A^*)$、$(c_A^*-c_A)$表示的吸收总推动力和相应的总吸收系数；

(2)计算该截面处的吸收速率及以$(Y_A-Y_A^*)$为总推动力的气相总吸收系数；

(3)分析此吸收过程的控制因素。

8. 总压为101.33kPa、温度为30℃下用水吸收混合气体中的氨，操作条件下的气液相平衡关系为$y=1.2x$。已知气膜传质系数$k_y=5.31\times10^{-4}$ kmol/(m^2·s)，液膜传质系数$k_x=5.33\times10^{-3}$ kmol/(m^2·s)，并在塔的某一截面处测得氨的气相摩尔分数为0.05，液相摩尔分数为0.012。试求：

(1)该截面上的总吸收系数及吸收速率；

(2)该截面上气液界面处气液两相的摩尔分数；

(3)气膜阻力所占总阻力的百分数。

9. 由矿石焙烧炉出来的气体进入填料塔中用水洗涤以除去其中的二氧化硫。炉气处理量为1 000 m^3/h，炉气温度为20℃。炉气中含9%(体积分数)二氧化硫，其余可视为惰性气体(性质与空气相同)。要求二氧化硫的回收率为90%，吸收剂用量为最小用量的1.3倍。已知操作压力为101.33kPa、温度为20℃，与进塔气体组成相平衡的液体组成$X_1^*=0.003\,2$ kmol(SO_2)/kmol(H_2O)。试求：

(1)当吸收剂为清水，即$X_2=0$时，吸收剂用量(kg/h)及离塔溶液组成X_1各为多少？

(2)吸收剂入塔组成$X_2=0.000\,3$时，回收率不变，出塔溶液组成X_1为多少？此时吸收剂用量比(1)项中的用量大还是小？

10. 根据附图所列双塔的5种流程布置方案，示意绘出与各流程相对应的平衡线和操作线，并用图中所表示的组成符号标明各操作线的端点坐标。

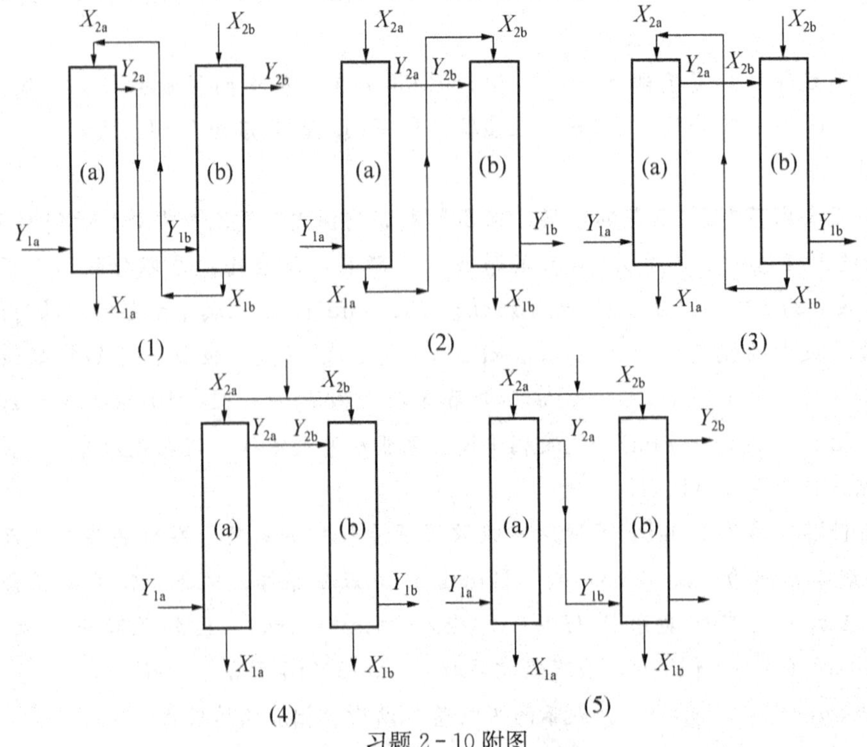

习题2-10附图

11. 用煤油从苯蒸气与空气的混合物中回收苯，要求回收率为99%。入塔的混合气含苯2%(摩尔分数，下同)，入塔的煤油含苯0.02%。溶剂用量为最小用量的1.5倍，操作温度为50℃，压力为100kPa。平衡关系 $Y^*=0.36X$，气相总体积吸收系数 $K_Ya=0.015\text{kmol}/(\text{m}^3\cdot\text{s})$，入塔气体的摩尔流率为 $0.015\text{kmol}/(\text{m}^2\cdot\text{s})$。求所需填料层高度。

12. 某厂有一填料层高为3m的吸收塔，用水洗去尾气中的有害组分A。测得有害组分A浓度数据如本题附图所示，相平衡关系为 $Y=1.15X$，试求在该操作条件下：

(1)液气比与最小液气比的比值；

(2)气相总传质单元高度。

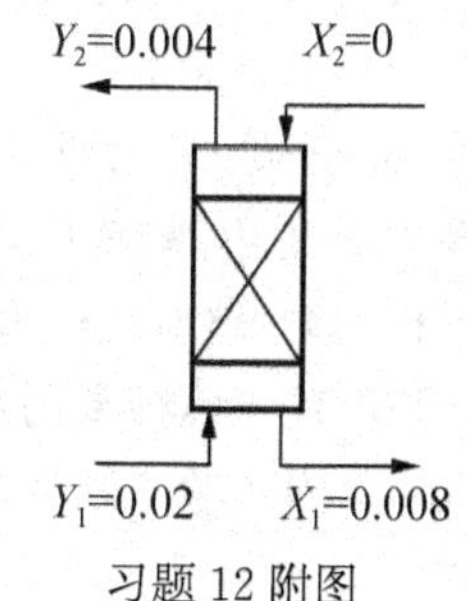

习题12附图

13. 用清水在压力为101.33kPa、温度为20℃的吸收塔中吸收混合于空气中的氨。已知入塔空气量为1 390 kg /h，混合气体中氨的分压为1.33kPa，经过吸收后混合气体中有99.5%的氨被除去，平衡关系为 $Y=0.75X$。试求当吸收剂用量为52 kmol/h条件下所需的总气相传质单元数(分别用对数平均推动力法与脱吸因数法求解)。

14. 在压力为101.33kPa下用水吸收混于空气中的氨。已知氨的摩尔分数为0.1，混合气体于40℃温度从塔底进入，体积流量为0.556 m³/s，空塔速度为1.2m/s。吸收剂用量为理论最小用量的1.1倍，氨的吸收率为95%，且已估算出塔内气相总体积吸收系数 K_Ya 的平均值为 $0.055\,6\text{kmol}/(\text{m}^3\cdot\text{s})$。

水在20℃温度下进入塔顶，由于吸收氨时有熔解热放出，故水温越近塔底越高。塔内氨水组成与其温度及在该温度下的平衡气相组成之间的对应数据列于本题附表中。试求塔径及所需填料层高度。

习题14附表

氨溶液温度 t，℃	氨溶液组成 X，kmol氨/kmol水	气相中的平衡组成 Y^*，kmol氨/kmol空气
20	0	0
23.5	0.005	0.005 6
26	0.01	0.010
29	0.015	0.018
31.5	0.02	0.027
34	0.025	0.04
36.5	0.03	0.054
39.5	0.035	0.074
42	0.04	0.097
44.5	0.045	0.125
47	0.05	0.156

15. 某吸收塔在压力为101.33kPa、温度为20℃下用清水逆流吸收丙酮-空气混合物中的丙酮，当操作液气比为1.95时，丙酮的回收率可达95%。已知气液平衡关系为$Y^*=1.18X$,操作范围内总体积吸收系数K_Ya近似与空气摩尔流量的0.8次方成正比。若空气的摩尔流速增加20%，而液体流量及气、液进口的摩尔分数不变，试问：

(1)丙酮的回收率有何变化?

(2)单位时间内被吸收的丙酮量增加多少?

(3)吸收塔的平均推动力有何变化?

16. 习题15的吸收操作中，气体流量、气、液进口的摩尔分数、吸收塔的操作压力与操作温度均维持不变，吸收过程为气膜阻力控制过程。欲将丙酮的回收率由原来的95%提高到98%，试用脱吸因数法计算吸收剂的用量应增加为原用量的多少倍?

17. 有一填料层高度为4m的填料塔，用清水吸收混合气中的二氧化碳。二氧化碳的组成为0.05(摩尔分数)，其余气体为惰性气体。已知温度为20℃，总压力为1.5MPa下操作液气比为150，吸收率为95%。若总压提高到2MPa，试求二氧化碳的吸收率为多少?

18. 如本题附图所示，含苯摩尔分数为0.02的煤气用洗油在一填料塔中作逆流吸收，以回收其中95%的苯。已知煤气的流量为1 200kmol/h，进入塔顶的洗油中含苯为0.005，洗油的流量为最小用量的1.3倍，吸收塔在压力101.33kPa、温度27℃下操作，此时气液平衡关系为$Y=0.125X$。若从吸收塔流出的吸收液经加热后被送入解吸塔，在解吸塔通入过热水蒸气使洗油脱苯。脱苯后的贫油由解吸塔排出，被冷却至27℃再进入吸收塔循环使用，水蒸气用量取最小用量的1.2倍。解吸塔在压力101.33kPa、温度120℃下操作，此时的气液平衡关系为$Y=3.16X$。试求洗油的循环流量和解吸时的蒸气用量。

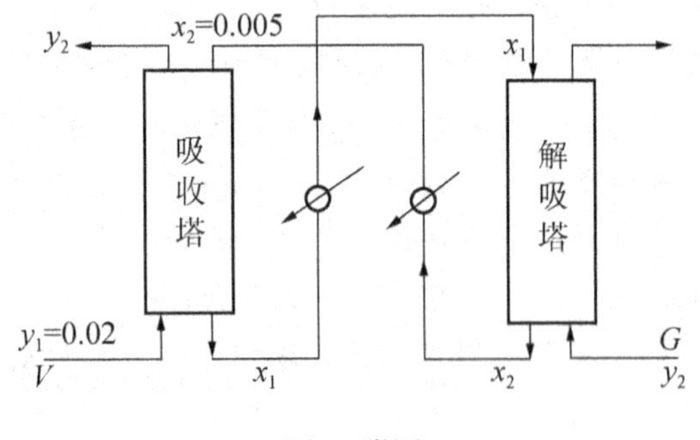

习题18附图

思考题

1. 吸收操作的依据是什么? 吸收操作与蒸馏操作有何不同?

2. 亨利系数E、相平衡常数m、溶解度系数H三者各自与温度、总压有何关系?

3. 气体分子扩散系数与温度、总压有何关系? 液体分子扩散系数与温度、粘度有何关系?

4. 双膜理论的基本论点有哪些?

5. 什么情况下的吸收操作过程可视为气膜控制(或液膜控制)的吸收过程?

6. 漂流因数的物理意义是什么? 等分子反向扩散有无漂流因数? 为什么?

7. 何谓最小液气比，如何进行计算?

8. 吸收因数与脱吸因数的物理意义有何不同? 各采用什么符号表示?

9. 在吸收计算中总传质单元数和总传质单元高度所代表的物理意义有何不同?

10. 总传质单元数 N_{0G} 有几种计算方法？各种计算方法的条件是什么？

11. 摩尔比的定义是什么？为什么在吸收计算中要采用摩尔比？

12. 操作条件(如压力、温度、液气比等)的变化，各对吸收过程有何影响？

13. 气体吸收与解吸的主要差异有哪些？

14. 吸收率 Φ_A 对总传质单元数 N_{0G} 有何影响？

15. 在 N_{0G} 一定的条件下，若 L、V、温度 t、总压 p 及吸收剂入塔组成 X_2 等改变，对混合气的出口组成 Y_2 有何影响？

16. 吸收过程的数学描述与传热过程的数学描述有何类似与区别？

3 气液传质设备

工业生产中广泛使用的气液传质设备有板式塔和填料塔两大类。

在板式塔内沿塔高装有若干层塔板(或称塔盘)。液体靠重力作用由塔顶部逐板流向塔底，并在各板面上形成流动液层；气体则靠压强差的作用，由塔底向上依次穿过各塔板面上的流动液层流向塔顶，气、液两相在塔内逐级接触，进行传质与传热，两相的组成沿塔高呈阶梯式变化，为逐级接触逆流操作过程。在填料塔内装有各种形式的固体填充物，即填料。液体由塔顶喷淋装置分布于填料层面上靠重力沿填料表面流下；气相则在压强差推动下穿过填料间间隙，由塔底流向塔顶，气、液两相在填料的润湿表面上连续接触，进行传质与传热，两相的组成沿塔高连续地变化。为微分接触逆流操作过程。

在前面的精馏操作中，我们以板式塔为主，重点介绍了有关板式塔理论、板层数的计算等。而在吸收操作中，我们又以填料塔为主，重点介绍了有关填料层高度的计算等。这并不意味着板式塔仅适用于精馏操作，填料塔仅适用于吸收操作。目前在工业生产中，当处理量大时多采用板式塔，当处理量小时多采用填料塔。蒸馏操作的规模往往较大，所需塔径常达 1m 以上，故采用板式塔较多。吸收操作的规模一般较小，故采用填料塔较多。但随着现代工业日趋大型化，这种局面已有所改变，直径 30 m 以上的填料塔也出现在工业生产中了。

本章就板式塔和填料塔的构型及其主要工艺尺寸的确定等进行详细讨论，结合前面学习过的精馏和吸收两章内容，了解和掌握有关气、液传质设备的设计过程及方法。

3.1 板式塔

板式塔的典型结构如图 3-1 所示。塔内沿塔高装有若干层塔板，塔板间设有专供液体流通的降液管(又称溢流管)，适当安排降液管的位置及堰的高度，可以控制板上液体流径与液层厚度，从而获得较高的效率。但降液管大约占去塔板面积的 20%，影响塔的生产能力；而且液体横过塔板时要克服各种阻力，因而使得板上液层出现位差，称为液面落差。液面落差大时，能引起板上气体分布不均，降低分离效率。由于液体自塔顶部逐板沿降液管流向塔底，气体则通过塔板上开的孔穿过液层，因而对于整个塔而言，气、液两相为逆流流动。但对于每层塔板而言，气、液两相成错流流动。这种塔板称为溢流式塔板或错流塔板。

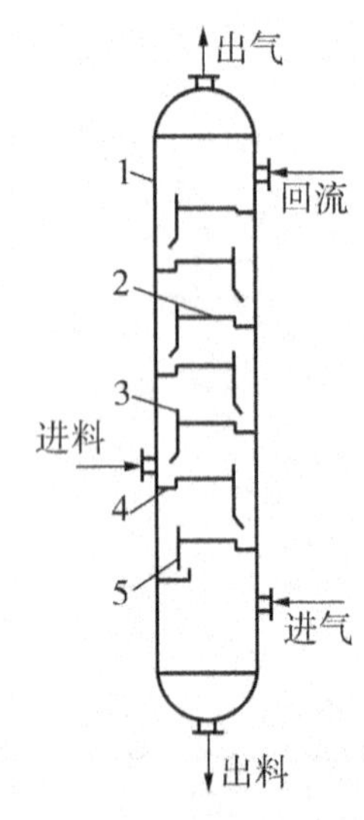

图 3-1 板式塔结构示意图
1—塔壳体；2—塔板；3—溢流堰；4—受液盘；5—降液管

还有一种塔板上气、液两相也为逆流流动，称为无溢流塔板或无降液管式塔板。无溢流塔板有两种：一种是无溢流栅板，如图3-2所示。其常用金属条组成，或用厚度为3～4mm的钢板冲出长条形缝隙制成，缝隙宽度一般为3～8mm，开孔率为15%～30%。另一种是无溢流筛板，如图3-3所示。常用无溢流筛板孔径一般为4～12mm，开孔率为10%～30%。这种塔板间不设置降液管，塔板在正常工作时，板上液体随机地经某些开孔流下，而气体则经另一些开孔上升。无溢流塔板结构简单，造价低廉。由于塔板利用率高，板上无液面落差等，其生产能力较大。但需要提高气速才能维持板上液层，其操作弹性小且效率较低。目前在蒸馏与吸收等气、液传质操作中的应用远不及错流塔板广泛。

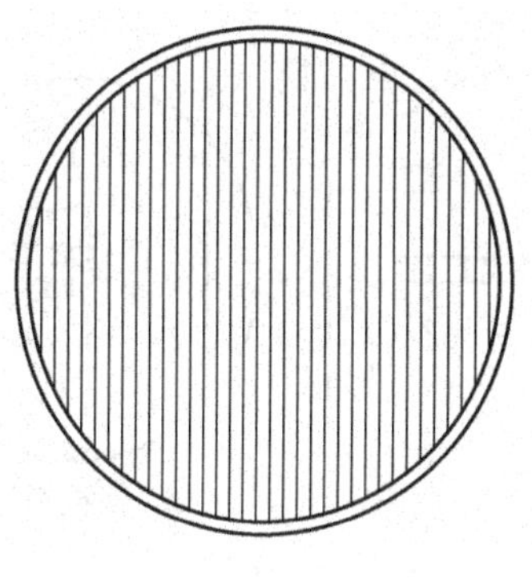

图3-2 无溢流栅板

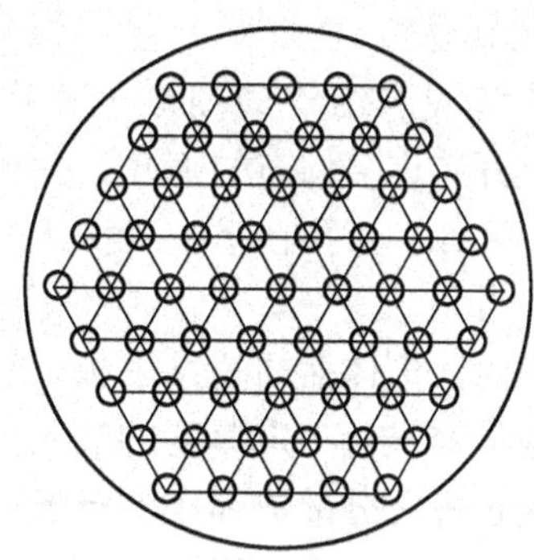

图3-3 无溢流筛板

本节主要以错流塔板的板式塔为例进行介绍。

3.1.1 塔板的主要类型及其特点

板式塔主要依据塔板的类型分为泡罩塔、筛板塔和浮阀塔等类型，相对应的有泡罩塔板、筛孔塔板和浮阀塔板等。

1. 泡罩塔板

泡罩塔是应用最早的气液传质设备之一。由于对其性能的研究较充分，积累了大量的生产实际中的应用经验和设计数据。

泡罩塔板的结构如图3-4所示。在泡罩塔板上开有若干个孔，孔上焊有短管作为上升气体的通道，称为升气管。短管上覆以泡罩，泡罩下部周边开有许多齿缝。齿缝一般有矩形、三角形及梯形三种，常用的是矩形。泡罩在塔板上依等边三角形排列。泡罩的尺寸有ϕ80mm、ϕ100mm、ϕ150mm三种。

操作时，液体横向流过塔板，靠溢流堰保持塔板上有一定厚度的流动液层，齿缝浸没于液层之中而形成液封。上升气体通过齿缝进入液层时，被分散成许多细小的气泡或流股，在板上形成了鼓泡层和泡沫层，为气液两相提供了大量的传质界面。

在泡罩塔板上由于有升气管，即使在很低的气速下操作，也不至于产生严重的漏液现象。当气液负荷有较大波动时，仍能保持稳定操作，塔板效率不变，即操作弹性较大。塔板不易堵塞，适用于处理各种物料。其缺点是结构复杂、造价高；气体流径曲折，塔板压降大，生产能力及板效率均较低。

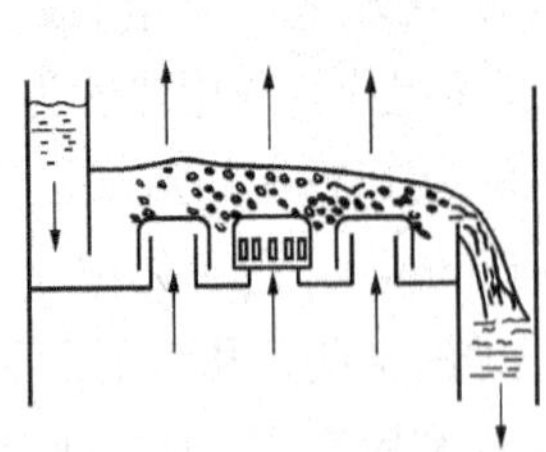

(a) 泡罩塔板操作示意图

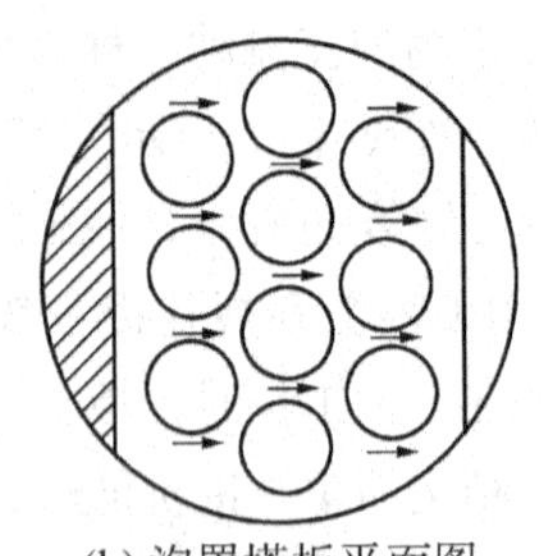

(b) 泡罩塔板平面图

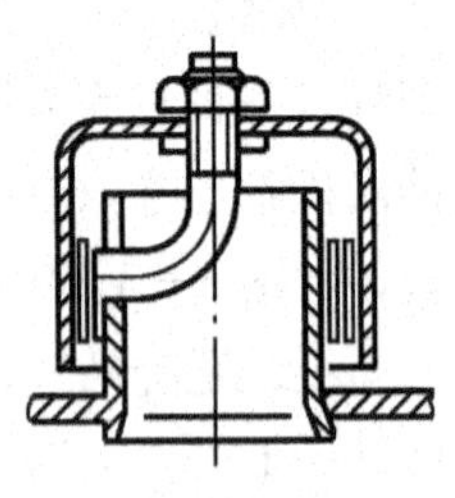

(c) 圆形泡罩

图 3-4　泡罩塔板

2. 筛孔塔板

筛孔塔板的结构如图 3-5 所示。在塔板上开有许多均布的筛孔，孔径一般为 3～8mm，筛孔在塔板上作正三角形排列。

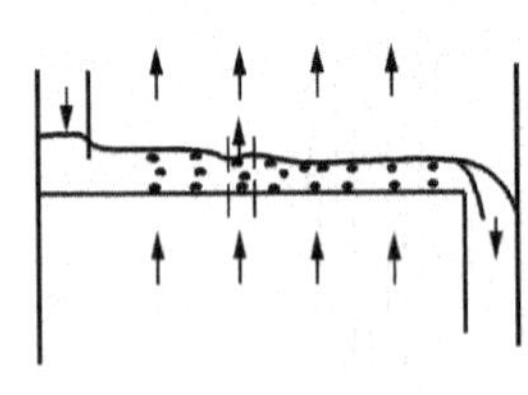

(a) 筛板操作示意图

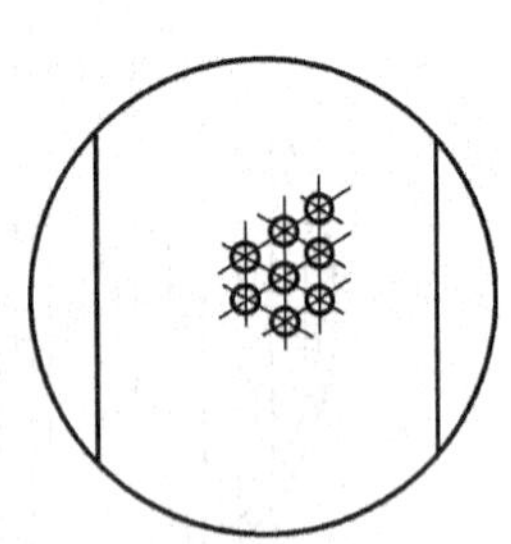

(b) 筛板布置图

图 3-5　筛板

操作时，液体横向流过塔板，靠溢流堰使板上能维持一定厚度的液层。上升气流通过筛孔分散成细小的流股，在板上液层中鼓泡而出，气液间密切接触而进行传质。在正常操作气速下，通过筛孔上升的气流应能阻止液体经筛孔向下泄漏。

筛板塔的优点是：结构简单，造价低；板上液面落差小，气体压降低；气体分散均匀，生产能力及传质效率均较泡罩塔高。其缺点是筛孔易堵塞，不宜处理易结焦、粘度大的物料。

值得一提的是，近年来由于加深了对筛孔塔板性能的研究，采用大孔径(直径 10～25mm)筛板既可避免堵塞又可使得上升气速提高。只要设计合理、操作正确，筛孔塔板是能具有足够生产能力与操作弹性的，其应用正日趋广泛。

3. 浮阀塔板

浮阀塔板上开有若干标准孔径为 39mm 的孔，每个孔上装有一个可以上下浮动的阀片。目前国内已采用的浮阀有五种，但最常用的型式为 F1 型、V-4 型及 T 型。其结构如图 3-6 所示，基本参数见表 3-1。

表 3-1　F1 型、V—4 型及 T 型浮阀的基本参数

型　　式	F1 型(重阀)	V-4 型	T 型
阀孔直径，mm	39	39	39
阀片直径，mm	48	48	50
阀片厚度，mm	2	1.5	2
最大开度，mm	8.5	8.5	8
静止开度，mm	2.5	2.5	1.0～2.0
阀 质 量，g	32～34	25～26	30～32

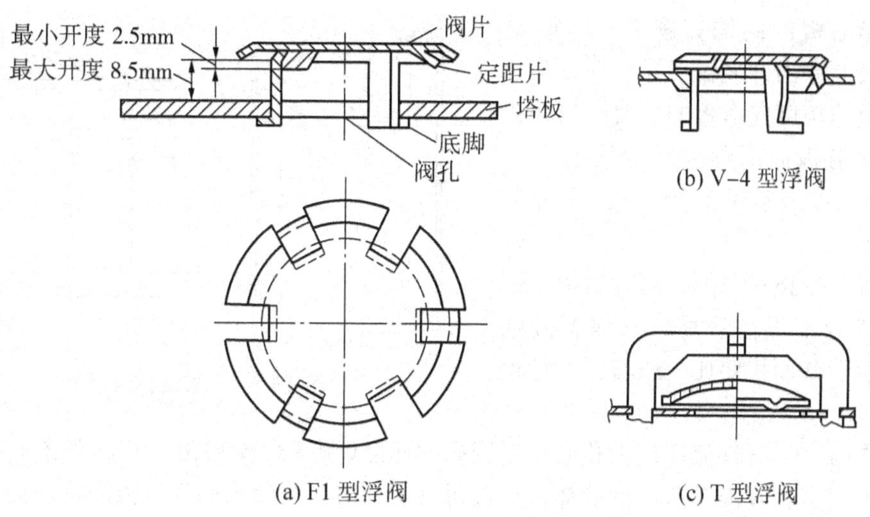

图 3-6 几种浮阀的型式

阀片本身有三条“腿”，插入孔后将各腿底脚扳转 90°角，用以限制阀片在板上升起的最大高度(8.5mm)；阀片周边又冲出三块略向下弯的定距片，当气速很低时，靠这三个定距片使阀片与塔板呈点接触而坐落在阀孔上，阀片与塔板间始终保持 2.5mm 的开度供气体均匀流过，避免了阀片启闭不匀的脉冲现象，阀片与塔板的点接触也可防止停工后阀片与板面粘结。

操作时，由阀孔上升的气流，经过阀片与塔板间的间隙与板上横流的液体接触。浮阀开度随气体负荷而变。在低气量时，开度较小，气体仍能以足够的气速通过缝隙，避免过多的漏液；在高气量时，阀片自动浮起，开度增大，使气速不致过大。

装有浮阀塔板的浮阀塔具有下列优点：

①生产能力大。由于浮阀塔板具有较大的开孔率，故其生产能力比泡罩塔的大 20%～40%，而与筛板塔相近。

②操作弹性大。由于阀片可随气量的变化自由升降，故维持正常操作所容许的波动范围比泡罩塔和筛板塔都大。

③塔板效率高。由于上升气流水平吹入液层，故气液接触时间长，雾沫夹带量较小，板效率较高。

④塔的造价较低。由于其结构简单、制造方便，浮阀塔的造价一般为泡罩塔的 60%～80%，为筛板塔的 120%～130%。

此外，气体通过浮阀塔板的压力降及液体流过板面上的液面落差也较泡罩塔板小。

浮阀塔板的缺点是处理易结焦、高粘度的物料时，阀片容易与塔板粘结；在操作过程中有时会发生阀片脱落或卡死等现象，使塔板效率和操作弹性下降。

4. 喷射型塔板

上述塔板在不同程度上都存在雾沫夹带现象，为了克服这一不利因素的影响，近年来出现了许多不同结构形式的新型塔板。其中有舌形塔板、浮动舌形塔板与垂直筛板等喷射型塔板。

(1)舌形塔板

舌形塔板的结构如图 3-7 所示。舌形塔板上冲出许多舌形孔，舌片与板面所形成的角度向塔板的溢流出口侧张开。舌片与板面所形成的角度有 18°、20°、25°三种，常用的为 20°。舌片尺寸有 50mm×50mm 和 25mm×25mm 两种。舌孔按正三角形排列，塔板上的液流出口侧不设溢流堰，只保留降液管，降液管截面积要比一般塔板设计得大些。

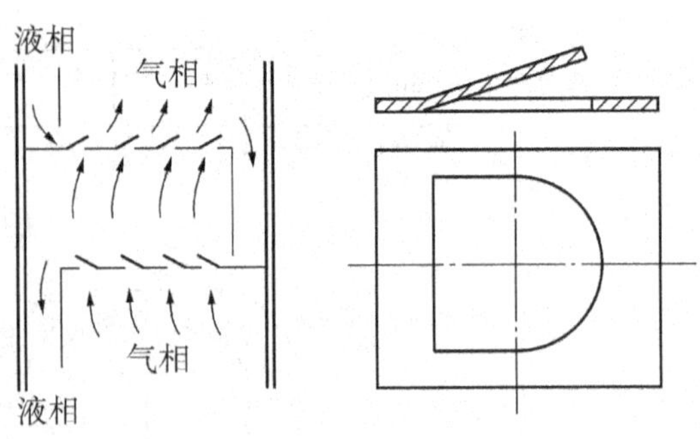

图 3-7 舌形塔板示意图

操作时，上升气流穿过舌孔后，以较高的速度(20～30m/s)沿舌片的张角向斜上方喷出。从上层塔板降液管流出的液体，流过每排舌孔时，为喷出的气流强烈扰动而形成泡沫体，并有部分液滴被斜向喷射到液层上方，喷射的液流冲至降液管上方的塔壁后流入降液管中，流到下一层塔板。

舌形塔板的优点是：由于开孔率较大，且可采用较高的空塔速度，故生产能力大；因气体通过舌孔斜向喷出，气液两相并流，可促进液体的流动，使液面落差减少，板上液层较薄，故塔板压降小；又因液沫夹带减少，板上无返混现象，故传质效率高。其缺点是：气流截面积是固定的，操作弹性较小；被气体喷射的液流在通过降液管时，会夹带气泡到下层塔板，这种气相夹带现象使塔板效率明显下降。

(2)浮动舌形塔板

浮动舌形塔板是综合浮阀和固定舌形塔板的优点而提出的一种新型塔板，即将固定舌形板的舌片改成浮动舌片。这种塔板称为浮舌塔板，其结构如图 3-8 所示。

操作原理与浮阀塔板相类似，由于舌片可随气流量变化而浮动，故其处理能力大、压降低，且操作弹性远比舌形塔大，特别适用于热敏物系的减压分离过程。

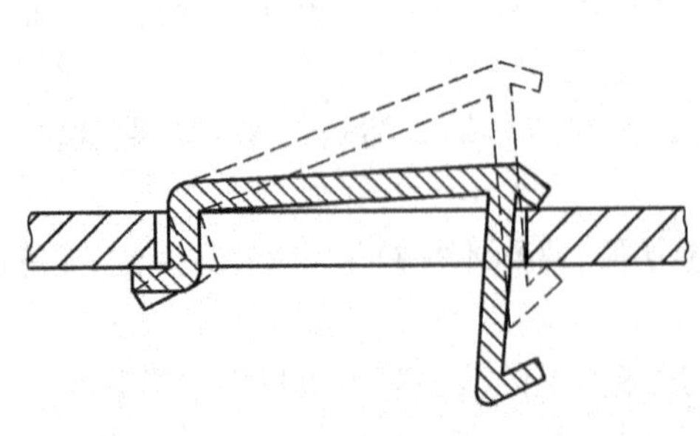

图 3-8 浮舌塔板示意图

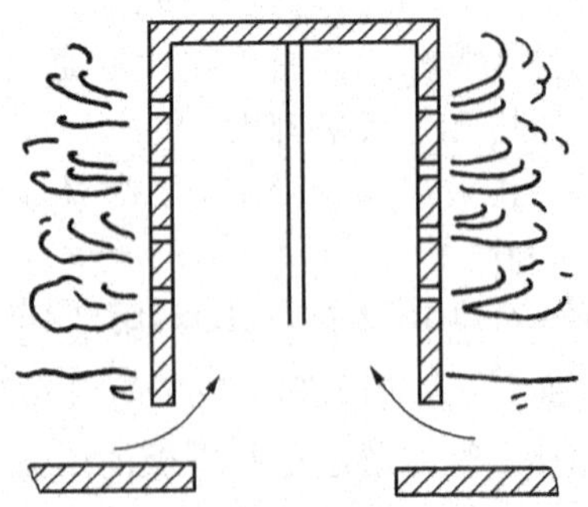

图 3-9 垂直筛板示意图

(3)垂直筛板

垂直筛板是近年开发出的一种新型喷射型塔板，其结构如图 3-9 所示。它由直径为 100～200mm 的大筛孔和侧壁开有许多小筛孔的圆形泡罩组成。塔板上液体被大筛孔上升的气体拉成膜状沿泡罩内壁向上流动，并与气体一起由小筛孔水平喷出。这种喷射型塔板要求一定的液层高度，以维持泡罩底部的液封，故必须设置液流堰。垂直筛板集中了泡罩塔板、筛孔塔板的特点，具有雾沫夹带量小、生产能力大、传质效率高等特点。

3.1.2 浮阀塔的设计计算

泡罩塔、筛板塔和浮阀塔等板式塔虽塔板的结构形式不同，但均属于错流塔板且带有降液板，其设计原则和步骤也大体相同。本节仅以浮阀塔为例，讨论与介绍这类板式塔的设计计算。

浮阀塔设计计算的主要内容包括：

①工艺尺寸计算(如塔高、塔径及塔板的结构尺寸等)；

②塔板的流体力学验算(如气体通过浮阀塔板的流体阻力、液泛、雾沫夹带、板面液面落差、气液负荷上下限等)。

③绘制出塔板的操作负荷性能图，并根据负荷性能图对设计进行分析，若设计不够理想，可对某些参数进行调整，重复上述设计过程，直至满意为止。下面将逐一予以具体说明。

3.1.2.1 工艺尺寸的计算

1. 塔高(塔的有效高度)Z

根据所给定的分离任务，利用前面蒸馏和吸收两章中所介绍的方法先求出塔内所需的理论板层数后，便可由下式求出塔的有效段(接触段)高度。即

$$Z=\frac{N_T}{E_T}\cdot H_T \tag{3-1}$$

式中，Z——塔的有效高度，m；

N_T——塔内所需的理论板层数；

E_T——总板效率；

H_T——塔板间距，m。

由式(3-1)可见，塔板间距 H_T 直接影响塔高大小。此外，塔板间距还与塔的生产能力、操作弹性和塔板效率有关。在一定的生产任务下，若采用较大的塔板间距，可允许的空塔速度较高，使得塔径减小，但塔高增大；反之，采用较小的塔板间距，可允许的空塔速度较小，塔径较大，而塔高降低。因此，塔板间距应根据实际情况，结合经济成本核算，反复调整，以做出最佳选择。表 3-2 所列的经验数据可供初选塔板间距时参考。

表 3-2 浮阀塔塔板间距经验数据

塔　径 D，m	0.3～0.5	0.5～0.8	0.8～1.6	1.6～2.0	2.0～2.4	>2.4
塔板间距 H_T，mm	200～300	300～350	350～450	450～600	500～800	≥600

值得注意的是：在确定塔板间距时还应考虑到安装、检修的需要。如在设置人孔处的上下板间距应不小于 600mm。

2. 塔径 D

塔径可根据选定的适宜空塔速度，利用下式作估算，然后按塔径系列标准确定，即

$$D'=\sqrt{\frac{V_s}{0.785u}} \tag{3-2}$$

式中，D'——估算塔径，m；

V_s——塔内气体的体积流量，m^3/s；

u——适宜的空塔速度，m/s。

对于精馏过程，精馏段与提馏段的气液负荷及物性是不相同的，故应分别计算出 D'；但若二者相差不大时，为制造方便，可取较大者作为两段塔径；若二者相差较大，那么应采用变径塔。

空塔速度指的是按空塔截面积计算的气体线速度。当通过阀孔上升的气体脱离板上的鼓泡液层时，气泡破裂而将部分液体喷溅成许多细小的液滴及雾沫，故上升气体的空塔速度应不超过某一最大限定值，否则这些液滴和雾沫会被携带至上层塔板，造成严重的雾沫夹带现象。此外，还可能产生降液管液泛现象。另一方面，空塔速度又不能低于某一最低限定值，否则板面上的过量液体将直接通过阀孔流到下层塔板而产生严重漏液现象。这些不正常的现象，或使得塔板效率急速下降，或破坏塔的正常操作。因此，适宜的空塔速度应介于最大与最小的允许空塔速度之间。为方便起见，一般仅依据最大允许空塔速度(称为极限空塔速度)来确定。

适宜的空塔速度 u 通常取最大允许空塔速度 u_{max} 的 0.6～0.8 倍，即

$$u=(0.6\sim0.8)u_{max} \tag{3-3}$$

式中，u_{max}——最大允许空塔速度，m/s。

根据上册第 3 章介绍的悬浮液滴沉降原理，导出最大允许速度为

$$u_{max}=C\sqrt{\frac{\rho_L-\rho_V}{\rho_V}} \tag{3-4}$$

式中，C——负荷因子，m/s；

ρ_V，ρ_L——分别为气、液相密度，kg/m^3。

负荷因子 C 与气液流量及密度、液滴沉降空间高度以及液体的表面张力有关，通常可利用史密斯关联图(图 3-10)查得。该图是按表面张力为 20mN/m 的物系绘出的，横坐标 $\frac{L_s}{V_s}\left(\frac{\rho_L}{\rho_V}\right)^{\frac{1}{2}}$ 是量纲为 1 的数，称为液气动能参数，它反映液、气两相流量(m^3/s)与密度的影响。图中 H_T-h_L 参变量反映液滴沉降空间高度对负荷系数的影响，其中，h_L 为板上液层高度，应由设计者首先选定 h_L。对常压塔一般取 0.05～0.1m(通常取 0.05～0.08m)，对减压塔应取低些，可低至 0.025～0.03m。

利用关联图查出 C_{20} 值后，再由下式求出：

$$C=C_{20}\left(\frac{\sigma}{20}\right)^{0.2} \tag{3-5}$$

式中，C_{20}——由关联图查出的物系表面张力为 20 mN/m 的负荷系数，m/s；

σ——操作物系的液体表面张力，mN/m；

C——操作物系的负荷系数，m/s。

应当指出，依式(3-2)算出 D'后，还应按塔径系列标准尺寸进行圆整。最常用的浮阀塔标准塔径 D(mm)为 600，700，800，1 000，1 200，1 400，1 600，…，4 200。此外，还需将圆整得到塔径 D，利用式(3-2)计算出实际适宜空塔速度 u 的值，以验算其是否仍在最大允许空塔速度 u_{max} 的 0.6～0.8 倍范围之间。最后还应通过塔的流体力学验算，才能正确确定。

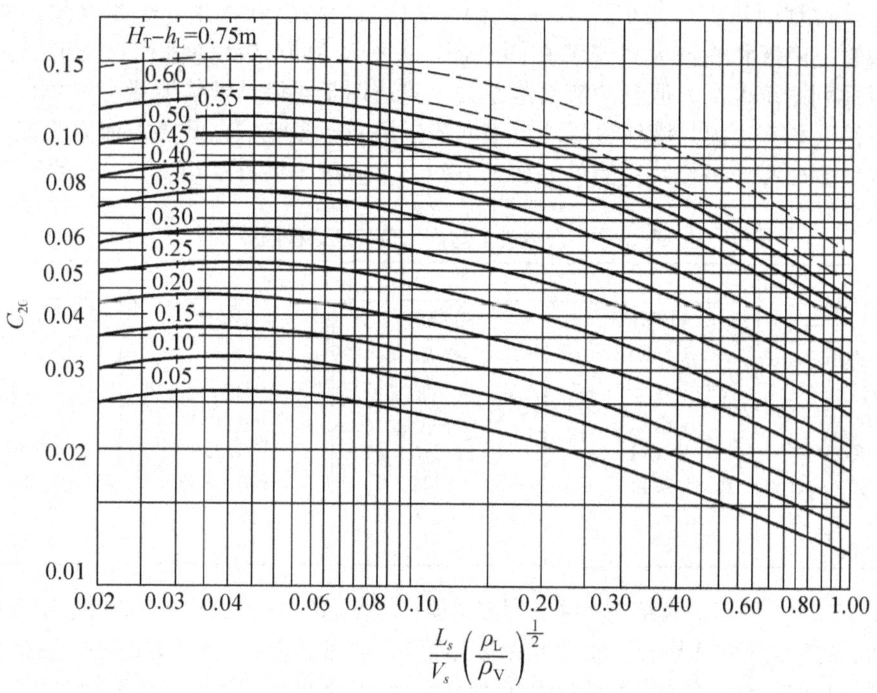

图 3－10 史密斯关联图

3. 溢流装置的设计

溢流装置包括降液管、溢流堰和受液盘等几部分，其结构和尺寸对塔的性能有着重要影响。

(1)降液管的布置与溢流方式

降液管是塔板间流体的通道，也是溢流液中所夹带气体得以分离的场所。降液管有圆形和弓形两种。圆形降液管一般只用于小直径塔，对于直径较大的塔，常用弓形降液管。

降液管的布置，规定了板上液体的流动路径。常用的降液管布置方式有 U 形流、单溢流、双溢流和阶梯式双溢流等，如图 3－11 所示。

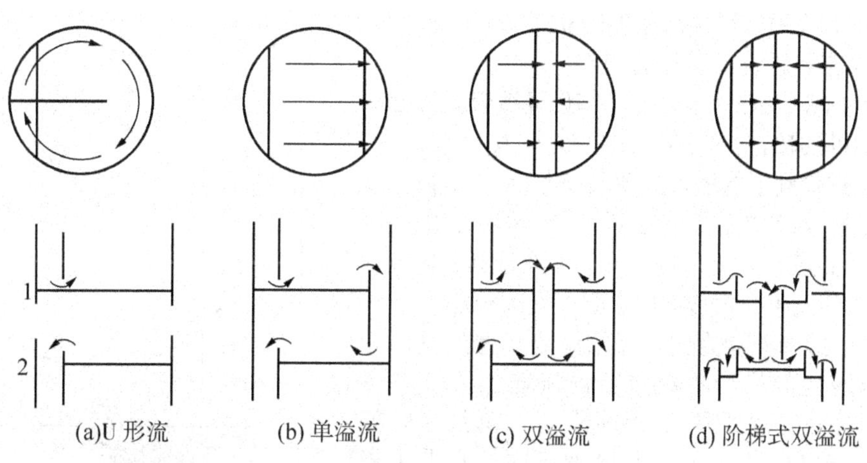

图 3－11 塔板溢流类型

U形流也称回转流。其结构是将弓形降液管用挡板隔开两半，一半作受液盘，另一半作降液管，降液和受液装置安装在同一侧。此种溢流方式液体流径长，可以提高板效率，其板面利用率也高，但它的液面落差大，只适用于小塔及液体流量小的场合。

单溢流又称直径流。液体自受液盘横向流过塔板至溢流堰，此种溢流方式流动路径较长，塔板效率较高，塔板结构简单，加工方便，常应用于塔直径小于 2.2m 的场合。

表 3-3　溢流类型与液体负荷及塔径的关系

塔径 D，mm	液体流量 L_s，m^3/h			
	U形流	单溢流	双溢流	阶梯式双溢流
1 000	<7	<45		
1 400	<9	<70		
2 000	<11	<90	90～160	
3 000	<11	<110	110～200	200～300
4 000	<11	<110	110～230	230～350
5 000	<11	<110	110～250	250～400
6 000	<11	<110	110～2 250	250～450

双溢流又称半径流。其结构是降液管交错设在塔截面的中部和两侧，来自上层塔板的液体分别从两侧的降液管进入塔板，横过半块塔板而进入中部降液管，到下层塔板则液体由中央向两侧流动。此种溢流方式的优点是液体流动路径短，可降低液面落差，但塔板结构复杂，板面利用率低，一般适用于塔直径大于 2m 的场合。

阶梯式双溢流的塔板做成阶梯形式，每一阶梯均有溢流。这种溢流方式可在不缩短液体流径的情况下减小液面落差。其结构最为复杂，只适用于塔径很大、液体流量很大的特殊场合。

综上分析，液体在塔板上流径愈长，气液接触时间越长，越有利于提高传质效率；但液面落差也随之增大，造成气体分布不均，导致漏液现象使塔板效率下降。所以，选择何种降液装置要根据液体流量、塔径大小等条件综合考虑。表 3-3 列出溢流类型与液体负荷及塔径的关系，可供设计时参考。

(2)溢流装置设计参数的确定

降液管有圆形和弓形之分。圆形降液管的流通截面小，没有足够的空间分离液体中的气泡，气相夹带(气泡被液体带到下层塔板的现象)较严重，塔板效率较低。此外，溢流周边利用也不充分，影响塔的生产能力，通常仅在小塔中采用。弓形降液管具有较大的容积，又能充分利用塔板面积，应用较为普遍。

今以弓形降液管为例，介绍溢流装置的设计方法。溢流装置的设计参数包括溢流堰长 l_w、堰高 h_w；弓形降液管宽度 W_d、截面积 A_f；降液管底隙高度 h_0；进口堰高度 h'_w、与降液管间的水平距离 h_1 等，参见图 3-12。

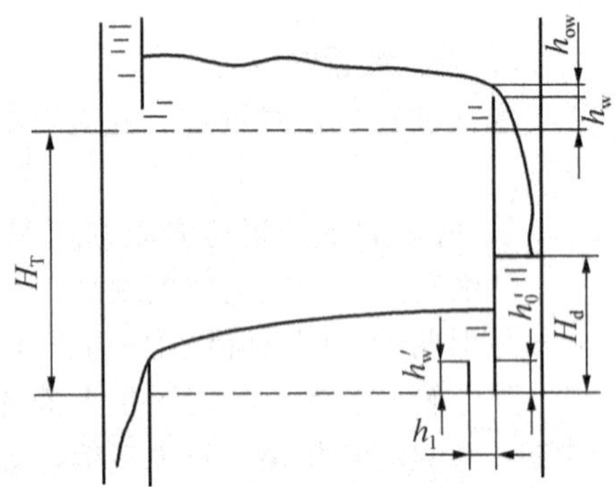

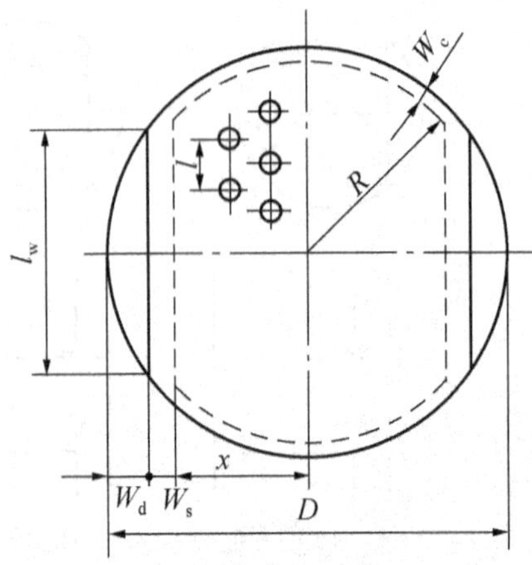

图 3-12　塔板的结构参数与构型

(ⅰ)溢流堰

溢流堰设置在塔板的液体出口处，其作用是维持板上有一定高度的液层并使液体在板上均匀流动。将降液管的上端高出塔板板面，即形成溢流堰。降液管端面高出塔板板面的距离，称为堰高，以 h_w 表示；弓形溢流管的弦长称为堰长，以 l_w 表示。溢流堰的形式有平直形和齿形两种。

堰长 l_w 应由液体负荷及溢流形式而定。对于常用的弓形降液管有：

单溢流　$l_w=(0.6\sim0.8)D$

双溢流　$l_w=(0.5\sim0.6)D$

其中，D 为塔径，m。

堰高 h_w 需根据工艺条件与操作要求确定。设计时，一般应保持塔板上清液层高度在50～100mm。堰高的计算式可写为

$$h_w=h_L-h_{ow} \tag{3-6}$$

式中，h_L——板上液层高度，m；

h_{ow}——堰上液层高度，m。

堰上液层高度对塔板的操作性能有很大的影响。堰上液层高度太小，会造成液体在堰上分布不均，影响传质效果，设计时应使堰上液层高度大于6mm，若小于此值须采用齿形堰；堰上液层高度太大，会增大塔板压降及雾沫夹带量。一般设计时不宜大于60～70mm，超过此值时可改用双溢流形式。

对于平直堰，堰上液层高度 h_{ow} 可用弗朗西斯(Francis)经验公式求算，即

$$h_{ow}=\frac{2.84}{1000}E\left(\frac{L_s}{l_w}\right)^{\frac{2}{3}} \tag{3-7}$$

式中，L_s——塔内液体流量，m^3/h；

l_w——堰长，m；

E——液流收缩系数。

液流收缩系数 E 可由图3-13所示液流收缩系数计算图查取。一般情况下可取$E=1$，所引起的误差对计算结果影响不大。当取 E 为1时，由式(3-7)可知，h_{ow}仅随 l_w 及 L_s 而改变，故可利用图3-14所示列线图求 h_{ow}。

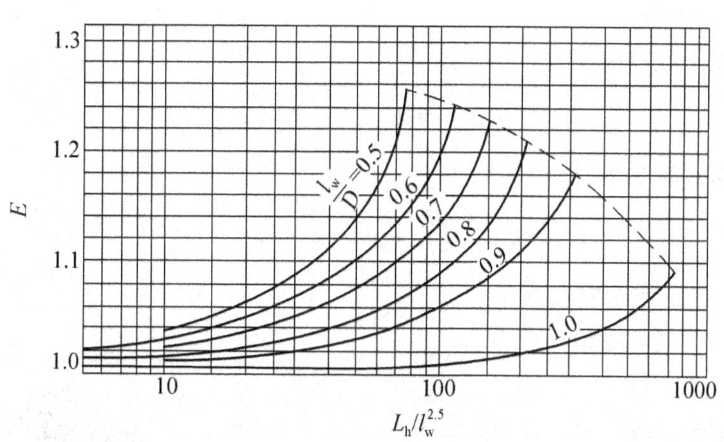

图3-13　液流收缩系数计算图

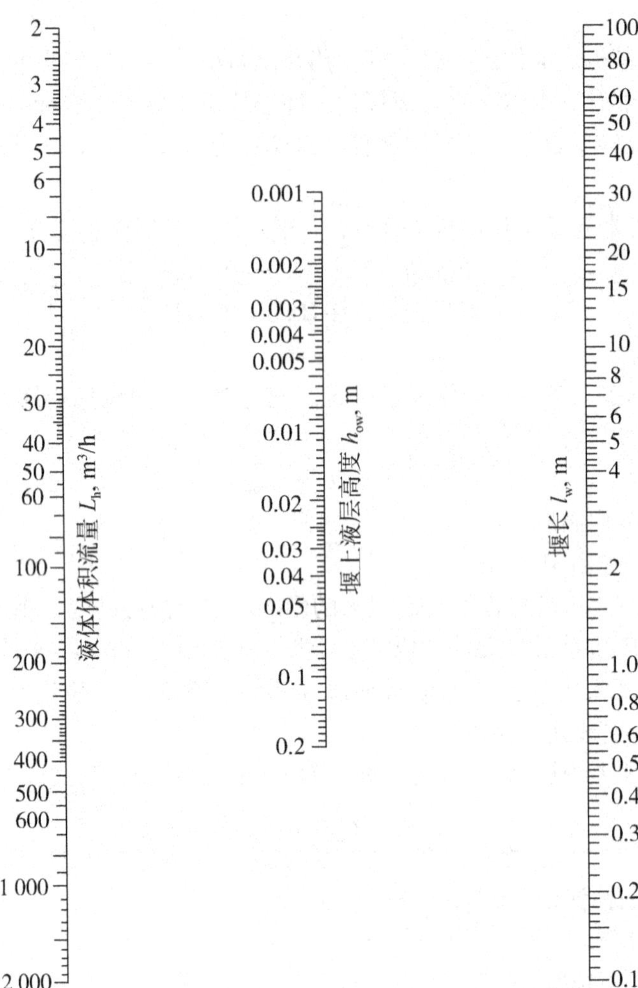

图 3-14　求 h_{ow}的列线图

若 $h_{ow}<6$mm，应改用齿形堰。齿形堰的齿深 h_n 一般在 15mm 以下。液层高度(由齿底算起)计算方法如下。

当液层高度不超过齿顶时，

$$h_{ow}=1.17\left(\frac{Lh_n}{l_w}\right)^{0.4} \tag{3-8}$$

当液层高度超过齿顶时

$$L_s=0.735\left(\frac{l_w}{h_n}\right)\left[h_{ow}^{2.5}-(h_{ow}-h_n)^{2.5}\right] \tag{3-9}$$

式中，h_{ow}——堰上液层高度，m；

L_s——塔内液体流量，m^3/s；

h_n——齿深，m；

l_w——堰长，m。

由式(3-9)求 h_{ow}时，需用试差法。

前已述及，板上清液层高度变化可在 50～100mm 范围内选取。因此，在求出 h_{ow}后，堰高应在下式范围：

$$0.1-h_{ow}\geqslant h_w\geqslant 0.05-h_{ow} \tag{3-10}$$

堰高 h_w 一般在 0.03～0.05m 范围内，对于减压塔的 h_w 值应较低，以降低塔板的压降。

(ⅱ)弓形降液管

弓形降液管的设计参数有降液管的宽度 W_d 及截面积 A_f。W_d 及 A_f 可根据堰长与塔径之比 l_w/D 由图 3-15 查得。

液体在降液管内应有足够的停留时间，使溢流中的泡沫有足够的时间在降液管中得到分离。由实践经验可知，液体在降液管中的停留时间 θ 一般不应小于 3～5s，对于高压下操作的塔及易起泡的物系，停留时间应更长一些。为此，在确定降液管尺寸后，应按下式验算降液管内液体的停留时间 θ，即

$$\theta=\frac{A_f\cdot H_T}{L_s}\geqslant 3\sim 5\text{s} \tag{3-11}$$

若不能满足式(3-11)的要求，应调整降液管尺寸或板间距，直至满足要求为止。

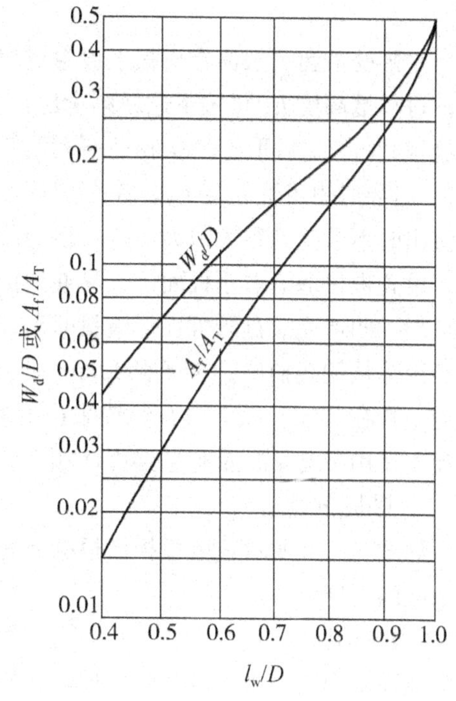

图 3-15　弓形降液管的设计参数

(ⅲ)降液管底隙高度

降液管底隙高度 h_0 是指降液管底边与塔板间的距离。确定 h_0 的原则是：保证液体夹带的悬浮固体在通过底隙时不致沉降下来而堵塞通道；同时又要有良好的液封，防止气体通过降液管造成短路。降液管底隙高度 h_0 可用下式计算：

$$h_0=\frac{L_s}{l_w u_0'} \tag{3-12}$$

式中，L_s——塔内液体流量，m^3/s；

u_0'——液体通过降液管底隙的流速，m/s；一般可取 u_0'=0.07～0.25m/s。

降液管底隙高度 h_0 应低于出口堰高度 h_w 才能保证降液管底端有良好的液封，一般应低 6mm，即

$$h_0=h_w-0.006 \tag{3-13}$$

降液管底隙高度一般不宜小于 20～25mm，否则易于堵塞，或因安装偏差而使液流不畅，造成液泛。在设计中，塔径较小时可取 h_0 为 25～30mm，塔径较大时可取 h_0 为 40mm 左右，最大可达 150mm。

(ⅳ)受液盘与进口堰

塔板上接受上一块板流下的液体的部位称为受液盘。受液盘有凹形和平形两种形式，

如图 3-16 所示。

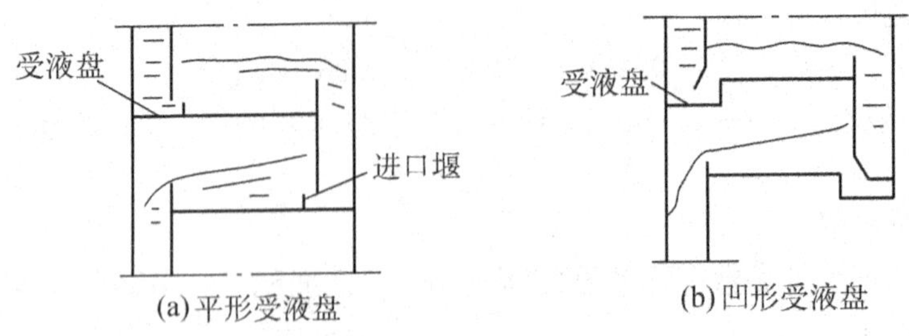

图 3-16 受液盘示意图

平形受液盘一般需在塔板上设置进口堰，以保证降液管液封，并使液体在板上分布均匀。进口堰高度 h'_w 可按下述原则考虑：当出口堰高度 h_w 大于降液管底隙高度 h_0(一般都是这样)时，h'_w 可取 6～8mm(一般用直径为 6mm 或 8mm 的圆钢在适宜位置上点焊而成)，必要时也可取 $h'_w=h_w$；在个别情况下 $h_w<h_0$，则应取 $h'_w>h_0$，以保证液体由降液管流出时不致受到很大阻力，进口堰与降液管间的水平距离 h_l 不应小于 h_0。

设置进口堰既占用板面，又易使沉淀物淤积此处造成阻塞。采用凹形受液盘不需设置进口堰。凹形受液盘既可在低液量时形成良好的液封，且有改变液体流向的缓冲作用，并便于液体从侧线抽出。对于 ϕ800mm 以上的大塔，一般多采用凹形受液盘。凹形受液盘的深度一般在 50mm 以上，有侧线采出时宜深些，但不能超过板间距的三分之一。凹形受液盘不适用于易聚合及有悬浮固体颗粒的场合，因易造成死角而堵塞。

4. 塔板布置

如图 3-12 所示，塔板板面根据所起的作用不同分为鼓泡区、溢流区、破沫区和无效边缘区四个区域。

(1)鼓泡区

鼓泡区为图中虚线以内的区域，是板面上开孔区域。由于塔板上气液接触构件(浮阀)设置在此区域内，故称为气液接触传质的有效区域。

当塔板为单流型时，有效传质区面积 A_a 可由下式计算，参见图 3-17a。

$$A_a=2\left[x\sqrt{r^2-x^2}+\frac{\pi}{180^\circ}r^2\sin^{-1}\left(\frac{x}{r}\right)\right] \tag{3-14}$$

其中，$x=\dfrac{D}{2}-(W_s+W_d)$；$r=\dfrac{D}{2}-W_c$。

当塔板为双流型时，有效传质区面积 A_a 可由下式计算，参见图 3-17b。

$$A_a=2\left[x\sqrt{r^2-x^2}+\frac{\pi}{180^\circ}r^2\sin^{-1}\left(\frac{x}{r}\right)\right]-2\left[x'\sqrt{r^2-x'^2}+\frac{\pi}{180^\circ}r^2\sin^{-1}\left(\frac{x'}{r}\right)\right] \tag{3-15}$$

其中，$x'=\dfrac{W'_d}{2}+W_s$；W'_d 为双流型塔板中心降液管(或中心受液盘)宽度(m)。

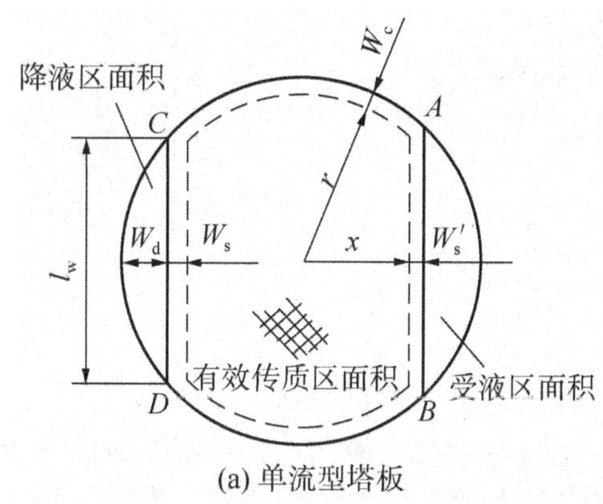

(a) 单流型塔板

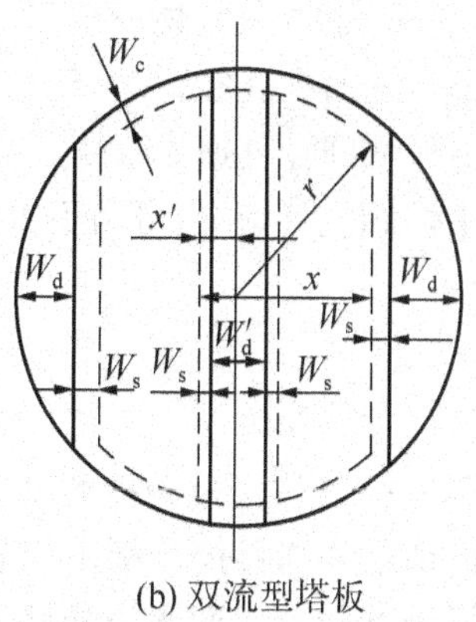

(b) 双流型塔板

图 3-17　塔板布置图

(2)溢流区

溢流区为降液管及受液盘所占的区域。一般降液管及受液盘所占面积相等，前已述及，降液管的宽度 W_d 和截面积 A_f 可利用堰长 l_w 与塔径 D 之比 l_w/D 由图 3-15 查得。

(3)破沫区

破沫区位于鼓泡区与溢流区之间，也称为安定区。此区域不开气孔，其作用有两方面：一是在液体进入降液管之前，有一段不鼓泡的安定地带，以免液体大量夹带气泡进入降液管；二是在液体入口处，由于板上液面落差，液面较厚，有一段不开孔的安全地带，可减少漏液量。破沫区的宽度以 W_s 表示，可按下述范围选取，即

当 $D<1.5\text{m}$　$W_s=60\sim75\text{mm}$；

当 $D\geqslant1.5\text{m}$　$W_s=80\sim110\text{mm}$。

对于小直径的塔($D<1\text{m}$)，因塔板面积小，破沫区的宽度可相应减少。

(4)无效边缘区

无效边缘区为靠近塔壁的一圈边缘区域，这个区域供支持塔板的边梁之用。其宽度视塔板的支承需要而定，小塔一般为 30～50mm，大塔一般为 50～70mm。为防止液体经无效边缘区流过而产生短路现象，可在塔板上沿塔壁设置挡板。

5. 浮阀数目及其排列

前已述及，浮阀的型式很多，目前应用最广泛的是 F_1 型和 V-4 型。这两种型式国内均有部颁标准。F_1 型又分重阀(代号为 Z)和轻阀(代号为 Q)，分别由不同厚度薄板冲压而成。重阀重约为 33g，最为常用；轻阀重约 25g，因其阻力略小，操作稳定性也稍差，仅适用于处理量大并要求阻力小的系统，如减压塔。V-4 型基本上和 F_1 型相同，除采用轻阀外，其区别在于将塔板上的阀孔制成向下弯的文丘里型以减小气体通过阀孔的阻力，主要用于减压塔。两种浮阀孔的直径均为 39mm。

(1)阀孔数目的计算

当气相体积流量 V_s 已知时，由于阀孔直径 d_0 给定，因而塔板上浮阀数目 n 就取决于阀孔的气速 u_0，可由下式计算：

$$n=\frac{4V_s}{\pi d_0^2 u_0} \tag{3-16}$$

式中，V_s——上升蒸气体积流量，m^3/s；

d_0——阀孔孔径，对于 F_1 型和 V-4 型浮阀，$d_0=0.039m$；

u_0——阀孔气速，m/s。

其中，阀孔气速 u_0 可由下式计算：

$$u_0=\frac{F_0}{\sqrt{\rho_V}} \tag{3-17}$$

式中，ρ_V——气相密度，kg/m^3；

F_0——气体通过阀孔的动能因数，阀孔的动能因数可表示为 $F_0=u_0\sqrt{\rho_V}$。

浮阀塔的操作性能以板上所有浮阀处于刚刚全开时为最佳，这时塔板的压强降及板上液体的漏液均较小，而操作弹性大。浮阀的开度与阀孔处的动压相关，根据经验可知，当浮阀在阀孔刚全开时，F_0 在 9～12 之间，故 F_0 一般在 9～12 范围内选取。

(2)浮阀的排列

阀孔在塔板鼓泡区内的排列有正三角形排列和等腰三角形排列两种。若按阀孔中心线与液流流动方向的关系又各有顺排和错排两种，见图 3-18。由于采用错排，相邻阀孔中吹出的气流搅动液层的作用较顺排显著，鼓泡均匀，故通常采用正三角形错排或等腰三角形错排。

按正三角形排列时，孔心距由下式计算：

$$t=d_0\sqrt{\frac{0.907A_a}{A_0}} \tag{3-18}$$

式中，d_0——阀孔孔径，m；

A_0——阀孔总面积，m^2；

A_a——鼓泡区面积，m^2。

在整块式塔板中，浮阀常以正三角形排列，孔心距 t 一般取 75，100，125，150mm 等几种。

按等腰三角形错排布置时，等腰三角形底边(孔心距 t)固定为 75mm，等腰三角形的高度 t' 可依下式计算：

$$t'=\frac{A_a}{0.075n} \tag{3-19}$$

式中，n——阀孔数目。

在分块式塔板中，为便于塔板分块，可采用等腰三角形排列。这时，三角形底边 t 固定为 75mm，三角形的高度 t' 可按 60，70，90，100，110mm 选取，必要时还可调整。

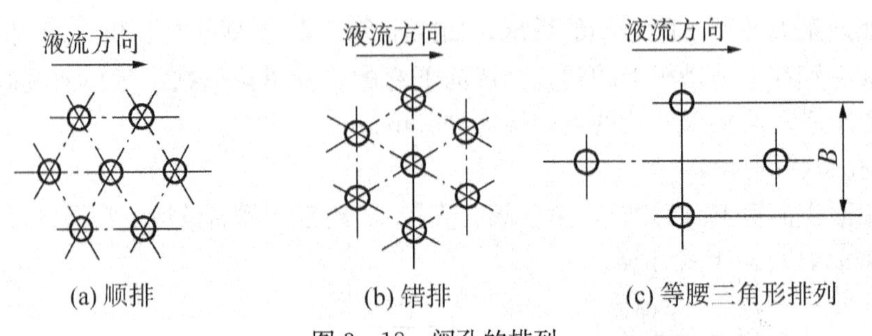

图 3-18　阀孔的排列

计算出阀孔数目并选定了阀孔的排列方式后，应在塔板的有效区域(鼓泡区)内进行排列，画出排孔图以确定实际的阀孔数。若所排出的实际孔数与计算值稍有不同，应按实际排出的阀孔数 n 重新计算实际的阀孔气速 u_0 和实际的阀孔动能因数 F_0。其后，还需进行塔板开孔率的计算。

浮阀塔板的开孔率是指阀孔总面积与塔的截面积之比，即

$$\Phi=\frac{n\frac{\pi}{4}d_0^2}{\frac{\pi}{4}D^2}=n\left(\frac{d_0}{D}\right)^2 \tag{3-20}$$

在目前工业生产中，对于常压或减压操作的浮阀塔，开孔率 Φ 应在 10%～14%范围中；对于加压操作的浮阀塔，开孔率 Φ 应小于 10%，通常为 6%～9%。

综上所述，有关塔板结构性能参数的确定过程大体如下：

①由式(3-2)求塔径并圆整确定。

②画出塔板布置图，选取动能因数(F_0=9～12)，求出阀孔数 n，确定孔心距 t 及 t'。

③依 t 及 t' 和阀孔排列方式在鼓泡区布置阀孔。若实际排孔数与 n 相差不大，校核 F_0 是否在 9～12 范围。若实际排孔数与 n 相差较大，即 F_0 不在 9～12 之间，可采取以下措施：

ⓐ调整孔距、阀孔数，重新画图，直至满足要求为止。

ⓑ按阀孔数 n 及溢流装置尺寸，用作图法先求出 D'，并与最初的 D 比较，反复调整有关参数，直至 D' 与计算的 D 相符为止。

④核算塔板开孔率(阀孔总面积与塔截面积之比)。对于常压或减压塔，塔板开孔率应在 10%～14%之间。对于加压塔，塔板开孔率应小于 10%。

3.1.2.2 流体力学验算

塔板的流体力学验算，目的在于校验各项工艺尺寸已经确定了的塔板在设计任务规定的气、液负荷下能否正常操作，以便决定是否需要对有关的工艺尺寸进行必要的调整。塔板的流体力学验算内容包括塔板压降、降液管内的泡沫液层高度、液体在降液管内的停留时间、雾沫夹带量及漏液点等。

(1)塔板压降

气体通过塔板的压降 h_p 包括：干板压降 h_c，板上充气液层阻力 h_l 以及克服液体表面张力的阻力 h_σ，可表示为

$$h_p=h_c+h_l+h_\sigma \tag{3-21}$$

式中，h_p——与气体通过一层浮阀塔板的压强降相当的液柱高度，m；

h_c——与气体克服干板阻力所产生的压强降相当的液柱高度，m；

h_l——与气体克服板上充气液层的静压强所产生的压强降相当的液柱高度，m；

h_σ——与气体克服液体表面张力所产生的压强降相当的液柱高度，m。

气体通过塔板的压降往往有一定要求，即必须小于某一数值，尤其在减压精馏时，这一问题更为重要，因此需校验塔板压降是否超过某规定数值。即使设计时对塔板压降没有提出要求，而通过计算塔板压降，也可了解到塔内压力分布情况及塔釜的操作压力。

塔板的干板阻力 h_p 与气体的流速及浮阀的开度有关，当气速较低时，全部浮阀处于静止位置，气体流经由定距片支起的缝隙。随气体流量增大，缝隙处气速增大，故阻力随

之增大。当气体流量增大至某一程度时，可将浮阀全部吹开，达到最大开度，其浮阀开度不再改变。此时再提高气体流量，干板阻力将会迅速增加。将浮阀达到全开时的阀孔气速称为临界孔速，以 u_{oc} 表示。

对于 F_1 重阀(质量约 33g，阀孔直径为 39mm)干板压降计算式为

阀片全开前($u_0 < u_{oc}$)

$$h_c = 19.9\frac{u_0^{0.175}}{\rho_L} \tag{3-22}$$

阀片全开后($u_0 \geqslant u_{oc}$)

$$h_c = 5.34\frac{u_0^2\rho_V}{2g\rho_L} \tag{3-23}$$

式中，u_0——阀孔气速，m/s；

ρ_V，ρ_L——分别为气相、液相流体的密度，kg/m^3；

u_{oc}——气体通过阀孔的临界气速，m/s。

气体通过阀孔的临界气速，可依下式计算出

$$u_{oc} = \sqrt[1.825]{\frac{73.1}{\rho_V}} \tag{3-24}$$

浮阀塔板在浮阀全开前和全开后，压降随气流速度的变化规律不同，计算时应先计算出临界气速 u_{oc}，以判别用不同公式计算。

板上充气液层阻力 h_l 受堰高、气速及溢流强度(单位溢流周边长度上的液体流量)等因素的影响，关系较为复杂，一般用下列经验公式计算：

$$h_l = \varepsilon_0(h_w + h_{ow}) \tag{3-25}$$

式中，h_w——溢流堰高，m；

h_{ow}——堰上液层高度，m；

ε_0——充气因数。

充气因数 ε_0 反映板上液层充气的程度，故称之为充气因数，无因次。当液相为水时，$\varepsilon_0=0.5$；液相为油时，$\varepsilon_0=0.2\sim0.35$；液相为碳氢化合物时，$\varepsilon_0=0.4\sim0.5$。

气体克服液体表面张力所造成的阻力可由下式计算：

$$h_\sigma = \frac{2\sigma}{h\rho_L g} \tag{3-26}$$

式中，σ——液体表面张力，N/m；

h——浮阀开度，m。

气体克服液体表面张力所造成的阻力通常很小，可以忽略不计。

一般气体通过每块常压和加压塔塔板的压降在 260～530Pa 范围，而通过每块减压塔塔板的压降约为 200Pa。

(2)降液管内泡沫液层高度

为了防止降液管液泛，应保证降液管内泡沫液层总高度不超过上层塔板的溢流堰顶。通常可通过所求出的降液管内当量清液层高度 H_d 是否满足 $H_d \leqslant \Phi(H_T + h_w)$ 来进行验算。即

$$H_d = h_p + h_w + h_{ow} + \Delta + h_d \leqslant \varphi(H_T + h_w) \tag{3-27}$$

式中，H_d——降液管内当量清液层高度，m；

h_p——气体通过一块塔板的压降，m；

Δ——液面落差，m；浮阀塔的液面落差一般不大，常可忽略不计；

h_d——液体流过降液管的压强降，m；

H_T——板间距，m；

φ——考虑到降液管内充气及操作安全两种因素的校正系数。对于一般物系，$\varphi=0.5$；对于发泡严重物系，$\varphi=0.3\sim0.4$；对于不易发泡的物系，$\varphi=0.6\sim0.7$。

液体流过降液管的压强降 h_d 可按下述经验公式计算：

塔板上不设进口堰时，

$$h_d=0.153\left(\frac{L_s}{l_w h_0}\right)^2=0.153(u_0')^2 \tag{3-28}$$

塔板上装有进口堰时，

$$h_d=0.2\left(\frac{L_s}{l_w h_0}\right)^2=0.2(u_0')^2 \tag{3-29}$$

式中，L_s——液体流量，m^3/s；

l_w——溢流堰长，m；

h_0——降液管底隙高度，m；

u_0'——液体通过降液管底隙时的流速，m/s。

(3)液体在降液管内的停留时间

为避免严重的气泡夹带使传质性能降低，液体通过降液管时应有足够的停留时间，以便释放出其中夹带的绝大部分气体。液体在降液管内的平均停留时间 θ 可由下式计算：

$$\theta=\frac{A_f H_T}{L_s} \tag{3-30}$$

通常要求液体在降液管内停留时间应大于3～5s；对于易起泡物系则要求大于7s。若求得的 θ 过小，可适当增加 A_f 或 H_T。

(4)雾沫夹带

雾沫夹带是指下层塔板产生的雾滴被上升气流带到上层塔板的现象。过量的雾沫夹带将会导致塔板效率严重下降。综合考虑生产能力和塔板效率的关系，应控制雾沫夹带量 $e_V\leqslant0.1$kg(液)/kg(气)。

对于浮阀塔，雾沫夹带量一般用泛点百分率 F 来关联。作为间接衡量雾沫夹带量的指标：塔径大于900mm的塔，$F<80\%$；塔径小于900mm的塔，$F<70\%$；对于负压操作的塔，$F<75\%$，便可保证每千克上升气体夹带到上一层塔板的液体量小于0.1kg，即 $e_V\leqslant0.1$。

泛点百分率 F 可依下列两式计算后，取计算结果较大的数值。

$$F=\frac{V_s\sqrt{\dfrac{\rho_V}{\rho_L-\rho_V}}+1.36L_sZ_L}{KC_FA_b} \tag{3-31}$$

$$F=\frac{\sqrt{\frac{\rho_V}{\rho_L-\rho_V}}}{0.78A_TKC_F} \tag{3-32}$$

式中，V_s——气相流量，m^3/s；

ρ_V，ρ_L——分别为气、液相密度，kg/m^3；

L_s——液相流量，m^3/s；

Z_L——液体横过塔板流动的行程，对单溢流型塔板，$Z_L=D-2W_d$，m；

A_b——塔板上的液流面积，对单溢流型塔板，$A_b=A_T-2A_f$，m^2；

A_T——塔截面积，m^2；

A_f——降液管截面积，m^2；

C_F——泛点负荷因数，由图 3—19 查得；

K——物性系数，由表 3-4 查取。

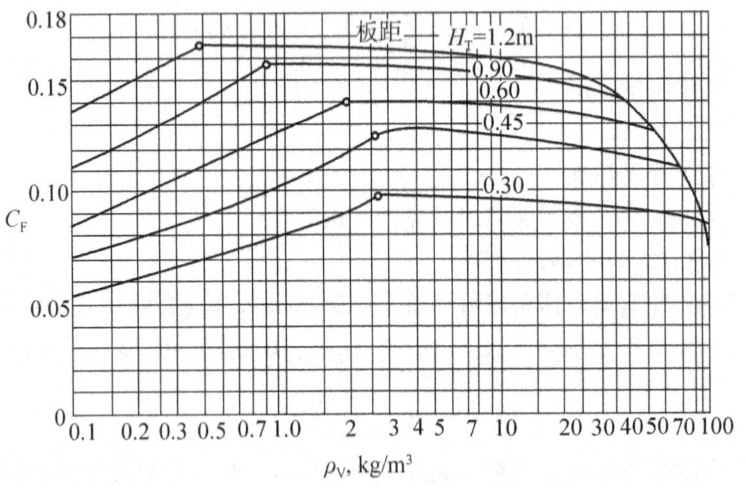

图 3-19　泛点负荷系数

表 3-4　物性系数 K

系　　统	K	系　　统	K
无泡沫，正常系统	1.0	多泡沫系统(胺和乙二醇吸收)	0.73
氟化物(如 BF_3、氟里昂)	0.90	严重起泡沫(甲乙酮装置)	0.60
中等起泡沫(油吸收塔)	0.85	形成稳定泡沫系统(碱再生)	0.30

(5)漏液

若气相负荷过小或塔板上开孔率过大，阀孔中的气速太小，部分液体会从孔中直接流向下层塔板，这种现象称为漏液。当漏液现象开始明显影响塔板效率的气体速度称为漏液点气速。漏液现象是板式塔的一个重要问题，会导致板效率下降。严重的漏液将使得塔板上不能积液而不能操作。

正常操作时，漏液量超过板面液体流量的10%时为严重漏液。对于浮阀塔，漏液量随阀重、孔速的增大、开度的减小与板上液层高度的降低而减小。经验证明，当阀孔的动能因数 $F_0=5\sim6$ 时，漏液量接近10%，因此取 $F_0=5\sim6$ 作为控制漏液量的操作下限。验算时可依下式，求出 F_0 来进行判定，即

$$F_0=u_0\sqrt{\rho_V} \tag{3-33}$$

式中，u_0——气体通过阀孔时的速度，$u_0=\dfrac{V_s}{\dfrac{\pi}{4}d_0^2n}$，m/s；

n——阀孔数；

d_0——阀孔直径，$d_0=0.039$m；

V_s——气体流量，m^3/s；

ρ_V——气体密度，kg/m^3。

需要注意的是，对于采用轻阀的减压塔，应适当提高 F_0 的下限值，而对于加压操作的塔，F_0 的下限值可低些。

3.1.2.3 **操作负荷性能图**

塔板结构参数确定后，该塔板在不同的气、液负荷内有一稳定的操作范围。越出稳定区，塔的效率显著下降，甚至不能正常操作。将出现各种不正常的流体力学的界限用曲线表示出来，便为操作负荷性能图。它由气相负荷下限线(又称漏液线)、过量雾沫夹带线、液相负荷下限线、液相负荷上限线和液泛线五条线组成，如图3-20所示。

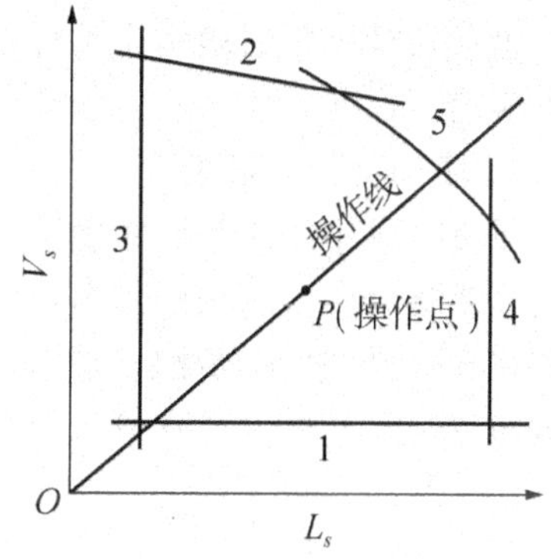

图3-20 操作负荷性能图

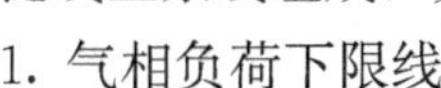

1. 气相负荷下限线

气相负荷下限线又称漏液线，如图3-20中线1。气相负荷低于此线将发生严重漏液现象，气液不能充分接触，使板效率下降。

对于F1重阀，以阀孔动能因数 $F_0=5$ 作为控制漏液量的操作下限，气相负荷下限线方程可写为

$$V_s=\frac{\pi}{4}d_0^2n\frac{5}{\sqrt{\rho_V}} \tag{3-34}$$

式中，d_0——阀孔孔径，$d_0=0.039$m；

n——阀孔数；

ρ_V——气相密度，kg/m^3；

V_s——气相体积流量，m^3/s。

气相负荷下限线为表示出不发生严重漏液现象的最低气体负荷，它是一条与横轴平行的直线。

2. 过量雾沫夹带线

图3-20中线2为过量雾沫夹带线，又称为气相负荷上限线。若操作的气相负荷超过

此线，表明雾沫夹带现象严重，此时雾沫夹带量 $e_V>0.1$kg(液)/kg(气)。对于浮阀塔，以雾沫夹带量 $e_V=0.1$ 相对应的泛点百分率 F 作为上限，利用式(3-31)或式(3-32)就可画出过量雾沫夹带线。计算时，塔径大于 900mm 的塔，取 $F=0.8$；塔径小于 900mm 的塔，$F=0.7$；对于负压操作的塔，$F=0.75$。

过量雾沫夹带线反映了不发生严重雾沫夹带现象的最高气相负荷，为一条直线。

3. 液相负荷下限线

图 3-20 中线 3 为液相负荷下限线。若操作的液相负荷低于此线，表明液体流量过小，板上的液流不能均匀分布，气液接触不良，易产生干吹、偏流等现象，导致塔板效率下降。对于平直堰，通常按堰上液层高度 $h_{ow}=0.006$m 作为最小液体负荷的下限考虑，故液相负荷下限线方程可写为

$$0.006=\frac{2.84}{1\,000}E\left(\frac{3\,600L_s}{l_w}\right)^{2/3} \tag{3-35}$$

式中，L_s——液相流量，m^3/s；

l_w——溢流堰长，m；

E——流量收缩系数，由图 3-13 查取，或可取 $E=1$ 计算。

液相负荷下限线表示了为保证板上液体均匀分布的最低液相负荷。它是一条与纵轴平行的竖直线。

4. 液相负荷上限线

图 3-20 中线 4 为液相负荷上限线。若操作的液相负荷高于此线，表明液体量过大，此时，液体在降液管内的停留时间过短，进入降液管内的气泡来不及与液相分离而被带入下层塔板，造成气相返混，使塔板效率下降。对于浮阀塔以液体在降液管内的最小停留时间要求 $\theta=5$s 考虑，其液相负荷上限线方程可写为

$$L_s=\frac{A_f H_T}{5} \tag{3-36}$$

式中，A_f——降液管截面积，m^2；

H_T——板间距，m；

L_s——液相流量，m^3/s。

液相负荷上限线表示了对液体在降液管内停留时间的起码要求。它亦是一条与纵轴平行的竖直线。

5. 液泛线

图 3-20 中线 5 为液泛线。若操作的气液负荷超过此线，塔内将发生液泛现象，使塔不能正常操作。液泛可分为降液管液泛和液沫夹带液泛两种情况，在浮阀塔板的流体力学验算中通常对降液管液泛进行验算。为使液体能由上层塔板顺利流入下层塔板，降液管内须维持一定的液层高度 H_d。

令 $$H_d=\varphi(H_T+h_w)$$

由 $H_d=h_p+h_L+h_d$；$h_p=h_c+h_l+h_\sigma$；$h_l=\varepsilon_0 h_L$；$h_L=h_w+h_{ow}$

联立得 $$\varphi H_T+(\varphi-\varepsilon_0-1)h_w=(\varepsilon_0+1)h_{ow}+h_c+h_d+h_\sigma$$

忽略 h_σ，将 h_{ow} 与 L_s；h_d 与 L_s；h_c 与 V_s 的关系式代入上式，整理得

$$aV_s^2=b-cL_s^2-dL_s^{2/3} \tag{3-37}$$

其中，a，b，c，d 均为由系统物性和塔板结构尺寸所决定的常数，可分别写为

$$a = 1.91 \times 10^5 \frac{\rho_V}{\rho_L n^2}$$

$$b = \varphi H_T + (\varphi - 1 - \varepsilon_0) h_w$$

$$c = \frac{0.153}{l_w^2 h_0^2}$$

$$d = (1 + \varepsilon_0) E (0.667) \frac{1}{l_w^{2/3}}$$

式中，V_s，L_s——分别为气、液相流量，m^3/s；

ρ_V，ρ_L——分别为气、液相密度，kg/m^3；

n——阀孔数；

H_T——板间距，m；

h_w——液流堰高度，m；

l_w——液流堰长度，m；

h_0——降液管底隙高度，m；

φ——校正系数，一般取 $\varphi=0.5$；

ε_0——充气因数，一般取 $\varepsilon_0=0.5$；

E——流量收缩因数，可取 $E=1$。

液泛线表示了降液管内泡沫层高度达到最大允许值时 V_s 与 L_s 的关系，由式(3-37)可见，V_s 与 L_s 的关系为一条曲线。

从操作负荷性能图上可看出所设计的塔板是否有足够的操作弹性(气相负荷上限与下限之比)，结构是否合理，是否需要调整及如何调整。例如，对于回流比一定(即 L/V 为定值)的精馏过程，由设计条件 L 和 V 可定出操作点 P，过原点 O 和点 P 便可画出该设计条件下的操作线，如图 3-20 所示。若操作点 P 紧靠某一条线边界，则当负荷稍有波动便会引起效率急剧下降，甚至完全破坏塔的操作。因此，操作点 P 应落在图中的适当位置，才能获得较好的操作弹性。

需要指出的是：即使同一塔板类型，其设计不同，操作负荷性能图中各线的相对位置也会不同。如降低板间距，则气速较小时也可能发生过量雾沫夹带及降液管液泛，因此，雾沫夹带线 2 与液泛线 5 便下移。又如减小降液管截面积，则液体负荷较小时也可能使得降液管超负荷，使得液体负荷上限线 4 左移。这样一来原来液泛线 5 右下端一部分会被划出适宜范围之外。

【例 3 1】 苯-甲苯混合物在常压下通过精馏塔进行分离，已知该塔精馏段两相流量和有关物性的平均值为：$V_s=1.27m^3/s$，$L_s=0.01m^3/s$，$\rho_L=810kg/m^3$，$\rho_V=2.73kg/m^3$，$\sigma=20mN/m$。试设计一浮阀塔板，并绘出塔板的操作负荷性能图。

解 (1)塔径初选

适宜空塔速度 u 一般为允许最大气速 u_{max} 的 0.6～0.8 倍，即

$$u = (0.6 \sim 0.8) u_{max}$$

依式(3-4)可写出

$$u_{max} = C\sqrt{\frac{\rho_L - \rho_V}{\rho_V}}$$

式中，C 可由图3-10史密斯关联图查得，液气动能参数为

$$\frac{L_s}{V_s}\sqrt{\frac{\rho_L}{\rho_V}} = \frac{0.01}{1.27}\sqrt{\frac{810}{2.73}} = 0.136$$

参考表3-2，取板间距 $H_T=0.6\text{m}$，板上液层高度 $h_L=0.08\text{m}$，那么图中的参变量值 $H_T-h_L=0.6-0.08=0.52(\text{m})$。根据以上数值由图3-10查得液相表面张力为20mN/m时的负荷系数 $C_{20}=0.1$。由于 $\sigma=20\text{mN/m}$，故无需校正 $C=C_{20}=0.1$。则允许最大气速

$$u_{max} = C\sqrt{\frac{\rho_L - \rho_V}{\rho_V}} = 0.1\times\sqrt{\frac{810-2.73}{2.73}} = 1.72(\text{m/s})$$

取安全系数为0.6，则适宜空塔速度为

$$u = 0.6\times 1.72 = 1.03(\text{m/s})$$

初算塔径为

$$D' = \sqrt{\frac{V_s}{0.785u}} = \sqrt{\frac{1.27}{0.785\times 1.03}} = 1.25(\text{m})$$

按标准塔径系列尺寸圆整，取 $D=1.4\text{m}$，那么

实际塔截面积 $A_T=\frac{\pi}{4}D^2=\frac{\pi}{4}\times 1.4^2=1.54(\text{m}^2)$

实际空塔速度 $u=V_s/A_T=1.27/1.54=0.825(\text{m/s})$

(2)塔板及溢流装置设计

选用单流型降液管，不设进口堰。

①弓形降液管

取溢流堰长 $l_w=0.7D$，即 $\frac{l_w}{D}=0.7$，由图3-15弓形降液管的设计参数图查得

$$A_f/A_T = 0.09,\quad W_d/D = 0.15$$

因此，弓形降液管所占面积 $A_f=0.09\times 1.54=0.139(\text{m}^2)$

弓形降液管宽度 $W_d=0.15\times 1.4=0.21(\text{m})$

依式(3-11)验算液体在降液管的停留时间 θ，即

$$\theta = \frac{A_f H_T}{L_s} = \frac{0.139\times 0.6}{0.01} = 8.34(\text{s})$$

可见，停留时间 $\theta>5\text{s}$，合适。

②溢流堰尺寸

由以上设计数据可求出溢流堰长

$$l_w=0.7\times 1.4=0.98(\text{m})$$

采用平直堰，堰上液层高度可依式(3-7)计算，式中 E 近似取1，即

$$h_{ow} = \frac{2.84}{1000}E\left(\frac{L_s}{l_w}\right)^{\frac{2}{3}} = \frac{2.84}{1000}\times 1\times\left(\frac{0.01\times 3600}{0.98}\right)^{\frac{2}{3}} = 0.031(\text{m})$$

溢流堰高 $h_w = h_L - h_{ow} = 0.08 - 0.031 = 0.049(\text{m})$

液体由降液管流入塔板不设进口堰，并取降液管底隙处液体流速 $u_0' = 0.2\text{m/s}$，那么，降液管底隙高度由式(3-12)求出

$$h_0 = \frac{L_s}{l_w u_0'} = \frac{0.01}{0.98 \times 0.2} = 0.051(\text{m})$$

(3)浮阀数及开孔率

采用 F1 浮阀。取阀孔动能因数 $F_0 = 10.5$，阀孔气速为

$$u_0 = \frac{F_0}{\sqrt{\rho_V}} = \frac{10.5}{\sqrt{2.73}} = 6.35(\text{m/s})$$

每层塔板上浮阀个数 $n = \dfrac{V_s}{\dfrac{\pi}{4} d_0^2 u_0} = \dfrac{1.27 \times 4}{\pi \times 0.039^2 \times 6.35} = 168(\text{个})$

塔板开孔率 $\varphi = \dfrac{A_0}{A_T} = n\left(\dfrac{d_0}{D}\right)^2 = 168 \times \left(\dfrac{0.039}{1.4}\right)^2 = 0.13$

可见，开孔率在 10%～14%之间，合适。

(4)塔板流体力学验算

①塔板压降

可利用式(3-21)进行计算，即

$$h_p = h_c + h_l + h_\sigma$$

ⓐ干板阻力。临界孔速

$$u_{oc} = \sqrt[1.825]{\frac{73.1}{\rho_V}} = \sqrt[1.825]{\frac{73.1}{2.73}} = 6.06(\text{m/s}) < u_0$$

因阀孔气速 u_0 大于其临界阀孔气速 u_{oc}，故由式(3-23)计算干板阻力为

$$h_c = 5.34\frac{\rho_V u_0^2}{2g\rho_L} = 5.34 \times \frac{2.73 \times 6.35^2}{2 \times 9.81 \times 810} = 0.037(\text{m})$$

ⓑ板上充气液层阻力。本设备分离液相为碳氢化合物，可取充气系数 $\varepsilon_0 = 0.5$。利用式(3-25)计算，即

$$h_l = \varepsilon_0(h_w + h_{ow}) = 0.5 \times (0.049 + 0.031) = 0.04(\text{m})$$

ⓒ液体表面张力造成的阻力。利用式(3-26)计算，即

$$h_\sigma = \frac{2\sigma}{h\rho_L g} = \frac{2 \times 20 \times 10^{-3}}{0.0085 \times 810 \times 9.81} = 0.0006(\text{m})$$

所以 $h_p = 0.037 + 0.04 + 0.0006 = 0.0776(\text{m})$

单板压降 $\Delta p_p = h_p \rho_L g = 0.0776 \times 810 \times 9.81 = 617(\text{Pa})$

单板压降偏高(一般对于常压精馏塔应在 260～530Pa 为宜)。

②降液管液泛校核

为了防止降液管液泛现象发生，要求控制降液管内清液层高度 $H_d \leqslant \varphi(H_T + H_w)$，利用式(3-21)进行计算(忽略液面落差的影响)，即

$$H_d = h_p + h_L + h_d$$

ⓐ气体通过塔板的压强降所相当的液柱高度 h_p。前面已求出，$h_p = 0.0776\text{m}$。

ⓑ液体通过降液管的压头损失。因不设进口堰，由式(3-28)计算，即

$$h_d = 0.153\left(\frac{L_s}{l_w h_0}\right)^2 = 0.153\times\left(\frac{0.01}{0.98\times 0.051}\right)^2 = 0.006(\text{m})$$

ⓒ板上液层高度。前已选定 $h_L=0.08\text{m}$，所以

$$H_d=0.0776+0.08+0.006=0.164(\text{m})$$

取校正系数 $\varphi=0.5$，前已选定板间距 $H_T=0.6\text{m}$，$h_w=0.049\text{m}$。则

$$\varphi(H_T+H_w)=0.5(0.6+0.049)=0.325(\text{m})$$

可见，$H_d<\varphi(H_T+H_w)$，符合防止降液管液泛的要求。

③液体在降液管内停留的时间

应保证液体在降液管内的停留时间大于3～5s，才能使得液体所夹带气体的释出。可利用式(3-11)计算，即

$$\tau=\frac{A_f H_T}{L_s}=\frac{0.139\times 0.6}{0.01}=8.34(\text{s})>5\text{s}$$

可见，所夹带气体可以释出。

④雾沫夹带量校核

依式(3-31)及式(3-32)分别计算出泛点率 F，即

$$F=\frac{V_s\sqrt{\dfrac{\rho_V}{\rho_L-\rho_V}}+1.36L_sZ_L}{KC_FA_b}$$

及
$$F=\frac{V_s\sqrt{\dfrac{\rho_V}{\rho_L-\rho_V}}}{0.78A_TKC_F}$$

板上液体流径长度　$Z_L=D-2W_d=1.4-2\times 0.21=0.98(\text{m})$

板上液流面积　$A_b=A_T-2A_f=1.54-2\times 0.139=1.26(\text{m}^2)$

由图3-19查得泛点负荷因数 $C_F=0.134$，并根据表3-4取物性系数 $K=1.0$，将以上数据代入，可得

$$F=\frac{1.27\times\sqrt{\dfrac{2.73}{810-2.73}}+1.36\times 0.01\times 0.98}{1.0\times 0.134\times 1.26}=0.516$$

及
$$F=\frac{1.27\times\sqrt{\dfrac{2.73}{810-2.73}}}{0.78\times 1.0\times 0.134\times 1.54}=0.459$$

对于大塔，为避免过量雾沫夹带，应控制泛点率不超过80%。上两式计算的泛点率都在80%以下，故可知雾沫夹带量能够满足 $e_V<0.1\text{kg}$(液)/kg(气)的要求。

⑤严重漏液校核

当阀孔的动能因数 F_0 低于5时将会发生严重漏液，前面已给出 $F_0=10.5$，可见不会发生严重漏液。

(5)塔板负荷性能图

①气体负荷下限线(漏液线)

对于F1型重阀，因动能因数 $F_0<5$ 时，会发生严重漏液，故取 $F_0=5$ 计算相应的气

相流量(V_s)min，由式(3－34)求得

$$(V_s)_{\min}=\frac{\pi}{4}d_0^2 n\frac{5}{\sqrt{\rho_V}}=\frac{\pi}{4}(0.039)^2\times 168\times\frac{5}{\sqrt{2.73}}=0.607(\mathrm{m^3/s})$$

②过量雾沫夹带线

根据前面雾沫夹带校核可知，本例应采用式(3－31)，对于大塔，取泛点率$F=0.8$，那么

$$0.8=\frac{V_s\sqrt{\frac{2.73}{810-2.73}}+1.36L_s\times 0.98}{1.0\times 0.134\times 1.26}$$

整理得

$$V_s=2.323-22.92L_s$$

雾沫夹带线为直线，由两点即可确定。当$L_s=0$时，$V_s=2.323\mathrm{m^3/s}$；当$L_s=0.01$时，$V_s=2.094\mathrm{m^3/s}$。由这两点便可绘出雾沫夹带线。

③液相负荷下限线

对于平直堰，其堰上液层高度h_{ow}必须大于0.006m。取$h_{ow}=0.006$m，就可作出液相负荷下限线。

$$h_{ow}=2.84\times 10^{-3}E\left[\frac{3\,600(L_s)_{\min}}{l_w}\right]^{\frac{2}{3}}=0.006$$

取$E=1$并将$l_w=0.98$m代入，则可求出

$$(L_s)_{\min}=\left(\frac{0.006}{2.84\times 10^{-3}}\right)^{\frac{3}{2}}\times\frac{0.98}{3\,600}=0.000\,8(\mathrm{m^3/s})$$

④液相负荷上限线

液体的最大流量应保证在降液管中停留时间不低于3～5s，取$\theta=5$s作为液体在降液管中停留时间的下限，则

$$(L_s)_{\max}=\frac{A_f H_T}{5}=\frac{0.139\times 0.6}{5}=0.016\,7(\mathrm{m^3/s})$$

⑤液泛线

根据式(3－37)可求出V_s与L_s的关系，便可在操作范围内任意取若干点，从而绘出液泛线。

$$aV_s^2=b-cL_s^2-dL_s^{2/3}$$

其中，$a=1.91\times 10^5\dfrac{\rho_V}{\rho_L n^2}=1.91\times 10^5\times\dfrac{2.73}{810\times 168^2}=0.022\,8$

$$b=\varphi H_T+(\varphi-1-\varepsilon_0)h_w=0.5\times 0.6+(0.5-1-0.5)\times 0.049=0.251$$

$$c=\frac{0.153}{l_w^2 h_0^2}=\frac{0.153}{0.98^2\times 0.051^2}=61.25$$

$$d=(1+\varepsilon_0)E(0.667)\frac{1}{l_w^{2/3}}=(1+0.5)\times 0.667\times\frac{1}{0.98^{\frac{2}{3}}}=1.014$$

将计算出的a、b、c、d之值代入上式，整理可得

$$V_s^2=11-2\,686.4L_s^2-44.47L_s^{\frac{2}{3}}$$

在操作范围内任意取若干L_s值，由上式可算出相应的V_s值，结果列于下表。

L_s，m^3/s	0.001	0.005	0.008	0.01	0.012	0.015
V_s，m^3/s	3.25	3.1	3.01	2.94	2.88	2.77

将以上五条线标绘在同一 V_s - L_s 直角坐标系中，塔板的操作负荷性能图如例 3-1 附图所示。将设计点(L_s，V_s)标绘在图中，如 P 点所示，由原点 O 及 P 作操作线 OP。操作线交严重漏液线①于点 A，交过量雾沫夹带线②于点 B。由此可见，此塔板操作负荷上下限受严重漏液线①及过量雾沫夹带线②所控制。分别从图中 A、B 两点读得气相流量的下限 V_{min} 及上限 V_{max}，可求得该塔的操作弹性。

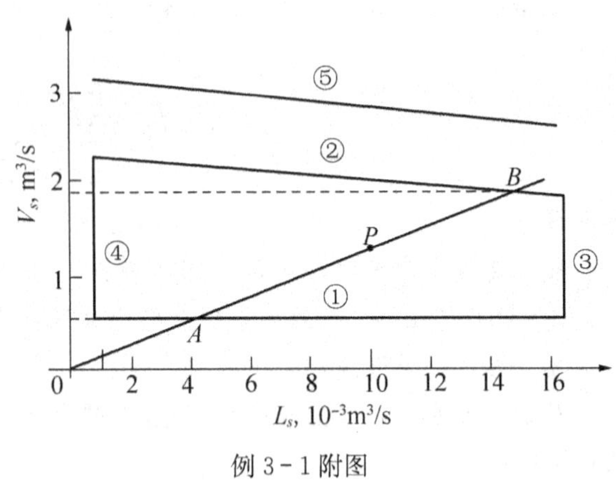

例 3-1 附图

$$操作弹性=\frac{V_{max}}{V_{min}}=\frac{1.905}{0.607}=3.14$$

3.2 填料塔

本节主要讨论填料塔的工艺尺寸计算与流体力学性能，及有关填料塔的结构、填料选用和主要附件的选定等问题，以便了解和掌握填料塔的设计过程。

3.2.1 填料塔的构造及填料的类型与特性

1. 填料塔的结构

图 3-21 为典型的填料塔结构示意图。塔体为一圆形筒体，筒内分有若干层，每层装有一定高度的填料。液体自塔上部进入，通过分布器均匀喷洒于整个塔截面上。在填料层内，液体沿填料表面呈膜状流下。各层填料之间设有液体再分布器，将液体重新均匀分布于塔截面上，再进入下层填料。气体自塔下部进入，通过填料缝隙中的自由空间，从塔顶部排出。离开填料层的气体可能夹带少量雾状液滴，因此，有些塔顶内还装有除沫器。气、液两相以逆流方式在填料塔内进行接触传质。

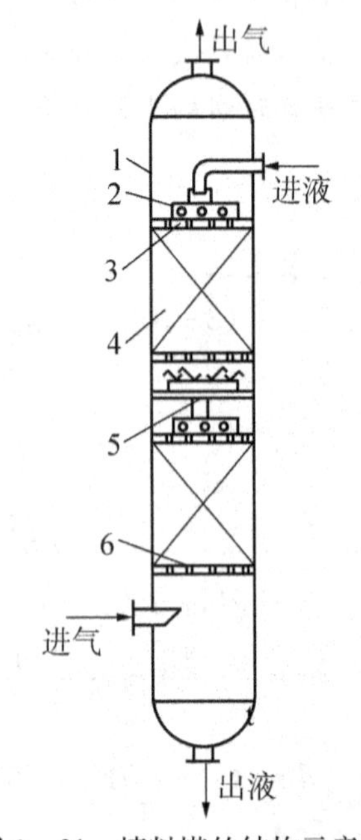

图 3-21 填料塔的结构示意图
1—塔壳体；2—液体分布器；3—填料压板；4—填料；5—液体再分布装置；6—填料支承板

由此可知，填料塔内除填充有填料以提供充分的气液接触面积外，还需要一些必要的构件，如填料支承板、液体分布器、液体再分布器和液体进出口管。

2. 填料的类型

填料是填料塔的核心构件，它提供了塔内气、液两相接触而进行传质或传热的表面，与塔的结构一起决定了填料塔的性能。现代工业填料大体可分为实体填料和网体填料两大类，按装填方式又可分为乱堆填料和规整填料。以下分别介绍几种常用的填料类型，如图3-22所示。

(1)乱堆填料

①拉西环。拉西环是一外径与高度相等的圆环。由于构造简单、制造容易，曾得到广泛的应用，其流体力学性能及传质规律已有较详细的研究。由于其存在较严重的塔壁偏流和沟流现象，传质效率很低。

②鲍尔环。鲍尔环加以构造是在拉西环的壁上开两排长方形窗口，被切开的环壁形成叶片，一边与壁相连，另一端向环内弯曲，并在中心处与其他叶片相搭。鲍尔环的构造提高了环内空间和环内表面的有效利用率，使气体阻力降低，液体分布有所改善，提高了传质效果。

③阶梯环。阶梯环是对鲍尔环加以改进而发展起来的新型环形填料。环壁上开有窗口，环内有一层互相交错的十字形翅片，翅片交错45°角。圆筒一端为向外翻卷的喇叭口，其高度约为全高的1/5，而直筒高度为填料直径的一半。由于两端形状不对称，在填料中各环相互呈点接触，增大了填料的孔隙率，使填料的表面积得以充分利用，因此可使压降降低，传质效果提高。

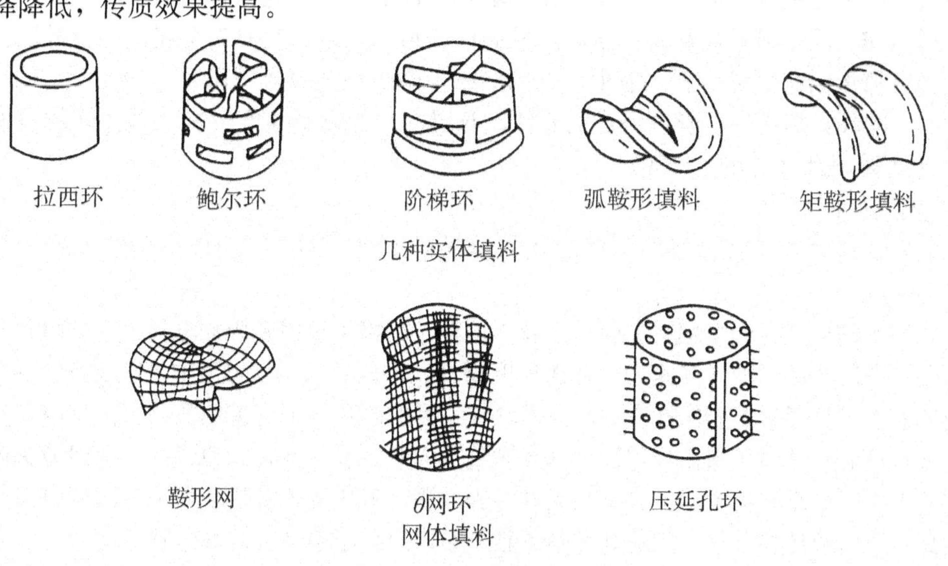

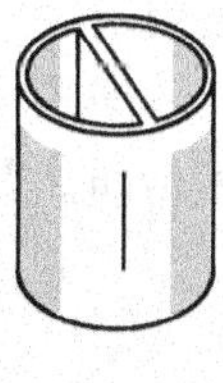
θ环形填料

十字环

金属环矩鞍

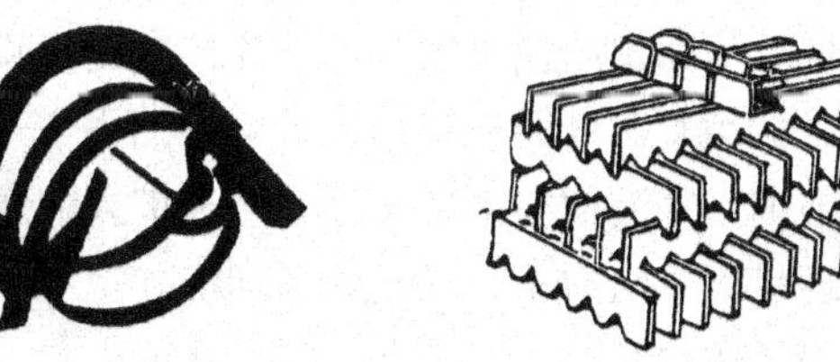
栅条填料

图3-22 几种常用填料

④鞍形填料。鞍形填料主要有弧鞍形填料、矩鞍形填料和环矩鞍填料。

弧鞍形填料：弧鞍形填料的形状如马鞍，结构简单，用陶瓷制成，由于两面是对称结构，在填料中互相重叠，使填料表面不能充分利用，影响传质效果。

矩鞍形填料：可将弧鞍形填料改制成两面不对称、大小不等的矩鞍形填料。它们在填料时不能互相重叠，因此填料表面利用率好，传质效果比相同尺寸的拉西环好。

环矩鞍填料：环矩鞍填料是结合了开孔环形填料和矩鞍形填料的优点而开发出来的新型填料，即将矩鞍环的实体变为两条环形筋，而鞍形内侧成为有两个伸向中央的舌片的开孔环。这种结构有利于流体分布，并增加了气体通道，因而具有阻力小、通量大、效率高的特点。

⑤十字环填料。十字环是由拉西环改进而成，操作时可使塔内压降相对降低，沟流和壁流较少，效率较拉西环高。

⑥θ环形填料：这种填料是由拉西环改进而成，在环的中间有一隔板，增大了填料的比表面积，可用陶瓷、石墨、塑料或金属制成。

⑦网形填料。网形填料主要有θ网环、压延孔环、网形弧鞍和双层网环。

θ网环：θ网环填料由金属丝网做成，由于丝网的毛细作用，使液体能很好地分散，可消除沟流现象。金属丝网一般60～100目、环直径1～6 mm，是一种高效填料。

压延孔环：压延孔环填料是由冲有许多小孔的薄金属片卷成，但冲孔不去掉金属，而使其突出，成为粗糙的表面，有利于液体在填料表面的润湿，是一种高效填料。

网形弧鞍：网形弧鞍填料是由金属丝网做成鞍形的填料，它具有金属丝网分散液体的特点，又有弧形结构的优点。一般由一系列80～100目的金属丝网压成。

双层θ网环：是用双层丝网绕成的θ环，双层网的优点是强度较好，网孔间的表面张力作用更显著，因而润湿性非常好。

(2)规整填料

规整填料是由许多具有相同几何形状的填料单体组成的，它们以整砌的方式装填在塔内。

规整填料的分类：规整填料主要有波纹类填料、栅格类填料及脉冲填料。规整填料可使化工生产的塔压降低，操作气速高，分离程度增加，同时可按人为规定的路径使气液接触，因而使填料在大直径时仍能保持高效率，是填料发展的趋势。但规整填料的造价相应较高。

①波纹填料。波纹填料由许多波纹薄在垂直方向叠加在一起，组成盘状。一般分为网状和实体两大类。由于结构紧凑，具有很大的比表面积，且压降比乱堆填料小，因而空塔气速可以提高。同时液体在填料中的流动不断重新分布，改善了填料表面润湿状况。

②栅格类填料。栅格类填料是最早形成的规整填料，后来经过研究改进开发了多种新型结构。具有气体定向偏射的特点，并且液相呈膜滴结合状态，使液体分散并不断更新界面。

③脉冲填料。脉冲填料是由带缩颈的中空三棱柱填料单元排列成规整填料。一般采用交错收缩堆砌。气液两相流过交替收缩和扩大的通道，产生强烈湍流，从而强化了传质。其特点是处理量大，阻力小，气液分布均匀。

3. 填料的特性

填料性能的几何参数有以下几个：

(1)比表面积

单位体积填料中的填料表面积，以 a_t 表示，单位为 m^2/m^3。填料的比表面积愈大，所提供的气、液传质面积愈大。同一种类的填料，尺寸愈小，其比表面积愈大。

(2)孔隙率

干塔状态时单位体积填料所具有的空隙体积，以 ε 表示，单位为 m^3/m^3。填料的孔隙率大，气、液通过能力大且气体的流动阻力小。

(3)填料因子

填料特性中比表面积与孔隙率的三次方之比 a/ε^3，称为干填料因子，单位为 1/m。填料因子表示填料的流体力学性能。当填料被喷淋的液体润湿后，填料表面被一层液层所覆盖，a 与 ε 均将发生相应的变化，此时 a_t/ε^3 称为湿填料因子，以 ϕ 表示。ϕ 代表实际操作时填料的流体力学特性，所以在作填料塔计算时，应采用液体喷淋条件下实测的湿填料因子。

ϕ 值小，表明流动阻力小，液泛速度可以提高。

表 3-5 及表 3-6 列出几种常用填料的特性数据，供选用时参考。

表 3-5　常用散装填料的特性参数

填料类型	公称直径 D_N，mm	外径×高×厚 $d\times h\times\delta$，mm	比表面积 a_t，m^2/m^3	孔隙率 ε，%	个　数 n，m^{-3}	堆积密度 ρ_p，kg/m^3	填料因子 ϕ，m^{-1}
金属拉西环	25	25×25×0.8	220	95	55 000	640	257
	38	38×38×0.8	150	93	19 000	570	186
	50	50×50×1.0	110	92	7 000	430	141
金属鲍尔环	25	25×25×0.5	219	95	51 940	393	255
	38	38×38×0.6	146	95.9	15 180	318	165
	50	50×50×0.8	109	96	6 500	314	124
	76	76×76×1.2	71	96.1	1 830	308	80
聚丙烯鲍尔环	25	25×25×1.2	213	90.7	48 300	85	285
	38	38×38×1.44	151	91.0	15 800	82	200
	50	50×50×1.5	100	91.7	6 300	76	130
	76	76×76×2.6	72	92.0	1 830	73	92
金属阶梯环	25	25×12.5×0.5	221	95.1	98 120	383	257
	38	38×19×0.6	153	95.9	30 040	325	173
	50	50×25×0.8	109	96.1	12 340	308	123
	76	76×38×1.2	72	96.1	3 540	306	81
塑料阶梯环	25	25×12.5×1.4	228	90	81 500	97.8	312
	38	38×19×1.0	132.5	91	27 200	57.5	175
	50	50×25×1.5	114.2	92.7	10 740	54.8	143
	76	76×38×3.0	90	92.9	3 420	68.4	112
金属环矩鞍	25(铝)	25×20×0.6	185	96	101 160	119	209
	38	38×30×0.8	112	96	24 680	365	126
	50	50×40×1.0	74.9	96	10 400	291	84
	76	76×60×1.2	57.6	97	3 320	244.7	63

表 3-6 常用规整填料性能参数

填料类型	型号	理论板数 N_T，1/m	比表面积 a_t，m^2/m^3	孔隙率 ε，%	液体负荷 U，$m^3/(m^2 \cdot h)$	最大 F 因子 F_{max}，m/s $(kg/m^3)^{0.5}$	压降 Δp，MPa/m
金属孔板波纹填料	125Y	1～1.2	125	98.5	0.2～100	3	2.0×10^{-4}
	250Y	2～3	250	97	0.2～100	2.6	3.0×10^{-4}
	350Y	3.5～4	350	95	0.2～100	2.0	3.5×10^{-4}
	500Y	4～4.5	500	93	0.2～100	1.8	4.0×10^{-4}
	700Y	6～8	700	85	0.2～100	1.6	4.6×10^{-4}～6.6×10^{-4}
	125X	0.8～0.9	125	98.5	0.2～100	3.5	1.3×10^{-4}
	250X	1.6～2	250	97	0.2～100	2.8	1.4×10^{-4}
	350X	2.3～2.8	350	95	0.2～100	2.2	1.8×10^{-4}
金属丝网波纹填料	BX	4～5	500	90	0.2～20	2.4	1.97×10^{-4}
	BY	4～5	500	90	0.2～20	2.4	1.99×10^{-4}
	CY	8～10	700	87	0.2～20	2.0	4.6×10^{-4}～6.6×10^{-4}
塑料孔板波纹填料	125Y	1～2	125	98.5	0.2～100	3	2×10^{-4}
	250Y	2～2.5	250	97	0.2～100	2.6	3×10^{-4}
	350Y	3.5～4	350	95	0.2～100	2.0	3×10^{-4}
	500Y	4～4.5	500	93	0.2～100	1.8	3×10^{-4}
	125X	0.8～0.9	125	98.5	0.2～100	3.5	1.4×10^{-4}
	250X	1.5～2	250	97	0.2～100	2.8	1.8×10^{-4}
	350X	2.3～2.8	350	95	0.2～100	2.2	1.3×10^{-4}
	500X	2.8～3.2	500	93	0.2～100	2.0	1.8×10^{-4}

4. 填料的选用

对塔内填料的一般要求是：具有较大的比表面积和较高的孔隙率，较低的压降，较高的传质效率；操作弹性大、性能稳定，能满足物系的腐蚀性、污堵性、热敏性等特殊要求；填料强度高，便于塔的检修，经济合理。选择填料时除了要考虑选择合适的填料类型以外，还需要考虑的问题是：

(1)材料

用于制成填料的材料，常用的有塑料、陶瓷、金属(不锈钢、普通钢、有色金属等)和石墨等。如设备的操作温度较低(一般不超过 100℃)，可考虑用塑料填料，塑料具有价格低廉、性能稳定、耐腐蚀等优点，但塑料易变形，且表面的润湿性较差。陶瓷填料一般用于腐蚀性介质，尤其可以耐高温，但较易破碎。金属填料可耐高温，坚固耐用，但不耐腐蚀；若用不锈钢材料制成，可用于腐蚀性物料，但价格昂贵。

(2)填料尺寸

填料的尺寸大，则比表面积小，允许的气速大，压降低，生产能力大，但塔的效率低，此外还易产生壁流现象。故应注意所选填料必须使塔径与填料直径之比 D/d 在 10 以上，对拉西环要求 $D/d>20$，鲍尔环 $D/d>10$，鞍形环 $D/d>15$。

3.2.2 填料塔的流体力学性能

填料塔的流体力学性能主要包括填料层的持液量、气体通过填料层的压强降、液泛及填料的润湿性能等。

1. 填料层的持液量

填料层的持液量指的是单位体积填料层内在填料表面和填料空隙中所积存的液体量，通常以“m^3 液体/m^3 填料”表示。总持液量 H_t 包括静持液量 H_s 和动持液量 H_c 两部分，即

$$H_t = H_s + H_c$$

静持液量为气、液两相停止对塔供料后，经适当时间排掖，直至无液滴时积存于填料层中的液体量。显然，静持液量与气、液相流量无关，仅取决于填料与液体的特性。动持液量为气、液两相停止对塔供料瞬间起所流出的液体量，它与填料、液体特性及气、液负荷有关。

适量的持液量对填料塔操作的稳定性与传质均有利，但持液量过大，将会导致填料层的压强降增大，填料塔的生产能力降低。填料层的持液量通常由实验测定或利用经验公式估算。

2. 气体通过填料层的压强降与液泛

填料塔内气、液两相一般为逆流流动。液体从塔顶喷淋下来，依靠重力在填料表面作膜状流动，液膜与填料表面的摩擦及液膜与上升气体的摩擦构成了液膜流动的阻力，引起填料层的压强降。

图 3-23 所示为空塔气速 u 与单位填料层高度压强降($\Delta p/Z$)的变化关系。由图可见，当无液体喷淋，即喷淋量 $L_0=0$ 时，干填料的 $\Delta p/Z-u$ 关系为直线(图中 0 线所示)，其斜率为 1.8～2.0。有液体喷淋到填料表面时，填料层的一部分空间被液体所占据，气体通道截面积随之减少，在相同的气速下，通过填料层的压强降增大。在一定喷淋量($L=L_1$)下，当气速低于 A_1 点所对应的气速时，液体沿填料面的流动受逆向气流的拦截作用很小，填料持液量基本不变，$\Delta p/Z-u$ 关系与干填料的曲线几乎平行。当到达 A_1 点所对应的气速后，随着气速增大，液体受逆向气流的拦截作用开始明显，持液量随气速的增大而增加，气流的通道截面积减小，压强降随空塔气速有较大的增加，$\Delta p/Z-u$ 关系曲线斜率增大(远大于 2)。习惯上把转折点 A_1 称为“载点”，相对应的气速称为载点气速。当气速继续增大到 B_1 时，通过填料层的压降急剧增大，并产生强烈振动，$\Delta p/Z-u$ 关系曲线斜率可达 10 以上。这种情况下将会产生填料塔的液泛现象，习惯上把 B_1 称为“泛点”，相对应的气速称为泛点气速。液泛时，气体经填料层的压强降增大到液体不能靠重力沿填料表面流下而累积在填料上，因此填料塔不能在液泛下操作。

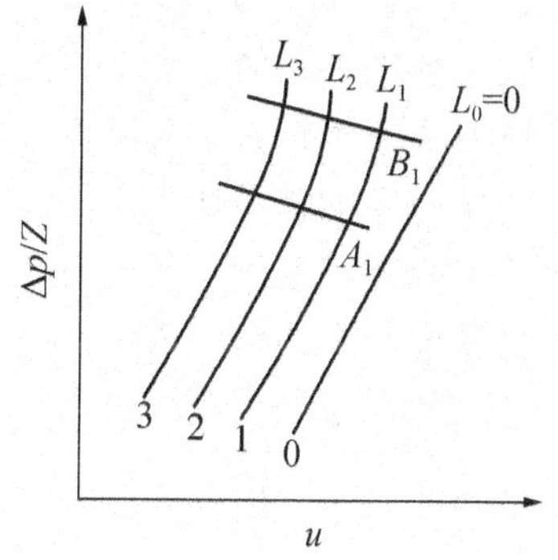

图 3-23 压强降($\Delta p/Z$)与空塔气速 u 的关系

液体的喷淋量不同，压强降随速度的变化过程相类似，参见图 3-23(L_2 与 L_3)。综上所述，$\Delta p/Z-u$ 关系曲线大体可分为三个区域：

①恒持液流量区(点 A_1 以下)。$\Delta p/Z-u$ 关系曲线在干填料的曲线左侧，二者几乎平行。填料表面持液量恒定。

②载液区(点 A_1 与点 B_1 之间)。$\Delta p/Z-u$ 关系曲线斜率大于 2。填料表面液膜层逐渐增厚，持液量增加。

③液泛区(点 B_1 以上)。$\Delta p/Z-u$ 关系曲线斜率可达 10 以上。液体几乎充满填料层中的空隙。

应当指出，有时实测出的 $\Delta p/Z-u$ 关系曲线载点与泛点并不明显，线的斜率是逐渐变化的，故上述三个区域之间并无截然的界限。

气体通过填料层的空塔速度应介于载点气速和泛点气速之间。在填料塔的计算中，通常以泛点气速作为上限限定。影响泛点气速的因素有如下方面：

①填料的特性。实践表明，填料因子 ϕ 愈小，液泛速度愈大。对于同一类型、同一材质而不同尺寸的填料，填料因子 ϕ 取决于填料的比表面积 σ 和孔隙率 ε；但对于不同类型的填料，填料因子 ϕ 主要取决于填料的几何形状特征。

②流体的物性。流体的物性主要指液体密度 ρ_L、气体密度 ρ_V 和液体粘度 μ_L 等。因液体靠自身重力下流，液体密度愈大，泛点气速愈高；气体密度愈大，则同一气速下对液体的阻力也愈大；液体粘度愈大，则填料表面对液体的阻力愈大，流动阻力增大，使得泛点气速降低。

③液气比。液气比 W_L/W_G 愈大，则泛点气速愈小。因为在其他因素一定时，随着喷淋量的增大，填料层的持液量增加而孔隙率减少，使得开始发生液泛的空塔速度变小。

3. 填料的润湿性能

在填料塔中，气、液两相的传质主要是在填料表面流动的液膜上进行。因此，液体能否成膜取决于填料表面的润湿性能。

对于一定的物系在一定的操作条件下，填料的润湿性能由其材质、表面形状及装填方式所确定。能被液体润湿的材质、不规则的表面形状及乱堆的装填方式，都有利于用较少的液体获得较大的润湿表面，且液膜在不规则的乱堆填料表面湍动，不断更新，将大大提高相间的传质速率。

3.2.3 填料塔的计算

1. 塔径的计算

塔径的计算公式：

$$D=\sqrt{\frac{4V_s}{\pi u}} \tag{3-38}$$

式中，V_s——气体体积流量，m^3/s；

u——适宜的空塔气速，m/s。

塔径的计算主要分为确定空塔气速，计算塔径 D 和塔径校核三个步骤。

(1)适宜空塔气速 u 的确定

计算填料塔的塔径时，首先要确定适宜的空塔气速 u。生产经验表明，填料塔适宜的空塔气速一般为液泛气速 u_f 的(0.5～0.85)倍，即

$$u=(0.5\sim 0.85)u_f \tag{3-39}$$

适宜气速的选择应考虑物系的气泡性及填料类型，易起泡的物系应取较低的气速，不易产生气泡的物系可取较大值。填料的液泛气速 u_f 与填料特性、气液相流体的物性、液

体的喷淋密度等因素有关。液泛气速 u_f 可用埃克特通用关联图(图 3-24)来计算。

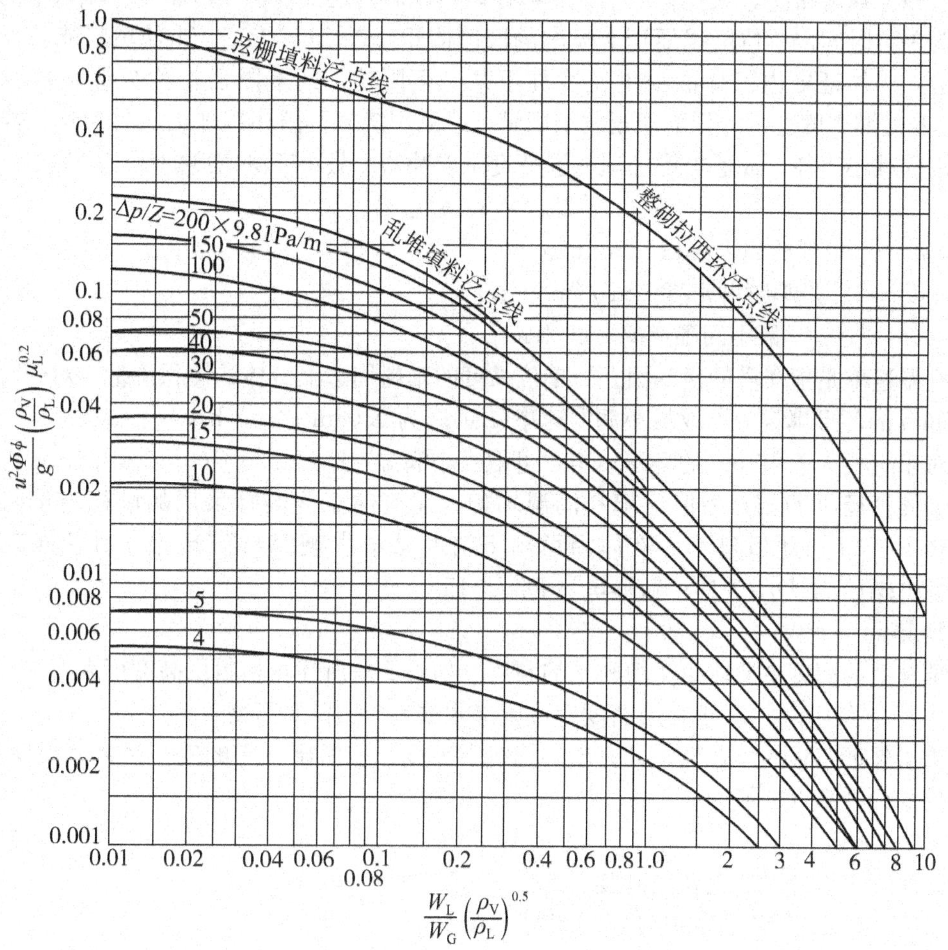

图 3-24 埃克特通用关联图

u—空塔气速，m/s；g—重力加速度，9.81m/s^2；ϕ—填料因子，1/m；Φ—液体密度校正系数，$\Phi=\rho_{水}/\rho_L$；ρ_L，ρ_V—液体、气体的密度，kg/m^3；μ_L—液体的粘度，mPa·s；W_L、W_G—液体、气体的质量流量，kg/s

图 3-24 中横坐标为$\frac{W_L}{W_G}\left(\frac{\rho_V}{\rho_L}\right)^{0.5}$，纵坐标为$\frac{u^2\Phi\phi}{g}\left(\frac{\rho_V}{\rho_L}\right)\mu_L^{0.2}$；最上方有弦栅填料、整砌拉西环及乱堆填料的三条泛点线。若已知气、液两相流量及密度，就可算出图中的横坐标值，由此点作垂线与泛点线相交，再由交点的纵坐标值便可求得液泛气速 u_f。

埃克特通用关联图适用于各种乱堆填料，如拉西环、鲍尔环、弧鞍与矩鞍类填料等。

(2)塔径 D 的计算与圆整

空塔气速确定后，将 V_s 及 u 值代入式(3-38)，便可得到的计算值。计算出的值，还应按压力容器公称直径标准进行圆整，以便于设备的设计和加工制造。如圆整为 400mm，500 mm，600 mm，…，1 000 mm，1 200 mm，1 400 mm，…。

(3)塔径的校核

圆整后的塔径还需作进一步的校核，具体步骤如下：

①核算气速。在新的塔径下算出空塔气速，其值必须符合 $u=(0.5\sim0.85)u_f$。

②核算喷淋密度。在吸收剂用量及塔径确定以后，还要校核喷淋密度。填料塔的喷淋密度为单位时间内单位塔截面积上喷淋的液体体积[$m^3/(m^2\cdot s)$]。为使填料能获得良好的润湿，应保证塔内液体的喷淋密度高于某一下限值。此下限值被称为最小喷淋密度 U_{min}。若喷淋密度过小，可增加吸收剂用量，或采用液体再循环以加大液体流量，或在许可范围内减小塔径，或适当增加填料层高度予以补偿。最小喷淋密度的计算式为

$$U_{min}=(L_W)_{min}a_t \tag{3-40}$$

式中，a_t——填料的比表面积，m^2/m^3；

U_{min}——最小喷淋密度，$m^3/(m^2\cdot s)$；

$(L_W)_{min}$——最小润湿速率，$m^3/(m\cdot s)$。

润湿速率是指在塔的横截面上，单位长度的填料周边上液体的体积流量。对于直径小于75mm的环形填料，可取最小润湿速率 $(L_W)_{min}$ 为 $0.08m^3/(m\cdot h)$；

对于直径大于75mm的环形填料，可取最小润湿速率 $(L_W)_{min}$ 为 $0.12\ m^3/(m\cdot h)$。

③核算径比 D/d。为保证填料润湿均匀，还应注意使实际采用的塔径与填料直径之比在10以上。此值过小，液体沿填料下流时常会出现“壁流”现象。对拉西环要求 $D/d>20$；鲍尔环 $D/d>10$；鞍形填料 $D/d>15$。

2. 塔高

填料塔的高度主要取决于填料层的高度。如第2章所述，填料层高度可表达为

填料层高度=传质单元数×传质单元高度

为了保证工程的可靠性，计算出的填料层高度还应留出一定的安全系数。根据经验，填料层的设计高度一般为

$$Z'=(1.2\sim1.5)Z \tag{3-41}$$

式中，Z'——设计时的填料层高度，m；

Z——工艺计算得到的填料层高度，m。

还需指出，液体沿填料层下流时，有逐渐向塔壁方向集中的趋势而形成壁流效应。壁流效应造成填料层气、液分布不均匀，使传质效率降低。因此，设计得出填料层高度后，每隔一定的填料层高度，需要设置液体收集再分布装置，即将填料层进行分段。对于散装填料，一般推荐的分段高度见表3-7，表中 h/D 为分段高度与塔径之比，h_{max} 为允许的最大填料层高度。

表3-7　散装填料分段高度推荐值

填料类型	h/D	h_{max}，m	填料类型	h/D	h_{max}，m
拉西环	2.5	≤4	阶梯环	8～15	≤6
矩　鞍	5～8	≤6	环矩鞍	8～15	≤6
鲍尔环	5～10	≤6			

塔的总高应为设计填料层高度加上各附属部件的高度以及塔顶、塔底的空间高度。

塔顶空间高度是指塔填料层以上应有足够的高度以使随气流携带的液滴能够从气相分离出来，减少塔顶出口气体中液体夹带，必要时还可安装破沫装置。这段高度为填料层上

方到塔顶封头之间的垂直距离，一般取 1.2～1.5m。

塔底空间高度是指填料层最底部到塔底封头之间的垂直距离。该空间应保证塔底料液维持一定的高度，以达到对塔底进口气体进行液封，防止气体外泄的目的。塔底料液维持高度是依据塔的液相流量和液体在塔底的停留时间确定的，一般可取液体的停留时间 3～5min。此外，塔底液面到填料层底部之间还应留有空间以满足安装进气管的要求，进气管的位置应该在填料层以下约一个塔径的距离，且高于塔底液面 300mm 以上。

3. 压强降的计算

气体通过乱堆填料层的压降 Δp 可用通用关联图(图 3-24)计算。

已知气、液负荷及主要物性，空塔气速与填料特性参数，可计算出关联图中的横坐标 $X=\frac{W_L}{W_G}\left(\frac{\rho_V}{\rho_L}\right)^{0.5}$ 和纵坐标 $Y=\frac{u^2\Phi\phi}{g}\left(\frac{\rho_V}{\rho_L}\right)\mu_L^{0.2}$ 的值，由图中的等压线查得气流通过每米填料层的压降值 $\Delta p/Z$。

气体通过整砌填料层的压降计算，可参阅有关资料。

填料层的总压降等于每米填料层压降乘以填料层的高度。全塔总压降为填料层压降及气体通过各附属部件的压降的总和。根据气体的处理量和塔的总压降，可以计算气体通过填料塔的总能耗，作为选择适宜动力设备的依据。

【例 3-2】 某矿石焙烧炉送出的气体冷却到 20℃后送入填料塔中，用清水洗涤以除去其中的 SO_2。已知入塔的炉气流量为 2400m³/h，其中 SO_2 的摩尔分数为 0.05，要求的吸收率为 98%。洗涤水的消耗量为 70000kg/h，炉气的平均摩尔质量为 32.16kg/kmol。吸收塔为常压操作，采用 50mm×50mm×1.5mm 的聚丙烯塑料鲍尔环以乱堆方式充填。填料层的总体积吸收系数 $K_Ya=146\text{kmol}/(\text{m}^3\cdot\text{h})$，操作条件下的平衡关系近似为 $Y=26.4X$。试计算该填料塔的塔径和填料层高度，并核算总压强降。

解 (1)计算塔径

炉气的质量流量为 $W_G=\frac{2400}{22.4}\times\frac{273}{273+20}\times32.16=3211(\text{kg/h})$

炉气的密度为 $\rho_V=\frac{3211}{2400}=1.338(\text{kg/m}^3)$

20℃清水的密度为 998.2kg/m³，那么

$$\frac{W_L}{W_G}\left(\frac{\rho_V}{\rho_L}\right)^{0.5}=\frac{70000}{3211}\left(\frac{1.338}{998.2}\right)^{0.5}=0.798$$

查图 3-24，得纵坐标 $\frac{u^2\Phi\phi}{g}\left(\frac{\rho_V}{\rho_L}\right)\mu_L^{0.2}=0.027$。由于 $\Phi=\rho_水/\rho_L=1$，20℃水的粘度 $\mu_L=1\text{mPa}\cdot\text{s}$，由表 3-5 可查得，50mm×50mm×1.5mm 的聚丙烯塑料鲍尔环(乱堆)的填料因子 $\phi=130\text{m}^{-1}$，故

$$\frac{u_f^2\times130\times1}{9.81}\times\frac{1.338}{998.2}\times1^{0.2}=0.027$$

可解出泛点速度为 $u_f=1.233\text{m/s}$

取安全系数为 70%，即

$$u=0.7\times1.233=0.863(\text{m/s})$$

故 $$D=\sqrt{\frac{4V_s}{\pi u}}=\sqrt{\frac{4\times 2\,400/3\,600}{\pi\times 0.863}}=0.992(\mathrm{m})$$

圆整塔径，取 $D=1.0\mathrm{m}$，校核

$$\frac{D}{d}=\frac{1\,000}{50}=20>10$$

满足要求。

取 $(L_W)_{\min}=0.08\mathrm{m^3/(m\cdot h)}$，查表 3-5 得 $a_t=100(\mathrm{m^2/m^3})$。

最小喷淋密度为 $$U_{\min}=(L_W)_{\min}a_t=0.08\times 100=8[\mathrm{m^3/(m^2\cdot h)}]$$

操作喷淋密度为 $$U=\frac{70\,000/998.2}{\frac{\pi}{4}\times 1.0^2}=89.33[\mathrm{m^3/(m^2\cdot h)}]>U_{\min}$$

操作空塔速度 $$u=\frac{2\,400/3\,600}{\frac{\pi}{4}\times 1.0^2}=0.849(\mathrm{m/s})$$

安全系数 $$\frac{u}{u_f}=\frac{0.849}{1.233}\times 100\%=68.86\%$$

可见，选用塔径 $D=1\mathrm{m}$ 合理。

(2)填料层高度计算

用传质单元数法计算。

$$Y_1=\frac{y_1}{1-y_1}=\frac{0.05}{1-0.05}=0.052\,6$$

$$Y_2=Y_1(1-\phi_A)=0.052\,6\times(1-0.98)=0.001\,1$$

$$X_2=0(\text{清水}),\quad Y_2^*=0$$

$$V=\frac{2\,400}{22.4}\times\frac{273}{273+20}\times(1-0.05)=94.84(\mathrm{kmol/h})$$

$$L=\frac{70\,000}{18}=3\,889(\mathrm{kmol/h})$$

$$\Omega=\frac{\pi}{4}D^2=\frac{\pi}{4}\times 1^2=0.785(\mathrm{m^2})$$

$$S=\frac{mV}{L}=\frac{26.4\times 94.84}{3\,889}=0.644$$

则，总传质单元高度为

$$H_{OG}=\frac{V}{K_Ya\Omega}=\frac{94.84}{146\times 0.785}=0.828(\mathrm{m})$$

总传质单元数为

$$N_{OG}=\frac{1}{1-S}\ln\left[(1-S)\frac{Y_1-Y_2^*}{Y_2-Y_2^*}+S\right]$$

$$=\frac{1}{1-0.644}\ln\left[(1-0.644)\frac{0.052\,6-0}{0.001\,1-0}+0.644\right]=8.07$$

所以，填料层高度为

$$Z = N_{0G} \cdot H_{0G} = 8.07 \times 0.828 = 6.682(\text{m})$$

设计取填料层高度

$$Z' = 1.35Z = 1.35 \times 6.682 \approx 9(\text{m})$$

由于$Z > h_{max} = 6\text{m}$，故填料层分两段，每段4.5m。

(3)填料层的压强降

横坐标
$$\frac{W_L}{W_G}\left(\frac{\rho_V}{\rho_L}\right)^{0.5} = 0.798$$

纵坐标
$$\frac{u^2 \Phi\phi}{g}\left(\frac{\rho_V}{\rho_L}\right)\mu_L^{0.2} = \frac{0.849^2 \times 130 \times 1}{9.81} \times \frac{1.338}{998.2} \times 1^{0.2} = 0.0128$$

查图3-24得，$\Delta p/Z = 304\text{Pa/m}$，故填料层压强降为

$$\Delta p = 304 \times 9 = 2740(\text{Pa})$$

3.2.4 填料塔的附属装置

填料塔的主要附属装置有填料支承板、液体分布装置、液体再分布装置以及除雾器等。填料塔附属装置的选型和设计对于保证塔的正常操作及性能发挥至关重要，下面介绍几种常用的附属结构。

1. 填料支承装置

填料支承结构是用于支承塔内填料及其所持有的气体和液体重量的装置。对填料支承板的基本要求是：有足够的强度以支承填料的重量；提供足够的自由截面以使气、液两相流体顺利通过，防止在此产生液泛；有利于液体的再分布；耐腐蚀、易制造、易装卸等。

常用的填料支承板主要有栅板式和升气管式等。图3-25a为栅板式填料支承板，图3-25b为升气管式支承装置。

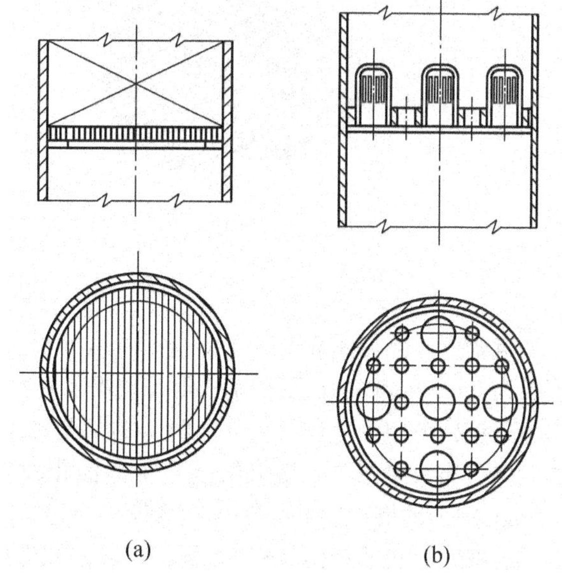

图3-25 填料支承装置

栅板式的支承结构较为常用，通常由竖立的扁钢制成。为防止填料从栅板条间的间隙落下，在装填料前，可先在栅板面上覆盖一层孔眼小于填料直径的粗金属网，或整砌一层大直径的带隔板的环形填料。

升气管式支承装置是在开孔板上设置一定量的升气管，气体由升气管上升，通过气道顶部的孔及侧面的齿缝进入填料层，而液体则由板上的小孔流下。气、液流道不同，气体流通面积可以很大，特别适用于高孔隙率填料的支承。

2. 液体分布装置

液体分布装置的作用是使液体在塔顶能进行均匀的初始分布，从而提高填料表面的有

效利用率。当液体初始分布不均匀时，将减少填料润湿面积，增加液体沟流和壁流现象，直接影响填料的处理能力和分离效率。选择液体分布装置的原则是：液体分布均匀，自由截面大，操作弹性宽，不易堵塞，装置的部件可通过人孔进行安装拆卸等。

液体分布装置主要有莲蓬头式、盘式、齿槽式及多孔环管式分布器等。莲蓬头式喷洒器具有半球形的外壳，在壳壁上开有许多小孔，液体以一定压力由小孔喷出，均匀地喷洒在填料表面，如图 3-26a 所示。在压力稳定的场合，可以达到较为均匀的喷淋效果，由于喷洒器的尺寸有限，一般只适用于直径 600mm 以下的塔。这种喷洒器结构简单，但小孔容易堵塞。

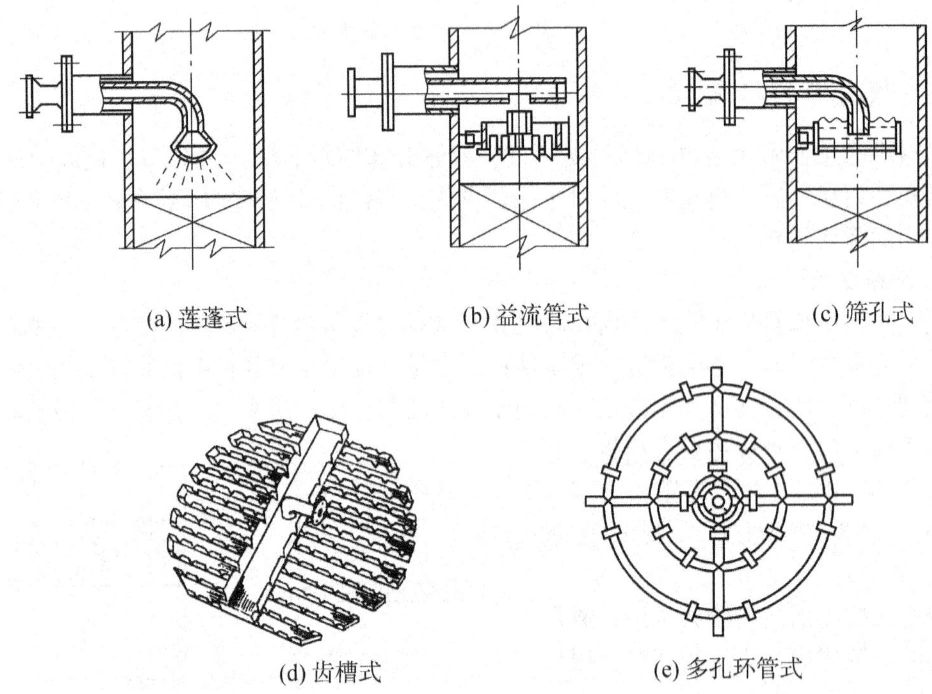

(a) 莲蓬式　(b) 溢流管式　(c) 筛孔式

(d) 齿槽式　(e) 多孔环管式

图 3-26　液体分布装置

盘式分布器如图 3-26b、c 所示，由分布盘和进口管两部分构成。分布盘上开有若干直径为 3～10mm 的筛孔称为筛孔式，或装有直径大于 15mm 的垂直短管称为溢流管式。液体先流到分布盘上，然后通过盘上的筛孔或溢流短管均匀喷洒在整个塔截面上。筛孔式的液体分布效果好，而溢流管式自由截面积较大且不易堵塞。盘式分布器用于直径大于 800mm 以上的塔，基本可保证液体分布均匀，但制造较麻烦。

齿槽式分布器如图 3-26d 所示。液体先经过中间主齿槽流出到下层各条形齿槽作第一级分布，然后再均匀喷洒在填料层上面。这种分布器自由截面积大，不易堵塞，多用于直径较大的填料塔。

多孔环管式分布器如图 3-26e 所示，由多孔圆形盘管及中央进料管组成。这种分布器气体阻力小，特别适用于液量小而气量大的填料塔。

3. 液体再分布装置

填料塔内当液体沿填料层下流时，往往会产生壁流现象，使塔中心填料得不到良好的润湿，减少了气液接触的有效面积。为了克服这种现象，当填料层过高时，应将填料层分段装填，并在塔内每两段填料之间安装液体再分布装置，使液体重新分布。填料层的分段高度与塔径、填料类型、填料尺寸等有关，对于拉西环填料，可为塔径的 2.5～3.0 倍，分段高度为 1.5～4.5m；对于鲍尔环、鞍环及其他新型填料可为塔径的 5～10 倍。若为金属填料，分段高度不宜超过 6m；若为塑料填料，分段高度不宜超过 4.5m。此外，规整填料的分段高度可大于同类乱堆填料的分段高度。

液体再分布器的形式有多种，常用的结构有截锥式再分布器，如图 3－27 所示。截锥式再分布器是一种最简单的液体再分布器，其结构有两种形式，其中(a)型只适用于小塔，截锥直接固定在塔体上($D<600$mm)，截锥上下仍能堆满填料，锥体不占空间；(b)型是在截锥上方加装支承板，要求截锥下方隔一段距离再装填料，需分段卸出填料时可用此型。截锥体与塔壁的夹角一般取 35°～45°，截锥下口直径为(0.7～0.8)D。截锥式再分布器适用于直径 800mm 以下的塔。

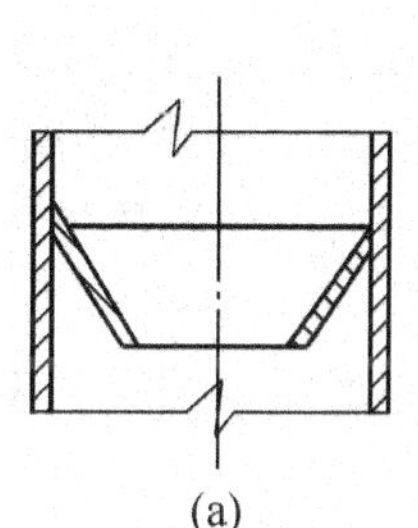
(a)

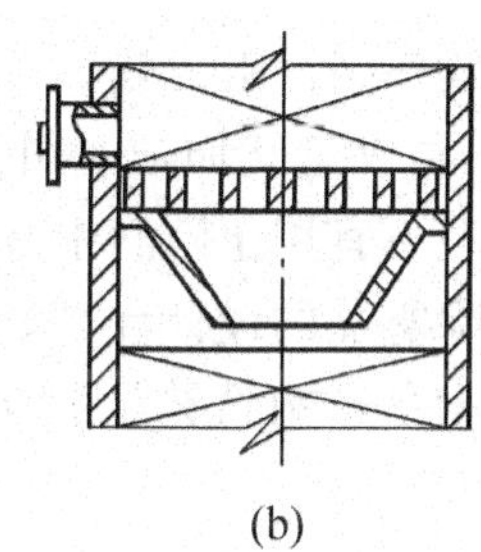
(b)

图 3－27　截锥式再分布器

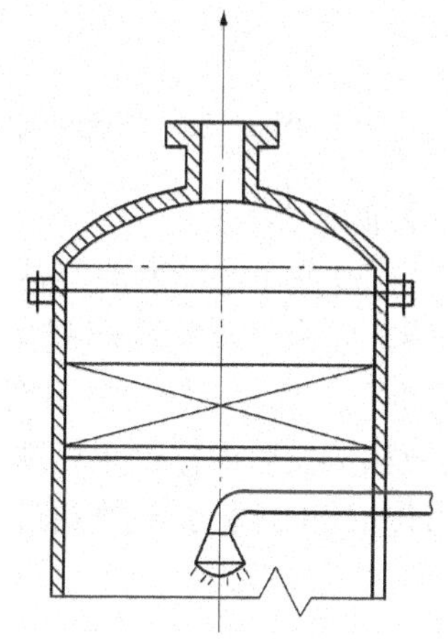
图 3－28　填料除雾器

4. 塔顶除沫装置

穿过填料层的气体有时会夹带液体和雾滴，因此需在塔顶气体排出口前设置除雾沫器，以尽量除去气体中被夹带的液体雾沫，常用的有以下几种。

(1)填料除雾器

即在塔顶气体出口前，再通过一层填料，达到分离雾沫的目的，如图 3－28 所示。填料一般为环形，通常较塔内填料小些，填料的高度根据除沫要求和容许压强来决定。它的除沫效率较高，但阻力较大。

(2)折流板式除雾器

它是利用惯性原理设计的最简单的除雾装置。除雾板由 50mm×50mm×3mm 的角钢组成，板间横向距离为 25mm，如图 3－29 所示。这种除雾器的结构简单、有效，常和塔器构成一个整体，阻力小，不易堵塞，能除去 50μm 以上的雾滴，压力降一般为 50～100Pa。

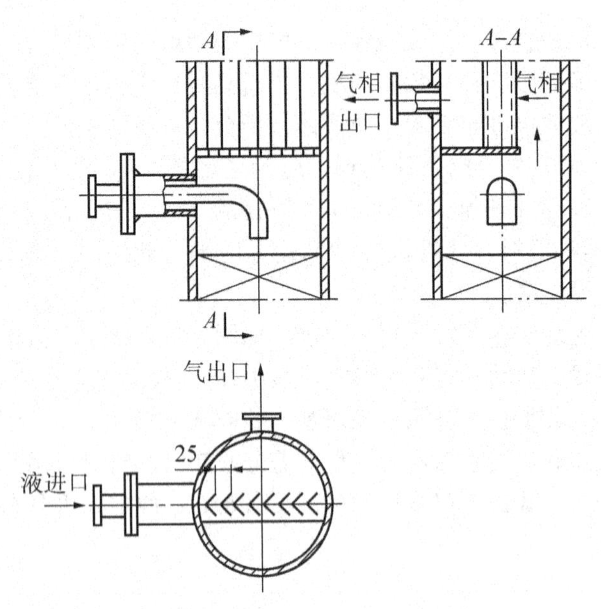

图 3-29 折流板式除雾器

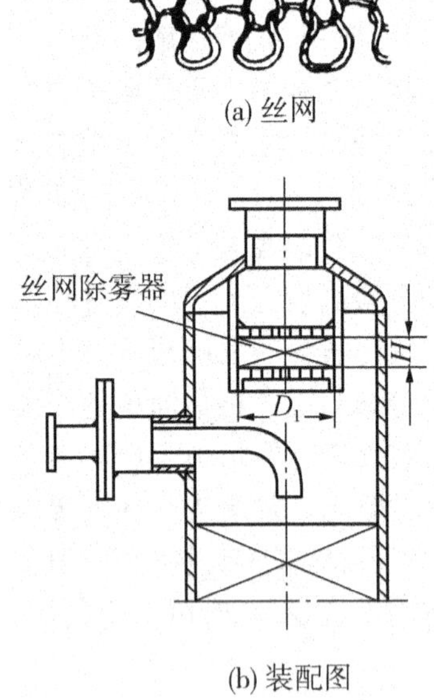

图 3-30 丝网除雾器

(3)丝网除雾器

如图 3-30 所示，丝网除雾器是一种分离效率高，阻力较小，重量较轻，所占空间不大的除雾器。它由金属丝或塑料丝编织成网，卷成盘状而成。可除去大于 5μm 的雾滴，效率可达 98%~99%，压力降不超过 250Pa。但不宜用于液滴中含有或溶有固体物质的场合，以免液相蒸发后固体产生堵塞现象。丝网除雾器的设计计算如下：

①设计气速的计算。气体通过除雾器的速度是影响除雾器是否高效率的重要因素，设计气速可通过下式求出：

$$u = K\sqrt{\frac{\rho_L - \rho_G}{\rho_G}} \tag{3-42}$$

式中，u——气速，m/s；

K——系数，可取 0.08~0.11；

ρ——密度，kg/m^3。

②丝网盘的直径 D_1。丝网盘的直径取决于气体的处理量，可按下式计算：

$$D_1 = \sqrt{\frac{4V_s}{\pi u}} \tag{3-43}$$

其中，V_s——气体处理量，m^3/s。

③丝网层厚度 H 的确定。对于金属丝网，当丝网直径为 0.076~0.4mm，在适宜气速下，丝网层的厚度取为 100~150mm，就能把气体中的绝大部分雾滴分离下来；当合成纤维丝网直径为 0.005~0.03mm 时，丝网厚度一般取 50mm。

习　题

1. 本题附图所示为某塔的负荷性能图，A点为操作点，试根据此图

(1)确定塔板的气、液负荷；

(2)计算塔板的操作弹性；

(3)判断塔板的操作上、下限各为什么控制。

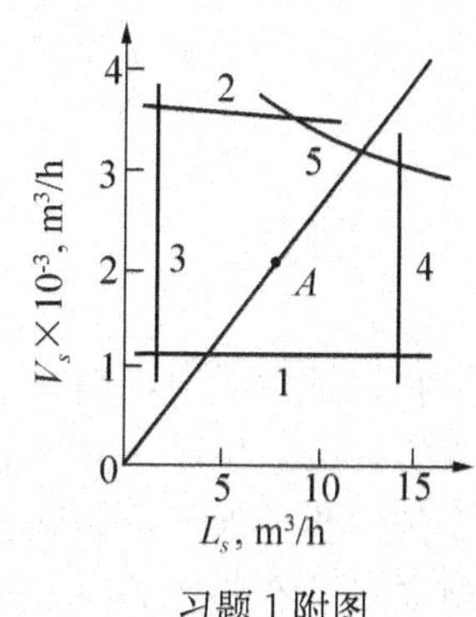

习题1附图

2. 欲采用浮阀塔分离甲醇水溶液。已知操作回流比取1.34时，精馏段需用六块理论塔板完成分离任务。又知：

上升蒸气的平均密度　$\rho_V=1.13kg/m^3$

下降液体的平均密度　$\rho_V=801.5kg/m^3$

上升蒸气的平均流量　$V_s=14600m^3/h$

下降液体的平均流量　$L_s=11.8m^3/h$

下降液体的平均表面张力　$\sigma=20.1mN/m$

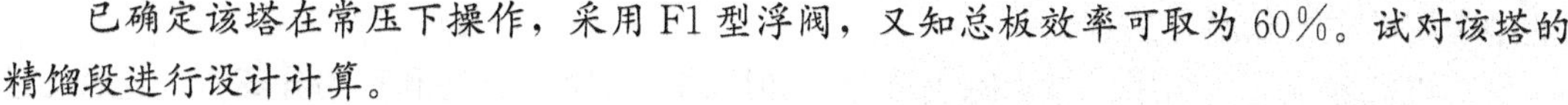

已确定该塔在常压下操作，采用F1型浮阀，又知总板效率可取为60%。试对该塔的精馏段进行设计计算。

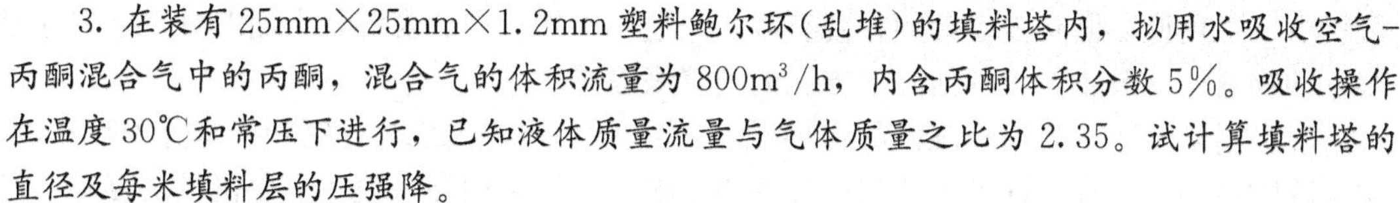

3. 在装有25mm×25mm×1.2mm塑料鲍尔环(乱堆)的填料塔内，拟用水吸收空气-丙酮混合气中的丙酮，混合气的体积流量为800m^3/h，内含丙酮体积分数5%。吸收操作在温度30℃和常压下进行，已知液体质量流量与气体质量之比为2.35。试计算填料塔的直径及每米填料层的压强降。

思　考　题

1. 常见板式塔有哪几种类型？各有什么特点？
2. 浮阀塔的设计参数主要有哪些？各对操作有何影响？
3. 填料塔的设计参数主要有哪些？各对操作有何影响？
4. 塔板溢流类型有几种？应如何选择？
5. 溢流堰的主要作用是什么？
6. 通常塔板布置分几个区域？各区域的作用如何？
7. 气体通过浮阀塔板的阻力由几部分组成？应如何计算？
8. 常见板式塔操作不正常现象有哪几种？如何进行控制？
9. 操作负荷性能图由哪几条线组成？各条线的具体名称如何？
10. 板间距、降液管面积、塔径及上升气速各对操作负荷性能图有何影响？
11. 填料有哪些主要类型？各有什么特点，应如何选择填料？
12. 填料塔的流体力学性能包括哪些方面？对填料塔的传质过程有何影响？

4 干 燥

4.1 概述

在日常生活中，粮食必须晒干才能便于加工和贮藏，洗干净的衣服也必须晒干才能方便保管。工业生产中同样如此，有些物料必须将其中湿分(水分或化学溶剂)除去，才能有利于进一步的加工，如聚氯乙烯的含水量应低于0.2%，否则在其制品上会有气泡生成而影响质量；有些产品则必需除去其中的湿分，才便于贮存和运输。工业上常把固体原料、半成品和成品中含有的水分或化学溶剂除去的过程简称为除湿。除湿的方法很多，化学工业中常用的主要除湿方法有：

①机械除湿法。利用机械力除去湿分，如压榨、沉降、过滤和离心分离等。这种方法能耗少、费用低，但除去湿分的程度有限。仅适用于物料初始含湿量大而湿分又不需除至很小的物料，一般还作为其他除湿方法的前置级除湿。

②吸附除湿法。利用吸湿性的物料(如硅胶、活性炭、无水氯化钙和某些分子筛等)吸附去除物料中的湿分。这种方法只能除去少量湿分，且费用高，设备也比机械法复杂。仅适用于小批量固体物料的除湿或用于去除气体中的水分。

③热能除湿法。利用热能使湿物料中的湿分汽化，并排出生成的蒸汽。这种方法可以使物料的含水量达到很低的程度，但能耗较多，生产费用比机械法高，设备也比机械法复杂。为节省能源，工业上往往联合使用机械除湿和热能除湿操作，即先用比较经济的机械方法尽可能除去湿物料中大部分湿分，然后再利用热能除湿法继续除湿，以获得湿分符合规定的产品。

工业上将利用加热方法使水分或其他溶剂汽化，从而除去固体物料中湿分的操作称为固体干燥，简称干燥。

通常，干燥操作按下列方法分类：

①按操作压强分为常压干燥和真空干燥。真空干燥适用于处理热敏性及易氧化的物料，或要求成品中含湿量低的场合。

②按操作方式分为连续操作和间歇操作。连续操作具有生产能力大、产品质量均匀、热效率高以及劳动条件好等优点。间歇操作适用于处理小批量、多品种或要求干燥时间较长的物料。

③按传热方式分为传导干燥、对流干燥、辐射干燥、介电加热干燥以及由上述两种或多种方式组合的联合干燥。

化学工业中常采用连续操作的对流干燥，通常使用的干燥介质为不饱和热空气，被除去的湿分多为湿物料中的水分。本章仅以此作为讨论对象，学习物料干燥的机理及其设备的选用与设计。然而，作为干燥介质还可用烟道气或某些惰性气体，被除去的湿分有可能是各种化学溶剂。这些系统的干燥原理与空气-水系统完全相同。

应该指出，在对流干燥过程中，干燥介质即热空气将热量传至物料表面，再由物料表面传至物料内部，这是一个传热过程；而湿物料获得热量，其水分由物料内部以液态或气态形式扩散到物料表面，然后水汽通过物料表面的气膜扩散至热气流主体，这是一个传质过程。可见，物料的干燥过程实质属于传热和传质相结合的过程，通常采用的干燥介质为湿空气，所除去的湿分为水分。

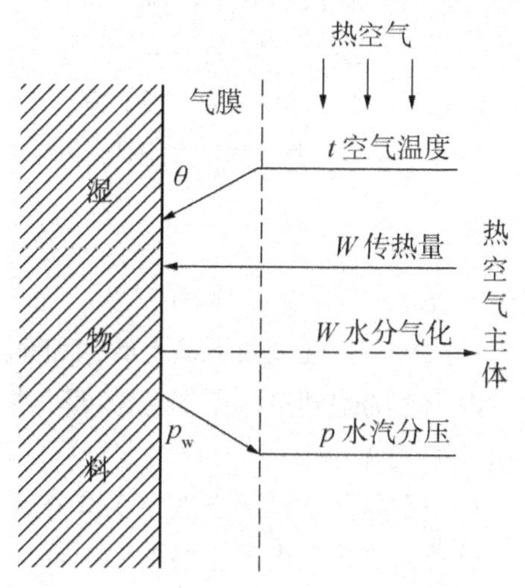

图 4-1 热空气与湿物料间的传热和传质

如图 4-1 所示，为使干燥过程能够进行，必须使被干燥物料表面所产生的蒸气分压 p_w 大于干燥介质中水蒸气分压 p，压强差 (p_w-p) 愈大，干燥过程进行得愈快。因此干燥介质应及时将汽化出来的水汽带走，以保持一定的汽化水分的推动力。一般干燥介质的温度 t 大于湿物料温度 θ，$(t-\theta)$ 愈大，即传热推动力愈大，越有利于物料中的水分汽化。由此可见，干燥介质既是载热体也是载湿体。

4.2 湿空气的性质及湿度图

4.2.1 湿空气的性质

湿空气是干空气和水汽的混合物。在对流干燥过程中，将湿空气预热为热空气后与湿物料进行热量和质量交换，湿空气既是载热体也是载湿体。为便于讨论，应先了解湿空气的性质。

下面就湿度、相对湿度、比体积、比热容、焓、湿球温度和露点温度等各状态参数的物理意义及其相互关系进行说明。需指出的是，由于干燥操作前后，湿空气中绝干空气的质量没有变化，故湿空气各种有关性质通常以 1kg 绝干空气为基准。

1. 湿度(湿含量) H

湿度(湿含量) H 的定义为：湿空气中所含水汽的质量与绝干空气的质量之比，即

$$H=\frac{\text{湿空气中水汽的质量}}{\text{湿空气中绝干气的质量}}=\frac{n_vM_v}{n_gM_g}=\frac{18n_v}{29n_g}$$

式中，H——湿空气的湿度，kg 水汽/kg 绝干气(后面讨论中略去单位中“水汽”两字)；

M——摩尔质量，kg/kmol；

n——物质的量，kmol。

(下标 v 表示水蒸气，g 表示绝干气)

常压下湿空气可视为理想混合气体，将道尔顿分压定律 $\frac{n_v}{n_g}=\frac{p_v}{p_g}=\frac{p_v}{p-p_v}$ 代入定义式，可得

$$H = 0.622\frac{p_v}{p - p_v} \tag{4-1}$$

式中，p_v——水汽的分压，Pa 或 kPa；

p——总压，Pa 或 kPa。

由式(4-1)可见，湿空气的湿度是总压 p 和水汽分压 p_v 的函数。

当 $p_v = p_s$ 时表示该空气温度下湿空气呈饱和状态，相应湿度称为饱和湿度，即

$$H_s = 0.622\frac{p_s}{p - p_s} \tag{4-2}$$

式中，H_s——湿空气的饱和湿度，kg/kg 绝干气；

p_s——空气温度下纯水的饱和蒸汽压，Pa 或 kPa。

由于水的饱和蒸汽压仅与温度有关，故湿空气的饱和湿度是温度与总压的函数。

2. 相对湿度 φ

在一定总压下，湿空气中水汽分压 p_v 与同温度下水的饱和蒸汽压 p_s 之比称为相对湿度，通常以百分数表示。根据定义可写出

$$\varphi = \frac{p_v}{p_s} \times 100\% \tag{4-3}$$

相对湿度可用来衡量空气的不饱和程度。当 $p_v = 0$ 时，$\varphi = 0$，表示湿空气中不含水分，为绝干空气；当 $p_v = p_s$ 时，$\varphi = 1$，表示湿空气为水汽所饱和，称为饱和空气，这种空气不能用作干燥介质。故由相对湿度可以判断该湿空气能否作为干燥介质，φ 值越小吸湿能力越大。湿度 H 是湿空气中含水汽的绝对值，由湿度不能分辨湿空气的吸湿能力。

将式(4-3)代入式(4-1)，得

$$H = 0.622\frac{\varphi p_s}{p - \varphi p_s} \tag{4-4}$$

在一定的总压和温度下，式(4-4)表示湿空气 H 与 φ 之间的关系。

3. 比体积(湿容积)v_H

在湿空气中，1kg 绝干空气的体积和相应 Hkg 水汽的体积之和称为湿空气的比体积或湿容积。据此定义可写出

$$v_H = \frac{V(\text{m}^3\ \text{绝干空气}) + V(\text{m}^3\ \text{水汽})}{1\text{kg}\ \text{绝干空气}}$$

$$v_H = \left(\frac{1}{29} + \frac{H}{18}\right) \times 22.4 \times \frac{273 + t}{273} \times \frac{1.013 \times 10^5}{p}$$

$$= (0.772 + 1.244H) \times \frac{273 + t}{273} \times \frac{1.013 \times 10^5}{p} \tag{4-5}$$

式中，v_H——湿空气的比体积，m^3 湿空气/kg 绝干气；

t——温度,℃。

4. 比热容(湿热)c_H

常压下将 1kg 绝干空气和其所带有的 Hkg 水蒸气温度升高(或降低)1℃所需(或放出)的热量称为比热容。由定义可写出

$$c_H = c_g + c_v H \tag{4-6}$$

式中，c_H——湿空气的比热容，kJ/(kg 绝干气·℃)；

c_g——绝干空气的比热容，kJ/(kg 绝干气·℃)；

c_v——水汽的比热容，kJ/(kg 水汽·℃)。

在常用的温度范围内，可取 c_g=1.01kJ/(kg 绝干气·℃)及 c_v=1.88kJ/(kg 水汽·℃)，故式(4-6)可写为

$$c_H = 1.01 + 1.88H \tag{4-6a}$$

上式表明，湿空气的比热容仅为湿度的函数。

5. 焓 I

湿空气中 1kg 绝干空气的焓与相应 Hkg 水汽的焓之和称为湿空气的焓。由定义可写出

$$I = I_g + I_v H \tag{4-7}$$

式中，I——湿空气的焓，kJ/kg 绝干气；

I_g——绝干空气的焓，kJ/kg 绝干气；

I_v——水汽的焓，kJ/kg 绝干气。

由于焓是相对值，计算时必须规定基准状态。为简化计算，一般以 0℃为基温，且规定 0℃时绝干空气与液态水的焓值均为零。本章焓的计算均采用这种规定，后面不再一一说明。因此，对于温度为 t、湿度为 H 的湿空气，可写出焓的计算式为

$$I = c_g(t-0) + c_v H(t-0) + r_0 H$$

或

$$I = (c_g + c_v H)t + r_0 H \tag{4-7a}$$

式中，r_0——0℃时水的汽化热，其值为 r_0=2 490kJ/kg。

式(4-7a)又可写为

$$I = (1.01 + 1.88H)t + 2\,490H \tag{4-7b}$$

6. 湿空气的温度

(1)干球温度 t

用普通温度计所测得的湿空气温度，称为湿空气的干球温度。它为湿空气的真实温度。

(2)露点 t_d

总压为 p、温度为 t、湿度为 H(或水汽分压为 p_v)的不饱和湿空气在 p、H(或 p_v)不变的情况下进行冷却降温，当出现第一滴液滴时，湿空气达到饱和状态，此时的温度称为露点 t_d；相应的湿度就是露点温度下的饱和湿度 H_{s,t_d}。

湿空气在露点温度下，湿度达到饱和，故 $\varphi=1$，式(4-2)可改写为

$$H_{s,t_d} = 0.622\frac{p_{s,t_d}}{p - p_{s,t_d}} \tag{4-8}$$

式中，H_{s,t_d}——湿空气在露点下的饱和湿度，kg/kg 绝干气；

p_{s,t_d}——露点下水的饱和蒸汽压，kg/kg 绝干气。

式(4-8)也可写为

$$p_{s,t_d} = \frac{H_{s,t_d}\,p}{0.622 + H_{s,t_d}} \tag{4-9}$$

显然，总压一定时，露点仅与空气的湿度有关。若已知总压 p 和湿度 H(等湿冷却 $H=H_{s,t_d}$)，可用式(4-9)求出露点 t_d 下的饱和蒸汽压 p_{s,t_d}，然后由饱和水蒸气表查出相应的温度，即为露点；若已知空气的总压和露点，利用式(4-8)可求出空气的湿度。

露点温度 t_d 对干燥过程是非常重要的。由于露点是空气中有水滴析出时的温度，因此干燥过程中任何与物料接触的气体温度不能低于露点 t_d，特别是干燥器出口至除尘系统这一部分要注意校核 t_d。如果除尘系统温度降至 t_d 以下，所产生的粉尘就会粘结。在生产中除尘系统要保持较 t_d 高 15℃以上的温度。

(3)湿球温度 t_w

将温度计的感温球部分用纱布包裹，纱布下端浸在水中，因毛细管作用，能使纱布保持充分润湿状态，这种温度计称为湿球温度计，如图 4-2 所示。

测定湿球温度 t_w 的机理为：大量不饱和的湿空气(温度 t、水汽分压 p_v、湿度 H)以一定流速(通常大于 5m/s，以减少辐射与传导传热的影响)流过湿球温度计的湿球表面。若开始时湿球上的水温与湿空气的温度 t 相同，空气与湿球上的水之间没有热量传递。但湿球表面水的饱和蒸汽压大于空气中水汽分压 p_v，故有水汽化到空气中去。因而湿球上的水温下降，与空气之间产生温度差，则有热量从空气向湿球传递。因传递的热量尚不足水汽化所需热量，湿球的水温将继续下降，传递热量继续增大。同时，因湿球的水温下降，其表面水的饱和蒸汽压减小，汽化量也随之减少。当空气向湿球传递的热量正好等于湿球表面水汽化所需的热量时，过程达到动态平衡，湿球的水温不再下降，而达到一个稳定的温度。这个动态平衡条件下的稳定温度就是该空气状态(温度 t、湿度 H)下的湿球温度 t_w。

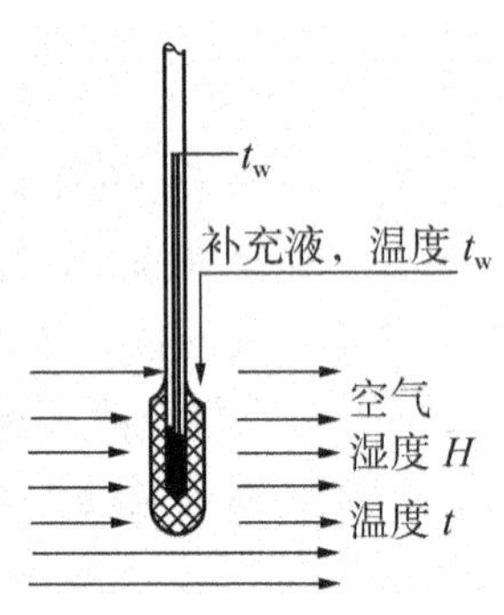

图 4-2　湿球温度的测量

水分由湿球表面向空气主体扩散，与此同时，空气又将热量传给湿球，虽然传热和传质在水分与空气间同时进行，但因空气流量大，因此可以认为湿空气的温度和湿度一直不变，保持在初始温度 t 和湿度 H 的状态下。

当湿球温度计上温度达到稳定时，从空气向湿球表面的对流传热速率为

$$Q=\alpha S(t-t_w) \tag{4-10}$$

式中，Q——传热速率，W；

α——空气主体与湿球表面之间的对流传热系数，W/(m²·℃)；

S——湿球表面积，m²；

t——空气的温度，℃；

t_w——空气的湿球温度，℃。

同时，湿球表面的水汽向空气主体的对流传质速率为

$$N=k_H S(H_{s,t_w}-H) \tag{4-11}$$

式中，N——传质速率，kg/s；

k_H——以湿度差为推动力的对流传质系数，kg/(m²·s·ΔH)；

H_{s,t_w}——湿球温度 t_w 下空气的饱和湿度，kg/kg 绝干气。

单位时间内，从空气主体向湿球表面传递的热量 Q 正好等于湿球表面水汽化带回主体的热量 $N\cdot r_w$，那么

$$\alpha S(t-t_w)=k_H S(H_{s,t_w}-H)r_w$$

整理得

$$t_w=t-\frac{k_H r_w}{\alpha}(H_{s,t_w}-H) \tag{4-12}$$

式中，r_w——湿球温度 t_w 下水汽的汽化热，kJ/kg。

实验表明，一般情况下，上式中的 k_H 与 α 均与空气速度的 0.8 次幂成正比，故可认为二者比值与气流速度无关，对于空气-水蒸气系统而言，$\alpha/k_H=1.09$。

由式(4-12)可知，湿球温度 t_w 是湿空气温度 t 和湿度 H 之间的函数。当湿空气的温度一定时，不饱和湿空气的湿球温度总低于干球温度，空气的湿度越高，湿球温度越接近于干球温度，当空气为水汽所饱和时，湿球温度等于干球温度。在一定的总压下，只要测出湿空气的干、湿球温度，就可用式(4-12)算出空气的湿度。

(4)绝热饱和温度 t_{as}

空气与足量的水在等压绝热条件下相接触达到饱和状态时的平衡温度，称为绝热饱和温度。

如图 4-3 所示，有一定流量的不饱和湿空气(温度为 t、湿度为 H)连续流过绝热饱和器，开始时与大量温度为 t 的循环喷洒水充分接触。由于水滴表面的水汽分压高于空气中的水汽分压，水向空气中汽化，水温开始降低，与空气之间产生温度差，故有热量从空气向水传递。因传递的热量不够水汽化所需热量，水温将继续下降，直到水温降至稳定值 t_{as}；这时空气温度也由 t 降至与水相同的温度 t_{as}，空气与水之间达到了静态平衡而排出饱和器。t_{as}则为绝热饱和温度，与之相应的湿度称为饱和湿度 H_{as}。后来进入饱和器的湿空气都将与温度为 t_{as}的大量循环水充分接触，在绝热条件下降温增湿，而水向空气汽化。空气降温放出的热量全部供水进行汽化，又回到空气中。在空气从进口到出口的绝热降温增湿过程(绝热饱和过程)中，其焓值基本上没有变化，可视为等焓过程。因此，以单位绝干空气为基准的热量衡算式为

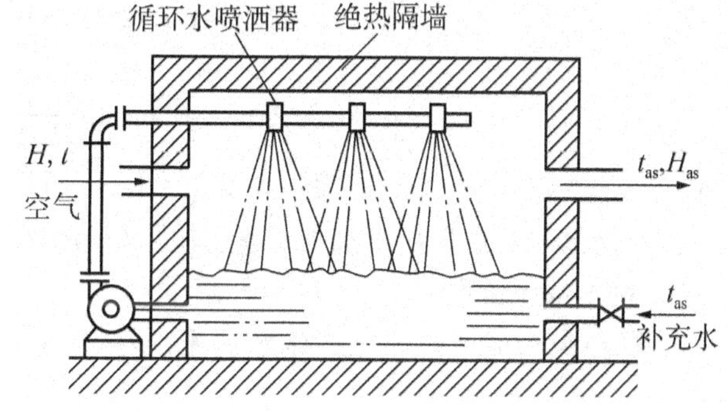

图 4-3　绝热饱和器

$$c_H(t-t_{as})=(H_{as}-H)r_{as} \tag{4-13}$$

式中，r_{as}——温度为 t_{as}时水的汽化潜热，kJ/kg。

整理得

$$t_{as}=t-\frac{r_{as}}{c_H}(H_{as}-H) \tag{4-14}$$

式中，r_{as}、H_{as}是 t_{as}的函数，c_H 是 H 的函数。绝热饱和温度 t_{as}是湿空气初始温度 t 和湿度 H 的函数，它是湿空气在绝热冷却、增湿过程中达到的极限冷却温度。在一定的总压下，只要

测出湿空气的初始温度和绝热饱和温度 t_{as} 就可用式(4-14)求出湿空气的湿度 H。

应该指出，上述湿球温度 t_w 和绝热饱和温度 t_{as} 都是湿空气 t 和 H 的函数，并且对空气-水物系，二者数值近似相等，但它们分别由两个完全不同的概念求得。湿球温度 t_w 是大量空气与少量水接触，水的温度稳定；而绝热饱和温度 t_{as} 是大量水与少量空气接触，空气达到饱和状态时的稳定温度与大量水的温度相同。少量水达到湿球温度 t_w 时，空气与水之间处于热量传递和水汽传递的动态平衡状态；而少量空气达到绝热饱和温度 t_{as} 时，空气与水的温度相同，处于静态平衡状态。

可见，表示湿空气性质的特征温度，有干球温度 t、露点 t_d、湿球温度 t_w 及绝热饱和温度 t_{as}。对于空气-水物系，$t_w \approx t_{as}$，并且有如下关系：

不饱和湿空气　　$t > t_w > t_d$

饱和空气　　$t = t_w = t_d$

【例 4-1】 常压下湿空气的温度为 30℃，湿度为 0.025 6kg/kg 绝干气，试求出湿空气的(1)露点 t_d；(2)绝热饱和温度 t_{as}；(3)湿球温度 t_w。

解 (1)露点 t_d

由于是等湿冷却，$H = H_{s,t_d} = 0.0256$kg/kg 绝干气，由式(4-8)可求出露点温度下的饱和蒸汽压

$$H_{s,t_d} = 0.622 \times \frac{p_{s,t_d}}{p - p_{s,t_d}}$$

$$0.0256 = 0.622 \times \frac{p_{s,t_d}}{101.3 - p_{s,t_d}}$$

解得 $$p_{s,t_d} = 4.004(\text{kPa})$$

查出此饱和蒸汽压所对应的温度为 28.7℃，故露点 $t_d = 28.7$℃。

(2)绝热饱和温度 t_{as}

利用式(4-14)可求出绝热饱和温度，即

$$t_{as} = t - \frac{r_{as}}{c_H}(H_{as} - H)$$

由于 H_{as} 是 t_{as} 的函数，计算时需用试差法。其计算过程为

①设 $t_{as} = 29.21$℃。

②用式(4-2)求 t_{as} 温度下的饱和湿度 H_{as}，即

$$H_{as} = 0.622\frac{p_{as}}{p - p_{as}}$$

查得 29.21℃时水的饱和蒸汽压为 $p_{as} = 4.054$kPa，汽化潜热为 2 425.5kJ/kg，故

$$H_{as} = 0.622 \times \frac{4.054}{101.3 - 4.054} = 0.02593(\text{kg/kg 绝干气})$$

③由式(4-6a)求出 c_H，即

$$c_H = 1.01 + 1.88H = 1.01 + 1.88 \times 0.0256 = 1.058[\text{kJ/(kg} \cdot ℃)]$$

④代入式(4-14)核算 t_{as}，即

$$t_{as} = 30 - \frac{2425.5}{1.058}(0.02593 - 0.0256) = 29.24(℃)$$

与假设 $t_{as} = 29.21$℃接近，可以接受。

(3)湿球温度 t_w

利用式(4-12)可求出湿球温度，即

$$t_w = t - \frac{k_H r_w}{\alpha}(H_{s,t_w} - H)$$

由于 H_{s,t_w} 是 t_w 的函数，同计算 t_{as} 一样，计算时需用试差法。其计算过程为：

①设 t_w=29.21℃。

②已查得 29.21℃时水的汽化潜热为 2 425.5kJ/kg，且前面已求出 29.21℃时湿空气的饱和湿度为 0.025 93kg/kg 绝干气。

③对于空气-水系统而言，α/k_H=1.09。

④代入式(4-12)核算 t_w，即

$$t_w = 30 - \frac{2\,425.5}{1.09} \times (0.025\,93 - 0.025\,6) = 29.26(℃)$$

与假设 t_w=29.21℃接近，可以接受。

计算结果表明，对于空气-水系统，$t_{as}=t_w$。

从上述计算也可看出，只要已知湿空气的任何两个相互独立的参数，湿空气的其他参数均可求出。

4.2.2 湿度图(H-I 图)及其应用

湿空气的各项参数 p、t、φ、H、I、t_d、$t_w(t_{as})$，在一定总压下，只要规定其中两个相互独立的参数，湿空气的状态即可确定。在干燥过程中，需要知道湿空气的某些参数，用公式计算比较繁琐，而且有时还需用试差法求解，如例 4-1 的计算。工程上为了方便起见，将湿空气各参数间的关系绘在坐标图上，只要知道湿空气任意两个独立参数，就可从图上查出其他参数。常用的有湿度-焓($H-I$)图、温度-湿度($t-H$)图等，其中 $H-I$ 图应用较广，本书仅介绍 $H-I$ 图。

1. $H-I$ 图的组成

湿空气的 $H-I$ 图如图 4-4 所示，该图是在总压力 p=101.3kPa 下，以湿空气的焓为纵坐标，湿空气的湿度为横坐标绘制的。图中纵、横坐标相交于 135℃，主要为了使得图中各曲线分散开，提高读图的准确度。同时为了便于读图及节省图的图幅，将斜轴上的读数投影在与纵轴相交 90℃的辅助水平轴上。

湿空气的 $H-I$ 图由下述 5 种线组成：

(1)等湿度线(等 H 线)

等湿度线是一组与纵轴平行的直线，读数范围为 0～0.2 kg/kg 绝干气。

(2)等焓线(等 I 线)

等焓度线是一组平行于横轴(斜轴)的直线，读数在辅助水平轴上读得。读数范围为 0～680kJ/kg 绝干气。

(3)等干球温度线(等 t 线)

将式(4-7b)写成为

$$I = 1.01t + (1.88t + 2\,490)H \tag{4-15}$$

H, kg/kg 绝干气
t, ℃
I, kJ/kg 绝干气
等焓线
绝热饱和温度
横轴
φ=5%
φ=10%
φ=20%
φ=30%
φ=40%
φ=50%
φ=60%
φ=70%
φ=80%
φ=90%
φ=100%

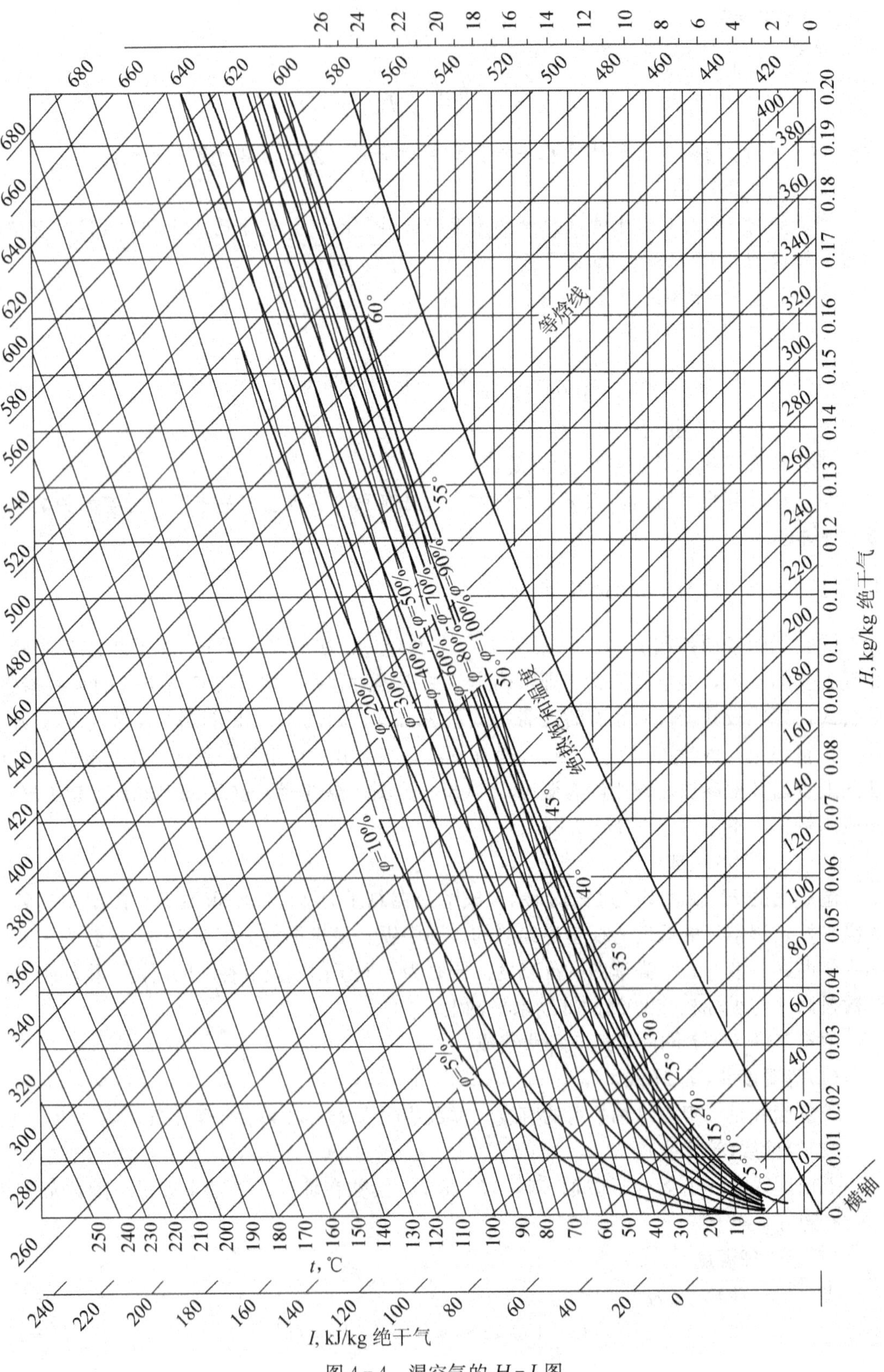

图 4-4 湿空气的 $H-I$ 图

由式(4-15)可知，I 与 H 呈线性关系，故等干球温度线是一组斜率为$(1.88t+2\,490)$，随 t 的升高而增大且彼此互不相平行的直线，读数范围为 0～250℃。

(4)等相对湿度线(等 φ 线)

等 φ 线是根据式(4-4)绘制的，即

$$H=0.622\frac{\varphi p_s}{p-\varphi p_s}$$

当总压一定时，任意规定相对湿度 φ 值，上式变为 H 与 p_s 的关系式，而 p_s 又是温度的函数。依此算出若干组 H 与 t 的对应关系，并标绘于 $H-I$ 坐标图中，便为一条等 φ 线。取一系列的 φ 值，可得到一系列的等 φ 线。

图 4-4 中共有 11 条由 $\varphi=5\%$到 $\varphi=100\%$并通过原点的曲线。其中 $\varphi=100\%$的等相对湿度线称为饱和空气线，此时空气为水汽所饱和。

(5)水蒸气分压线

水蒸气分压线标绘在饱和空气线($\varphi=100\%$)的下方，表示出总压一定时，水蒸气分压 p_v 与湿度 H 的对应关系，其值由图中右侧坐标读出。

2. $H-I$ 图的应用

利用 $H-I$ 图，只要知道湿空气的任意两个独立参数，即可从图中迅速查出其他参数，避免计算湿空气的某些状态参数时，要采用麻烦的试差法。下面通过在 $H-I$ 图中一已知状态点 A 查取其他参数的方法作扼要说明。

如图 4-5 所示，假定图中点 A 代表一定状态的湿空气，利用 $H-I$ 图查取其他参数的方法是：

①过点 A 作等 H 线向下与辅助水平轴的交点可读得 H 值。

②通过点 A 作等 I 线的平行线与纵轴的交点可读得 I 值。

③由点 A 沿等 H 线向下与水蒸气分压线的交点 C，在右端纵轴上可读得 p_v 值。

④过点 A 沿等 H 线向下与 $\varphi=100\%$的饱和水蒸气线交于点 B，再通过点 B 的等 t 线可读得露点 t_d 值。

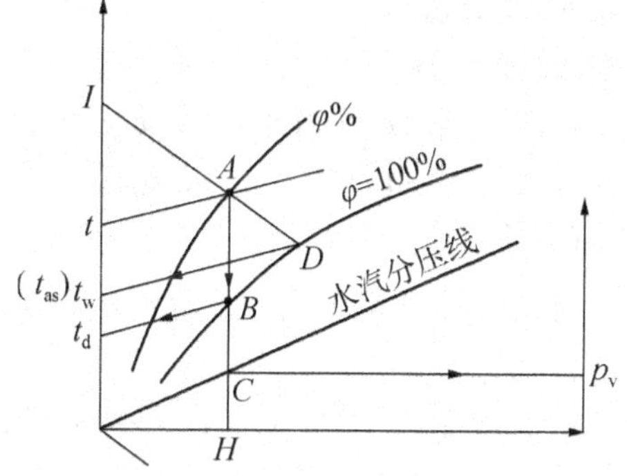

图 4-5 $H-I$ 的用法

⑤过点 A 沿等 I 线向下与 $\varphi=100\%$的饱和水蒸气线交于点 D，再通过点 D 的等 t 线可读得 t_{as}(或 t_w)值。

由此可见，必须首先确定代表湿空气的状态点(A 点)后，才能查取其他参数。状态点需已知任意两个独立参数，通常可按下述已知条件之一来确定。

①已知湿空气的干球温度 t 和湿球温度 t_w，确定方法参见图 4-6a。

②已知湿空气的干球温度 t 和露点 t_d，确定方法参见图 4-6b。

③已知湿空气的干球温度 t 和相对湿度 φ，确定方法参见图 4-6c。

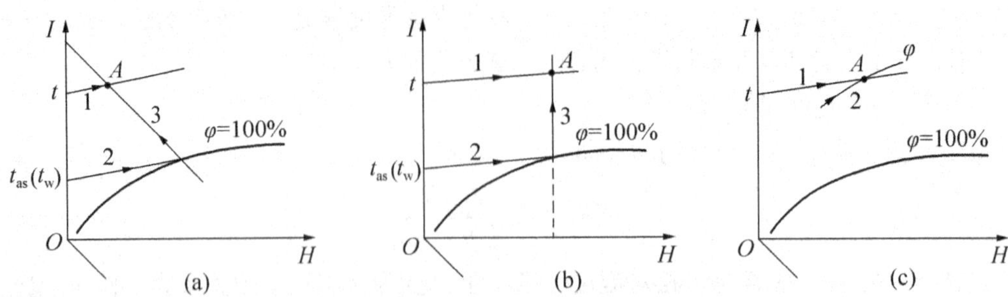

图 4-6 在 $H-I$ 图中确定湿空气的状态点

【例 4-2】 已知湿空气的总压为 101.3 kPa，相对湿度为 50%，干球温度为 20℃。试用 $H-I$ 图求取此湿空气的下列参数：(1)水蒸气分压 p_v；(2)湿度 H；(3)焓 I；(4)露点 t_d；(5)湿球温度 t_w；(6)若将含 400kg/h 绝干气的湿空气预热至 117℃，求所需热量 Q。

解 由已知条件 $\varphi=50\%$ 和 $t_0=20℃$，可在 $H-I$ 图上定出状态点 A，如本例附图所示。因此

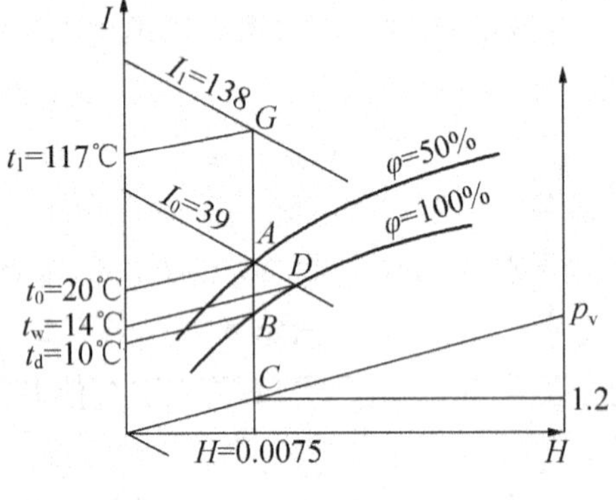

例 4-2 附图

(1)水蒸气分压 p_v

由点 A 沿等 H 线向下与水蒸气分压线的交点 C，在右端纵轴上可读得 $p_v=1.2$kPa。

(2)湿度 H

由点 A 等 H 线向下与辅助水平轴的交点可读得 $H=0.0075$kg/kg 绝干气。

(3)焓 I

通过点 A 作等 I 线的平行线与纵轴的交点可读得 $I_0=39$kJ/kg 绝干气。

(4)露点 t_d

由点 A 沿等 H 线向下与 $\varphi=100\%$ 的饱和水蒸气线交于点 B，再通过点 B 的等 t 线可读得露点 $t_d=10℃$。

(5)湿球温度 t_w

由点 A 沿等 I 线向下与 $\varphi=100\%$ 的饱和水蒸气线交于点 D，再通过点 D 的等 t 线可读得 $t_w=14℃$。

(6)所需热量 Q

由于湿空气通过预热器加热时预热器湿度不变，故可由点 A 沿等 H 线向上与 $t_1=117℃$ 的等 t 线交于点 G，读得 $I_1=138$kJ/kg 绝干气(即湿空气离开预热器之焓值)。每小时将含 $L=400$kg 绝干气的湿空气预热至 117℃所需热量为

$$Q=L(I_1-I_0)=400\times(138-39)=39\,600(\text{kJ/h})=11(\text{kW})$$

通过上例计算表明，采用 $H-I$ 图求取湿空气的各项参数，与用数学表达式计算相比，不仅迅速简便，而且物理意义也较为明确。

4.3 干燥过程的物料衡算和热量衡算

对流干燥过程是利用热空气除去被干燥物料中的水分，所以空气在进入干燥器前应经预热器加热。热空气在干燥器中供给湿物料水分汽化所需的热量，而汽化的水分又由空气带走，因此干燥过程的计算应通过干燥器的物料衡算和热量衡算，算出湿物料中水分的蒸发量、空气用量和所需热量，其后再根据计算结果选择适宜的鼓风机、设计或选择换热器等。

4.3.1 物料中含水量的表示法

物料中含水量有湿基含水量和干基含水量两种表示方法。

1. 湿基含水量

以湿物料为基准的物料中水分的质量分率以 w 表示，单位为 kg 水/kg 湿物料，可写为

$$w=\frac{\text{湿物料中水分的质量}}{\text{湿物料的总质量}} \tag{4-16}$$

2. 干基含水量

以绝干物料为基准的物料中的水分的质量分率以 X 表示，单位为 kg 水/kg 绝干料，可写为

$$X=\frac{\text{湿物料中水分的质量}}{\text{湿物料的绝干物料质量}} \tag{4-17}$$

在工业生产中，通常用湿基含水量表示湿物料的含水量。但在干燥计算中，由于湿物料中的绝干物料的质量在干燥过程中不发生变化，故用干基含水量较为方便。

两种含水量之间的换算关系为

$$w=\frac{X}{1+X} \tag{4-18}$$

$$X=\frac{w}{1-w} \tag{4-19}$$

4.3.2 物料衡算

在干燥过程中，需要将湿物料干燥到规定的含水量。通过物料衡算可求出干燥产品量、水分蒸发量和空气消耗量。

如图 4-7 所示为一典型的连续干燥过程示意图，下面以干燥器为对象进行讨论。

1. 水分蒸发量 W

对于干燥器作水分的物料衡算，以 1s 为基准，若干燥器内无物料损失，则

$$LH_1+G_cX_1=LH_2+G_cX_2$$

$$W=G_c(X_1-X_2)=L(H_2-H_1) \tag{4-20}$$

式中，W——单位时间内水分的蒸发量，kg/s；

G_c——单位时间内绝干物料的质量流量，kg 绝干料/s；

L——单位时间内绝干空气的质量流量，kg 绝干气/s；

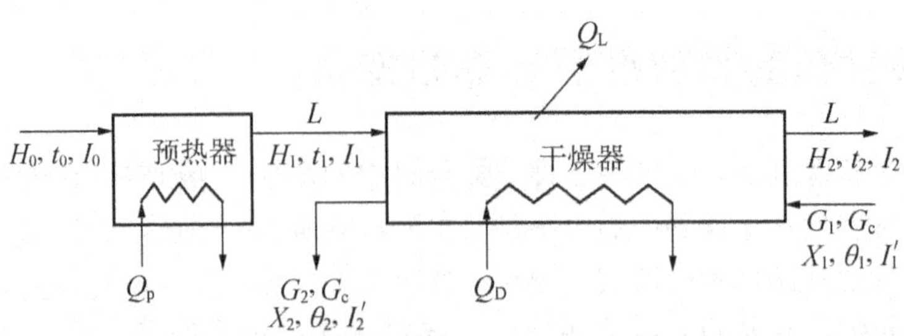

图 4-7　连续干燥过程的物料衡算和热量衡算示意图

X_1，X_2——分别为湿物料和产品的干基含水量，kg 水/kg 绝干料；

H_1，H_2——分别为进出干燥器的湿空气湿度，kg 水/kg 绝干气。

2. 干空气消耗量 L

式(4-20)可改写为

$$L=\frac{W}{H_2-H_1}=\frac{W}{H_2-H_0} \tag{4-21}$$

式(4-21)两边同除以 W，可得单位干空气消耗量

$$l=\frac{L}{W}=\frac{1}{H_2-H_0} \tag{4-22}$$

式中，l——单位干空气消耗量，kg 干空气/kg 水。即每蒸发 1kg 水分所消耗的绝干空气量。

可见，l 仅与 H_2 和 H_0 有关，与所经历的路径无关。湿空气的初始含湿量 H_0 越大，单位干空气消耗量 l 越大。

实际单位空气用量 l' 则为

$$l'=l(1+H_0) \tag{4-23}$$

式中，l'——实际单位空气用量，kg 空气/kg 水。

实际空气用量 L' 为

$$L'=L(1+H_0) \tag{4-24}$$

式中，L'——实际空气用量，kg 空气/s。

3. 干燥产品量 G_2

若干燥器内无物料损失，对干燥器作绝干物料的物料衡算，得

$$G_c=G_1(1-w_1)=G_2(1-w_2) \tag{4-25}$$

$$G_2=G_1\frac{1-w_1}{1-w_2} \tag{4-26}$$

式中，G_1——单位时间内湿物料的质量流量，kg/s；

G_2——单位时间内干燥产品的质量流量，kg/s；

w_1——物料进干燥器时的湿基含水量；

w_2——物料离开干燥器时的湿基含水量。

应当指出，干燥产品 G_2 包括绝干物料，但仍含有少量水分，与绝干物料 G_c 不同，实际为含水分较少的湿物料。

干燥产品量 G_2 也可由下式求出，即

$$G_2 = G_1 - W \tag{4-27}$$

式中，W——单位时间内水分的蒸发量，kg/s。

【例 4-3】 今有一干燥器，处理湿物料量为 800kg/h。要求物料干燥后含水量由 0.3 降至 0.04(均为湿基含水量)。干燥介质为空气，初温 15℃，相对湿度为 50%，经预热器加热至 120℃进入干燥器，出干燥器降温至 45℃，相对湿度为 80%。试求：(1)水分蒸发量；(2)空气消耗量。

解 (1)水分蒸发量 W

由式(4-20)求出，即

$$W = G_c(X_1 - X_2)$$

已知

$$X_1 = \frac{w_1}{1-w_1} = \frac{0.3}{1-0.3} = 0.429(\text{kg/kg 绝干料})$$

$$X_2 = \frac{w_2}{1-w_2} = \frac{0.04}{1-0.04} = 0.042(\text{kg/kg 绝干料})$$

$$G_c = G_1(1-w_1) = 800 \times (1-0.3) = 560(\text{kg 绝干料 /h})$$

将已知数据代入求解得

$$W = 560 \times (0.429 - 0.042) = 216.7(\text{kg 水 /h})$$

(2)原湿空气消耗量 L'

应先求出绝干空气消耗量 L，即

$$L = \frac{W}{H_2 - H_1}$$

由 H-I 图查得：空气在 $t_0=20$℃、$\varphi_0=50\%$时，$H_0=0.005$kg 水/kg 绝干气；在 $t_2=45$℃、$\varphi_2=80\%$时的湿度为 $H_2=0.052$kg 水/kg 绝干气；空气通过预热器等湿预热时，$H_1=H_0$；故

$$L = \frac{W}{H_2 - H_1} = \frac{216.7}{0.052-0.005} = 4\,610(\text{kg 绝干气 /h})$$

原湿空气消耗量 L'为

$$L' = L(1+H_0) = 4\,610 \times (1+0.005) = 4\,633(\text{kg/h})$$

4.3.3 热量衡算

对干燥系统进行热量衡算，可以求出空气预热所需热量、向干燥器补充的热量及干燥过程所消耗的总热量。这些内容可作为计算预热器的传热面积、加热介质用量、干燥器尺寸及干燥系统热效率等的依据。

1. 预热器消耗的热量 Q_p

若忽略预热器的热损失，对图 4-7 所示预热器作热量衡算，得

$$LI_0 + Q_p = LI_1$$

可写为

$$Q_p = L(I_1 - I_0) \tag{4-28}$$

式中，Q_p——单位时间内预热器消耗的热量，kW；

L——单位时间内绝干空气的质量流量，kg 绝干气/s；

I_0，I_1——分别为湿空气进入和离开预热器时的焓，kJ/kg 绝干气。

2. 干燥器补充的热量 Q_D

对图 4 - 7 所示干燥器作热量衡算，得

$$LI_1 + G_c I'_1 + Q_D = LI_2 + G_c I'_2 + Q_L$$

可写为

$$Q_D = L(I_2 - I_1) + G_c(I'_2 - I'_1) + Q_L \tag{4-29}$$

式中，Q_D——单位时间内向干燥器补充的热量，kW；

G_c——单位时间内绝干物料的质量流量，kg 绝干料/s；

I'_1，I'_2——分别为湿物料进入和离开干燥器时的焓，kJ/kg。

其中湿物料的焓 I' 包括绝干物料的焓(以 0℃的物料为基准)和物料中的水分的焓(以 0℃的液态水为基准)两部分，通常可由下式求出

$$I' = c_s\theta + Xc_W\theta = c_m\theta \tag{4-30}$$

$$c_m = c_s + c_W X = c_s + 4.187X \tag{4-31}$$

式中，c_m——湿物料的比容热，kJ/(kg 绝干料・℃)；

c_s——绝干料的比容热，kJ/(kg 绝干料・℃)；

c_W——水的比容热，取为 4.187kJ/(kg 水・℃)。

3. 干燥系统消耗的总热量 Q

干燥系统消耗的总热量 Q 为预热器消耗的热量 Q_p 与干燥器补充的热量 Q_D 之和，故式(4 - 28)与式(4 - 29)两式相加，整理得

$$Q = Q_p + Q_D = L(I_2 - I_0) + G_c(I'_2 - I'_1) + Q_L \tag{4-32}$$

式(4 - 28)、式(4 - 29)及式(4 - 32)为连续干燥系统热量衡算的基本方程式。为便于应用，可通过以下分析得到更为简明的形式。

加热系统的热量 Q 被用于下述方面：

①将新鲜空气 L_0(湿度为 H_0)由温度 t_0 加热至温度 t_2 所需热量为

$$L(1.01 + 1.88H_0)(t_2 - t_0)$$

②原湿物料 $G_1 = G_2 + W$，其中干燥产品 G_2 从温度 θ_1 被加热至温度 θ_2 后离开干燥器，所消耗热量为 $G_c c_m(\theta_2 - \theta_1)$；水分由液态温度 θ_1 被加热汽化，至气体温度 t_2 后随空气离开系统，所需热量为 $W(2\,490 + 1.88t_2 - 4.187\theta_1)$。

③干燥系统的热损失为 Q_L，故

$$Q = Q_p + Q_D = L(1.01 + 1.88H_0)(t_2 - t_0) + G_c c_m(\theta_2 - \theta_1) + W(2\,490 + 1.88t_2 - 4.187\theta_1) + Q_L$$

若忽略空气中水汽进出干燥系统的焓的变化及湿物料中水分带入干燥系统的焓，上式可简化为

$$Q = Q_p + Q_D = 1.01L(t_2 - t_0) + W(2\,490 + 1.88t_2) + G_c c_m(\theta_2 - \theta_1) + Q_L \tag{4-33}$$

式(4 - 33)表明，加入干燥系统的热量消耗于：①加热空气；②加热物料；③蒸发水分；④热损失四个方面。

4.3.4 空气通过干燥器的状态参数确定

在应用上述物料衡算式及热量衡算式时，还要先确定空气离开干燥器的状态(湿度 H_2、焓 I_2 等)。

空气通过预热器预热，这是一个等湿升温过程。若已知空气进入预热器的状态(t_0，H_0)，空气预热后的温度为t_1，那么空气离开预热器的状态(t_1，$H_1=H_0$)则可确定。但当空气通过干燥器时，由于空气与物料之间进行热量和质量的交换，而且还有外加热量的影响，因而要确定空气离开干燥器的状态则比较困难。通常根据空气在干燥器内焓的变化情况，将干燥过程分等焓过程和非等焓过程两大类，分别进行确定。

1. 等焓干燥过程

等焓干燥过程又称绝热干燥过程，它需满足下述条件：

①不向干燥器补充热量，即$Q_D=0$；

②忽略干燥器向周围散失的热量，即$Q_L=0$；

③物料进出干燥器的焓相等，即$I_1'=I_2'$。

将上述假定条件代入式(4-32)，得$L(I_1-I_0)=L(I_2-I_0)$，即$I_1=I_2$。

对于等焓干燥过程，在$H-I$图中空气的状态沿等I线变化。因此，只要知道空气离开干燥器时的任一独立参数t_2(或H_2等)，就可在图中确定空气离开干燥器时的状态，如图4-8所示。其过程大体如下：

$$A(t_0,H_0,I_0)\xrightarrow{t_1,H_0\rightarrow H_1}B(t_1,H_1,I_1)\xrightarrow{t_1,I_1=I_2}C(t_1,H_2,\varphi_2,I_2)$$

在实际干燥操作中，等焓干燥过程是难以实现的，故又称为理想干燥过程。但在干燥器绝热良好、没有向干燥器补充热量，物料进、出干燥器的温度十分接近的情况下，可近似按等焓干燥过程处理。

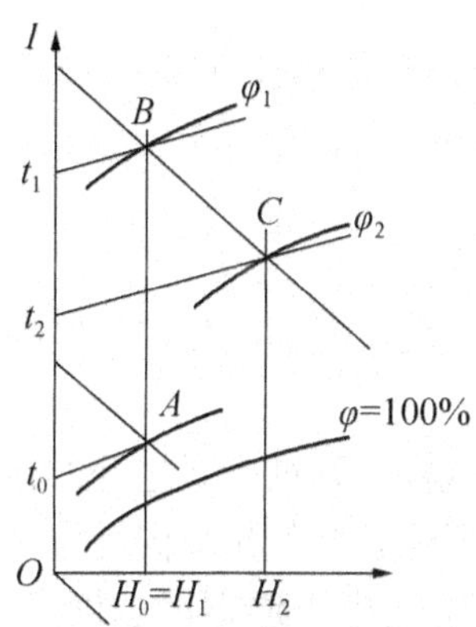

图4-8 等焓干燥过程中湿空气的状态变化示意图

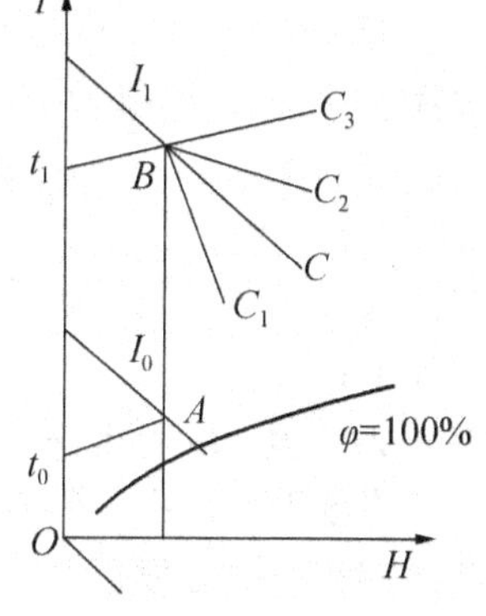

图4-9 非等焓干燥过程中湿空气的状态变化示意图

2. 非等焓干燥过程

一般来说，实际干燥过程均为非等焓干燥过程。非等焓干燥过程可能有以下几种情况。

(1)操作线在过点B等焓线的下方

这种过程的条件为：

①不向干燥器补充热量，即$Q_D=0$；

②不能忽略干燥器向周围散失的热量，即$Q_L\neq0$；

③物料进出干燥器的焓不相等，即$I_1'\neq I_2'$。

将上述假定条件代入式(4－32)，得 $L(I_1-I_0)>L(I_2-I_0)$，即 $I_1>I_2$。也就是说空气离开干燥器的焓 I_2 小于进干燥器的焓 I_1，这种过程的操作线 BC_1 应在 BC 线下方，如图 4－9 所示。BC_1 线上任意点所对应的空气的焓值小于同温度下 BC 线上相应的焓值。

(2)操作线在过点 B 等焓线的上方

若向干燥器补充的热量 Q_D 比热损失及物料所带走热量之总和还要大，那么 $I_2>I_1$，操作线 BC_2 应在 BC 线上方，如图 4－9 所示。

(3)操作线为过点 B 的等温线

若向干燥器内补充的热量 Q_D 足够大，干燥过程在等温下进行，即空气在干燥器内保持恒定的温度 t_1，操作线 BC_3 与过点 B 的等温线重合，如图 4－9 所示。

对于非等焓干燥过程，空气离开干燥器时的状态点，可依视具体条件用图解法或计算法确定。

4.3.5　干燥系统的热效率

干燥系统的热效率 η 定义为

$$\eta=\frac{\text{蒸发水分所需热量}}{\text{向干燥系统输入的总热量}}\times 100\%=\frac{Q_v}{Q_p+Q_D}\times 100\% \qquad (4-34)$$

蒸发水分所需的热量为

$$Q_v=W(2\,490+1.88t_2-4.187\theta_1)$$

若忽略物料中水分带入系统的焓，上式可简化为

$$Q_v=W(2\,490+1.88t_2)$$

将上式带入式(4－34)，可得

$$\eta=\frac{W(2\,490+1.88t_2)}{Q}\times 100\% \qquad (4-35)$$

热效率 η 愈高表示干燥系统的热利用率愈好。提高干燥系统的热效率，以降低干燥器的能耗措施如下：

①降低 t_2 及提高 H_2 可提高干燥过程的热效率。但这样会降低干燥过程的传质、传热推动力，从而降低干燥速率。特别是对于吸水性物料的干燥，空气出口温度应高些，而湿度则应低些，即相对湿度要低些。在实际干燥操作中，空气出干燥器的温度 t_2 要比进入干燥器时的绝热饱和温度 t_{as} 高 20～50℃，这样才能保证在干燥系统后面的设备内不致析出水滴，否则可能使干燥产品返潮，并容易造成管路的堵塞和设备材料的腐蚀。

②提高空气入口温度 t_1 可提高干燥过程的热效率。如在并流的悬浮颗粒干燥中，颗粒表面的蒸发温度比较低，因此，入口温度可高于产品的变质温度。但对热敏性物料，入口温度不能过高。

③采用二级干燥。如奶粉的干燥，第一级为喷雾干燥，可获得湿含量 0.06～0.07 的粉状产品。第二级为体积较小的流化床干燥，以获得湿含量为 0.03 的产品。对比全部用一级喷雾干燥，可节省总能量的 80%。二级干燥可提高产品的质量，节约能源，尤其适用于热敏性物料。

【例 4－4】 常压下以温度为 20℃、相对湿度为 50%的新鲜空气为介质，干燥某种湿物料。空气在预热器中被加热到 90℃后送入干燥器，离开时为温度 45℃、湿度 0.022kg/kg

的绝干气。每小时有1100kg温度为20℃、湿基含水量为3%的湿物料送入干燥器，物料离开干燥器时温度升到60℃、湿基含水量为0.2%。湿物料的平均比热容为3.28kJ/(kg绝干料·℃)。忽略预热器向周围的热损失，干燥器的热损失为1.2kW。试求：(1)水分蒸发量W；(2)新鲜空气消耗量L'；(3)若风机装在预热器的新鲜空气入口处，求风机的风量；(4)预热器消耗的热量Q_p；(5)干燥系统消耗的总热量Q；(6)向干燥器补充的热量Q_D；(7)干燥系统的热效率η。

解 根据题意画的流程图如下

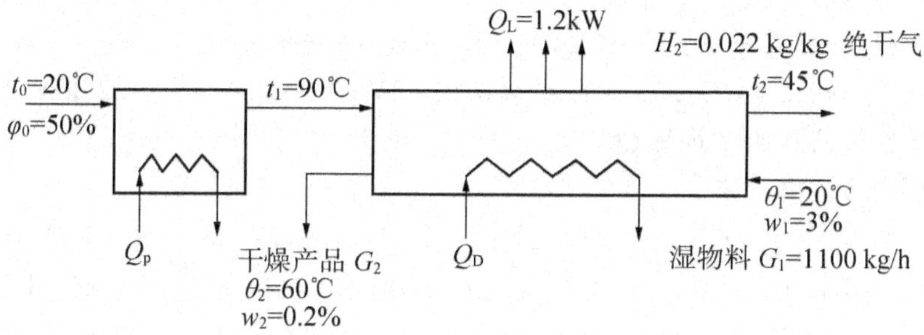

例4-3附图

(1)水分蒸发量W

由式(4-20)求出，即

$$W = G_c(X_1 - X_2)$$

已知
$$X_1 = \frac{w_1}{1-w_1} = \frac{0.03}{1-0.03} = 0.0309(\text{kg/kg 绝干料})$$

$$X_2 = \frac{w_2}{1-w_2} = \frac{0.002}{1-0.002} = 0.002(\text{kg/kg 绝干料})$$

$$G_c = G_1(1-w_1) = 1100 \times (1-0.03) = 1067(\text{kg 绝干料/h})$$

将已知数据代入可求解得

$$W = 1067 \times (0.0309 - 0.002) = 30.84(\text{kg 水/h})$$

(2)新鲜空气消耗量L'

应先求出绝干空气消耗量L，即

$$L = \frac{W}{H_2 - H_1}$$

由于20℃水的饱和蒸汽压p_s=2.3341kPa，φ_0=50%，故

$$H_0 = 0.622\frac{\varphi_0 p_s}{p-\varphi_0 p_s} = 0.622 \times \frac{0.5 \times 2.3341}{101.3 - 0.5 \times 2.3341} = 0.00725(\text{kg 水/kg 绝干气})$$

由于是等湿预热，$H_1 = H_0$，故

$$L = \frac{W}{H_2 - H_1} = \frac{30.84}{0.022 - 0.00725} = 2091(\text{kg 绝干气/h})$$

新鲜空气消耗量L'为

$$L' = L(1+H_0) = 2091 \times (1+0.00725) = 2106(\text{kg/h})$$

(3)风机进风量V

$$V = Lv_H$$

新鲜湿空气的比体积 v_H 为

$$v_H=(0.772+1.244H)\times\frac{273+t}{273}=(0.772+1.244\times0.00725)\times\frac{273+20}{273}$$
$$=0.8382(\text{m}^3\text{ 新鲜湿空气}/\text{kg 绝干气})$$

所以

$$V=2091\times0.8382=1753(\text{m}^3\text{ 新鲜湿空气}/\text{h})$$

(4)预热器消耗的热量 Q_p

若忽略预热器的热损失，那么

$$Q_p=L(I_1-I_0)=L(1.01+1.88H_0)(t_1-t_0)$$
$$=2091\times(1.01+1.88\times0.00725)(90-20)=41.62(\text{kW})$$

(5)干燥系统消耗的总热量 Q

由式(4-33)求出，即

$$Q=1.01L(t_2-t_0)+W(2490+1.88t_2)+G_c c_m(\theta_2-\theta_1)+Q_L$$
$$=1.01\times2091\times(45-20)+30.84\times(2490+1.88\times45)+$$
$$1067\times3.28\times(60-20)+1.2\times3600$$
$$=76.81(\text{kW})$$

(6)向干燥器补充的热量 Q_D

$$Q_D=Q-Q_p=76.81-41.62=35.19(\text{kW})$$

(7)干燥系统的热效率 η

若忽略湿物料中水分带入系统的焓，可用式(4-35)计算，即

$$\eta=\frac{W(2490+1.88t_2)}{Q}\times100\%=\frac{30.84\times(2490+1.88\times45)}{3600\times76.81}\times100\%=28.71\%$$

【例 4-5】 如本例图所示，用热空气干燥某湿物料。空气的初始温度 $t_0=25$℃，初始湿度 $H_0=0.006$kg 水/kg 绝干气。为保证干燥产品质量，空气进入干燥器的温度不得高于 85℃，为此在干燥器中间设置加热器。空气经预热器升温至 85℃通入干燥器，当空气温度降至 55℃时，再用中间加热器加热至 85℃，废气离开干燥器的温度为 55℃。假设两段干燥过程均视为等焓过程，试求：

(1)在 $H-I$ 图上定性表示出空气通过整个干燥器的状态变化过程。

(2)汽化每千克水所需绝干空气量和所需供热量。

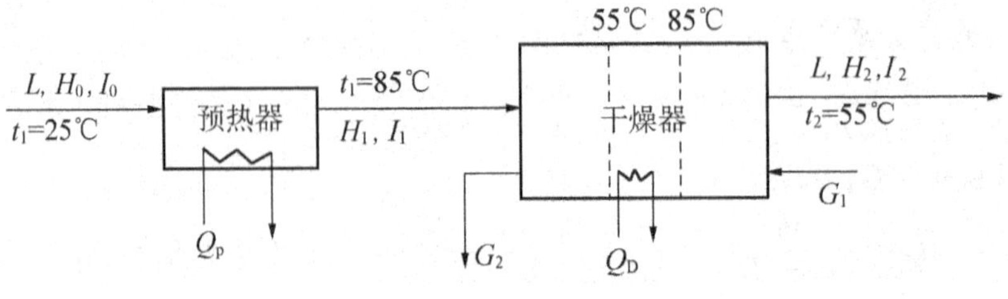

例 4-5 附图

解 (1)空气通过整个干燥器的状态变化过程如本例解题附图所示，即

$$A\rightarrow B\rightarrow C\rightarrow D\rightarrow E$$

(2)汽化每千克水所需绝干空气量和所需供热量

先用下式计算汽化每千克水所需绝干空气量 l，即

$$l=\frac{1}{H_2-H_0}$$

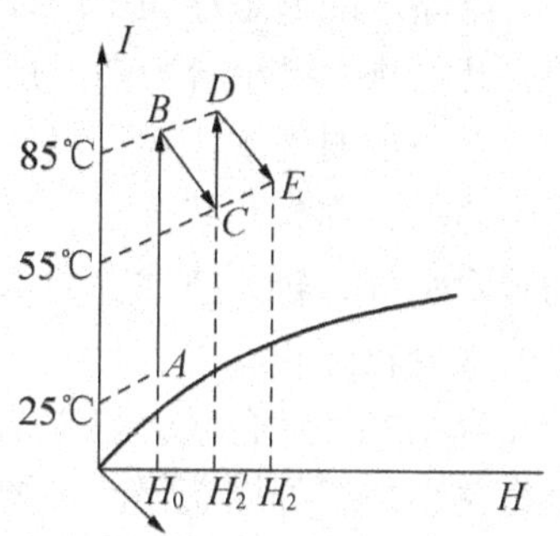

例 4-5 解题附图

由于

$$\begin{aligned}I_B&=(1.01+1.88H_0)t_B+2\,490H_0\\&=(1.01+1.88\times0.006)\times85+2\,490\times0.006\\&=101.75(\text{kJ/kg 绝干气})\end{aligned}$$

$$I_C=(1.01+1.88H_2')t_C+2\,490H_2'$$

又因是等焓过程，$I_B=I_C$，故上两式联解可得

$$H_2'=0.017\,8\text{kg 水 /kg 绝干气}$$

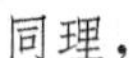

同理，

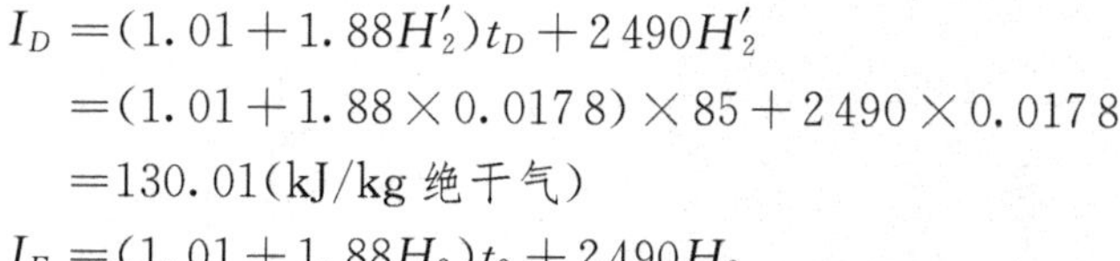

$$\begin{aligned}I_D&=(1.01+1.88H_2')t_D+2\,490H_2'\\&=(1.01+1.88\times0.017\,8)\times85+2\,490\times0.017\,8\\&=130.01(\text{kJ/kg 绝干气})\end{aligned}$$

$$I_E=(1.01+1.88H_2)t_2+2\,490H_2$$

联解上两式可得

$$H_2=0.029\,7\text{kg 水 /kg 绝干气}$$

所以

$$l=\frac{1}{H_2-H_0}=\frac{1}{0.029\,7-0.006}=42.2(\text{kg 绝干气 /kg 水})$$

汽化每千克水所需供热量 q 为

$$q=q_l+q_D=l(I_B-I_A)+l(I_D-I_C)$$

由于 $I_B=I_C$，故

$$q=l(I_D-I_A)$$

其中

$$\begin{aligned}I_A&=(1.01+1.88H_0)t_0+2\,490H_0\\&=(1.01+1.88\times0.006)\times25+2\,490\times0.006\\&=40.47(\text{kJ/kg 绝干气})\end{aligned}$$

所以

$$q=l(I_D-I_A)=42.4\times(133.01-40.47)=3\,923(\text{kJ/kg 水})$$

4.4 恒定干燥条件下的干燥速率与干燥时间

4.4.1 物料中的水分

根据物料与水分结合力的状况，物料中的水分可分为结合水分与非结合水分；根据物料在一定干燥条件下，其所含水分能否用干燥方法除去，可分为平衡水分和自由水分。

1. 结合水分与非结合水分

在一定温度下，物料表面水分所产生的蒸汽压低于同温度下纯水的饱和蒸汽压时，物

料中的水分称为结合水分。结合水分包括物料细胞壁内的水分、物料毛细管中的水分，以及以结晶水的形态存在于固体物料中的水分等。由于结合水分是借化学力或物理力相结合的，其与物料的结合力强。所以，干燥结合水分较为困难。

在一定温度下，物料表面水分所产生的蒸汽压等于同温度下纯水的饱和蒸汽压时，物料中的水分称为非结合水分。非结合水分包括机械地附着于固体表面的水分，如物料表面的吸附水分、较大空隙中的水分等。由于非结合水分与物料的结合力较弱。所以，干燥非结合水分较容易。

湿物料中结合水分与非结合水分用实验方法直接测定较困难，通常是借助实验测得的平衡关系曲线外推获得。如图 4-10 所示为在恒定温度下由实验测得的某物料(如丝)的平衡含水量与空气相对湿度的关系曲线。现将该平衡曲线延长(虚线部分)与 $\varphi=100\%$ 的纵轴相交，那么，交点以下水分就是该物料的结合水分，其蒸汽压低于同温度下纯水的饱和蒸汽压。交点以上的水分便为非结合水分。

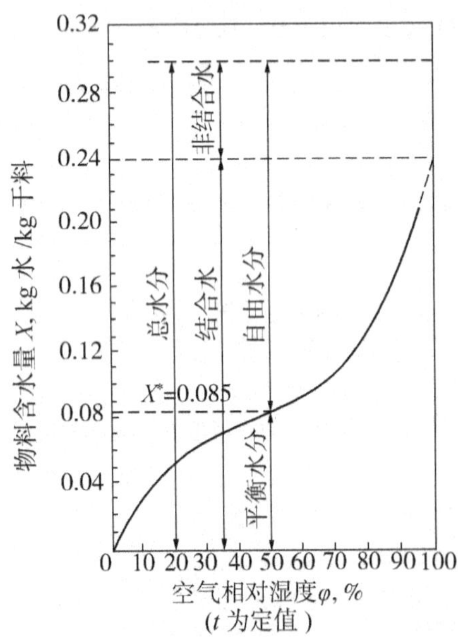

图 4-10　固体物料平衡含水量与空气相对湿度的关系

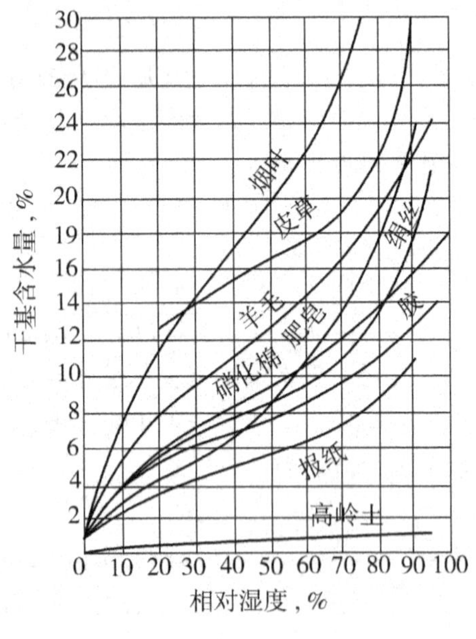

图 4-11　某些物料的平衡含水量曲线(25℃)

2. 平衡水分与自由水分

当干燥介质状态(t, φ)一定时，物料表面水分所产生的蒸汽压等于空气中的水蒸气分压时，物料中的水分称为平衡水分。平衡水分表明，物料与空气接触时，物料中的水分与空气中的水分处于动态平衡。只要空气状态恒定，物料含水量不会因与空气接触时间的延长而改变，这种水分不能用干燥方法除去。

当干燥介质状态(t, φ)一定时，物料表面水分所产生的蒸汽压大于空气中的水蒸气分压时，物料中的水分称为自由水分。这种水分在一定干燥条件下能用干燥方法除去。

如图 4-10 所示，在一定的空气温度和湿度条件下，物料的干燥极限称为平衡含水量 X^*。要想进一步干燥，应减小空气湿度或增大温度，但温度的影响较小。

各种物料的平衡含水量由实验测得。物料的平衡含水量随空气温度升高而略有减少。例如，棉花与相对湿度为50%的空气接触，当空气温度由37.8℃升高到93.3℃，平衡含水量 X^* 由0.073降至0.057，约减少25%，但由于缺乏各种温度下平衡含水量的实验数据，只要在不太宽的温度变化范围内，一般可忽略温度对物料的平衡含水量的影响。不同的物料在不同空气条件(t，φ)下的平衡含水量曲线不同，图4-11示出空气温度在25℃时某些物料的平衡含水量曲线。

应当指出，能用干燥方法除去的水分是自由水分，相应地称为自由含水量，即

$$\text{自由含水量} = \text{物料中总含水量} - \text{平衡含水量}$$

自由含水量是干燥过程的推动力。结合水分与非结合水分仅取决于物料本身的性质，与空气状态无关；平衡水分与自由水分不仅与物料本身性质有关，还与空气状态有关。

还需注意，当物料的含水量较低(都属结合水分)而空气相对湿度较大时，两者接触不但达不到干燥的目的，水分还可以从气相转入固相，此为吸湿现象。饼干的返潮即为一例。

4.4.2 干燥速率

为确定干燥时间和干燥器的尺寸，需知道干燥速率。恒定干燥条件是指空气的湿度、温度、气速以及空气与物料的接触方式等都恒定不变。用大量的空气干燥少量湿物料，可以认为是恒定干燥条件。

1. 干燥实验与干燥曲线

干燥实验是在恒定干燥条件下进行的，实验为间歇操作，采用大量热空气与少量湿物料相接触。在实验过程中，每隔一段时间测定物料的质量变化，并记录每一时间间隔 $\Delta\tau$ 内物料的质量变化 $\Delta W'$ 及物料的表面温度 θ，实验进行到物料的质量不再随时间变化为止。这时物料与空气达到平衡，物料中所含水分即为该干燥条件下的平衡水分。然后再将物料放入电烘箱内烘干到恒重(控制烘箱内温度低于物料的分解温度)，通过称量可得绝干物料的质量。

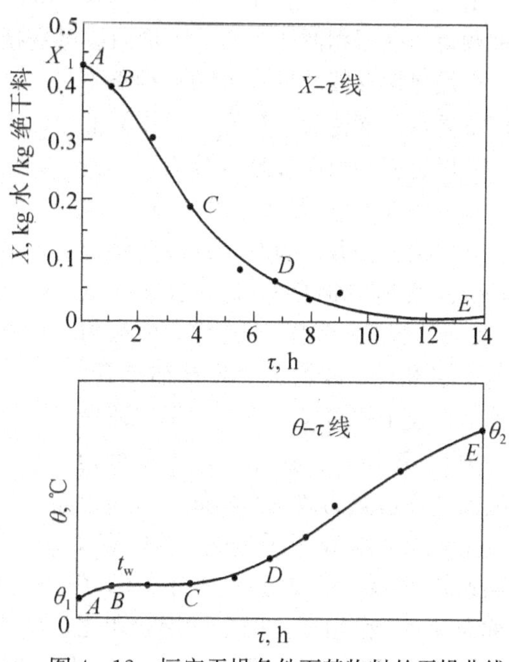

图4-12 恒定干燥条件下某物料的干燥曲线

由上述实验数据可分别绘出如图4-12所示的物料含水量 X 与干燥时间 τ、物料表面温度 θ 与干燥时间 τ 的关系曲线，这两条曲线均称为干燥曲线。

由图4-12可看出，干燥开始时物料的含水量为 X_1、温度为 θ_1，对应于图中的点 A，干燥开始后，物料含水量及表面温度开始随时间而变化。在 AB 段内，物料含水量下降，表面温度升高，但变化不大，即斜率 $dX/d\tau$ 较小，AB 段称为预热段。预热段一般时间较短，达到 B 点时，物料表面温度升

至 t_w，即空气的湿球温度。其后 BC 段中 X 与 τ 基本呈直线关系，其斜率 $dX/d\tau$ 为常数，此阶段内空气传给物料的显热恰等于水分从物料中汽化所需的汽化潜热，而物料表面的温度维持 t_w 不变。进入 CD 段后，物料开始升温，热空气传给物料的热量一部分用于加热物料使其由 t_w 升高到 θ_2，另一部分用于汽化水分，故该段斜率 $dX/d\tau$ 逐渐变小，直到物料中所含水分降至平衡含水量 X^*，干燥过程结束。

应当指出，干燥实验的操作条件应与生产要求的条件相近似，使实验结果可以用于干燥器的设计与放大之中。

2. 干燥速率与干燥速率曲线

干燥速率定义为单位时间内通过单位干燥面积所汽化的水分质量，可写为

$$U = \frac{dW'}{Sd\tau} \tag{4-36}$$

式中，U——干燥速率，又称干燥通量，kg/(m^2·s)；

S——干燥面积，m^2；

W'——汽化的水分量，kg；

τ——干燥时间，s。

由于 $W'=-G'dX$，上式可改写为

$$U = \frac{-G'dX}{Sd\tau} \tag{4-37}$$

式中，G'——一批操作中绝干物料的质量，kg。

由式(4-37)可见，$dX/d\tau$ 为干燥操作线的斜率，绝干物料的质量 G' 和干燥面积 S 由实验测得，故根据图 4-12 的干燥曲线可变换为图 4-13 所示的干燥速率曲线。

干燥速率曲线的形式因物料种类不同而不同，但无论哪一种类型的干燥曲线，干燥过程均可明显地划分为两个阶段，参见图 4-13 所示。图中 ABC 段表示干燥第一阶段，其中 AB 段为预热段，但此段所需时间较短，通常并入 BC 段内考虑；BC 段内干燥速率保持恒定，基本上不随物料含水量而变化，故称为恒速干燥阶段。干燥的第二阶段如图中 CDE 所示，在此阶段内干燥速率随物料含水量的减少而降低，直至点 E，物料含水量等于平衡含水量 X^*，干燥速率为零，干燥过程停止。CDE 段称为降速干燥阶段。两个干燥阶段之间的转折点 C 则称为临界点，与点 C 对应的物料含水量称为临界含水量，以 X_c 表示；点 C 为恒速阶段的终点，也是降速阶段的起点，其干燥速率仍等于恒速阶段的干燥速率，以 U_c 表示。

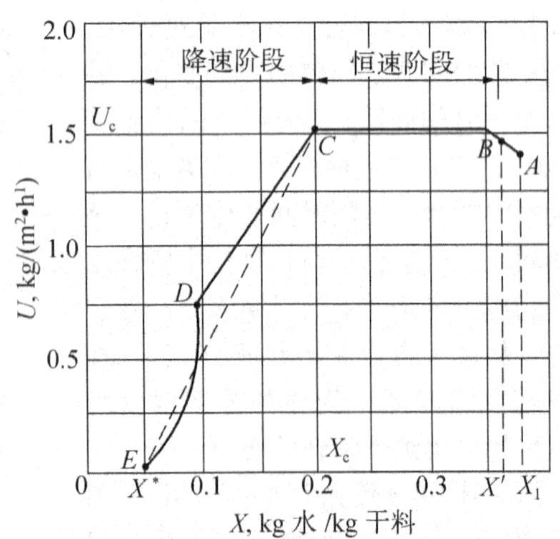

图 4-13 恒定干燥条件下的干燥速率曲线

恒速干燥阶段与降速干燥阶段的干燥机理及影响因素各不相同，下面分别进行讨论。

(1)恒速干燥阶段

在恒速干燥阶段，物料的表面充分润湿，其状况与湿球温度计的湿纱布表面的状况相类似，物料表面的温度 θ 等于空气的湿球温度 t_w(假设湿物料受热辐射的影响可忽略不计)。湿物料以恒定速率向空气中汽化水分，湿物料和空气间的传热速率与传质速率保持不变，可写为

$$\frac{dQ'}{Sd\tau}=\alpha(t-t_w)$$

$$\frac{dW'}{Sd\tau}=k_H(H_{s,t_w}-H)$$

由于空气传给湿物料的显热恰等于水分汽化所需的潜热，即

$$dQ'=r_{t_w}dW'$$

所以

$$U=\frac{dW'}{Sd\tau}=\frac{dQ'}{r_{t_w}Sd\tau}=k_H(H_{s,t_w}-H)=\frac{\alpha}{r_{t_w}}(t-t_w) \tag{4-38}$$

式中，H_{s,t_w}——物料表面温度 t_w 下空气的饱和湿度；

r_{t_w}——水分在 t_w 下的汽化潜热。

在整个恒速干燥阶段，要求湿物料内部的水分向其表面传递的速率与水分自物料表面汽化的速率相适应，以使物料表面始终维持润湿状态。一般来说，此阶段汽化的水分为非结合水分，与从自由液面的汽化情况相同。显然，恒速干燥阶段干燥速率的大小取决于物料表面水分的汽化速率，亦即取决于物料外部的干燥条件，而与物料内部水分的状态无关，所以恒速干燥阶段又称为表面汽化控制阶段。

(2)降速干燥阶段

当湿物料中的含水量降至临界含水量 X_c 后，便转入降速干燥阶段。此时水分自物料内部向表面迁移的速率小于物料表面水分汽化速率，物料表面不能继续维持充分润湿，部分表面变干，空气传给物料的热量有一部分用于加热物料，使得干燥速率逐渐减小，物料温度升高，在部分表面汽化出的是结合水分。当干燥过程超过图 4-13 中 D 点时，全部物料表面都不含非结合水分，从 D 点开始，汽化面逐渐向物料内部移动，汽化所需热量通过已被干燥的固体层而传递到汽化面，从物料中汽化出的水分也通过这一固体层传递到空气主流中，这时干燥过程的传热、传质阻力增大，干燥速率比 CD 段下降得更快，到达点 E 时速率降至零，物料中所含的水分即为该空气状态下的平衡水分。

降速干燥阶段的干燥速率主要取决于物料本身的结构、形状和大小，而与空气的性质关系很小。物料内部的结构形状多种多样，降速干燥阶段曲线除图 4-13 中 CDE 形状外，对某些多孔性物料只有 CD 段；也有些曲线 DE 段的弯曲情况与图 4-13 中的相反等。在降速干燥阶段，由于水分汽化面不断向物料内部移动，故又称为内部迁移控制阶段。

(3)临界含水量

临界含水量随物料的性质、厚度及干燥速率的不同而异。例如，无孔吸水性物料的临界含水量比多孔物料的大；在一定的干燥条件下，物料层愈厚，临界含水量愈大；干燥介质温度高、湿度低，则恒速干燥段干燥速率大，这可能使物料表面板结，较早进入降速干燥段，临界含水量大。物料的临界含水量通常由实验测定，或查有关手册获得。表 4-1 列出某些物料的 X_c 值可供参考。

临界含水量是恒速干燥段和降速干燥段的转折点，临界含水量 X_c 值越大，转入降速段越早，对于相同的干燥任务所需的干燥时间越长，这对于干燥过程是很不利的。因此，了解影响临界含水量的因素，就可控制干燥操作。减小物料层的厚度，加强对物料的搅拌都可减小临界含水量，同时又可增大干燥面积，对干燥过程均有利。

表 4－1　不同物料的临界含水量

有机物料		无机物料		临界含水量
特　征	例　子	特　征	例　子	水分（干基）
很粗的纤维	未染过的羊毛	粗核无孔的物料、粒度约 50 目	石英	0.03～0.05
		晶体的、粒状的、孔隙较小的物料、粒度为 60～325 目	食盐、海砂、矿石	0.05～0.15
晶体的、粒状的、孔隙较小的物料	麸酸结晶	有孔的结晶物料	硝石、细砂、粘土、细泥	0.15～0.25
粗纤维细粉	粗毛线、醋酸纤维、印刷纸、碳素颜料	细沉淀物、无定形和胶体状物料、粗无机颜料	碳酸钙、细陶土、普鲁士蓝	0.25～0.5
细纤维、无定形的和均匀状态的压紧物料	淀粉、亚硫酸、纸浆、厚皮革	浆状、有机物的无机盐	碳酸钙、碳酸镁、二氧化钛、硬质酸钙	0.5～1.0
分散的压紧物料、胶体状态和凝胶状态的物料	鞣制皮革、糊墙纸、动物胶	有机物的无机盐、触媒剂、吸附剂	硬脂酸锌、四氯化锡、硅胶、氢氧化铝	1.0～30.0

【例 4－6】 在恒定干燥条件下进行间歇干燥实验，已知干燥面积为 0.2m²，绝干物料质量为 15kg。测得实验数据列于本例附表 1 中。试求该物料的临界含水量 X_c 及平衡含水量 X^*。

例 4－6 附表 1

时间 τ，h	0	0.2	0.4	0.6	0.8	1.0	1.2	1.4
物料质量，kg	44.1	37.0	30.0	24.0	19.0	17.5	17.0	17.0

解　以表中 2、3 组数据为例，计算过程如下：

时间 0.2h 时相应的物料干基湿含量为

$$X=\frac{37.0-15}{15}=1.47(\text{kg/kg 绝干料})$$

蒸发水分量　$\Delta W=37-30=7(\text{kg/h})$

干燥时间增量　$\Delta\tau=0.4-0.2=0.2(\text{h})$

干燥速率　$U=\frac{\Delta W}{S\Delta\tau}=\frac{7}{0.2\times0.2}=175[\text{kg/(m}^2\cdot\text{h)}]$

与干燥速率 U 相对应的物料平均湿含量为

$$\overline{X}=\frac{1}{2}(1.47+1.0)=1.235(\text{kg/kg 绝干料})$$

用上述方法计算其余各组数据，结果列于本例附表 2 中。

例 4-6 附表 2

τ h	物料质量 kg	X kg/kg 绝干料	ΔW kg/h	$\Delta\tau$ h	U kg/(m^2·h)	$\overline{X}$ kg/kg 绝干料
0	44.1	1.94				
0.2	37.0	1.47	7.1	0.2	177.5	1.705
0.4	30.0	1.0	7.0	0.2	175	1.235
0.6	24.0	0.6	6.0	0.2	150	0.8
0.8	19.0	0.27	5.0	0.2	125	0.435
1.0	17.5	0.167	1.5	0.2	37.05	0.219
1.2	17.0	0.13	0.5	0.2	12.5	0.149
1.4	17.0	0.13	0	0.2	0	0.13

以 $\overline{X}$ 为横坐标，U 为纵坐标绘图，如本例附图所示。从图中可读得：

临界含水量　$X_c=1.24$kg/kg 绝干料

平衡含水量　$X^*=0.13$kg/kg 绝干料

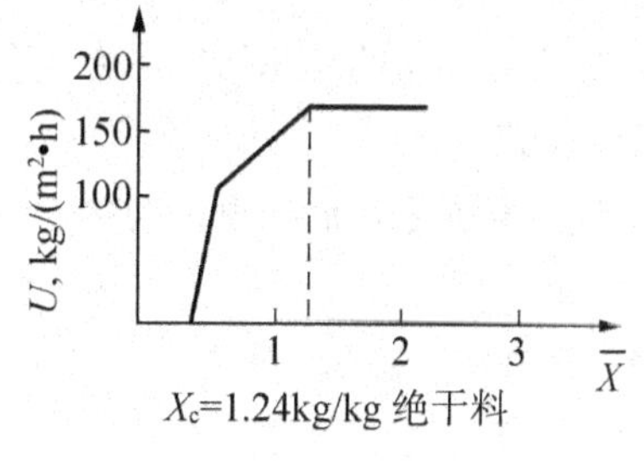

例 4-6 附图

4.4.3　干燥时间

在恒定干燥条件下的干燥过程中，物料从最初含水量 X_1 干燥到任务所要求的最终含水量 X_2 所需的总时间为恒速干燥阶段与降速干燥阶段的干燥时间之和，即

$$\tau=\tau_1+\tau_2 \tag{4-39}$$

式中，τ——物料干燥所需总时间，s；

τ_1——物料恒速干燥段所需时间，s；

τ_2——物料降速干燥段所需时间，s。

1. 恒定干燥阶段的干燥时间 τ_1

物料从最初含水量 X_1 干燥到临界含水量 X_c 所需的时间 τ_1，可根据所测定的干燥速率曲线，利用式(4-37)求取。由于恒速阶段的干燥速率等于临界点的干燥速率 U_c，故式(4-37)可写为

$$\mathrm{d}\tau=\frac{-G'\mathrm{d}X}{SU_c}$$

分离变量进行积分

$$\int_0^{\tau_1}\mathrm{d}\tau=\frac{-G'}{SU_c}\int_{X_1}^{X_c}\mathrm{d}X$$

故

$$\tau_1=\frac{G'(X_1-X_c)}{SU_c} \tag{4-40}$$

式中，τ_1——恒定干燥阶段的干燥时间，s；

U_c——临界干燥速率，kg/(m^2·s)；

X_1——物料的初始含水量，kg/kg 绝干料；

X_c——物料的临界含水量，即恒速干燥段终了时的含水量，kg/kg 绝干料；

G'/S——单位干燥面积上的绝干物料质量，kg 绝干料/m^2。

当缺乏 U_c 数据时，可将式(4-38)应用于临界点处，从而计算出 U_c，即

$$U_c = \frac{\alpha}{r_{t_w}}(t - t_w) \tag{4-38a}$$

式中，t——恒定干燥条件下空气的平均温度,℃；

t_w——初始状态空气的湿球温度,℃。

对流传热系数 α 同物料与干燥介质的接触方式有关，可用下面几种经验公式作估算。

①空气平行地流过静止的物料层表面

$$\alpha = 0.0204(L')^{0.8} \tag{4-41}$$

式中，α——对流传热系数，W/(m^2·℃)；

L'——湿空气的质量速度，kg/(m^2·h)。

式(4-41)的应用条件为：$L' = 2\,450 \sim 29\,300$kg/(m^2·h)，空气的平均温度为45～150℃。

②空气垂直地流过静止的物料层表面

$$\alpha = 1.17(L')^{0.37} \tag{4-42}$$

式(4-42)的应用条件为 $L'=3\,900\sim19\,500$kg/(m^2·h)。

③气流与运动颗粒间传热时

$$\alpha = \frac{\lambda_g}{d_P}\left[2 + 0.54\left(\frac{d_P u_t}{v_g}\right)^{0.5}\right] \tag{4-43}$$

式中，d_P——颗粒的平均直径，m；

u_t——颗粒的沉降速度，m/s；

λ_g——空气的导热系数，W/(m·℃)；

v_g——空气的运动粘度，m^2/s。

利用对流传热系数计算出的干燥速率或干燥时间都是近似值。但由 α 的计算式可分析影响干燥速率的因素。如空气的流速愈高、温度愈高、湿度愈低，干燥速率愈快，但温度过高、湿度过低，可能会因干燥速率太快而引起物料变形、开裂或表面硬化。此外，若空气速度太大，还会产生气流夹带现象。因此，应视具体情况选择适宜的操作条件。

【例4-7】 某颗粒物料放在长宽各为0.5m的浅盘里进行干燥。平均温度为65℃、湿度为0.02kg/kg 绝干气的常压空气以5m/s的速度平行地吹过湿物料表面，设盘的底部及四周绝热良好。试求恒速干燥阶段每小时汽化的水分量。

解 温度为65℃、湿度为0.02kg/kg 绝干气的湿空气比体积为

$$v_H = (0.772 + 1.244H) \times \frac{273 + t}{273} \times \frac{1.013 \times 10^5}{p} = (0.772 + 1.244 \times 0.02) \times \frac{273 + 65}{273}$$

$$= 0.99(\text{m}^3\ 湿空气/\text{kg}\ 绝干气)$$

湿空气的密度 $\rho=\dfrac{1+H}{v_H}=\dfrac{1+0.02}{0.99}=1.03(\text{kg/m}^3)$

湿空气的质量流量 $L'=u\rho=5\times1.03\times3\,600=18\,540[\text{kg}/(\text{m}^2\cdot\text{h})]$

湿空气平行地吹过湿物料表面，对流传热系数为

$$\alpha=0.0204(L')^{0.8}=0.0204\times(18\,540)^{0.8}=52.98[\text{W}/(\text{m}^2\cdot℃)]$$

湿物料表面温度近似等于湿空气的湿球温度 t_w，温度为65℃、湿度为0.02kg/kg绝干气的湿空气由 $H-I$ 图查得 $t_w=32℃$，再由水的物性表查得32℃时水的汽化热为 $r_{t_w}=2419\text{kJ/kg}$。

恒速干燥阶段的干燥速率为

$$U_c=\frac{\alpha}{r_{t_w}}(t-t_w)=\frac{52.98}{2\,419\times10^3}\times(65-32)$$

$$=0.723\times10^{-3}\text{kg}/(\text{m}^2\cdot\text{s})=2.603[\text{kg}/(\text{m}^2\cdot\text{h})]$$

所以，每小时的汽化量为

$$W=2.603\times(0.5\times0.5)=0.651(\text{kg/h})$$

2. 降速干燥阶段的干燥时间 τ_2

降速干燥阶段的干燥时间为物料从临界含水量 X_c 干燥到产品含水量 X_2 所需的时间，仍可采用式(4-37)求取。先将该式改写为

$$d\tau=\frac{-G'dX}{SU}$$

分离变量后积分，可求得

$$\tau_2=\frac{G'}{S}\int_{X_2}^{X_c}\frac{dX}{U} \quad (4-44)$$

式(4-44)积分项的计算方法有以下两种：

(1)解析计算法

当降速段干燥速率曲线 U 与 X 呈线性变化时，如图4-14所示，任一瞬间的 U 与对应的 X 的关系可写为

$$U=k_X(X-X^*) \quad (4-45)$$

式中，k_X 为降速阶段干燥速率线的斜率，$k_X=\dfrac{U_c}{X_c-X^*}$，单位为kg绝干料/(m²·s)。

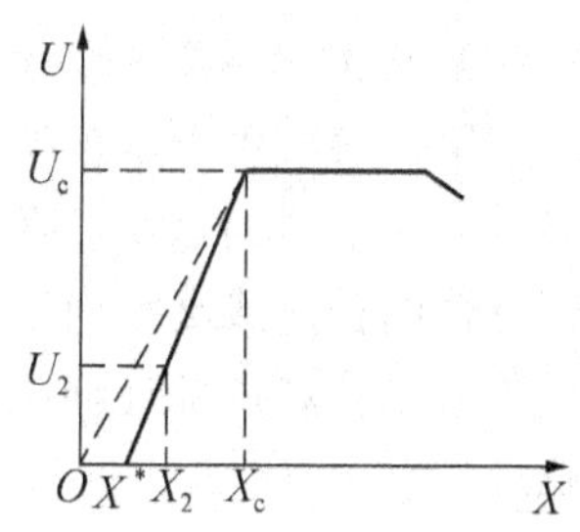

图4-14 干燥速率曲线示意图

将式(4-45)代入式(4-44)，得

$$\tau_2=\frac{G'}{S}\int_{X_2}^{X_c}\frac{dX}{k_X(X-X^*)}$$

积分上式，得

$$\tau_2=\frac{G'}{Sk_X}\ln\frac{X_c-X^*}{X_2-X^*} \quad (4-46)$$

$$\tau_2=\frac{G'(X_c-X^*)}{SU_c}\ln\frac{X_c-X^*}{X_2-X^*} \quad (4-47)$$

当平衡含水量 X^* 非常小，或缺乏平衡含水量 X^* 的实验数据时，可以假设干燥速率曲线为通过原点的直线，此时干燥速率直接正比于 $X(X^*=0)$，式(4-45)与式(4-47)可分别简化为

$$U = k_X X \tag{4-45a}$$

$$\tau_2 = \frac{G' X_c}{S U_c} \ln \frac{X_c}{X_2} \tag{4-47a}$$

(2)图解积分法或数值积分法

当降速段干燥速率曲线 U 与 X 不呈线性关系时，式(4－44)积分项可采用图解积分法或数值积分法计算。

图解积分法是根据干燥速率曲线的形状读取不同的 U 与 X 数值后，以 X 为横坐标，$1/U$ 为纵坐标，在图中标绘 $1/U$ 与对应的 X 曲线，由纵轴 $X=X_c$ 与 $X=X_2$、横坐标轴及曲线所包围的面积便为积分项的值。

数值积分法利用辛普森公式求解，即

$$\int_{X_2}^{X_c} \frac{dX}{U} = \frac{X_c - X_2}{3n}\left[\frac{1}{U_0} + \frac{1}{U_n} + 4\left(\frac{1}{U_1} + \frac{1}{U_3} + \cdots + \frac{1}{U_{n-1}}\right) + 2\left(\frac{1}{U_2} + \frac{1}{U_4} + \cdots + \frac{1}{U_{n-2}}\right)\right] \tag{4-48}$$

应当指出，对于间歇干燥操作过程，干燥所需的总时间还应考虑装卸物料所需的辅助时间，因此每批物料的干燥时间为

$$\tau = \tau_1 + \tau_2 + \tau_{辅助} \tag{4-49}$$

式中，$\tau_{辅助}$——一批物料干燥所需的辅助时间，s。

但是，在实际干燥操作中很难维持恒定的干燥条件，而是在变动干燥条件下操作，空气状态参数沿干燥器的长度或高度而变。图 4－15 所示为逆流干燥器中空气的温度、湿度以及湿物料温度的分布情况。物料进入干燥器后先被预热，当温度升高到空气初始状态的湿球温度 t_w 后，即转入干燥第一阶段；若操作是等焓过程，那么物料表面温度一直维持在空气初始状态的湿球温度，空气状态参数沿等 I 线而变，到达临界点后即转入干燥第二阶段。第一阶段中干燥速率由物料表面水分汽化速率控制，汽化出的为非结合水分。到达临界点时，物料的含水量降至 X_c，相应的空气温度为 t_c、湿度为 H_c。由于空气状态参数沿干燥器的长度或高度而变，故第一阶段的干燥速率并不恒定。在干燥第二阶段，干燥速率由水分在物料内部迁移速度所控制，到达干燥器出口，物料温度上升到 θ_2、含水量下降到 X_2。

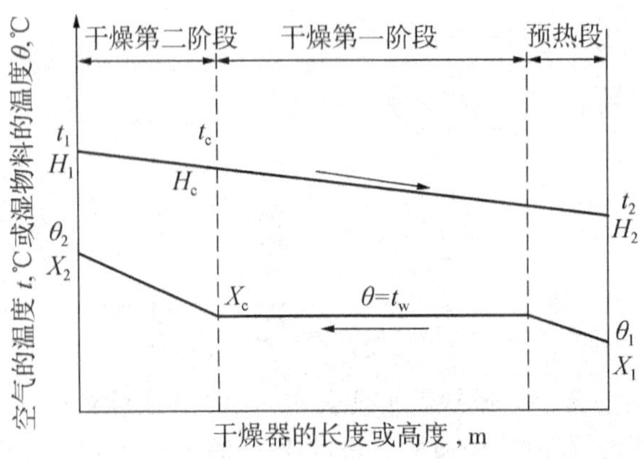

图 4－15 连续逆流干燥器中典型的温度分布情况

计算变动条件下的干燥时间仍以式(4-37)为基本式，但因整个过程空气状态参数沿程而变，故积分式(4-37)时较恒定条件下要复杂得多，需要时可参考有关专著。

【例4-8】 一间歇操作干燥器干燥某物料，该物料的干燥速率曲线如图4-13所示，若物料由含水量 $w_1=0.27$ 干燥到 $w_2=0.05$(均为湿基)，湿物料的质量为250kg，干燥表面积为 $0.026m^2/kg$ 绝干料，装卸时间 $\tau_{辅助}=1h$，试确定每批物料的干燥周期。

解 绝干物料量 $G'=G_1(1-w_1)=250\times(1-0.27)=182.5(kg)$

干燥总表面积 $S=182.5\times0.026=4.745(m^2)$

物料的干基含水量 $X_1=\dfrac{w_1}{1-w_1}=\dfrac{0.27}{1-0.27}=0.37$(kg/kg 绝干料)

$$X_2=\frac{w_2}{1-w_2}=\frac{0.05}{1-0.05}=0.053(\text{kg/kg 绝干料})$$

由图4-13查得物料的临界含水量 $X_c=0.20$kg/kg 绝干料，平衡含水量 $X^*=0.05$kg/kg 绝干料，$U_c=1.5kg/(m^2\cdot h)$。由于 $X_2<X_c$，所以干燥应包括恒速和降速两个阶段，各段所需的干燥时间分别计算。

恒速阶段所需时间 τ_1 为

$$\tau_1=\frac{G'(X_1-X_c)}{SU_c}=\frac{182.5\times(0.37-0.2)}{4.745\times1.5}=4.36(h)$$

降速阶段所需时间 τ_2 为

$$\tau_2=\frac{G'(X_c-X^*)}{SU_c}\ln\frac{X_c-X^*}{X_2-X^*}=\frac{182.5\times(0.2-0.05)}{4.745\times1.5}\ln\frac{0.2-0.05}{0.053-0.05}=15.05(h)$$

所以，每批物料的干燥周期 τ 为

$$\tau=\tau_1+\tau_2+\tau_{辅助}=4.36+15.05+1=20.41(h)$$

【例4-9】 在恒定干燥条件下，在某一干燥器中将物料的含水量由 $X_1=0.33$kg/kg 绝干料干燥至 $X_2=0.09$kg/kg 绝干料，共需7h，若继续干燥至 $X'_2=0.07$kg/kg 绝干料，试问还需多少时间？已知物料的临界含水量为0.16kg/kg 绝干料，平衡含水量为0.05kg/kg 绝干料。假设降速阶段中干燥速率与物料的自由含水量 $(X-X^*)$ 成正比。

解 由于 U-X 关系为线性，故总干燥时间为

$$\tau=\tau_1+\tau_2=\frac{G'(X_1-X_c)}{SU_c}+\frac{G'(X_c-X^*)}{SU_c}\ln\left(\frac{X_c-X^*}{X_2-X^*}\right)$$

代入已知数据

$$\tau=\frac{G'}{SU_c}\left[(0.33-0.16)+(0.16-0.05)\ln\left(\frac{0.16-0.05}{0.09-0.05}\right)\right]=7$$

可解得

$$\frac{G'}{SU_c}=24.89[(\text{kg 绝干料}\cdot s)/\text{kg 水}]$$

继续干燥至 $X'_2=0.07$kg/kg 绝干料，还需用时间为

$$\Delta\tau=\frac{G'(0.16-0.05)}{SU_c}\left[\ln\left(\frac{0.16-0.05}{0.07-0.05}\right)-\ln\left(\frac{0.16-0.05}{0.09-0.05}\right)\right]$$
$$=24.89\times0.11\times0.693\approx1.9(h)$$

4.5 干燥器

4.5.1 常用干燥器

干燥器在化工、食品、造纸和制药等许多工业领域应用广泛。常用干燥器的类型多种多样，若按加热方式分类有：对流干燥器，包括气流干燥器、流化床干燥器、喷雾干燥器、转筒干燥器和厢式干燥器等；传导干燥器，包括滚筒干燥器、耙式真空干燥器及冷冻干燥器等；辐射干燥器，如红外线干燥器；介电加热干燥器，如微波干燥器等。

1. 厢式干燥器(盘式干燥器)

厢式干燥器又称盘式干燥器，一般小型的称为烘箱，大型的称为烘房。按气流的流动方式，又可分为并流式、穿流式和真空式。厢式干燥器的基本结构如图 4-16 所示。被干燥物料放在盘架 7 上的浅盘内，物料的堆积厚度为 10～100mm。新鲜空气由风机 3 吸入，经加热器 5 预热后沿挡板 6 均匀地在各浅盘的物料上方掠过，对物料进行干燥，部分废气经排出管 2 排出，余下的循环使用，以提高热利用率。废气循环由吸入口或排出口调节，空气的流速由物料的粒度而定，应使物料不被气流夹带出干燥器为原则，一般为 1～10m/s。这种干燥器的浅盘可放在能移动的小车盘架上，以方便物料的装卸，减轻劳动强度。

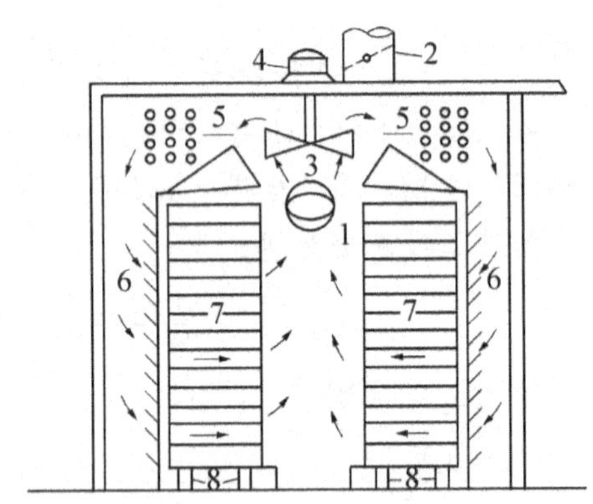

图 4-16 厢式干燥器

1—空气入口；2—空气出口；3—风机；4—电动机；5—加热器；6—挡板；7—盘架；8—移动轮

若被干燥的物料是热敏性的物料，或高温下易燃、易爆的危险性物料；或物料中的湿分在大气压下难以汽化；或物料中的湿分产生的蒸汽需要回收(有价值或会污染环境)，可用厢式干燥器。厢式干燥器可在真空下操作，称为厢式真空干燥器。干燥厢是密闭的，干燥以传导方式加热物料，将浅盘制成空心的，加热蒸气从中通过，使盘中物料所含水分或溶剂汽化，汽化出的水汽或溶剂蒸气用真空泵抽出，以维持厢内的真空度。

穿流式干燥器内气流垂直地穿过物料层，其结构如图 4-17 所示。物料铺在多孔的浅盘(或网)上，两层物料之间有倾斜的挡板，使得从一层物料中吹出的湿空气被挡住而不致于再吹入另一层，空气通过小孔的速度为 0.3～1.2m/s。穿流式干燥器适用于通气性好的颗粒状物料，其干燥速率通常为并流时的 8～10 倍。

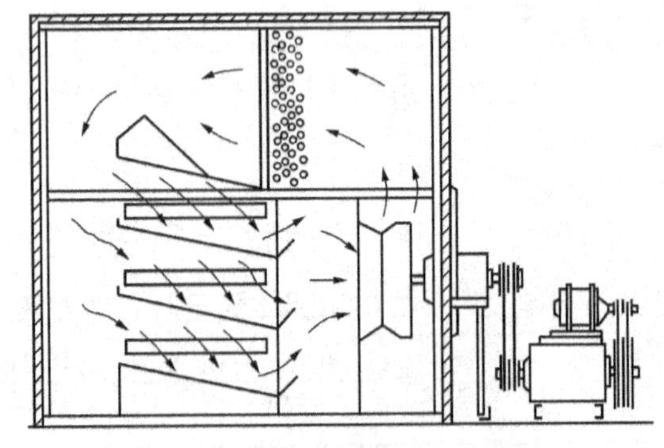

图 4-17 穿流式(厢式)干燥器

厢式干燥器的优点是结构简单，设备投资费用少，对物料的适应性强。缺点是装卸劳动强度大，热损失大，热空气只与表面物料直接接触，产品的干燥不易均匀。厢式干燥器一般应用于少量、多品种物料的干燥。

2. 洞道式干燥器

若需干燥大量物料，可将厢式干燥器设计为洞道式干燥器，如图 4－18 所示。干燥器身为狭长的洞道，内敷设轨道，一系列的小车载着盛于浅盘中或悬挂在架上的湿物料通过洞道，在洞道内与热空气接触而被干燥。小车可以连续地或间歇地进出洞道，故洞道式干燥器可以连续的或半连续的操作。

由于洞道式干燥器的容积大，小车在器内停留时间长，因此适用于处理量大、干燥时间长的物料，如木材、陶瓷等的干燥。干燥介质为热空气或烟道气。气流速度一般大于 2m/s。洞道中也可进行中间加热或废气循环操作。

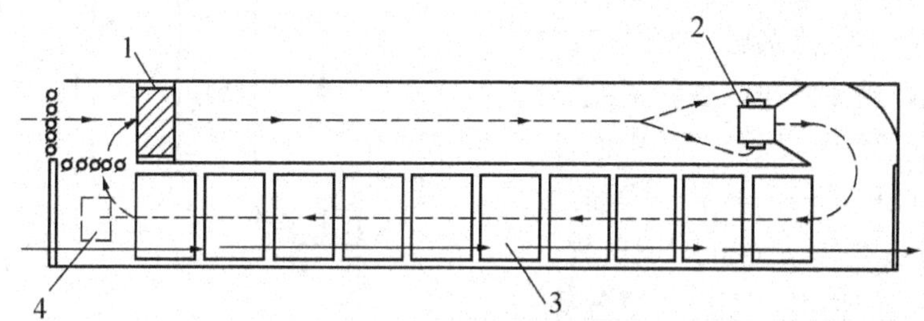

图 4－18　洞道式干燥器

1—加热器；2—风扇；3—装料车；4—排气口

3. 带式干燥器

带式干燥器如图 4－19 所示，干燥室的截面为长方形，内部安装有网状传送带，传送带可以是单层的，也可以是双层的，带宽 1～3 m，带长 4～50m。在干燥器内气流与物料错流流动，带子在前移过程中，物料不断与热空气接触而被干燥，干燥时间 5～120min。通常沿物料运动方向分成许多区段，每个区段都可装设风机和加热器。在不同区段内，气流的方向、温度、湿度及速度都可以不同，例如在湿料区段，采用的气体速度可大于干燥产品区段。

根据被干燥物料的性质不同，传送带可用帆布、橡胶、涂胶或金属丝网制成。

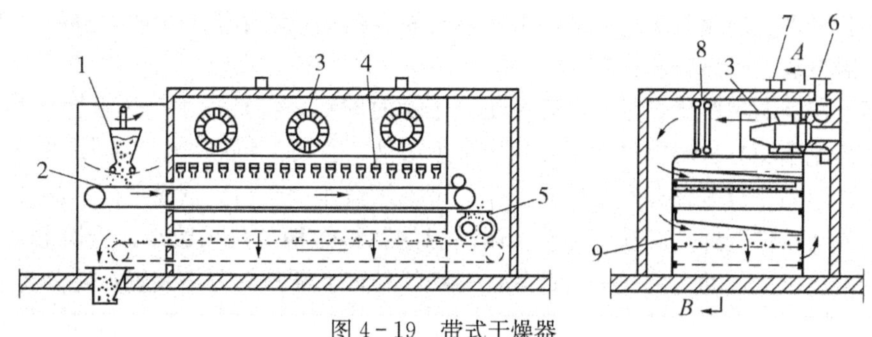

图 4－19　带式干燥器

1—加料器；2—传送带；3—风机；4—热空气喷嘴；5—压碎机；6—空气入口；7—空气出口；8—加热器；9—空气再分配器

物料在带式干燥器内翻动较少，基本可保持原状，也可同时连续干燥多种固体物料，但要求带上物料的堆积厚度、装载密度均匀一致，否则通风不均匀，会使产品质量下降。这种干燥器的生产能力及热效率均较低，热效率约在40%以下。带式干燥器适用于干燥颗粒状、块状和纤维状物料。

4. 喷雾干燥器

喷雾干燥器是将溶液、膏状物或含有微粒的悬浮液、乳浊液等喷射为10～60μm的液滴后进行干燥，因液滴小且分散于热气流中，显著地加大了水分的蒸发面，水分能迅速汽化而达到干燥目的。

常用的喷雾干燥器如图4-20所示。料浆用送料泵压至喷雾器(喷嘴)，经喷嘴喷成雾滴而分散在热气流中，雾滴在干燥器内与热气流接触，使其中的水分迅速汽化，成为微粒或细粉落到器底。产品由风机吸至旋风分离器中而被分离，废气经风机排出。喷雾干燥器的干燥介质多为热空气，也可用烟道气，对含有有机溶剂的物料，可使用氮气等惰性气体。

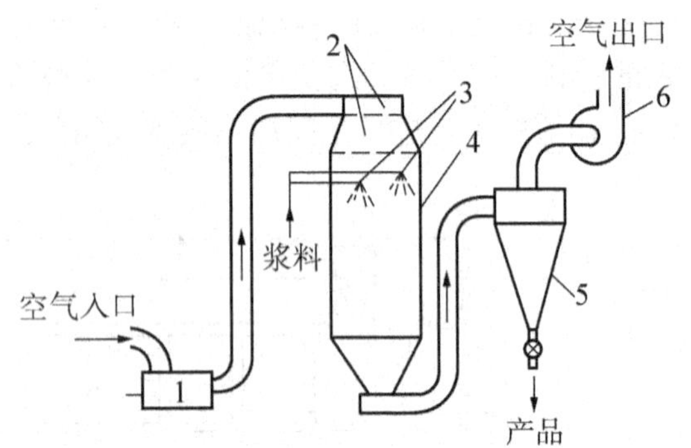

图4-20 喷雾干燥设备流程

1—燃烧炉；2—空气分布器；3—压力式喷嘴；4—干燥塔；5—旋风分离器；6—风机

由此可见，喷雾干燥器有4个工作过程：①溶液喷雾；②空气与雾滴混合；③雾滴干燥；④产品的分离和收集。

喷雾器是喷雾干燥的重要部件，常用的有压力式喷雾器、旋转式喷雾器和气流式喷雾器三种。对喷雾器的一般要求为：雾粒均匀，结构简单，生产能力大，能耗低及操作容易等。

物料与气流在干燥室内的流向可分为并流、逆流和混合流三种。每种流向又有直线流动和螺旋流动两种。对于易粘壁的物料，宜采用直线流的并流，液滴随高速气流直线下降，这样可减少雾滴粘附器壁的机会。但相对来说雾滴在干燥器中的停留时间较短。螺旋形流动时物料在器内的停留时间较长，但由于离心力的作用将颗粒甩向器壁，因而使物料粘壁的机会增多。逆流时物料在器内的停留时间也较长，宜用于干燥较大颗粒或较难干燥的物料，但不适用于热敏性物料。

喷雾干燥器的主要优点是干燥速度快，干燥时间短，特别适用于热敏性物料的干燥；能处理用其他干燥方法难以进行干燥的低浓度溶液，且可由料液直接获得干燥产品，之前无需蒸发、结晶、机械分离及粉碎等操作；可连续操作；产品质量稳定；干燥过程中无粉尘飞扬，劳动条件较好。其缺点是对不耐高温的物料体积传热系数小，干燥器的容积大；单位产品耗热量大，动力消耗大。此外，对细粉粒产品需高效分离装置，使分离系统的费用较高。

5. 气流干燥器

气流干燥器是一种连续操作的气流输送式干燥器。它将湿物料在热气流中分散成粉粒状，在随热气流并流运动的过程中被干燥。气流干燥器可处理泥状、粉粒状或块状的湿物料。对于泥状需装分散器，使其分散后再进入气流干燥器；对于块状物料，可采用附设粉碎机的气流干燥器，将浆物料粉碎后再进行干燥。气流干燥器有直管型、脉冲管型、倒锥型、套管型、环型和旋风型等。

图 4－21 所示即为装有粉碎机的气流干燥装置图。气流干燥器的主体是直立圆管 4，湿物料由加料斗 9 进入螺旋输送混合器 1 中，与一定量的干燥物料混合后进入粉碎机 3。从燃烧炉 2 来的加热介质(烟道气、热空气等)也同时进入。粉碎后的固体被吹入气流干燥器中。由于热气体作高速运动，使物料颗粒分散并随气流一起运动。热气流与物料间进行传热和传质，使得物料干燥，干燥后物料随气流进入旋风分离器 5，经分离后由底部排出，再通过分配器 8，部分排出作为产品，部分被送入螺旋混合器循环使用。废气经风机 6 放空。

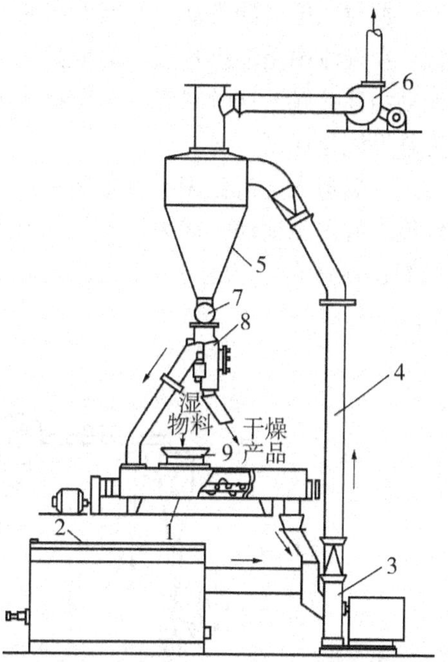

图 4－21　具有粉碎机的气流干燥装置流程图
1—螺旋桨式输送混合器；2—燃烧炉；3—粉碎机；
4—气流干燥器；5—旋风分离器；6—风机；
7—星式加料器；8—流动固体物料分配器；9—加料斗

气流干燥器操作的关键是连续而均匀地加料，并将物料分散于气流中。但粘结并成团的潮湿粉料往往难以分散。为使湿物料在入口处借气流获得必要的分散，管内的气速应在 10m/s 以上。由于干燥器的高度有限，颗粒在管内的停留时间很短，一般在 2s 左右。但因颗粒尺寸很小，在此短暂时间内也可将颗粒中的大部分水分汽化，使含水量降至临界值以下。

必须指出，在整个干燥管的高度范围内，并不是每一段都同样有效。在加料口以上 1m 左右，物料被加速，气固相对速度最大，传热系数和干燥速率亦最大，是整个干燥管中最有效的部分。在干燥管上部，物料已接近或低于临界含水量，即使管子很高，也不足以提供物料升温阶段缓慢干燥所需的时间。因此，当要求干燥产品的含水量很低时，应改用其他低气速干燥器继续干燥。

气流干燥器的主要优点是干燥速度快，干燥时间短，从湿物料加入到产品排出只需 2s 左右，可称为“瞬间干燥”。过滤后的湿滤饼能经瞬间干燥，获得粉末状干燥产品，且干燥均匀；由于热风与物料并流操作，即使热风温度高达 700～800℃，而产品温度也不会超过 70～90℃，适用于热敏性和低熔点物料；干燥器结构简单，占地面积小。其缺点是由于流速大，压力损失大，物料颗粒有一定的磨损，不适合对晶体有一定要求的物料。

6. 流化床干燥器(沸腾床干燥器)

流化床干燥器适用于粉粒状物料，图 4－22 所示为单层流化床干燥器。湿物料经加料器进入床层，热空气由下而上通过多孔式气体分布板。当气速(空床气速)较低时，颗粒床层呈静止状态，气流穿过颗粒间的空隙，此时颗粒床层为固定床。当气速增加到一定程度，颗粒床层开始松动，并略有膨胀，在小范围内变换位置。气速再增大到某一数值后，颗粒在气流中呈悬浮状态，形成颗粒与气体的混合层，恰如液体沸腾状态，气固两相激烈运动相互接触。这种状态的床层称为流化床或沸腾床。由固定床转化为流化床时的气速称为临界流化速度。

气速愈大，流化床层就愈高。当气速增大到颗粒的自由沉降速度 u_t 时，颗粒开始与气流一起向上流动，成为气流干燥状态，故称 u_t 为流化床的带出速度。流化床的气速应控制在临界流化速度与带出速度之间。

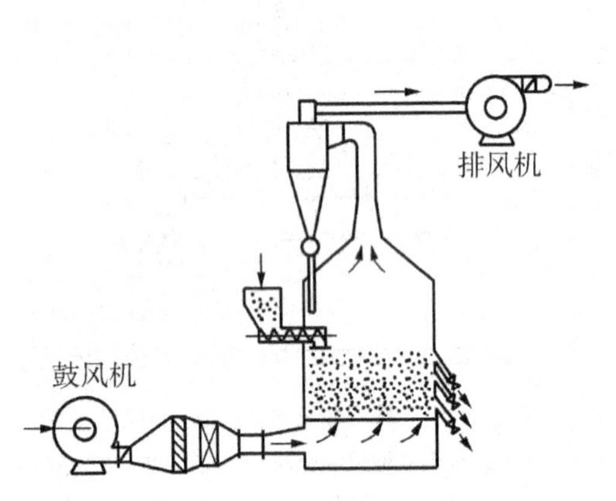

图 4-22　单层流化床干燥器

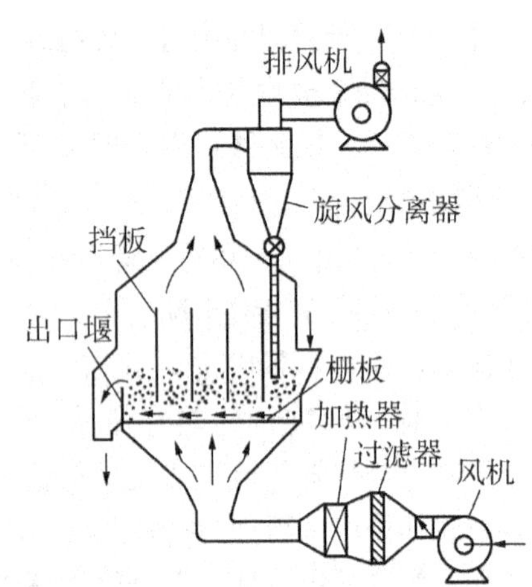

图 4-23　卧式多室流化床干燥器

湿物料在流化床中与热空气进行热量及水汽的传递，达到干燥的目的。干燥后的产品由床层侧面出料管排出，气流由顶部排出，经旋风分离器回收其中夹带的粉尘。

在流化床中，有的颗粒因短路而在床层中停留时间很短，未达到干燥要求即排出；有的颗粒因返混，停留时间较长。为了提高物料在床层中停留时间分布的均匀性，可以改用如图 4-23 所示的卧式多室流化床干燥器。它是在长方形床层中在垂直于颗粒流动方向安装若干垂直挡板，分隔为几个室，挡板下端距多孔分布板有一定距离，使颗粒能逐室流动，颗粒的停留时间分布较均匀，以防止未干颗粒排出。

流化床干燥器的主要优点是床层温度均匀，并可调节；传热速度快，处理能力大；停留时间可在几分钟到几小时范围内调节，使物料含水量降至很低；物料依靠进、出口床层高度差自动流向出口，不需输送装置；结构简单，可动部件少，操作稳定。其缺点是物料的形状和粒度有限制。

7. 转筒干燥器

经真空过滤所得的滤渣、团块物料以及颗粒较大而难以流化的物料，可在转筒干燥器内获得一定程度的分散，使干燥产品的含水量能够降至较低数值。

图 4-24 所示为热空气直接加热式转筒干燥器。其主体是一个与水平略成倾斜的圆筒，圆筒的倾斜度为 1/15～1/50，物料自高端送入，由低端排出，转筒以 0.5～4r/min 缓缓地旋转。转筒内装有若干抄板，在筒体旋转过程中将物料不断举起、撒下，使物料分散并与气流密切接触，提高了干燥速率。干燥介质可用热空气、烟道气或其他气体，与物料可作并流或逆流流动。

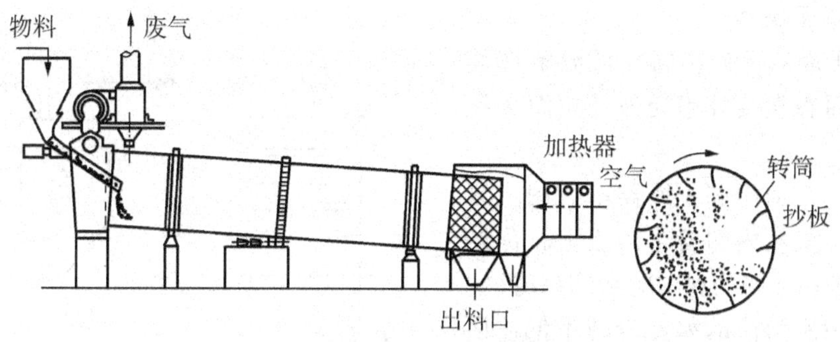

图 4-24　热空气直接加热的逆流操作转筒干燥器

并流操作时，高温气体与刚进入的湿物料接触，物料在水分表面汽化阶段保持湿球温度，物料在接近出口温度进入上升阶段，因气体温度已下降，物料温度不会升高很多，所以，有些物料(如热敏性物料)在并流操作时，即使用温度高的气体，也不会影响产品质量。逆流操作时，高温气体与刚排出物料接触，此操作适用于耐高温且在干燥第二阶段较难除去水分的物料，但物料以高温排出，带出热量较多。气流速度由物料粒度与密度决定，以物料不随气流飞扬为依据，通常气速较低，为 0.3～1.0m/s。物料的停留时间可用调节转筒的转速来改变，以使产品含水量降至要求值。

转筒干燥器的主要优点是可连续操作，处理量大；与气流干燥器、流化床干燥器相比，对物料含水量、粒度变动的适应性强；操作稳定可靠。缺点是设备笨重、占地面积大。

8. 耙式真空干燥器

这是一种可传导供给热量、可间歇操作的干燥器，其结构如图 4-25 所示。

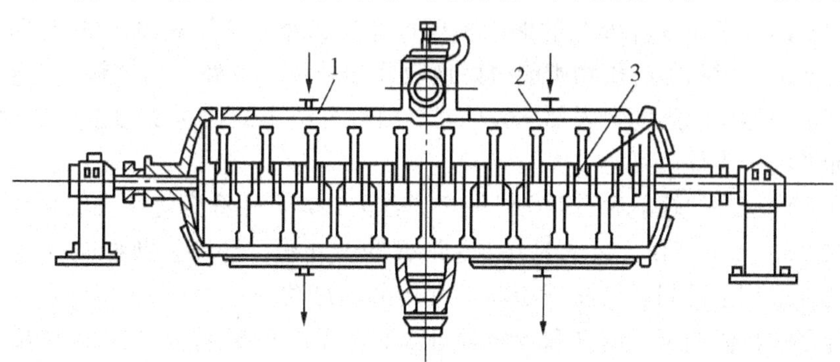

图 4-25　耙式真空干燥器

1—外壳；2—蒸汽夹套；3—水平搅拌器

在一个带有蒸汽夹套的圆筒中装有一水平搅拌轴，轴上有许多叶片用以不断翻动物料。汽化的水分和不凝性气体由真空系统排除。干燥完毕后切断真空系统并停止加热，使干燥器与大气相通，然后将物料由底部卸料口卸出。

耙式真空干燥器通过间壁传导供热，操作密闭，无须空气作为干燥介质，故适用于在空气中易氧化的有机物的干燥。此种物料对糊状物料适应性强，物料的初始含水量允许在很宽的范围内变动，但生产能力很低。

9. 冷冻干燥器

冷冻干燥器可使物料在低温下将其中水分由固态直接升华变为气相而达到干燥目的。

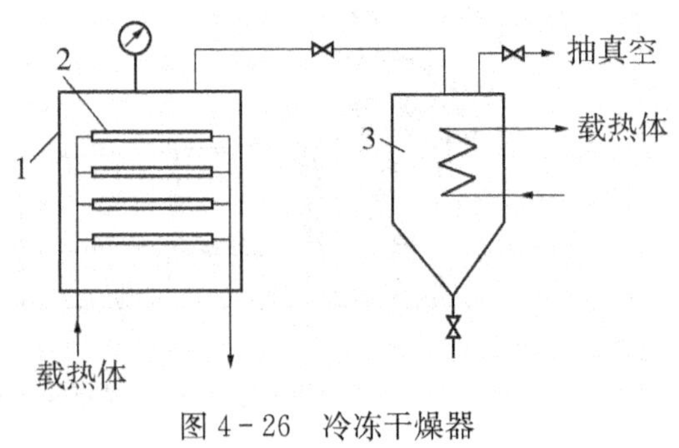

图 4-26 冷冻干燥器

1—干燥器；2—搁板；3—冷凝器

图 4-26 为冷冻干燥器示意图。湿物料置于干燥箱内的若干栅板上。首先用冷冻剂预冷，将物料中的水冻结成冰。由于物料中水溶液的冰点较纯水低，预冷温度应比溶液冰点低 5℃左右，一般为−5℃～−30℃。随后对系统抽真空，使干燥器内的绝对压强保持为 130Pa，物料中的水分由冰升华为水汽并进入冷凝器中冻结成霜。此阶段应向物料供热以补偿冰的升华所需的热量，而物料温度几乎不变，是一恒速阶段。供热的方式可用电热元件辐射加热，也可通入热媒加热。干燥后期，为一升温阶段，可将物料升温至 30℃～40℃并保持 2～3h，使物料中剩余水分去除干净。

冷冻干燥器主要用于生物制品、药物、食品等热敏性物料的脱水，以保持酶、天然香料等有效成分不受高温或氧化破坏。在冷冻干燥过程中物料的物理结构未遭破坏，产品加水后易于恢复原有的组织状态。但冷冻干燥费用很高，只用于少量而贵重物料的干燥。

10. 红外线干燥器

利用红外线辐射源发出波长为 0.72～1 000μm 的红外线投射于被干燥物料上，可使物料温度升高，水分或溶剂汽化。通常把波长为 5.6～1 000μm 范围的红外线称为远红外线。

不同物质的分子吸收红外线的能力不同。像氢、氮、氧等双原子的分子不吸收红外线，而水、溶剂、树脂等有机物则能很好地吸收红外线。此外，当物料表面被干燥之后，红外线要穿透固体层深入物料内部比较困难。故红外线干燥器主要用于薄层物料的干燥，如油漆、油墨的干燥等。

目前常用的红外线辐射源有两种。一种是红外线灯，用高穿透性玻璃和钨丝制成。钨丝通电后在 2 200℃下工作，可辐射 0.6～3μm 的红外线，灯泡呈抛物面以使辐射线束较为集中。红外线灯也可制成管状或板状，常用的单灯功率有 190W、200W 等。灯与物体的距离直接影响物体的干燥温度和干燥时间。单个灯或干燥装置还带有各种反光罩，使红外线集中于物体的某一局部或平行投射于整个物体。另一种辐射源是使煤气与空气的混合气(一般空气量是煤气量的 3.5～3.7 倍)在薄金属板或钻了许多小孔的陶瓷板的背面发生无烟燃烧，当板的温度达到 340℃～800℃时(一般是 400℃～500℃)即放出红外线。

间歇式红外线干燥器可随时启闭辐射源；也可以制成连续的隧道式干燥器，用运输带连续地移动干燥物料。红外线干燥器的特点如下：

①设备简单，操作方便、灵活，可以适应干燥物品的变化；

②能保持干燥系统的密闭性，免除干燥过程中溶剂或其他毒物挥发对人体的危害，或避免空气中的尘粒污染物料；

③能耗大，固体的热辐射是一表面过程，故只限于薄层物料的干燥。

4.5.2 干燥器的选用与设计

通常，干燥器的选用与设计的基本要求有：

①能保证产品质量要求(含水量、强度、形状等)；

②尽量减小干燥器尺寸，降低能耗，辅助设备少；

③操作控制方便，劳动条件好，废气排放与噪声需满足环保要求等。

在对流干燥器中，物料与空气直接接触，物料的干燥过程为传热和传质相结合的复杂过程。对于干燥器的选用或设计来说，干燥条件的确定至关重要。

1. 干燥操作条件的确定

干燥操作条件的确定与许多因素(如干燥器类型、物料的特性及干燥过程的工艺要求等)有关。且各种操作条件(如干燥介质的温度和湿度等)之间又是相互制约的，需要综合考虑。有利于强化干燥过程的最佳操作条件，通常由实验测定。下面仅介绍一般的选择原则。

(1)干燥介质的选择

干燥介质的选择取决于干燥过程的工艺及可利用的热源。基本热源有饱和水蒸气、液态或气态的燃料和电能。在对流干燥中，干燥介质可采用空气、惰性气体和过热蒸汽。

热空气适用于温度不高且允许有氧气存在时产品质量不受影响的场合。对于某些易氧化的物料或从物料中蒸发出易爆的气体的情况，则宜采用惰性气体作为干燥介质。烟道气适用于高温干燥，但要求被干燥的物料不怕污染，而且不与烟道气中的 SO_2 和 CO_2 等气体发生作用。

此外，还应考虑介质的经济性及来源。

(2)流动方式的选择

气体与物料在干燥器内接触的流动方式一般有并流、逆流和错流三种。

在并流操作中，物料的移动方向与介质的流动方向相同。与逆流操作相比，若气体的初始温度相同，并流时物料的出口温度可较逆流时低，被物料带走的热量就少。就干燥强度和经济效益而言，并流优于逆流，但并流干燥的推动力沿程逐渐下降，后期很小，使干燥速率降低，因而难获得含水量较低的产品。并流操作适用于：①物料含水量较高，允许进行快速干燥而不产生龟裂或焦化的物料。②干燥后期不耐高温，即干燥产品易发生变色、氧化或分解等的物料。

在逆流操作中，物料的移动方向与介质的流动方向相反。整个干燥过程中推动力较均匀。它适用于：①在物料含水量高时，不允许采用快速干燥的物料；②在干燥后期，可耐高温的物料；③要求获得含水量很低的干燥产品。

在错流操作中，物料的移动方向与介质的流动方向相互垂直。各个位置上物料都与高温、低湿的介质相接触，因此干燥推动力较大，又可采用较高的气体速度，所以干燥速率很高。它适用于：①无论在高或低的含水量时，都可以进行快速干燥，且可耐高温的物料；②因阻力大或干燥器构造的要求不适宜采用并流或逆流操作的场合。

(3)干燥介质的进口温度

为了强化干燥过程和提高经济效益，干燥介质的进口温度宜保持在物料所允许的最高温度范围内，但也要考虑避免发生变色、分解等理化变化。对于同一种物料，允许的干燥介质的进口温度随干燥器类型不同而异。例如，在厢式干燥器中，由于物料是静止的，宜选用较低的介质进口温度；在转筒、沸腾、气流等干燥器中，由于物料不断地翻动，干燥温度较均匀、干燥速率快、干燥时间短，因此，介质进口温度可高些。

(4)干燥介质出口的相对湿度和温度

提高干燥介质离开干燥器的相对湿度 φ_2，可减少空气消耗量及传热量，即可减少操作费用；但 φ_2 提高，也就是介质中水汽分压提高，可使干燥过程的平均推动力下降，若要保持相同的干燥能力，就要增大干燥器的尺寸，而使得投资费用增加。所以最适宜的 φ_2 值应通过经济核算决定。

对于同一种物料，若所选干燥器的类型不同，适宜的 φ_2 也不同。例如，对于气流干燥器，由于物料在器内停留时间很短，要求有较大的推动力以提高干燥速率，因此一般离开干燥器的气体中，水蒸气分压需低于出口物料表面水蒸气分压的50%；对于转筒干燥器，出口气体的水蒸气分压一般为物料表面水蒸气分压的50%～80%。对于某些干燥器，要求保证一定的空气速度，故要考虑空气量与 φ_2 的关系，即为了满足较大气速的要求，可选用较大的空气量来降低 φ_2 值。

干燥介质离开干燥器的温度 t_2 与 φ_2 应同时予以考虑。若 t_2 较高，废气带走的热量会较多，使干燥系统的热效率减小。若 t_2 较低，而 φ_2 又较高，这种情况下湿空气可能会在干燥器后面的设备和管道中析出水滴，而破坏干燥的正常操作。对气流干燥器，一般要求 t_2 较物料出口温度高10～30℃，或 t_2 较入口气体的绝热饱和温度高20～50℃。

(5)物料的出口温度

物料离开干燥器时的温度 θ_2 与许多因素有关，但主要取决于物料的临界含水量 X_c 值及降速干燥阶段的传质系数。X_c 值愈低，物料出口温度 θ_2 也愈低；传质系数愈高，θ_2 也愈低。

物料出口温度 θ_2 一般可按下述方法估算：

①按物料允许的最高温度 θ_{max} 估算：

$$\theta_2=\theta_{max}-(5\sim 10) \tag{4-50}$$

这种估算方法仅考虑物料的允许温度，并未考虑降速阶段干燥的特点，故误差较大。

②采用简化公式。如对于气流干燥器，$X_c<0.05$kg/kg绝干料时，可按下式计算物料的出口温度：

$$\frac{t_2-\theta_2}{t_2-t_{w2}}=\frac{r_{t_{w2}}(X_2-X^*)-c_s(t_2-t_{w2})\left(\dfrac{X_2-X^*}{X_c-X^*}\right)^{\frac{r_{t_{w2}}(X_c-X^*)}{c_s(t_2-t_{w2})}}}{r_{t_{w2}}(X_0-X^*)-c_s(t_2-t_{w2})} \tag{4-51}$$

式中，t_{w2}——空气出口状态下的湿球温度，℃；

$r_{t_{w2}}$——在 t_{w2} 温度下水的汽化热，kJ/kg；

X_c-X^*——临界点处物料的自由水分，kg/kg绝干料；

X_2-X^*——物料离开干燥器时的自由水分，kg/kg绝干料。

利用式(4-51)计算物料出口温度需利用试差法。此外，物料出口温度 θ_2 最好选用对应相同干燥条件下的生产或经验数据来确定。

应予指出，上述各操作参数相互间是有联系的，不能任意确定。通常物料进、出口的含水量 X_1、X_2 及进入温度 θ_1 是由工艺条件规定的，空气进口湿度 H_1 由大气状态决定。若物料的出口温度 θ_2 确定后，剩下的绝干空气流量 L，空气进出干燥器的温度 t_1、t_2 和湿度 H_2(或相对湿度 φ_2)，这四个变量只要规定其中两个，余下两个就可通过物料衡算及热量衡算确定。至于选择哪两个为自变量需视具体情况而定。在计算过程中，可以调整有关变量，使其满足前述的各种要求。

2. 干燥器的选用

在选择干燥器时，首先应根据湿物料的形状、特性、处理量、处理方式及可选用的热源等选择适宜的干燥器类型。通常，干燥器的选用应考虑下述有关因素。

(1)被干燥物料的性质

如热敏性、粘附性、颗粒的大小与形状、磨损性以及腐蚀性、毒性、可燃性等物理化学性质。例如，药物、食品及合成树脂等有机物，有的在高温或长时间受热条件下会因分解、碳化等变质，这种情况应规定最高操作温度和干燥时间。此外，对于热敏性物料宜采用并流操作。

(2)对干燥产品的要求

干燥产品的含水量、形状、粒度分布、粉碎程度等，均对其质量及价格有直接的影响。例如，奶粉、洗衣粉，其喷雾条件和干燥条件都会影响产品的粒度分布和形态。对于脆性物料的晶体，应避免碰撞致其粉碎。有些吸水性物料不宜干燥太快，否则可能由于内部水分来不及迁移到物料表面而引起表面变形、起皱或裂开(如木材)，使产品质量变坏。

(3)物料的干燥速率曲线及含水量

确定干燥时间，应先由实验取得干燥速率曲线，确定临界含水量。物料与介质接触状态、物料大小与几何形状对干燥速率曲线的影响很大。例如，物料粉碎后再进行干燥时，除了干燥面积增大外，一般临界含水量值也降低，有利于干燥。因此，在不可能用与设计类型相同的干燥器进行实验时，应尽可能用其他干燥器模拟设计时的湿物料状态，进行干燥速率曲线测定的实验，并确定临界含水量值。

(4)回收问题

固体粉料的回收及溶剂的回收。

(5)节约热能

应选择合适的热源。干燥过程物料中的水分蒸发较多，为了提高热能利用的经济性，应降低废气和产品带出的热量。降低废气带出热量的有效办法是减少干燥介质用量，或使部分废气再循环利用。在物料耐热的允许条件下尽可能提高干燥介质的进入温度，以减少其用量与干燥时间。并流操作时，产品排出温度较低，带走热量较少。

(6)干燥器的占地面积、排放物及噪声是否满足环保要求

表 4-2 列出主要干燥器的选择表，可供选型时参考。

表 4-2 主要干燥器的选择表

湿物料的状态	物料的实例	处理量	适用的干燥器
液体或泥浆状	洗涤剂、树脂溶液、盐溶液、牛奶等	大批量	喷雾干燥器
		小批量	滚筒干燥器
泥糊状	染料、颜料、硅胶、淀粉、粘土、碳酸钙等的滤饼或沉淀物	大批量	气流干燥器 带式干燥器
		小批量	真空转筒干燥器
粉粒状	聚氯乙烯等合成树脂、合成肥料、磷肥、活性炭、石膏、钛铁矿、谷物	大批量	气流干燥器 转筒干燥器 流化床干燥器
		小批量	转筒干燥器 厢式干燥器
块状	煤、焦炭、矿石等	大批量	转筒干燥器
		小批量	厢式干燥器
片状	烟叶、薯片等	大批量	带式干燥器
		小批量	穿流厢式干燥器
短纤维	酯酸纤维、硝酸纤维	大批量	带式干燥器
		小批量	穿流厢式干燥器
一定大小的粉料或制品	陶瓷器、胶合板、皮革等	大批量	隧道干燥器
		小批量	高频干燥器

3. 干燥器的设计

干燥器的设计依据是物料衡算、热量衡算、速率关系和平衡关系四个基本方程。由于干燥过程为传热和传质相结合的操作，其机理比较复杂，故不同干燥器的设计方法差别很大。但设计的基本原则是物料在干燥器内的停留时间必须等于或稍大于所需的干燥时间。

不同物料、不同操作条件、不同类型的干燥器，其气、固两相的接触方式差别很大，对流传热系数 α 和传质系数 k 均不相同，所以各类干燥器的设计方法也不相同。各种干燥器的设计方法可参考有关专著或设计手册。

习 题

1. 常压下某湿空气的温度为 20℃，露点为 10℃。试求此湿空气的湿度 H、相对湿度 φ、比体积 v_H、比热容 c_H 及焓 I。

2. 常压下某湿空气的温度为 30℃，湿度为 0.025kg/kg 绝干气，试求：(1)湿空气的相对湿度；(2)水蒸气分压；(3)湿空气的比体积；(4)湿空气的比热容；(5)湿空气的焓。

3. 今测得湿空气的干球温度为 60℃，湿球温度为 45℃。试利用 $H-I$ 图求湿空气的湿度 H、相对湿度 φ、焓 I 及露点 t_d。要求绘出求解过程示意图并作出具体说明。

4. 总压为 101.3kPa 的湿空气，试用 $H-I$ 图填充下表。

干球温度 ℃	湿球温度 ℃	湿度 kg水/kg绝干气	相对湿度	焓 kJ/kg绝干气	水蒸气分压 kPa	露点 ℃
80	40					
60						29
40			43%			
		0.024		120		
50					3.0	

5. 在一连续干燥器中干燥某固体湿物料。已知每小时处理湿物料量1000kg，经干燥后物料的含水量由40%减至5%(均为湿基)，以热空气为干燥介质，初始湿度为0.009kg水/kg绝干气，离开干燥器的湿度为0.039kg水/kg绝干气。假定干燥过程中无物料损失，试求：(1)水分蒸发量；(2)原湿空气消耗量；(3)获得的干燥产品量。

6. 在一常压连续干燥器中干燥某固体湿物料。已知新鲜空气温度为15℃，湿度为0.0073kg水/kg绝干气，该空气在预热器中预热至90℃后送入干燥器，离开干燥器的废气温度为50℃，湿度为0.023kg水/kg干绝气。进干燥器物料含水量为0.15kg水/kg绝干料，出干燥器物料含水量为0.01kg水/kg绝干料。干燥器生产能力为237kg/h(按干燥产品计)。试求：(1)绝干空气消耗量(kg绝干气/h)；(2)进预热器前风机的流量(m^3/h)；(3)预热器加入热量(kW)(预热器的热损失可忽略不计)。

7. 采用常压的干燥装置干燥某种湿物料，已知操作条件如下：

空气的状况　进预热器前 $t_0=20$℃，$H_0=0.01$kg水/kg绝干气；

进干燥器前 $t_1=120$℃；出干燥器时 $t_2=70$℃，$H_2=0.05$kg水/kg绝干气。

物料的状况　进干燥器前 $\theta_1=25$℃，$w_1=20\%$(湿基)；

出干燥器时 $\theta_2=60$℃，$w_2=2\%$(湿基)。

已知干燥器的生产能力为80kg/h(按干燥产品计)，绝干物料的比热容为 $c_s=1.85$ kJ/(kg·℃)。试求：(1)绝干空气流量 L(kg绝干气/h)；(2)预热器的传热量 Q_p(kJ/h)；(3)干燥器中补充的热量 Q_D(kJ/h)。(假设干燥装置热损失可忽略不计)

8. 在一常压逆流转筒干燥器中干燥某种晶状的物料。温度 $t_0=20$℃、相对湿度 $\varphi_0=55\%$的新鲜空气经过预热器加热至 $t_1=85$℃后送入干燥器，离开干燥器时的温度 $t_2=30$℃。预热器采用180kPa的饱和蒸汽加热空气，预热器的总传热系数为50W/(m^2·℃)，热损失可忽略。湿物料初始温度 $\theta_1=24$℃、湿基含水量 $w_1=3.7\%$，干燥完毕后温度升到 $\theta_2=60$℃、湿基含水量降至 $w_2=0.2\%$。干燥产品流量 $G_2=1000$kg/h，绝干物料的比热容 $c_s=1.507$kJ/(kg绝干料·℃)。转筒干燥器的直径 $D=1.3$m、长度为7m。干燥器外壁向空气的对流—辐射体积传热系数为35kJ/(m^3·h·℃)。试求：(1)绝干空气流量；(2)预热器中加热蒸气消耗量；(3)预热器的传热面积。

9. 已知在常压、25℃下，水分在氧化锌与空气之间的平衡关系为：

相对湿度 $\varphi=100\%$时，平衡含水量 $X^*=0.02$kg水/kg绝干料

相对湿度 $\varphi=40\%$时，平衡含水量 $X^*=0.007$kg水/kg绝干料

现氧化锌的含水量为0.25kg水/kg绝干料，令其与25℃、$\varphi=40\%$条件下的空气接触。试问物料的自由水分、结合水分及非结合水分各为多少？

10. 在恒速干燥阶段，用下列四种状态的空气作为干燥介质，试比较当湿度 H 一定

而温度 t 升高，以及温度 t 一定而湿度 H 增大时干燥过程的传热推动力 $\Delta t=t-t_w$ 与水汽化传质推动力 $\Delta H=H_w-H$ 有何变化，并指出下列哪种情况下的推动力最大。

(1) $t=50℃$，$H=0.01$kg 水/kg 绝干气；

(2) $t=100℃$，$H=0.01$kg 水/kg 绝干气；

(3) $t=100℃$，$H=0.05$kg 水/kg 绝干气；

(4) $t=50℃$，$H=0.05$kg 水/kg 绝干气。

11. 采用常压干燥器干燥湿物料。每小时处理湿物料 1000kg，干燥操作使物料的湿基含水量由 40%减至 5%；干燥介质是湿空气，初温为 20℃，湿度 $H_0=0.009$kg 水/kg 绝干空气，经预热器加热至 120℃后进入干燥器中，离开干燥器时废气温度为 40℃；若在干燥器中空气状态沿等焓线变化。试求：

(1)水分蒸发量；

(2)绝干空气消耗量；

(3)干燥收率为 95%时产品量；

(4)如鼓风机装在新鲜空气进口处，风机的风量应为多少？

12. 某物料在恒定干燥条件下作间歇干燥。已知恒速干燥阶段的干燥速率为 1.1 kg/(m^2·h)每批物料的处理量为 1 000kg 绝干料，干燥器面积为 55m^2，试求将物料从 0.15kg 水/kg 绝干料干燥到 0.005kg 水/kg 绝干料所需的时间。

物料的平衡含水量为零，临界含水量为 0.125kg 水/kg 绝干料。作为粗略估计，可假定降速阶段的干燥速率曲线 U 与 X 呈线性关系。

13. 某湿物料经过 5.5h 恒定条件下的干燥后，含水量由 $X_1=0.35$kg/kg 绝干料降至 $X_2=0.10$kg/kg 绝干料，已知物料的临界含水量为 0.15 kg/kg 绝干料，平衡含水量为 0.04 kg/kg 绝干料。假设降速阶段中干燥速率与物料的自由含水量($X-X^*$)成正比，若在相同的干燥条件下要求物料含水量由 $X_1=0.35$kg/kg 绝干料降至 $X_2=0.05$kg /kg 绝干料，试问所需的干燥时间。

思 考 题

1. 湿空气的状态参数有哪些？如何计算？
2. 物料中的水分的表示方法有哪几种？
3. 干球温度、湿球温度和露点温度之间的关系如何？
4. 何谓结合水分和非结合水分？何谓平衡水分和自由水分？
5. 空气通过干燥器时的状态参数应如何确定？
6. 试简述已知空气某一确定状态点，利用 $H-I$ 图查取该状态下其余参数的方法。
7. 物料的临界含水量如何定义？影响临界含水量的因素有哪些？
8. 干燥实验曲线是在恒定干燥条件下测定的，何谓恒定干燥条件？
9. 在实际干燥操作中，空气离开干燥器的温度需比进入干燥器时的绝热饱和温度高 20～50℃，为什么？
10. 影响恒速阶段干燥速率和降速阶段干燥速率的因素各有哪些？
11. 空气进入干燥器前为什么要预热？为什么提高空气的预热温度可提高干燥操作的热效率？
12. 在恒定干燥条件下，对于有恒速干燥阶段与降速干燥阶段的物料，通常采用什么办法减少干燥时间？

5 膜分离

5.1 概述

现代膜和膜技术最早始于 1748 年，Abbe Nollet 发现水自发地透过猪膀胱渗透的现象。19 世纪中叶，Graham 发现了透析现象。1861 年，Schmidt 首先提出超滤的概念。1864 年 Traube 成功研制出人类历史上第一张人造膜——亚铁氰化铜膜。此后，膜的相关研究一度停滞不前。如表 5-1 所列，自 20 世纪中叶以来，随着相关学科的发展，各种膜分离技术相继出现。20 世纪 50 年代合成膜的研究、电渗析、微孔过程和血液渗析等分离技术开始进入工业应用；60 年代 Loeb 和 Sourirajan 共同研制出高脱盐率、高透水能力的非对称型醋酸纤维素的反渗透膜，使反渗透技术进入工业化应用；70 年代超滤技术进入工业化；80 年代膜分离技术用于气体分离；90 年代渗透汽化的研究有了新进展。20 世纪 90 年代以来，现代科学技术的迅猛发展，为分离膜研究和制造创造了良好条件。此外，现代工业迫切需要节能、低品味原材料再利用和能消除环境污染的新技术，使得膜科学和膜技术成为新的研究热点。

表 5-1 膜工业发展过程

过程	年代	过去的厂商	目前主要厂商
微滤	1925	Satorius	Millipore Corp，Pall Corp，Asahi Chemical
电渗析	1960	Ionics Inc	Ionics Inc，Tokuyama Soda，Asahi Glass
反渗透	1965	Haxens Industry General Atomics	Film Tech/DOW，Hydronautics/Nitto，Torray，Koch，GE
渗析	1965	Enka(AKZO)	Enka(AKZO)，Gambro，Asahi Chemical
超滤	1970	Amicon Corp	Amicon Corp，Koch Eng Inc，Nittl Denko
控制释放	1975	Alza Corp	Alza Corp，Ciba SA
气体分离	1980	Permea(DOW)	Permea/Air Prod，Ube Ind，Hoechst/Celanese
渗透汽化	1990	GFT Gmb H	

1. 膜的定义

国际理论与应用化学联合会(IUPAC)将膜(membrane)定义为：Structure，having lateral dimensions much greater than its thickness，through which transfer may occur under a variety of driving forces。我国学者将之译为："一种三维结构，三维中的某一维(如厚度方向)尺寸比其余两维小得多，并可通过多种推动力进行质量传递。"更为通俗的定义是："膜"为两相之间的一个不连续区间。据此定义，膜可分为固相、液相和气相。

定义中所谓推动力大致分为两类：一是借助外界能量，物质发生由低位向高位的流动；二是以化学位差为推动力，物质发生由高位向低位的流动。具体可参见表 5 - 2。

表 5 - 2 膜分离过程的推动力

推 动 力	膜 过 程
压力差	反渗透，超滤，微滤，纳滤，气体分离
电位差	电渗析
浓度差	透析，控制释放
浓度差(分压差)	渗透汽化
浓度差加化学反应	液膜，膜传感器

2. 膜的分类

膜的结构和功能繁多，单一方法无法概括全体，常用的分类方法如下：

(1)按照膜的材质分类

天然膜 指的是由天然物质改性或者再生而得到的膜。

合成膜 指的是各种无机膜(金属、金属氧化物、陶瓷、多孔玻璃、沸石、分子筛)和有机高分子聚合物膜(纤维素类、聚酰胺类、芳香杂环类、聚砜类、聚烯烃类、硅橡胶类、含氟高分子和甲壳素类等)。

(2)按照膜的结构分类

多孔膜 指的是微孔介质、多孔陶瓷、压缩粉末和聚合物膜等。

非多孔膜 指的是玻璃、无机膜、分子筛膜和致密聚合物膜等。

液膜 指的是乳化液膜和支撑液膜。

晶形膜 指的是结晶型和无定型膜。

(3)按照膜的用途分类

气相系统用膜 伴有表面流动的分子流动；气体扩散；高聚物膜中溶解扩散流动；在溶剂化的高聚物膜中的扩散流动。

气-液系统用膜 大孔结构，移去气流中的雾沫夹带或将气体引入液体；微孔结构，制成超细孔的过滤器；高聚物结构，气体扩散进入液体或从液体中移去气体，如血液氧化器中 CO_2 的移动。

气-固系统用膜 气体中微粒的去除、烟道气除尘。

液-固系统用膜 悬浮颗粒的过滤；生物废料的处理；破乳。

固-固系统用膜 基于颗粒大小的固体筛分。

(4)按照膜的作用机理分类

吸附性膜 多孔玻璃、活性炭、硅胶和压缩粉末等。

扩散性膜 聚合物膜(扩散性的溶解流动)、金属膜(原子状态的扩散)和玻璃膜(分子状态的扩散)。

离子交换膜 阳离子交换树脂膜和阴离子交换树脂膜。

选择渗透膜 渗透膜、反渗透膜和电渗析膜。

非选择渗透膜 加热处理的微孔玻璃和过渡型的微孔膜。

(5)按照膜的形状分类

按照膜的形状可分为板式膜、管式膜、中空纤维膜和蜂窝状膜。

本章主要综述膜分离技术的基本原理、技术特点及主要过程和应用等。

5.2 膜分离及其技术特点

膜分离(membrane separation)是在20世纪初出现，60年代后迅速崛起的一门分离新技术，膜分离技术兼有分离、浓缩、纯化和精制的功能。膜分离是以选择性透过膜为分离介质，借助于外界能量或化学位差的推动，对两组分或多组分混合物(液体或气体)进行分离，以达到提纯、浓缩等目的的分离过程。膜分离是一种属于传质分离过程的单元操作。

膜分离过程是一个高效、环保的分离过程，与传统的分离技术如蒸馏、吸附、吸收、萃取、深冷分离等相比，膜分离具有以下特点：

1. 高效的分离过程

膜分离可以将相对分子质量为几千甚至几百的物质进行分离(相应的颗粒大小为纳米级)，而常规的以重力为基础的分离技术，其最小极限是微米。与扩散过程相比，在蒸馏过程中物质的相对挥发度的比值都小于10，难分离的混合物有时仅比1略大，而膜的分离系数要大得多，例如，体积分数超过90%的乙醇水溶液已接近恒沸点，蒸馏很难分离，但渗透汽化的分离系数为几百。

2. 低能耗的分离过程

传统的蒸发、蒸馏、吸收、吸附、冷冻、萃取和闪蒸等分离过程伴随相的变化，相变化的潜热很大，通常需消耗大量的能量。而大多数膜分离过程都不发生相的转化，并且膜分离过程通常在室温附近的温度下进行，能耗较低。表5-3所列为海水淡化能耗比较。

表5-3 海水淡化能耗比较

分离方法	消耗动力 $(kW\cdot h)/m^3$	消耗的热量 kJ/m^3	分离方法	消耗动力 $(kW\cdot h)/m^3$	消耗的热量 kJ/m^3
反渗透(水回收率40%)	0.35	16911	溶剂萃取	25.6	92048
冷冻	9.3	33472	多级闪蒸	62.8	225936

3. 接近室温的工作温度

多数膜分离过程的工作温度在室温附近，因而对热敏性物质的处理就具有独特的优势，尤其是在食品加工、医药工业、生物技术等领域有其独特的应用价值。例如，在抗生素的生产中，采用减压蒸馏除水，很难避免局部过热现象，这使得局部过热区的抗生素受热，产生有毒物质，这是引起抗生素针剂副作用的重要原因。采用膜分离除水，可以在室温甚至更低的温度下进行，确保不发生局部过热，提高了药品的安全性。在食品工业中，采用膜分离代替传统的蒸馏除水，可使得产品在加工后仍保持原有的营养和风味。

4. 操作运行稳定，可靠性高

膜设备本身没有运动的部件，工作温度又在室温附近，很少需要维护，可靠度很高。膜设备操作简便，从设备开启到得到产品的时间很短，可以在频繁的启、停下工作。相比传统工艺可显著缩短生产周期。

5. 连续化操作

膜分离过程的规模和处理能力可在很大范围内变化，膜分离也可以直接插入已有的生产工艺流程，生产线不需要进行大的变动，可以较好地满足工业化生产的实际需要。如合成氨生产中，只需在尾气排放口接上氮氢膜分离器，利用原有的反应气中的压力，就可以将尾气中的氢气浓度浓缩到原料气浓度，如此，可使得合成氨的产量在不增加原料和其他设备的情况下提高4%左右。

6. 纯物理过程

膜分离是纯物理过程，不会发生任何化学变化，更不需要外加任何物质，如助滤剂、化学试剂等。因而，膜分离过程同时是一个环保节能的过程。

综上所述，膜分离可用于物质的分离、纯化、浓缩、脱盐、资源循环利用等，涉及石油化工、食品、纺织、印染、冶金、环保、生物制药等诸多领域。

5.3 分离膜应具备的基本条件和膜分离的基本原理

1. 分离膜应具备的基本条件

膜分离技术的核心是分离膜，它决定了分离过程的效果。作为工业应用的分离膜必须具备以下基本条件：

(1)优良的分离性能

分离膜必须对被分离的混合物具有合适的选择透过能力，该能力主要取决于膜材料的化学特性和分离膜的形态结构，也与操作条件有关。

分离膜的选择透过能力可以用截留率 R 或分离因子 α 表示。截留率反映膜对溶质的截留程度，其定义为：

$$R=\frac{c_f-c_p}{c_f}\times 100\% \tag{5-1}$$

式中，R——截留率；

c_f——原料中溶质的质量浓度；

c_p——渗透物中溶质的质量浓度。

截留率 R 在0%～100%之间，100%的截留率表示溶质全部被膜截留，为理想的半渗透膜；0%截留率则表示全部溶质透过膜，无分离作用。

分离因数 α 表示膜对组分透过的选择性，其定义为：

$$\alpha_{AB}=\frac{y_A/y_B}{x_A/x_B} \tag{5-2}$$

式中，x_A，x_B——分别为原料中组分A与组分B的摩尔分数；

y_A，y_B——分别为透过物中组分A与组分B的摩尔分数。

分离因数的大小反映该体系分离作用的难易程度，α_{AB}越大，表明两组分的透过速率相差越大，膜的选择性越好，分离程度越高；α_{AB}等于1，则不能实现分离。

(2)优良的透过性能

分离膜必须对被分离的混合物进行有选择的透过，具有较高的分离系数、分离通量和截留相对分子质量。其中，分离通量又称为渗透速率，表示单位时间内通过单位面积的体积流量。截留物的相对分子质量在一定程度上反映膜孔的大小。由于膜的孔径大小不一，被截留物的相对分子质量将分布在一定范围内，一般取截留率为90%的物质的相对分子质量为膜的截留相对分子质量。

(3)优良的物理、化学稳定性

膜材料的化学特性决定了其物理化学的稳定性，包括耐热性、耐酸碱性、抗氧化性、抗微生物侵蚀性等。由于目前使用的分离膜大多以高分子膜为材料，需要定期更换，这关系着生产成本，因而，提高膜材料的物理和化学稳定性，对于降低生产成本具有重要的作用。

(4)经济性

膜材料的经济性是指，制备分离膜的技术不能太复杂，成本要合理，价格不能太贵，便于工业化批量生产。

2. 膜分离的基本原理

不同的膜分离过程，其原理不尽相同，总体而言，分离膜能够实现分离，主要是基于以下两点：

(1)根据被分离物质的物理性质不同

主要是质量、体积大小和几何形态的差异，采用筛分的机理分离。

(2)依据混合物的化学性质不同

物质通过分离膜的速度取决于溶解速度和扩散速度。前者是指与膜表面接触的混合物进入膜内的速度，取决于被分离物与膜材料之间化学性质的差异；后者是指进入膜内后从膜的表面扩散到膜的另一表面的速度，取决于物质的化学性质以及相对分子质量。二者之和为总速度，总速度越大，透过膜的时间越短。

5.4 各种膜分离的主要过程及其应用

根据分离精度和驱动力的不同，膜分离的种类及其主要特征见表5-4。

表5-4 膜分离过程的基本特性

过程	膜类型	推动力	传递机理	透过物	截留物	简图
微滤 MF	多孔膜	压力差约0.2MPa	筛分	水、溶剂、溶解物	悬浮物细菌类、微粒子、大分子有机物	进料 → 滤液
超滤 UF	非对称膜	压力差0.1～1MPa	筛分	溶剂、离子、小分子	胶体及各类大分子（蛋白质、各类酶、细菌）	进料 → 浓缩液、滤液

续上表

过程	膜类型	推动力	传递机理	透过物	截留物	简图
纳滤 NF	非对称膜、复合膜	压力差 0.5～1.5MPa	溶解扩散 Donnan 效应	溶剂，低价小分子溶质	1nm 以上的溶质	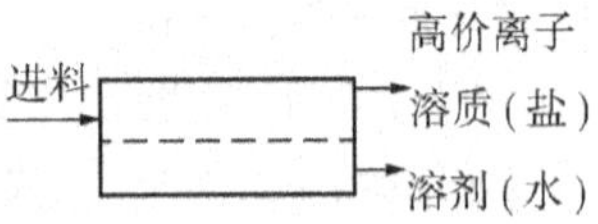 进料；高价离子溶质（盐）；溶剂（水）
反渗透 RO	非对称膜、复合膜	压力差 1.5～10.5MPa	优先吸附、毛细管流动、溶解-扩散	水、溶剂	悬浮物、溶解物、胶体	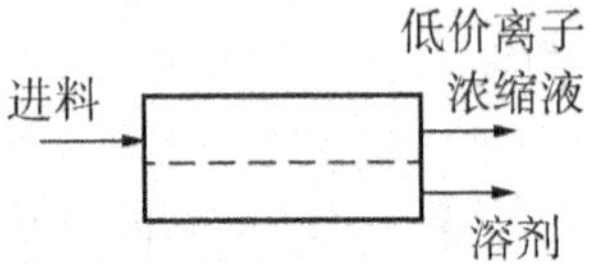 进料；低价离子浓缩液；溶剂
渗析 D	非对称膜、离子交换膜	浓度差	筛分，微孔膜内的受阻扩散	离子、低分子物、酸、碱	无机盐、糖类、氨基酸、有机物	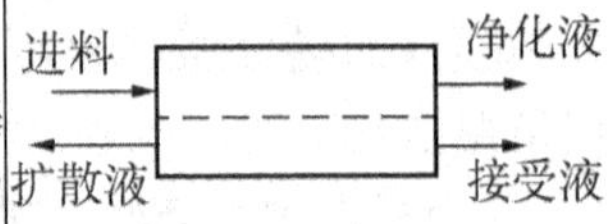 进料；扩散液；净化液；接受液
电渗析 ED	离子交换膜	电化学势、电渗透	反离子经离子交换膜的迁移	离子	非解离物和大分子颗粒	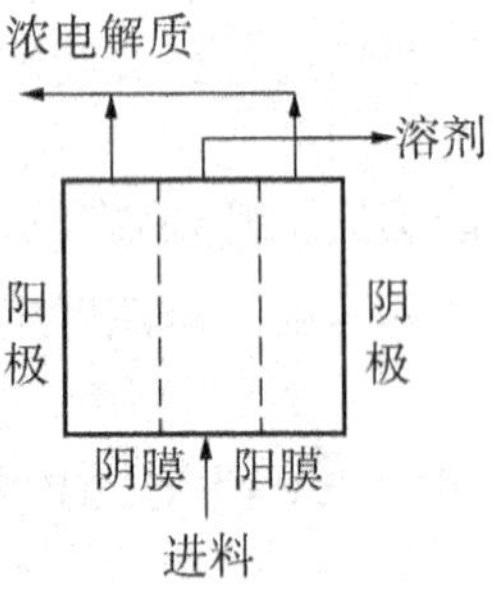 浓电解质；溶剂；阳极；阴极；阴膜；阳膜；进料
气体分离 GS	均质膜、复合膜、非对称膜、多孔膜	压力差 1～15MPa	溶解-扩散、筛分、努森扩散	易渗透气体	难渗透气体	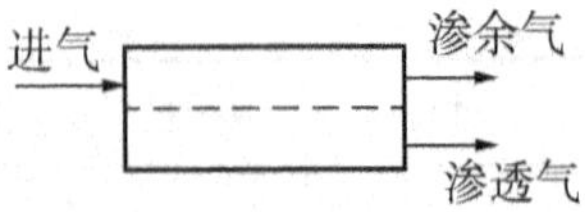 进气；渗余气；渗透气
渗透汽化 PV	均质膜、复合膜、非对称膜	浓度差、分压差	溶解-扩散	易溶解或易挥发组分	不易溶解或难挥发组分	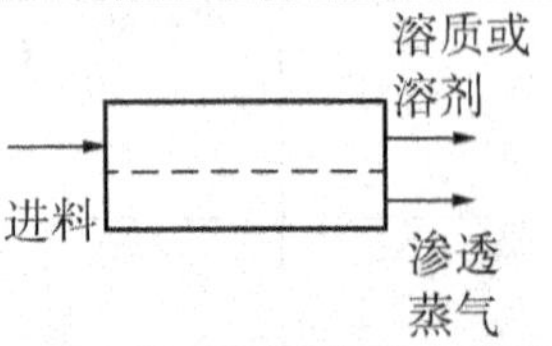 进料；溶质或溶剂；渗透蒸气

图 5-1 所示为膜工艺的分类及其对应的被分离微粒或者分子大小的分离膜图谱。工业上已经应用的膜分离过程大体如下：

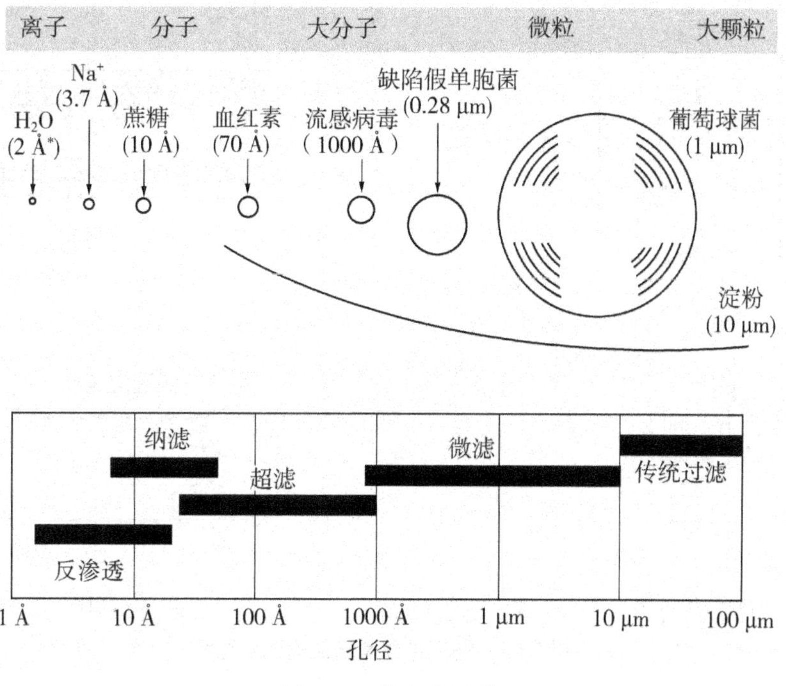

图 5-1　分离膜图谱

1. 微滤(microfiltration，MF)

微滤是世界上开发应用最早，制造比较方便，应用范围最广的膜技术，微滤膜在所有商用合成膜的销量中位居首位。

微滤是以静压差为推动力(操作压差为 0.01～0.2MPa)，利用筛分作用进行分离的过程，该过程与常规过滤十分相似。在微滤过程中，膜的物理结构起决定性作用。此外，吸附和电性能等因素对截留作用也有一定的影响。微滤膜每平方厘米含有 1 千万到 1 亿个小孔，孔隙率占总体积的 70%～80%，阻力小，过滤速度快。

微滤的操作方式有终端过滤(即死端过滤、静态过滤)和错流过滤(即动态过滤)两种，如图 5-2 所示。终端过滤时，原料液在压差的作用下垂直于膜表面流动，压差可通过在原料液侧加压或在透过液侧抽真空产生。被截留粒子不断累积成滤饼，其厚度随过滤时间不断增加，性能逐渐下降。终端过滤时，其操作只能是间歇的，必须周期性地清除膜表面污染层或者更换膜。错流过滤时，原料液以切线方向沿膜表面流动，只有一部分被截留的溶质在膜表面累积。料液流经膜表面时产生的高剪切力可以使沉积在膜表面的颗粒扩散返回主体流，从而被带出微滤组件，这样可使得污染层保持在相对较薄的稳定水平。处理量大时，为避免膜被堵塞，宜采用错流过滤。

微滤膜的性能指标有通量 J 和截留率 R。通量是指单位时间内通过膜单位面积的溶液的量，单位为 $kg/(m^2 \cdot h)$。通量正比于所施的压差，即 $J=A\Delta p$，其中 A 为渗透常数，与膜的结构和渗透液粘度有关。截留率反映的是某种尺寸颗粒被阻挡的百分数。

* Å 为非法定单位，1Å=10^{-10}m。

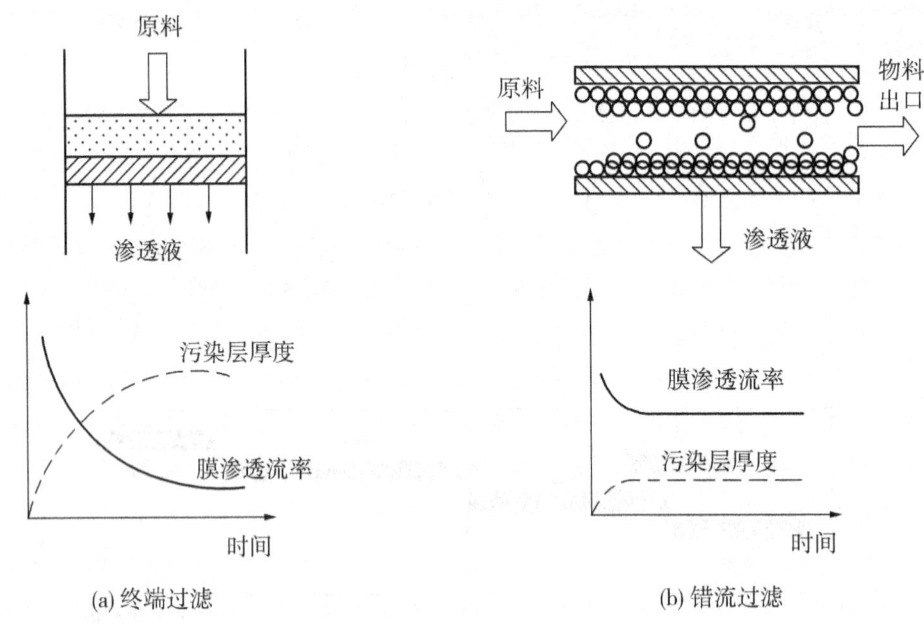

(a) 终端过滤　　(b) 错流过滤

图 5-2　终端过滤和错流过滤示意图

微滤膜具有规整均匀的多孔结构，其孔径范围为 0.02～10μm。微孔滤膜的主要材料包括高分子材料和无机物两大类。前者主要是纤维素类，如硝酸纤维素等；后者主要包括氧化铝、氧化锆陶瓷类以及金属微孔膜等。

微滤过滤时介质不会脱落，没有杂质溶出，无毒，属于绝对过滤，滤液质量高。微孔滤膜比较均匀，过滤精度高，可靠性强，使用比较方便，寿命长，已经成为现代工业重要的操作手段。微孔滤膜主要是从气体或者液体物质中截留微米以及亚微米级的细小悬浮物、微生物、微粒、细菌、酵母、血球等以达到净化和浓缩的目的。微滤的最大应用对象是制药行业的过滤除菌，此外还应用于电子工业集成电路生产中所用水、气、试剂的过滤和超纯水的生产。

2. 超滤(ultrafiltration，UF)

超滤是介于微滤和纳滤之间的一种膜分离过程。超滤技术出现时间较早，但其工业化应用直到 20 世纪 60 年代后才开始，80 年代建立大规模超滤工业装置。现在，超滤技术已经成为膜分离领域重要的单元操作技术。

超滤是一种从溶液中分离大粒子溶质的膜分离过程，其机理与微滤一样，都是基于筛分机理。区别在于，超滤膜的皮层致密得多，流体阻力较大，如图 5-3 所示。目前市场上常见的超滤膜材料是偏聚氟乙烯、聚醚砜和聚丙烯等高分子材料以及氧化铝和氧化锌等无机材料。

超滤过程是在静压推动力的作用下，原料液中的小分子物质从高压侧透过半透膜流到低压侧，而大分子物质则被截留浓缩，如图 5-4 所示。截留的粒径范围是 0.01～0.1μm，相当于相对分子质量为 500～1 000 000 之间的物质。在超滤分离过程中，膜的孔径大小、

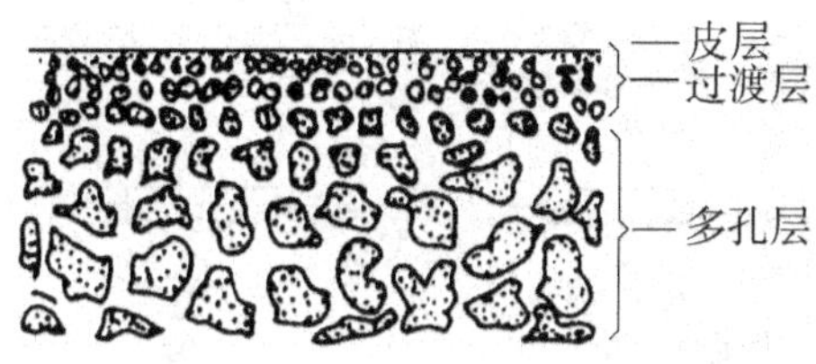

图 5-3　非对称膜结构示意图

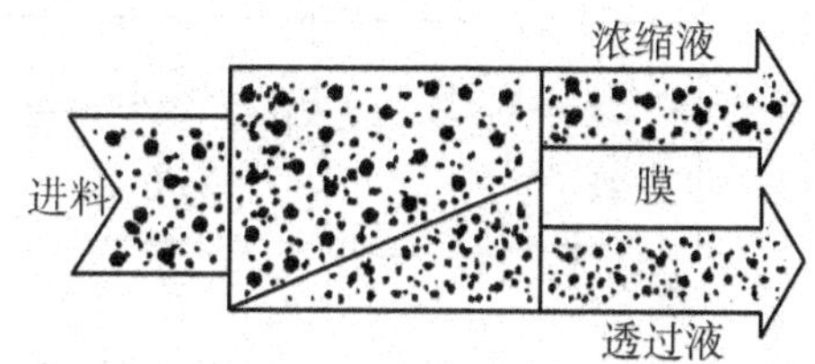

图 5-4　超滤过程原理

孔径分布、开孔密度、孔隙率和聚合物膜的表面化学性质对其分离特性影响巨大。超滤膜通量与微滤类似：$J=K\Delta p$，渗透系数 K 包括膜结构因素及溶液的物理性能的影响，该公式适用的对象为纯试剂、低分子溶液和稀的高分子溶液，适用条件为低浓度或低流率范围。影响超滤膜通量的因素有操作压力、料液流速、温度和截留液浓度等。操作压力对渗透通量具有决定性的影响。适当提高料液流速和湍动程度可降低浓差极化的影响。适当提高料液温度、降低粘度，有利于增大流体流速和湍动程度，减轻浓差极化。截留液浓度不断增大，极化边界层增厚，容易形成凝胶，会导致渗透通量的降低，因此，不同体系的截留液浓度应有允许最大值。

超滤具有无须加热、设备简单、能量消耗低、操作压力低等优点，应用范围迅速扩展，已经成为世界膜分离领域重要的单元操作技术。

超滤过程常采用错流操作，又可分为间隙式和连续式。

间歇式操作适用于小规模生产，其特点是膜可以保持在一个最佳浓度范围内运行，低浓度时，可得到最佳的膜通量。间歇式操作又分为开式回路和闭式回路两种流程，如图 5-5 所示。开式操作时，贮槽内料液通过泵加压后送往膜组件，使之连续排出透过液，浓缩液则返回槽中与贮槽中原料液混合送往膜组件，直到浓缩液浓度达到预定值为止。由于全循环时泵的能耗较高，可采用图 5-5b 所示部分循环操作。

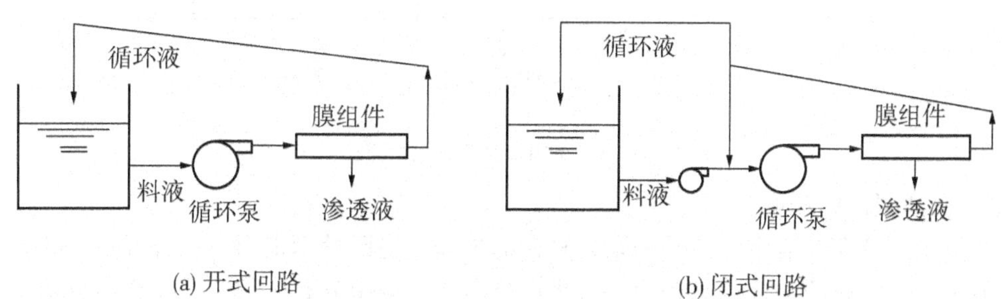

图 5-5　间歇式超滤流程

连续操作适合大规模生产，尤其是食品工业。其操作过程是料液连续不断地加入贮槽和产品不断产出，可分为单级和多级，单级操作的效率较低，一般采用图 5-6 所示的多级连续操作。将几个循环回路串联，每个回路即为一级，每一级都在固定浓度下操作，浓度逐渐增加，最后一级的浓度最大，即为浓缩产品。多级操作的级别效率高，所需的总膜面积较小。

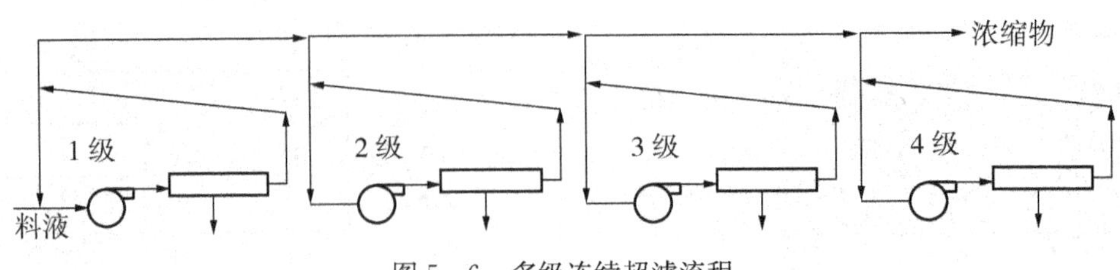

图 5-6　多级连续超滤流程

超滤主要用于从溶液中分离大分子物质(如蛋白质、淀粉、酶等)、胶体分散液(粘土、微生物等)。超滤的用途可分为两大类，其一是分离精制；其二是溶液浓缩，如食品行业与乳品工业中乳清的浓缩回收、牛乳浓缩及大豆蛋白制备、植物油的精制、酶的提纯等。此外，在医药工业、生物技术工业以及水处理等领域，超滤技术都得到了广泛的应用。

(1)山楂加工

山楂果胶含量高，色素热稳定性差，采用传统方法加工果汁具有一定难度。可以采用超滤技术对果汁和果胶进行分离、提纯，最后用反渗透技术对果汁进行浓缩。采用该工艺生产的山楂果汁色泽鲜艳，其品质远高于传统工艺，其工艺流程可参见图 5-7。

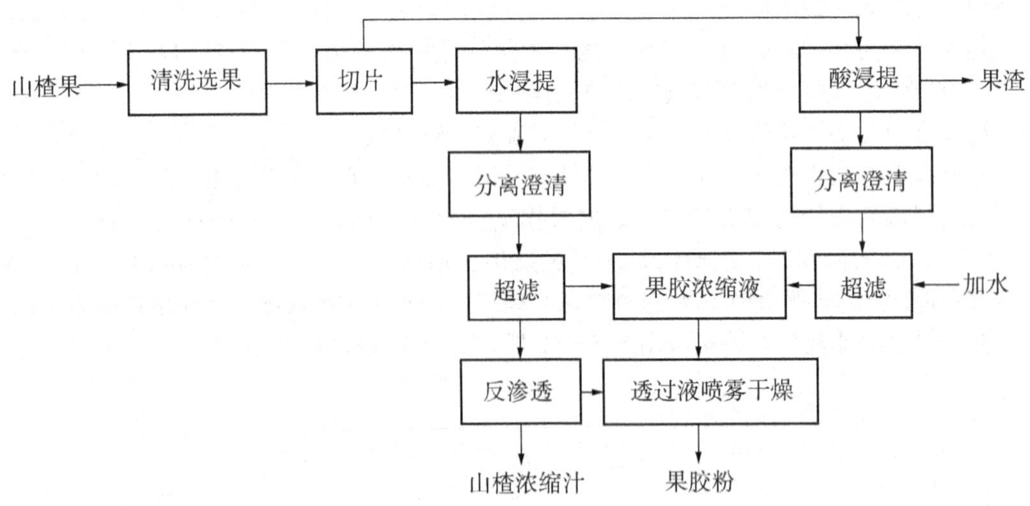

图 5-7　山楂加工工艺流程

(2)血清蛋白的提取

从血浆中分离血清蛋白包括一系列复杂的过程。将已处理的含 3%白蛋白、20%乙醇和其他小分子物质的组分通过超滤，可将白蛋白从乙醇中分离，其工艺流程参见图 5-8。

(3)回收电泳漆废水中的涂料

电泳涂装技术广泛应用于汽车、机电、钢制家具和军事工业等金属部件的底漆涂装。在此过程中，带电荷的金属物件进入装有相反电荷涂料的池内。由于异电相吸，涂料便能在金属表面形成一层均匀的涂层，从池中捞出金属物件并用水冲洗，产生电泳漆废水。可采用超滤技术将废水中的高分子涂料及颜料颗粒截留下来，让无机盐、水以及溶剂穿过超滤膜除去，浓缩液再回到电泳漆贮槽循环使用，透过液用于淋洗新上漆的部件，其工艺流程参见图 5-9。

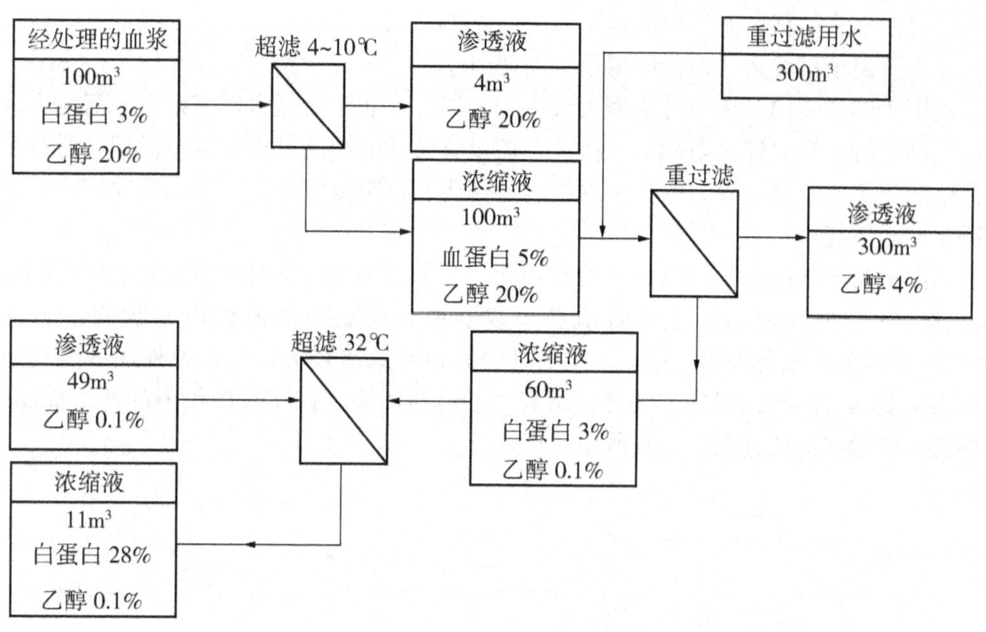

图 5-8 血清蛋白提取工艺

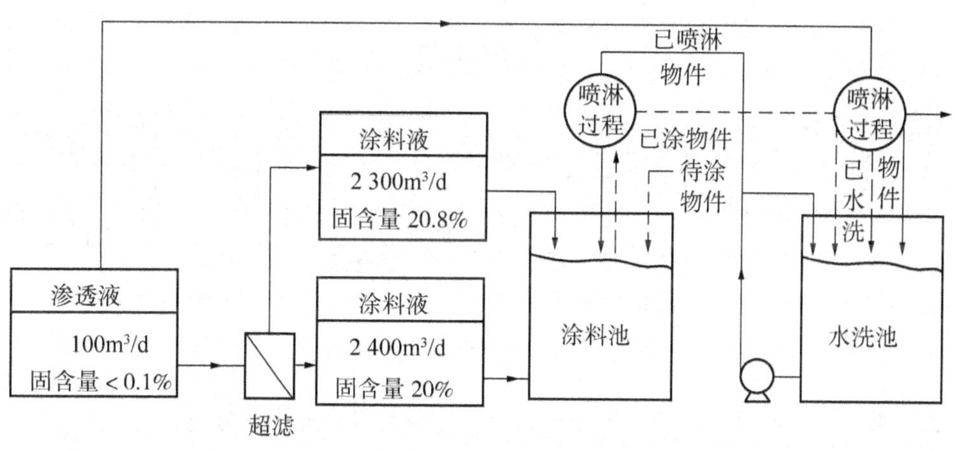

图 5-9 超滤处理电泳漆废水的流程

3. 纳滤(nanofiltration，NF)

纳滤膜问世于 20 世纪 80 年代，介于反渗透膜和超滤膜之间。整体而言，纳滤是反渗透的分支，是基于反渗透膜技术发展起来的，已成为膜分离技术领域的研究热点。

纳滤膜表面分离层由聚电解质构成，对离子有静电相互作用，表面具有 1nm 左右的微孔结构。纳滤膜的截留相对分子质量为 200～1 000，对二价离子的截留率≥99%。多数纳滤膜带有负电荷，对于不同价态的阴离子存在道南(Donnan)效应，即相同电荷排斥而相反电荷吸引的作用。原料液的荷电性、离子价态和浓度以及 pH 值对分离性能影响较大。其规律如下：

①对阴离子的截留率递增的顺序为 NO_3^-、Cl^-、OH^-、SO_4^{2-}、CO_3^{2-}；

②对阳离子的截留率递增的顺序为 H^+、Na^+、K^+、Ca^{2+}、Mg^{2+}、Cu^{2+}；

③一价离子可渗透，多价阴离子有高截留率。

适用于纳滤膜的分离机理模型大致可分为四种：非平衡热力学模型，电荷模型，细孔模型，静电排斥和立体位阻模型。目前，还没有公认的纳滤过程的传递机理，但对于极性或荷电溶质，通过纳滤膜时的截留率由静电作用和位阻效应决定，对非极性溶质，截留率取决于位阻效应。

纳滤膜材料的制备工艺与反渗透膜相同，大部分为高分子材料构成的多层疏松结构的复合膜，其中最常用的是芳香聚酰胺类复合膜。纳滤膜的操作压力较低，一般低于1MPa，可以节约设备投资费用。商用的纳滤膜以卷式膜最为广泛，另外还有适用于高粘度和高浓度场合的管式组件。纳滤膜通量大，容易污染，在实际操作中需严格控制通量，常用的三种操作形式如图 5-10 所示。

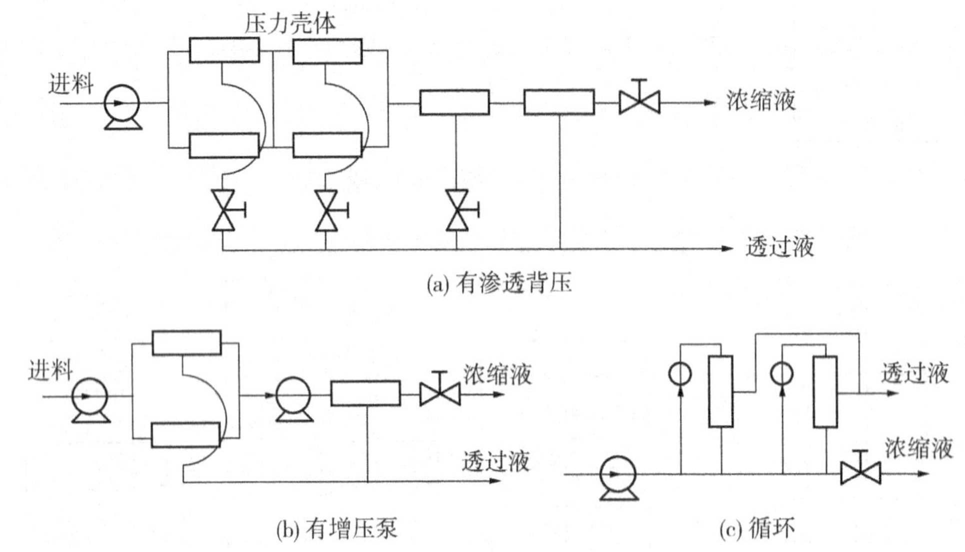

图 5-10 纳滤的三种操作工艺

纳滤膜可用于不同价态离子的分离、有机物与无机小分子的分离、大分子有机物和小分子有机物的分离等。主要用于饮用水的软化净化和有机物的脱除，废水处理(生活废水和工业废水)、食品行业(如乳品加工、果汁浓缩、酵母生产等)、医药生产行业(药物的浓缩和纯化、血液制品的分离和纯化)以及石油工业等。

4. 反渗透(reverse osmosis，RO)

反渗透技术是一种水的脱盐技术。它是利用半透性膜分离除去水中的可溶性固体、有机物、氧化物、胶体物以及微生物的过程。经过反渗透，原水中 98%以上的溶解性固体、99%以上的有机物以及胶体、几乎 100%的细菌都可以去除。

反渗透与纳滤的区别在于所用膜孔的大小和所用压差的高低。反渗透采用致密膜，并且使用较大的压差。

反渗透的主要过程参见图 5-11。利用一种只透过溶剂而不透过溶质的理想半透膜把水和溶剂分开，由于膜两侧具有浓度差，纯水自发通过半透膜向溶液扩散，这就是渗透现象，如图 5-11a 所示。随着渗透不断进行，溶液的液面不断升高，出水的液面相应下降，达到一定高度(此高度即为该溶液的渗透压)后不再变化，达到动态的渗透平衡，如图 5-11b 所示。此时，若在溶液一侧施加大于渗透压的压力，溶液中的水就会通过半透膜向纯水扩散，该过程与渗透恰好相反，被称为反渗透，如图 5-11c 所示。

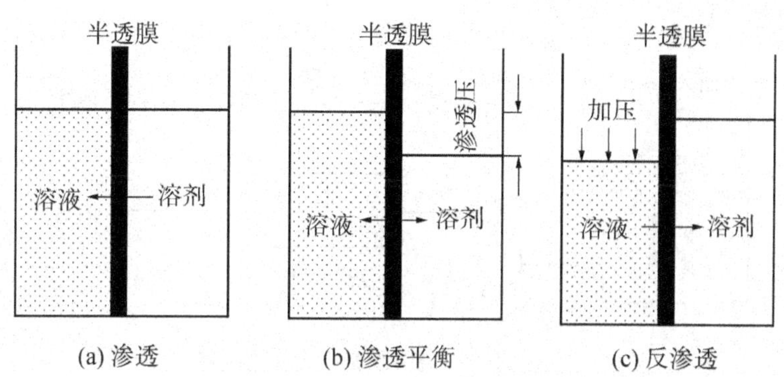

图 5-11　渗透和反渗透现象

反渗透过程应满足两个条件：其一，反渗透膜具有高选择性和高透过率；其二，膜两侧的操作压差必须高于溶液的渗透压。

渗透压是反渗透技术中一个最基本的参数。渗透压为膜两侧所施加的压力差，其大小取决于溶液的种类、浓度和温度，而与半透膜无关。渗透压可从相关文献查得。

反渗透是渗透的反向迁移，溶液的浓度越大，渗透压越大。因此，在反渗透过程中，所施加的实际压力应远大于理论计算值的几倍到几十倍。

反渗透的分离机理较多，不同的膜、不同的分离体系，其分离机理各不相同。其中主要有溶解-扩散理论和优先吸附-毛细孔流理论。溶解-扩散理论最适用于均相的、高选择性的膜，也适用于气体混合物的分离。该理论认为，高压侧溶液中的组分先溶解在膜中，然后以扩散的方式通过均匀无孔表面层，渗透过膜并进入低压侧的稀溶液中。优先吸附-毛细孔流理论认为，膜的表面是不均匀和多孔的，膜材料的表面化学性质和所具有的孔径大小是反渗透进行的必要条件。这些理论对膜的性能的预测和膜材料的选择以及反渗透膜的制备提供了理论的指导。

衡量反渗透膜的参数主要有透水率、脱盐率和压密系数。透水率是指单位时间内通过单位膜面积的水体积流量，用 F_w 表示。脱盐率表示膜对水溶液中盐的脱除能力。在渗透操作过程中，有机高分子膜长期处于高压状态，会被越压越密，透水率不断下降。压密系数 m 由下式测定：

$$\lg\frac{F_{w_t}}{F_{w_1}}=-m\lg t \qquad (5-3)$$

式中，F_{w_1} 和 F_{w_t} 为开始运行和运行一段时间 t 后膜的透水率，m 表示膜的使用寿命，越小越好，m 一般应小于 0.03。

反渗透膜多为不对称的复合膜。反渗透操作压力一般在 1.5～10.5MPa 之间。现在市售的反渗透膜大多采用以界面聚合法制备的全芳香聚酰胺管式或卷式膜。

在实际生产中，可根据分离要求以及分离效率的不同，采取不同的工艺过程。一级一段连续式的料液一次通过膜组件并排出，由于透过液的回收率不高，在工业中较少采用。一级一段循环式(见图 5-12 所示)是将部分浓缩液返回进料槽，与原有料液混合，再次通过膜组件分离，可以提高透过液的回收率，但透过液的质量有所下降。图 5-13 所示为一级多段连续式流程，它是将第一段的浓缩液作为第二段的进料液，再把第二段的浓缩液作为下一段的进料液，各段的透过液连续排出。此工艺透过液回收率高，浓缩液的量少，但其溶质浓度较高。

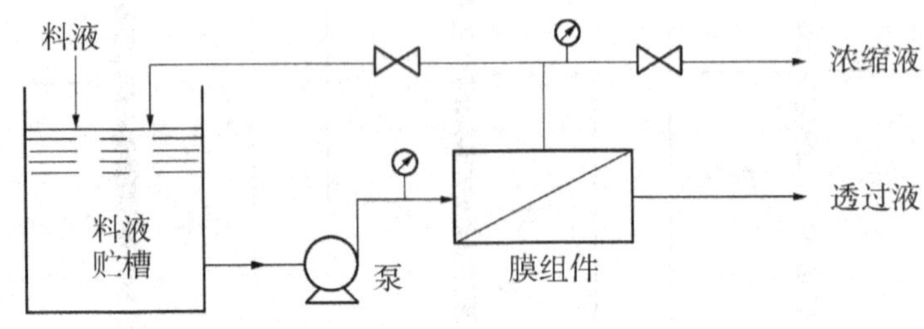

图 5-12　一级一段循环式工艺流程

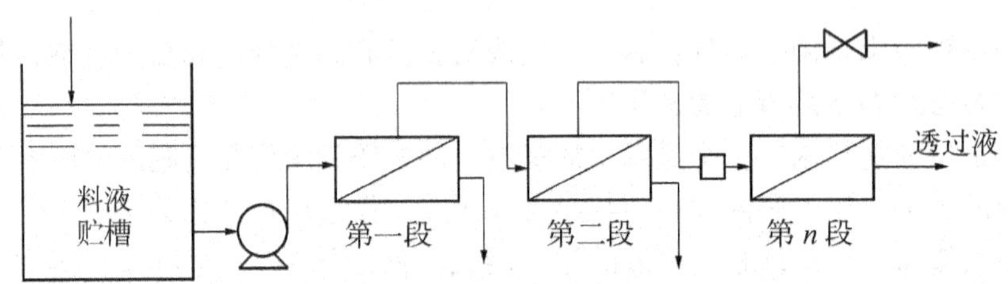

图 5-13　一级多段连续式工艺流程

反渗透膜分离技术具有分离效率高、能耗低等优点。早期主要大规模应用于海水淡化和地下苦咸水淡化。如图 5-14 所示为某市海水淡化工艺流程。海水经拦污栅等去除碎屑浮游生物等后，进入海水蓄水池，池内加入次氯酸钠杀菌，用絮凝剂进一步过滤，而后海水进入双介质过滤器，其上层为无烟煤，下层为石英砂。进入中间贮槽后再通过泵进入微保安过滤器脱除大于 10μm 的粒子，进入过滤器之前需要加酸调节 pH，以防止结垢。水在进入高压泵之前，采用间歇法加压亚硫酸氢钠脱氯，而后进入反渗透膜组件，一般采用二级反渗透淡化操作。产品最后加入次氯酸钙和石灰水灭菌，调节 pH。

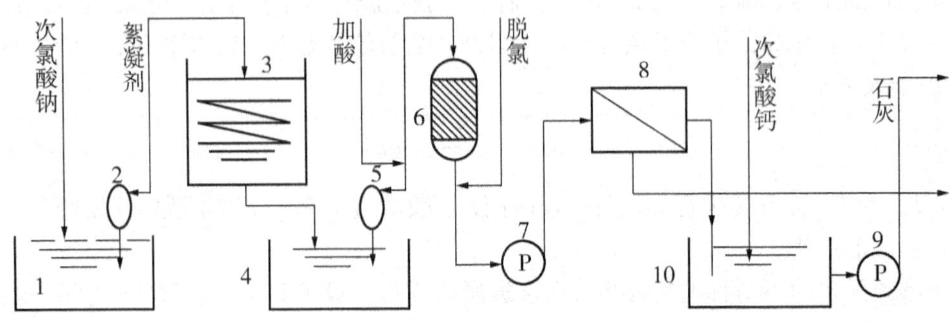

图 5-14　某市海水淡化反渗透工艺流程

1—海水蓄水池；2—海水原水泵；3—双介质过滤器；4—过滤水贮槽；5—过滤水泵
6—微保安过滤器；7—高压泵；8—反渗透组件；9—产水泵；10—产水槽

反渗透的应用范围日益广泛，遍及食品、医药、化工等行业。主要用于纯水制备以及生活和工业废水处理、食品以及饮料加工过程中的浓缩分离和净化过程。

(1)超纯水的生产

电子工业以及医药工业等所用的纯水制备，传统方式是采用化学絮凝、过滤、离子交换树脂等方法，流程复杂，离子树脂再生所用的酸碱用量较大，成本高。采用反渗透与离子交换技术相结合，流程简单，成本低廉，水质优良。

超纯水生产的典型流程如图 5-15 所示，原水先经过滤装置去除悬浮物及胶体，加入杀菌剂次氯酸钠以防止微生物生长，再经反渗透和离子交换除去大部分杂质，然后用紫外线处理将纯水中微量的有机物氧化分解，最后经离子交换器脱除即可。

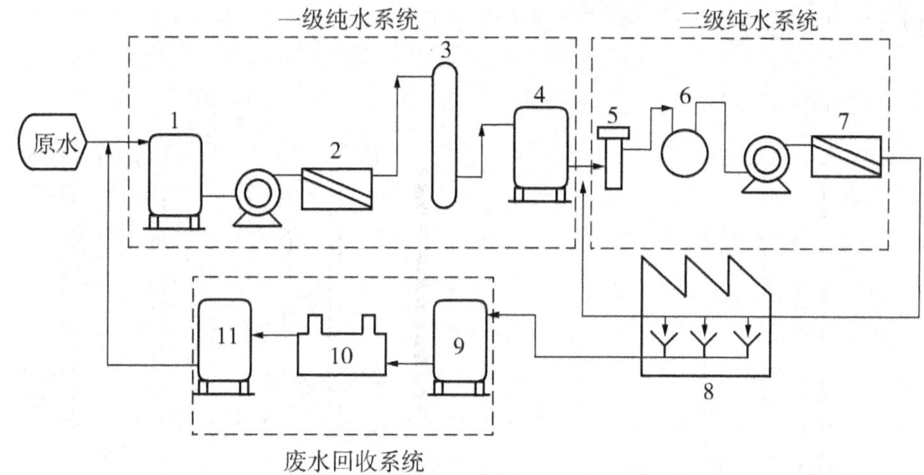

图 5-15　超纯水生产工艺流程

1—过滤装置；2—反渗透膜装置；3—脱氧装置；4、9—离子交换装置；5—紫外线杀菌装置；6—非再生型混床离子交换器；7—RO 膜装置(UF 膜装置)；8—用水点；10—紫外线氧化装置；11—活性炭过滤装置

(2)含油废水的处理

含油废水主要来自于石油炼制及油田含油废水、海洋船舶中的含油废水、金属表面处理前的含油废水等。废水中的油常以浮油、分散油和乳化油存在，其中乳化油可采用反渗透和超滤相结合的方式除去，其流程如图 5-16 所示。

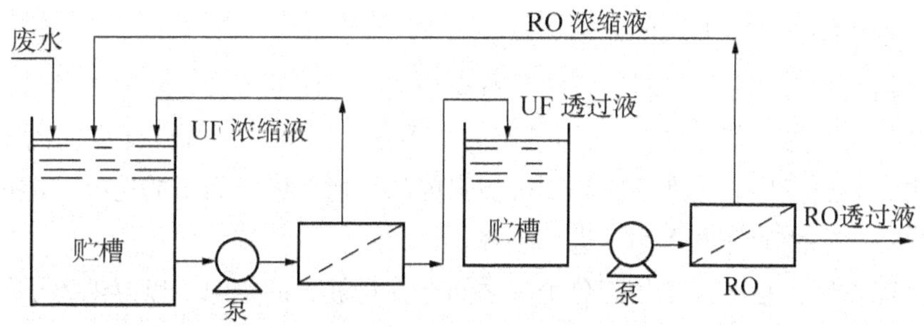

图 5-16　反渗透和超滤结合处理乳化油废水

5. 渗析(dialysis，DL)

渗析也称为透析，是通过膜的扩散使各种溶质得以分离。透析是最早应用于工业生产的膜分离过程，近年来，在医学领域用于消除病人体内过多的水分和代谢废物。

渗析过程的推动力是浓度差，溶质沿着浓度梯度的方向从浓溶液透过半透膜向稀溶液扩散。图 5-17 所示为渗析分离的机理简图，由于膜具有对溶质分子的选择透过性，使得有的溶质容易通过，有的则不易通过。渗析可以对含有两种以上溶质的溶液进行分离。

渗析膜有两类，一类是不带电荷的微孔膜，另外一类是带电荷的离子交换膜。膜材料以高分子材料为主，如醋酸纤维素、聚酰胺、聚丙烯腈等。

渗析膜的最主要应用是模拟人体肾脏进行血液的透析分离，这对肾脏病人进行血液透析以除去有害物质尤为重要。

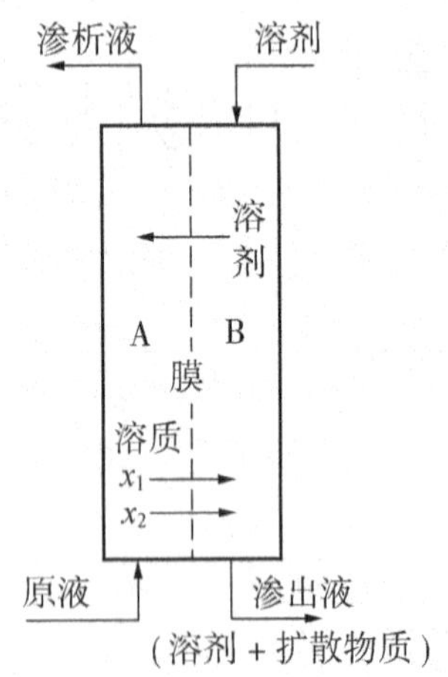

图 5-17 渗析分离的机理

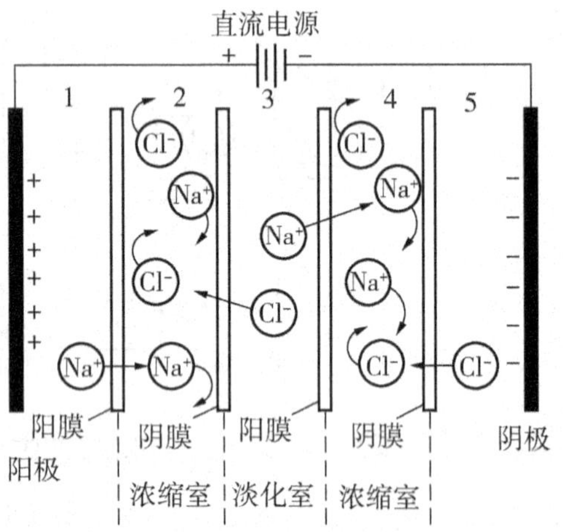

图 5-18 电渗析的原理

6. 电渗析(electrodialysis，ED)

电渗析是在外加直流电场的作用下，溶液中的带电离子以电位差为推动力，利用阴离子交换膜和阳离子交换膜的选择透过性，选择性通过离子交换膜而迁移的现象。

电渗析装置是由许多只允许阳离子通过的阳离子交换膜和只允许阴离子通过的阴离子交换膜交替平行排列在正负电极板之间组成的。实际电渗析装置中，一般使用 200～400 块阴阳离子交换膜，可以大幅度提高分离效率。

离子交换膜是由高分子材料制成的具有离子交换基团的薄膜，典型的材料有苯乙烯树脂、聚乙烯、聚丙烯、苯乙烯-二乙烯基苯的共聚物、聚氯乙烯等。优良的离子交换膜应具有低电阻、高选择性、适度溶胀和高机械强度的性能。膜对离子的选择性透过机理可由膜的孔隙作用、基团的静电作用等进行解释。

所谓孔隙作用，是指在膜的高分子键之间存在足够大的空隙，以容纳离子的进出和通过。该作用的强弱取决于孔隙率的大小和均匀程度。

所谓静电作用，是指在膜上分布着大量的带电荷的基团，在膜内构成强烈的电场，阳膜的高分子链上连接的是酸性活性基团，如—SO_3H、—COOH，在溶液中可解离成 H^+，从而使得阳膜上留下带负电荷的固定基团，形成负电场；阴膜的高分子链上连接的是碱性活性基团，如—$N(CH_3)OH$，在溶液中可解离成 OH^-，在阴膜上留下带正电荷的基团，形成正电场。根据静电效应，膜与带电离子发生同电相斥、异电相吸的静电作用。因此，阴阳膜将只能选择吸附阴离子和阳离子。

电渗析的原理如图 5－18 所示。若以 NaCl 溶液为例，在直流电场的作用下，带电的阳离子不断穿过阳膜向阴极移动，而阴离子则不断透过阴膜向阳极迁移。由于离子交换膜的选择性，阳离子不能通过阴膜向阴极室迁移，同样，阴离子不能通过阳膜向阳极室迁移，因而淡化室的离子含量越来越低，得到脱盐纯化。而相邻的浓缩室的离子含量则逐渐增加，得到浓缩。

电渗析器在工作过程中可发生如下六个物理化学过程：

①反离子迁移过程。阳膜上的固定基团带负电荷，阴膜上的固定基团带正电荷。与固定基团所带电荷相反的粒子被吸引并透过膜的现象称为反离子迁移过程。

②同离子迁移过程。与膜上固定基团带相同电荷的离子穿过膜的现象称为同离子迁移，这是由于膜的交换透过性不可能达到 100%，因此存在少量与膜上固定基团带相同电荷的离子穿过膜的现象，降低了除盐效率。

③电解质的浓差扩散。由于浓缩室与淡化室的浓度差，产生了电解质由浓缩室向淡化室的扩散过程，扩散速度随浓度差的增高而增加，该过程不消耗电能，但能使淡化室含盐量增高，影响淡水的质量。

④水的渗透过程。随着电渗析过程的进行，浓缩室的含盐量要比淡化室高，也即淡化室中水的浓度高于浓缩室中水的浓度，产生水的渗透过程，浓差越大，水的渗透量越大。

⑤压差渗透过程。由于淡化室与浓缩室的压力不同，造成高压侧溶液向低压侧渗漏。

⑥水的电渗析过程。电渗析器运行时，由于操作条件控制不良造成极化现象，使淡化室中水解离成 H^+ 和 OH^-，在直流电场作用下，分别穿过阴膜和阳膜进入浓缩室。该过程将增加电能损耗，降低淡水产量。

电渗析器在运行时，发生多种复杂过程，降低了除盐效率，增加了电能损耗。其主要原因归纳如下：

①电极反应和电极电位。电极反应会造成阳极室 OH^- 减少，极水呈酸性，并产生氧气、氯气等腐蚀性气体；同时造成阴极室 H^+ 减少，极水呈碱性，若极水中含有钙、镁等离子，会产生沉淀，形成水垢。为避免上述现象，应该不断通入极水，及时排出电极反应产物。电极电位与平衡电位之差为过电位，降低过电位可降低电渗析的能耗。

②极化现象。极化现象发生时，会在膜表面产生沉淀物，或者堵塞膜孔道，增大膜电阻，降低有效膜面积，使得膜容易老化，缩短使用寿命，同时增大了电能损耗。防止极化现象的有效方法是控制电渗析器在低于极限电流(极化临界点所施加的电流)条件下的操作。

③离子交换膜的选择透过度。离子交换膜的选择透过度直接影响电渗析器的电流效率和脱盐效果，一般要求选择透过度大于 85%，反离子迁移数大于 90%。

电渗析器由膜堆、极区和夹紧装置三部分组成。电渗析操作时，常采用多级连续操作和循环流程，以提高脱盐率。典型的电渗析除盐工艺如图 5-19～图 5-21 所示。

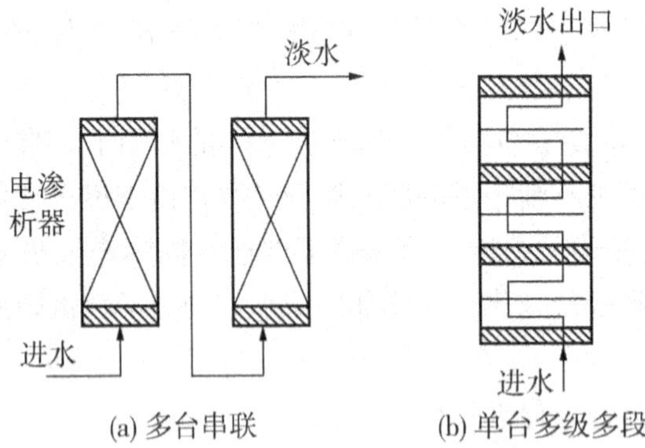

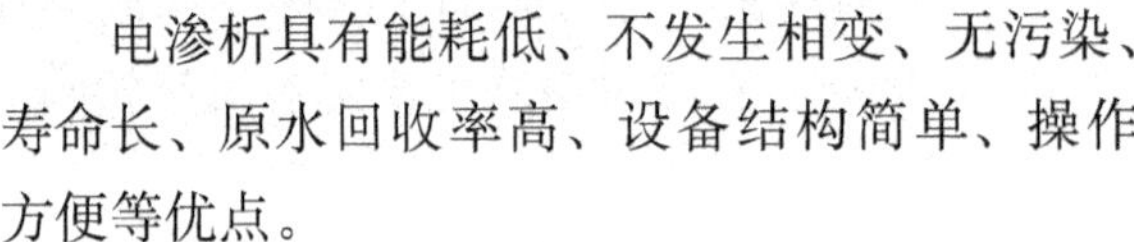

图 5-19　直流式电渗析除盐流程

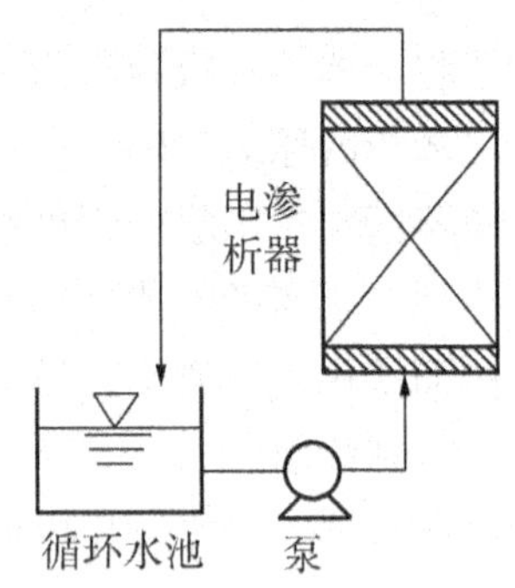

图 5-20　循环式电渗析除盐流程

电渗析具有能耗低、不发生相变、无污染、寿命长、原水回收率高、设备结构简单、操作方便等优点。

电渗析广泛应用于电子、医药、化工、火力发电、食品、啤酒、饮料、印染及涂装等行业的给水处理，如海水浓缩制盐、精制乳制品、果汁脱酸精制和提纯等。此外，还应用于环境保护中的三废处理，如酸碱回收、电镀废液处理、贵重金属的回收以及原料的浓缩。

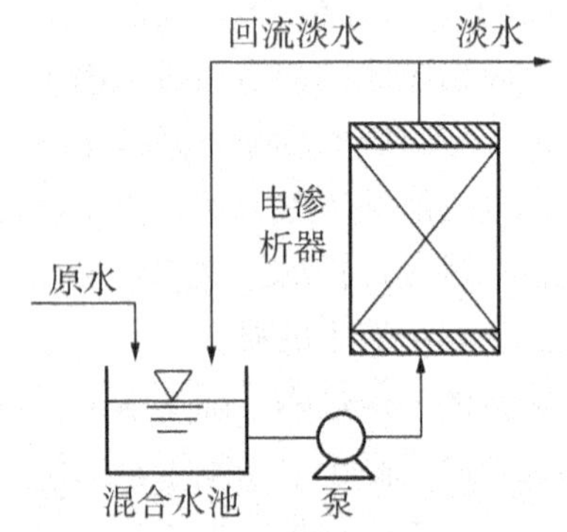

图 5-21　部分循环式电渗析除盐流程

(1)盐水脱盐制淡水

电渗析应用最重要的领域是苦咸水或者盐水脱盐制淡水，其工艺流程如图 5-22 所示。地下咸水送入原水贮槽，加入高锰酸钾溶液氧化，被氧化的铁和锰盐经过滤器过滤。滤液分为两部分，一部分作为脱盐液从第一电渗析器顺序通过四个电渗析器，脱盐达到饮用水标准。得到的淡水再经 CO_2 脱除，使得 pH 在 7～8 之间，通入氯气消毒，最后送入淡水贮槽；另一部分滤液作为浓缩液，送入浓缩液贮槽，用泵将之送到四个电渗析器，除第一个电渗析器出来的浓缩液废弃外，其余浓缩液再流回浓缩液贮槽。

(2)处理工业废水

利用电渗析技术浓缩和脱盐的原理，能够有效浓缩工业废水中的金属盐、无机酸、碱以及有机电解质等，使污水变清，同时回收有用物质。例如，可用于含镍、铬、镉电镀废水的处理，印刷电路板生产的氯化铜污水处理等，图 5-23 所示为某单位电渗析法处理电镀污水的流程。

7. 气体分离(gas separation，GS)

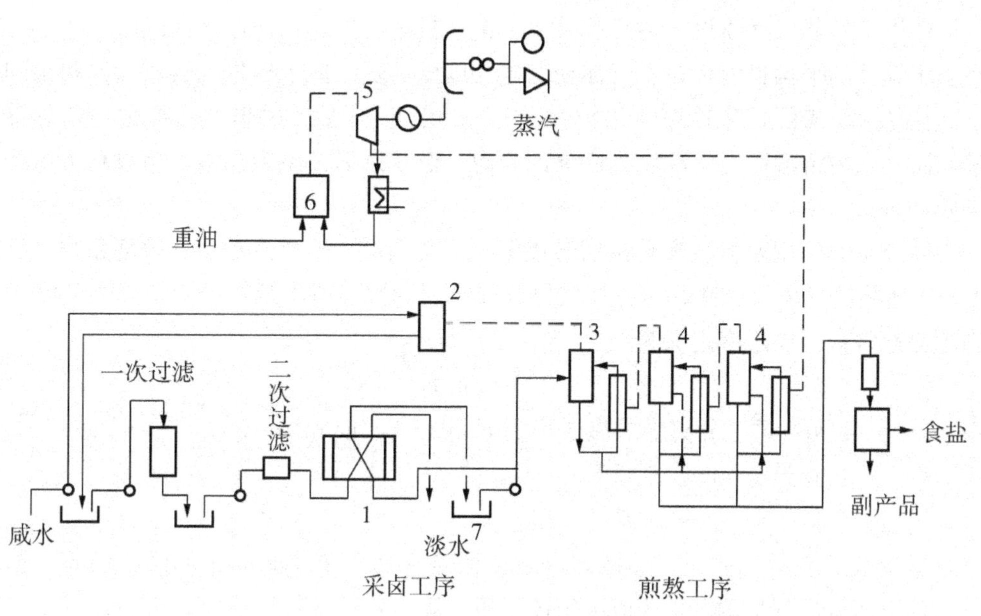

图 5-22 电渗析脱盐生产淡水的工艺流程

1—渗析槽；2—冷凝器；3—浓缩罐；4—结晶罐；5—涡轮机；6—锅炉；7—浓液槽

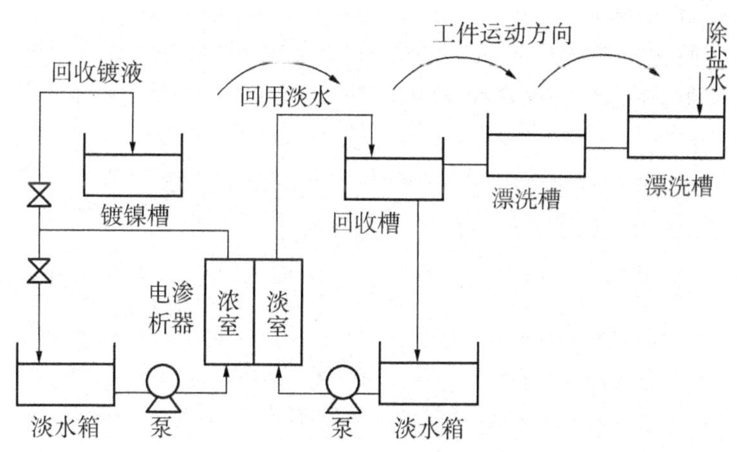

图 5-23 电渗析处理电镀含镍污水的工艺流程

气体分离是将膜与原料气接触，在膜两侧压力差作用下，气体分子以不同渗透速率透过膜的过程。由于气体组分在膜内溶解和扩散性能的差异，不同气体分子通过膜的速率有所不同，从而达到分离混合气体的目的，如图 5-24 所示。

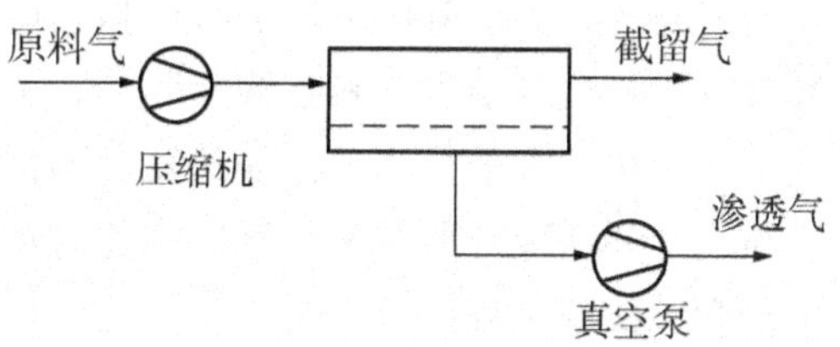

图 5-24 气体分离过程示意图

气体通过膜的传递过程非常复杂，机理各异。一般可分为两类，其一是通过多孔膜的微孔扩散机理，其二是通过非多孔膜的溶解扩散机理。气体在通过多孔膜时，当膜的微孔直径小于气体的平均自由程时，气体在与微孔内壁反复碰撞中透过。具有分离效果的多孔膜，其孔径大小支配扩散速率，一般为 5～30nm。气体在透过非多孔膜时，先在膜表面溶解，而后在由溶解产生的浓度梯度下向膜内扩散，然后由膜内脱落，该过程可由经典的 Fick 定律描述。

气体分离膜的主要特性参数包括渗透率和渗透系数、分离系数、溶解度系数。渗透率 S 用于描述膜的气体透过性，由分离气体和膜材料的性质所决定，是一定压力和温度下高聚物的特性常数。渗透率定义为：

$$S_i = D_i/E_i \tag{5-4}$$

式中，S_i——组分 i 透过分离膜的渗透率，$m^2/(s \cdot Pa)$ 或 $m^3 \cdot m/(m^2 \cdot s \cdot Pa)$；

D_i——气体组分 i 的扩散系数，m^2/s；

E_i——气体组分 i 的亨利系数，Pa。

渗透系数 J 表示气体通过膜的难易程度。定义为：单位时间、单位膜面积、单位推动力作用下所透过气体的量。J 值由气体性质、膜材料结构特性决定，可通过下式测得：

$$J = \frac{q_V}{A\Delta p} = \frac{S_i}{L} \tag{5-5}$$

式中，q_V——气体组分 i 透过膜的体积流量，m^3/s；

A——膜面积，m^2；

Δp——膜两侧气体分压差，Pa；

S_i——膜的渗透率，$m^3 \cdot m/(m^2 \cdot s \cdot Pa)$；

L——膜的厚度，m。

一般而言，为提高分离效率，要选用渗透系数差较大的膜。J 值由大到小的一般顺序为 $H_2O > H_2 > He > CO_2 > O_2 > Ar > CO > CH_4 > N_2$。

分离系数 α 表示膜对气体的分离选择能力，一般将其定义为两种气体渗透系数之比，可写为

$$\alpha_{i/j} = J_i/J_j \tag{5-6}$$

一般，$\alpha_{H_2/N_2} > 30$、$\alpha_{O_2/N_2} > 3$ 就具有较好的工业价值。

溶解度系数表示膜收集气体能力的大小。

理想的气体分离膜应具有选择性高、渗透通量大、机械强度高、能承受较大压差的特点。气体膜材料包括有机高分子材料和无机高分子材料两大类。前者主要有聚砜、聚二甲基硅氧烷、醋酸纤维素、聚碳酸酯等。后者主要是多孔陶瓷膜、金属材料、分子筛膜等。目前工业上用的大多是非对称膜和复合膜，制成中空纤维或卷式膜件。

与吸附和深冷分离相比，气体膜分离具有分离效率高、能耗低、操作简单的特点，具有节能和环保的优势。

气体膜分离流程可分为单级和多级，常用的气体分离级联有下述三种类型。

(1)简单级联

如图 5-25 所示，简单级联流程每一级的渗透气作为下一级的进料气，每级分别排出

渗余气，物料在级间无循环，进料气量逐级下降，末级的渗透气是级联的产品。

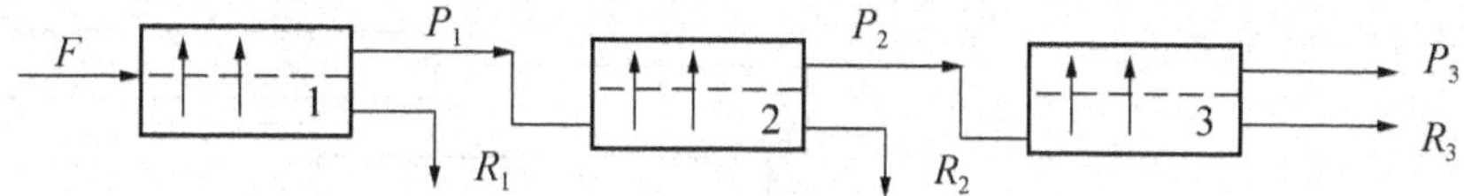

图 5-25　简单级联流程

(2)精馏级联

如图 5-26 所示，精馏级联流程每一级的渗透气作为下一级的进料气，将末级的渗透气作为级联的易渗产品，其余各级的渗余气并入前一级的进料气，还将部分易渗产品作为回流返回本机的进料气中，整个级联只有两种产品。其优点是产量和纯度有所提高。

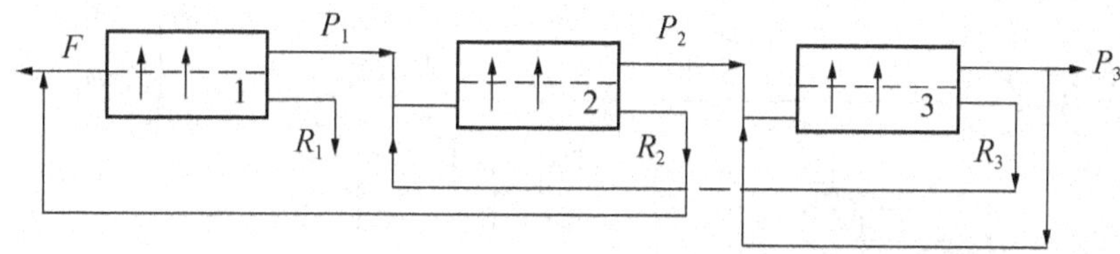

图 5-26　精馏级联流程

(3)提馏级联

如图 5-27 所示，提馏级联流程每一级的渗透气作为下一级的进料气，将末级的渗透气作为级联的产品，第一级的渗透气作为级联的易渗产品，其余各级的渗透气并入前一级的进料气中，整个级联只有两种产品。

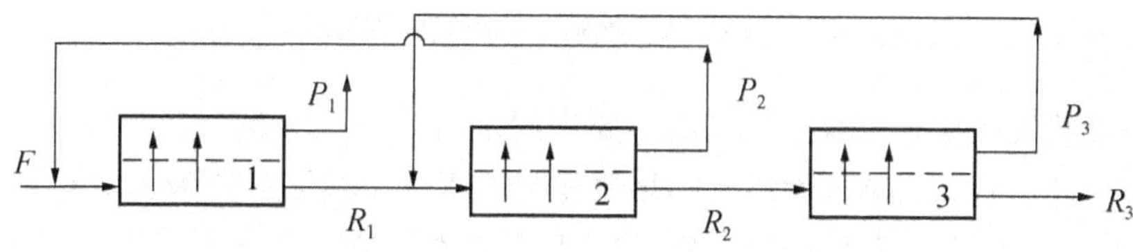

图 5-27　提馏级联流程

气体分离主要应用于：H_2 的回收，如合成氨生产和石油炼厂从尾气中回收氢；空气分离制富氧空气，如富氧助燃、富氧空调机等；空气分离制富氮，可以得到纯度高于 99.5%的富氮产品；天然气中 CO_2 的脱除以及天然气中提取浓氦气；有机挥发性废气的回收；工业气体脱湿；烟道气脱除 SO_2 等。

①氢气回收。膜分离技术最先应用于氢气的回收，典型的例子是合成氨弛放气回收氢气。图 5-28 所示为美国 Monsanto 公司合成氨弛放气回收氢气的典型流程。合成氨弛放气首先进入水清洗塔除去或者回收其中的氨气，避免氨气对膜性能的影响。经过预处理的气体进入第一组渗透器，透过膜的气体作为高压氢气回收，渗余气流经第二级渗透器，渗透气体作为低压氢气回收。

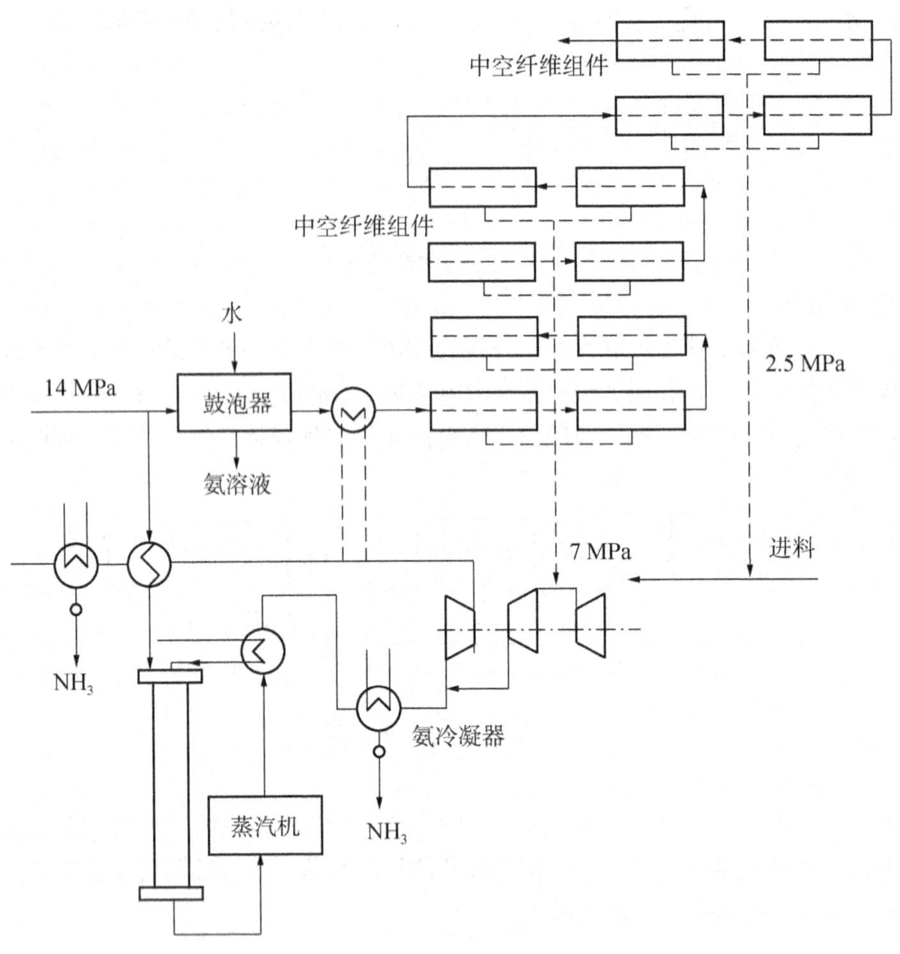

图 5-28　合成氨弛放气氢气回收流程

②合成天然气制煤气。城市煤气的主要来源之一是合成天然气，天然气中的 CO_2 含量较高(18%～21%)，会降低天然气的热值和燃烧速率，因此需要降低 CO_2 含量至 2.5%～3.0%。图 5-29 所示为膜法制备煤气的工艺流程。液化石油气或者石脑油经预热至 300～400℃，通入脱硫塔，在镍-钼催化剂的作用下，含硫化合物反应生成 H_2S，用 ZnO 吸附 H_2S，脱硫后的气体在管道内与水蒸气混合，经加热炉加热至 550℃，进入甲烷转换器合成甲烷。合成天然气经热交换器降温到 40～50℃，进入一级膜分离器，渗余气富含甲烷，输入城市煤气管道。透过气中含有少量甲烷，经压缩机加压进入二级膜分离器，透过气作为加热炉或蒸汽锅炉的燃料，剩余气体回流，重新输入一级膜分离器。

③有机挥发性废气的回收。有机挥发性废气(VOCs)是化学工业，尤其是涂料涂装、粘合剂等行业排放的主要污染物之一。大部分 VOCs 有毒，可造成严重的环境污染，危害人类健康。膜分离法可用于 VOCs 中高附加值有机气体的回收，图 5-30 所示为膜分离法结合冷凝法的流程。压缩后的有机废气进入冷凝器，一部分 VOCs 被冷凝，未冷凝的气体进入膜组件，其中的 VOCs 在压差的推动下透过膜，渗余气为脱除 VOC 的气体，直接排空；透过气富含有机蒸气，气体循环至压缩机入口。

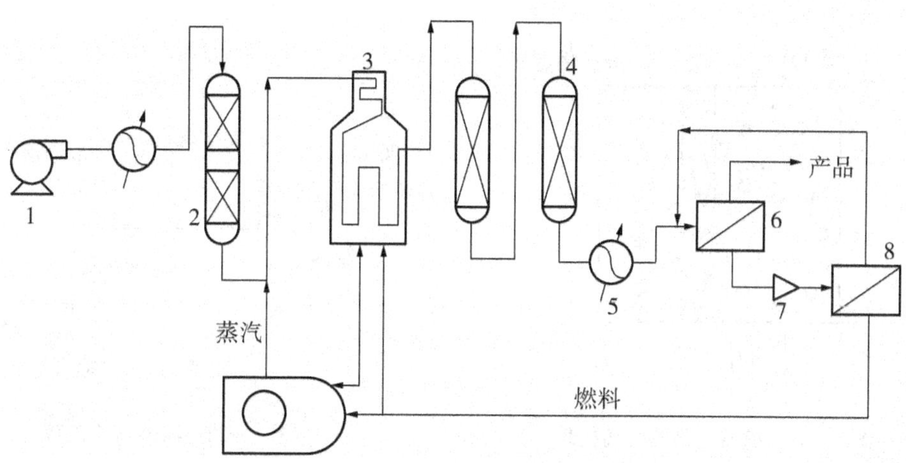

图 5-29　合成天然气制备煤气流程

1—泵；2—脱硫塔；3—加热炉；4—甲烷转化器；5—热交换器；6—级膜分离器；7—压缩机；8—二级膜分离器

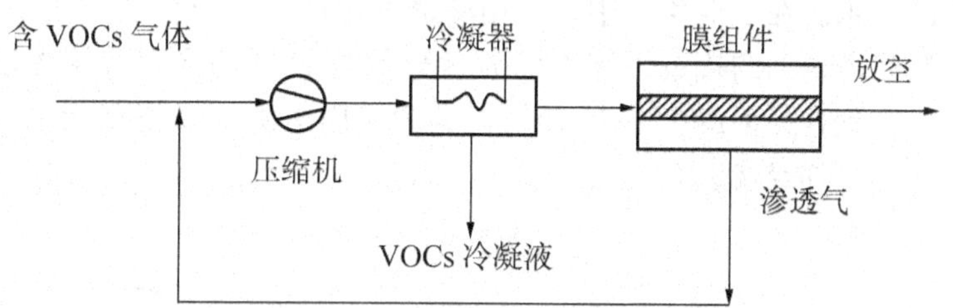

图 5-30　膜分离与冷凝结合工艺回收挥发性有机废气流程

8. 渗透汽化(pervaporation，PV)

渗透汽化又称渗透蒸发，它是在膜两侧的蒸气压差下，利用组分在膜内溶解与扩散速率的不同，通过渗透和蒸发而实现混合物分离的过程。渗透汽化区别于其他膜分离过程的特点是渗透组分具有相变化。

在渗透汽化的分离过程中，在膜的原料侧输入加热的液体混合物，在渗透物侧以抽真空或者惰性气体吹扫或者冷凝器连续冷却等方式维持较低的分压，在膜两侧组分分压差的作用下，原料液中各组分先在膜表面选择性吸附，而后选择性扩散通过膜，最后在渗透物侧汽化为蒸气，被冷凝为液体而除去(图 5-31、图 5-32)。

从上述过程可以看出，渗透汽化是一个包括传热和传质的复杂过程。评价渗透汽化膜的主要指标是渗透通量和分离系数。

渗透汽化膜有水优先透过膜、有机液优先透过膜和有机液与有机液选择分离膜三种类。商业的渗透汽化膜以平板膜为主，也有中空纤维膜。

与蒸馏、萃取和吸收等传统方法相比，渗透汽化的突出优点是分离系数大，以较低能耗实现难以完成的分离任务。渗透汽化主要用于从液体混合物中分离或者除去体系中的少

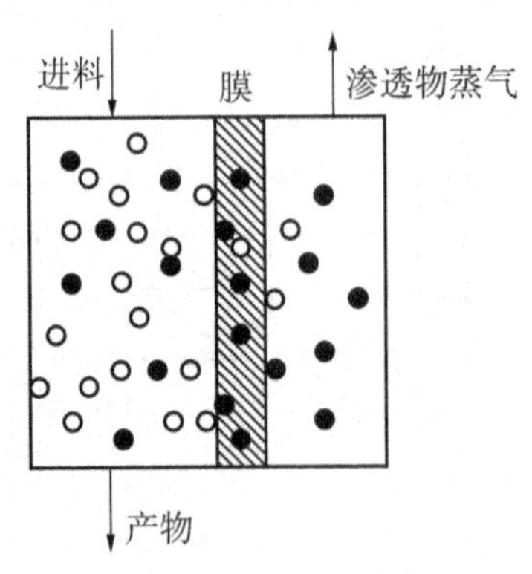

图 5-31 渗透汽化的分离机理

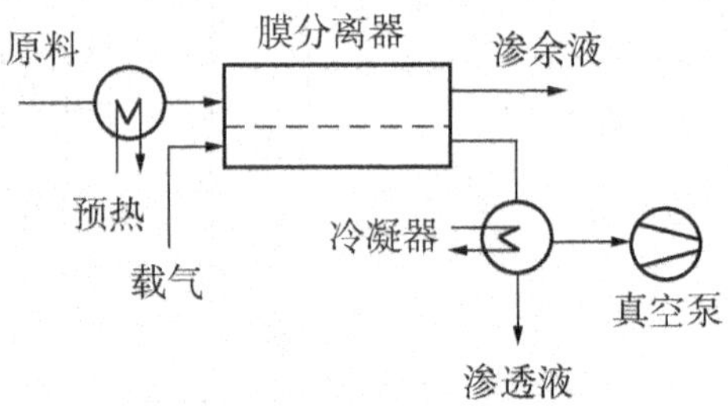

原料
膜分离器
渗余液
预热
载气
冷凝器
真空泵
渗透液

图 5-32 渗透汽化流程

量组分。如有机液体(乙醇、异丙醇、乙酸乙酯等有机原料与溶剂，汽油、苯、乙烷等碳氢化合物)中少量水的脱除及水中少量有机物(醇、酸、酯、酮以及含氯碳氢化合物)的脱除。渗透汽化不受组分间气液平衡关系的限制并具有很高的分离系数，还特别适合恒沸液或者近沸点物溶液体系的分离，较之恒沸蒸馏可以节能 1/2 到 1/3，如用工业乙醇制取无水乙醇、异丙醇脱水。在工业生产中，采用渗透汽化和精馏结合的方法制取异丙醇(参见图5-33)，从精馏塔得到的接近恒沸液的质量分数为 85%的异丙醇用渗透方法脱水，使之越过恒沸点，得到含异丙醇 95%的产物，其后采用恒沸精馏得到无水异丙醇。该流程较之单一单元操作更加经济。

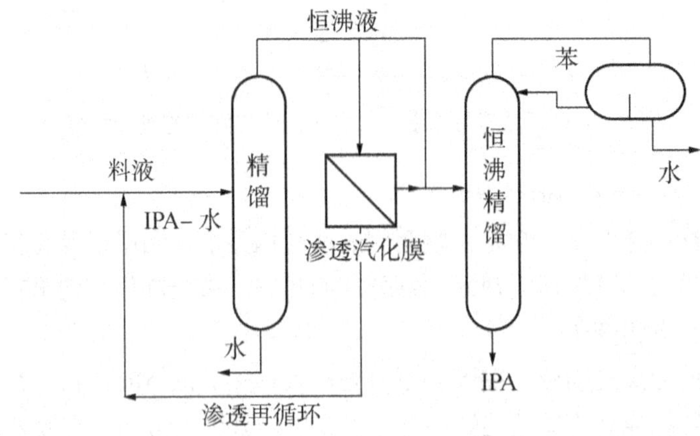

图 5-33 异丙醇(IPA)分离流程

5.5 浓差极化和膜污染

浓差极化和膜污染是膜分离应用的主要限制因素，二者是不同的概念。浓差极化仅使膜表面被截留溶质的浓度暂时性升高，是可恢复过程，并不直接产生膜污染；而膜污染一般是不可逆的。浓差极化与操作时间无关；膜污染与操作时间有关。浓差极化使膜表面被截留组分浓度提高，从而加速了膜污染过程的发生；而膜污染使部分膜孔堵塞，又会促使局部浓差极化的加剧。可见，膜污染和浓差极化既相互联系又相互影响。

5.5.1 浓差极化

浓差极化是在膜分离过程中，溶剂透过膜，而溶质被膜截留，因而膜表面附近溶液的浓度升高，高于料液主体的浓度的现象。在浓度梯度的作用下，膜表面的溶质又会反向扩散回料液主体，经过一段时间，当主体溶液以对流方式向膜表面传递溶质的速度与膜表面以扩散方式向流体主体返回溶质的速度相等时，浓差极化达到一个相对稳定的状态，于是在边界层形成一个方向垂直于膜表面的、由流体主体到膜表面浓度逐渐升高的浓度分布。如图 5-34 所示，浓差极化使得膜面处浓度 c_i 增加，加大了渗透压，在一定压差 Δp 下使溶剂的透过速率下降，同时 c_i 的增加又使溶质的透过速率提高，使截留率下降。

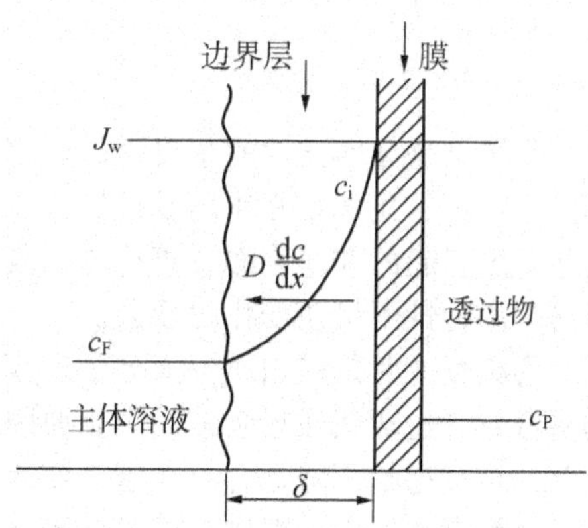

图 5-34 浓差极化引起的稳态条件下的浓度分布

一般而言，膜通量越大，浓差极化现象越严重，传质系数越大，浓差极化现象越不显著。对微滤和超滤过程而言，由于过程中的大分子溶质、胶体以及乳液等溶质的扩散系数特别小，其传质系数很小，但膜通量又特别高，故浓差极化现象较严重。对于纳滤、反渗透，因其膜通量较小，而小分子溶质的扩散系数要大很多，所以扩散系数较大，浓差极化较轻。

对于浓差极化，可以从操作工艺和膜组件设计工艺两方面，采取有效措施以减少浓差极化对膜分离带来的影响。

1. 操作工艺

(1)提高温度

提高温度可以提高扩散系数、降低动力粘度，从而使传质系数增加，通量增大。

(2)提高流速

在质量传递控制区，传质系数与流速的三次方根(层流)或 0.8 次方成正比，故提高流速可提高通量。但流速提高会加大系统压差，增大泵的能耗，因此应综合考虑总费用，选用最佳流速。

2. 设计工艺

(1)设置混合器

在工业膜组件中，可在料液流道中放置具有特定结构和尺寸的湍流促进器，它能够提高流体的平均流速和紧贴膜表面处的剪切力。但同时加大了系统的摩擦压力降，泵的能耗有所增加。

(2)脉冲流动和振动膜组件

脉冲流动是料液流速或压力以一定频率或振幅脉动，它可以减少浓差极化和膜污染，增大通量。振动膜组件则是组件以一定频率和振幅振动，使膜表面处产生高剪切速率，从而强化传质，减少浓差极化和膜污染。

(3)薄沟

薄沟设计是减小流动通道高度的方法，该法可以显著提高在层流操作下的膜表面处料液的剪切速率，是减少浓差极化经济有效的方法。但此法仅仅局限用于层流条件。

其他还有采用短流道旋转膜方式等措施。

5.5.2 膜污染

膜污染是分离技术的主要障碍，它是指与膜接触的料液中微粒、胶体粒子或大分子与膜发生物理、化学相互作用或机械作用，或者因浓差极化使某些溶质在膜表面的浓度超过其溶解度引起的在膜表面或膜孔内的吸附、沉积造成膜孔径变小或堵塞，使膜产生透过流量与分离特性不可逆变化的现象。

污染物尤其是蛋白质等大分子在膜表面和膜孔内的吸附所引起的通量衰减及分离能力的降低，是造成膜通量衰减的主要原因。但膜污染引起的通量衰减又往往和浓差极化现象引起的可逆通量下降混合在一起，使得膜分离效果进一步降低。

膜污染的原因一般由膜的劣化和水生物污垢所引起。膜系统在运行过程中，废(污)水中的金属离子、微生物、不易溶解的沉淀(如 $CaCO_3$、$CaSO_4$、$BaSO_4$ 等)、有机污染物、生物粘泥、胶体、油脂等长时间与膜接触，会引起膜污染。

防止膜污染的方法有：

①预处理法。对料液进行预处理，去除使膜性能发生变化的因素，如预先过滤、化学絮凝、活性炭吸附、pH 调节、除盐、消毒灭菌等。

②开发抗污染的膜。开发耐老化或难以引起附生污垢的膜组件，这是最根本的方法。

③选择适合的膜孔径以及合理的膜组件类型。

④改善和强化操作工艺。改善膜面的流体力学条件；在组件内设置湍流促进装置；选择适当的温度、流速、pH 值和操作压力等。

膜受污染导致通量下降至某一程度时，需要对膜进行清洗。膜清洗技术是膜技术中非常重要的环节，它包括物理清洗和化学清洗两部分。

物理清洗包括机械清洗、反洗、负压或低压清洗、超声清洗、电场清洗以及热水消毒清洗等。

化学清洗是常用的清洗方法，选择清洗剂要根据污染物的性质，还要兼顾膜的化学兼容性问题，并注意清洗强度。常用的清洗剂包括酸、碱、蛋白酶、螯合剂或表面活性剂等起溶解作用的物质(去除沉淀)，过氧化氢、高锰酸钾和次氯酸钾等起氧化作用的物质(去除油脂、蛋白质、藻类等生物质)，磷酸盐等起渗透作用的物质等。

判断清洗成功与否可用纯水通量恢复系数来表示，看纯水通量是否达到或接近原有水平。

5.6 分离膜的制备方法

膜分离技术的核心是分离膜，而分离膜的制备方法或工艺则是核心中的核心。膜的制备方法很多，近年来发展迅猛，制备过程中应根据制膜材料、膜及载体的结构、膜孔径大小、孔隙率和膜厚度的不同而选择不同的方法。下面就几种常用膜的制备技术作简单介绍。

5.6.1 高分子膜的制备

有机膜的优点是柔韧性好，成膜性能优异；缺点是机械强度不好，化学稳定性差，大多数不耐高温、酸碱和有机溶剂。

1. 对称膜

对称膜是指膜主体具有均一的结构，又分为匀质膜、微孔匀质膜和离子交换膜。

(1)匀质膜的制备

根据高分子材料的溶解性不同，制备方法可分为熔融挤压法和溶液浇铸法等。熔融挤压法适用于不溶于溶剂的聚合物，如聚乙烯、聚丙烯、聚四氟乙烯、聚氯乙烯等。其方法是：将高分子材料放在两片加热的夹板之间，施以 10～40MPa 的压力，并保持 0.5～5min，冷却即可。溶液浇铸法适用于可溶性的聚合物，将膜材料用适当的溶剂溶解，制成均匀的铸膜液，用特制的刮刀或者压延辊将之刮在平整的玻璃板上，使之成为具有一定厚度的均匀薄层，而后让溶剂挥发，最后形成一层均匀薄膜。

(2)微孔匀质膜的制备

主要包括核径迹膜的方法和拉伸法等。核径迹膜法主要适用于聚酯和聚碳酸酯膜材料的制备，其过程是：用荷电粒子照射高分子膜，使其化学键断裂，留下敏感径迹，而后将膜浸入适当的化学刻蚀试剂中，高分子的敏感径迹被溶解而形成垂直于膜表面的、规整的圆柱形孔。拉伸法又称为 Celgrad 法，一般常用聚丙烯为膜材料。其过程是将温度接近熔点附近的高分子经过挤压并迅速冷却，制成高度定向的结晶膜，而后将膜沿机械力方向拉伸几倍，破坏其晶体结构，从而产生$(200\sim2\,500)\times10^{-10}$m 裂缝状孔隙。

(3)离子交换膜的制备

离子交换膜是用于电渗析膜过程的一种荷电的有机高分子均质膜。可分为异相膜、匀相膜和半匀相膜。常用的离子交换膜材料有聚乙烯、聚丙烯、聚氯乙烯等的苯乙烯接枝高分子。挤压成型是异相离子交换膜的常用方法。匀相离子交换膜的制备方案有五种：a. 将能反应的混合物(酚、苯磺酸、甲醛)进行缩聚，混合物中至少有一种能在它的某一部分形成阴离子和阳离子。b. 将能反应的混合物(苯乙烯、乙烯基吡啶和二乙基苯)进行聚合，混合物中至少有一种含有阴离子或者阳离子，或者有可以成为阴离子或阳离子的部位。c. 将阴离子或阳离子基团引入高分子或者高分子膜。d. 将含有阴离子或阳离子的一部分引到一个高分子上(如聚砜)，而后将之溶解并浇铸成膜。e. 把离子交换树脂高度分散于一高分子中，形成高分子合金或共聚体。

2. 非对称膜

非对称膜是指具有两种以上的形状结构，由一层薄的多孔或者致密皮层(起分离作用)和一层厚得多的多孔层(起支撑皮层作用)组成。非对称膜较对称膜具有更高的通量，是工业上应用最多的膜类之一。非对称膜包括相转化膜和复合膜两类。前者的特点在于：皮层与支撑层是由同一种材料同时制备形成的。而后者的材料则不尽相同，并且可以采用不同的方法分别制备，使其功能最优。

相转化膜的制备方法包括：①溶剂蒸发法(干法)。这是相转化膜工艺中最早使用的方法，始于 20 世纪二三十年代。它是把一种高分子材料溶于由易挥发的良溶剂和相对不易挥发的非溶剂构成的双组分溶剂混合物中，将之铺在玻璃板上，随着易挥发良溶剂不断蒸发逸出，非溶剂的比例越来越大，高分子沉淀析出，形成薄膜。②水蒸气吸入法。将高分子铸膜液(典型的材料是醋酸纤维素与硝酸纤维素，溶剂为丙酮和水或者乙醇、乙二醇)在平板上铺展成薄层后，在溶剂蒸发的同时，吸入潮湿环境中的水蒸气，使高分子从铸膜液中析出并分离。该法是商品化相转化分离膜的常用生产方法。③热凝胶法，又称 TIP 法。使用潜在的溶剂(高温时对高分子材料是溶剂，低温时是非溶剂)，在高温时与高分子膜配成匀相铸膜液，并制成膜，而后冷却，发生沉淀、分相。用于该法的材料主要是聚烯烃，如聚丙烯。④沉淀凝胶法(L-S 法)。该法的研制成功是分离膜发展的里程碑。20 世纪 60 年代初 Loeb 和 Sourirajan 在研究醋酸纤维素反渗透膜时，发明了将高分子铸膜液浸入非溶剂中，通过相转化形成非对称膜的方法，制得的膜具有优良的分离性能。

复合膜工艺的基本思路是分别制备致密皮层和多孔支撑层，提高膜的通量和抗压密度。在支撑膜上形成致密层的方法包括：①高分子溶液涂覆。将多孔支撑膜表面与高分子稀溶液相接触，而后阴干。②界面缩聚。将两种可反应的单体分别溶于互不相溶的两相中，当接触时就在基膜表面直接进行界面反应，形成超薄脱盐层。③原位聚合。又称单体催化聚合，是将支撑膜浸入含有催化剂并在高温下能迅速聚合的单体稀溶液中，取出支撑膜并去掉过量的单体稀溶液，而后在高温下进行催化聚合。④等离子聚合。将某些在辉光放电下能进行等离子体聚合反应的有机小分子直接沉积在多孔支撑膜上，反应后能得到以等离子体聚合的高分子超薄脱盐层的复合膜。⑤动力形成膜。经加压闭合循环流动的方式，使胶体粒子或者微粒附着沉积在多孔支撑体表面以形成薄层底膜，而后再用高分子聚电解质稀溶液以加压闭合循环流动的方式，将之附着沉积在底膜上，构成具有溶质分离性能、有双层材料的反渗透复合膜。⑥水面展开膜。将高分子溶液铺展在水面上，铺展成超薄膜，将其覆盖在多孔支撑膜上形成复合膜。

5.6.2 无机膜的制备

与有机物分离膜相比，无机膜具有化学稳定性好、机械强度大、抗微生物能力强、耐高温等优点；其缺点是脆性大、弹性小，给膜的成型加工带来困难，耐碱性能较差，强碱条件下容易受到污染和侵蚀。

无机膜大体上可以分为致密膜和多孔膜两大类。致密型的无机膜，既可以制成单层对称的，也可以制成多层不对称的，主要有金属及其合金膜和固体电解质膜。金属膜主要有具有过滤氢气性能的 Pd 膜和具有过滤氧气性能的复合氧化物膜等。无机多孔膜包括具有微米有序孔的陶瓷膜、具有纳米有序孔的氧化硅膜、具有更小的埃米级孔的分子筛性能的非晶质氧化硅膜和沸石膜等。

1. 金属致密膜的制备

①电镀法。如金属 Pd 膜，是把金属或者金属合金沉积在阴极的支撑体上而形成的薄膜。

②化学镀法。它是利用控制自催化分解或降解亚稳态金属盐，在支撑体上形成薄膜。该方法可在复杂表面形成厚度均匀、强度高的膜。

③化学气相沉积法。在化学气相沉积过程中，控制温度等条件，气态的金属化合物在支撑体表面发生化学反应，经成核、生长而形成薄膜。

④铸造与压延法。它是通过高温熔融、铸炼、高温均质化、热压和冷压，再经多次重复冷压延和退火处理等步骤，直到需要的厚度。该法可用于大规模制备金属薄板和薄膜，也可以用于小规模制备。

⑤物理气相沉积法。该法是制备金属及其合金膜的比较实用的方法。固体金属在高真空下蒸发，冷凝沉积在低温支撑体表面形成薄膜。具体又分为真空沉积、溅射沉积和离子束沉积三种。

2. 金属氧化物致密膜的制备

金属氧化物致密膜以对称结构为主，常采用挤出和等静压法成型，制备过程包括粉料制备、成型和干燥烧结三个基本步骤。

3. 多孔膜的制备

工业用无机多孔分离膜，主要由多孔支撑体、过渡层和活性分离层三层结构组成。多孔支撑体一般具有较大的孔径和孔隙率，其作用是使膜具有恰当的机械强度。多孔载体一般由氧化铝、氧化锆、碳、陶瓷和碳化硅材料组成。过渡层是介于多孔载体和活性分离层中间的结构。其作用是防止活性分离层制备过程中颗粒向多孔载体渗透。活性分离层是起分离作用的膜，通过各种方法负载于多孔载体或者过渡层上。

无机膜的制备方法较多，如气溶胶法、凝胶浇铸法、流延法、溶胶-凝胶法、固态粒子烧结法、热分解法、化学气相沉积法、水热法、阳极氧化法等。现简单介绍如下：

(1)多孔陶瓷支撑体的制备

多孔支撑体的制备主要基于传统的陶瓷生产工艺，方法有挤出法、流延法、注浆法及压制成型法。不同方法可以得到不同构造的膜，如表 5-5 所示。

表 5-5　支撑体的成型方法与构造

成型方法	挤出法	流延法	注浆法	压制成型法
膜的构造	管式，多通道	平板	管式	片状，管式

(2)多孔膜的制备

①溶胶-凝胶法(sol-gel)。该法是合成无机膜的一种重要方法。它是将金属醇盐水解，经过缩合反应制成溶胶，将溶胶涂于基膜上进行干燥至凝胶化，再进行灼烧而制成膜的方法。这种工艺可以制得孔径小(1.0～5.0 nm)、孔径分布窄的无机膜。制备的膜材料有 Al_2O_3、SiO_2、TiO_2、ZrO_2、$Al_2O_3-TiO_2$、$Al_2O_3-ZrO_2$、$La_2O_3-Al_2O_3$、TiO_2-SiO_2、SiO_2-ZrO_2、TiO_2-ZrO_2 等。

②固态粒子烧结法。该法是把无机粉料微小颗粒或超细颗粒与适当的介质混合，分散形成稳定的悬浮液，成型后制成生坯，再经干燥，在 1 000～1 600℃高温下进行烧结处理得到的。

③热分解法。在惰性气体或者真空条件下，将热固性聚合物，如纤维素、酚醛树脂、聚偏二氯乙烯等，高温热分解碳化。

④薄膜沉积法。是指用溅射、离子镀、金属镀及气相沉积等方法，将膜料沉积在载体上制备薄膜的方法。薄膜沉积过程大致分为两个步骤：一是膜材料的汽化；二是膜料的蒸气依附在其他材料制成的载体上形成薄膜。在制膜过程中具有一定应用价值的薄膜沉积法有：化学气相沉积法(CVD)法、电化学气相沉积法(EVI)、化学镀膜法、喷射热分解法。薄膜沉积法主要用于制备微孔膜或致密膜。

⑤水热法。也称原位晶化法，即在多孔载体(玻璃、陶瓷、金属或合金)的孔口合成分子筛膜，是沸石分子筛膜制备领域广泛采用的技术。

⑥阳极氧化法。该法是目前制备多孔 Al_2O_3 膜的主要方法之一。该法是以高纯度的合金铝箔为阳极，并使一侧表面与酸性电解质溶液接触，通过电解作用在此表面上形成微孔 Al_2O_3 膜，然后用适当方法除去未被氧化的铝载体和阻挡层，得到孔径均匀、孔道与膜平面垂直的微孔 Al_2O_3 膜。

5.6.3 无机-有机复合膜的制备

有机膜材料具有柔韧性好、成膜性能优异的优点，无机膜材料具有机械强度高、稳定性好、耐化学和生物侵蚀的优点，因而结合二者的优点，避免其各自的缺点开展无机-有机复合膜制备就具有重要的研究意义和应用价值。

无机-有机复合膜的制备方法有溶胶凝胶法、化学气相沉积法、聚合物热解法等。目前，无机-有机复合膜尚未实现工业化生产，但国外已有较多的文献报道，我国在这方面的研究基本上还是空白。

5.7 膜分离装置

膜分离装置包括膜分离器、泵、过滤器、阀、仪表以及管路。膜分离器是将膜以某种形式组装在一个基本单元设备内，而后在外界驱动力作用下实现对混合物中各组分分离的器件，又称为膜组件。

常见的膜有平板式、圆管式和中空纤维式等形状，如图 5－35 所示。典型平板膜片的长宽各为 1m，厚度为 20nm，致密活性层厚度一般为 50～500nm。管式膜通常做成直径 0.5～5.0cm、长约 6m 的圆管，其致密活性层可以在管外侧面，亦可在管内侧面，并用玻璃纤维、多孔金属或其他适宜的多孔材料作为膜的支撑体。具有很小直径的中空纤维膜的典型尺寸为内径 100～200μm、纤维长约 1m、致密活性层厚 0.1～1.0μm。中空纤维膜能够提供很大的单位体积的膜表面积。

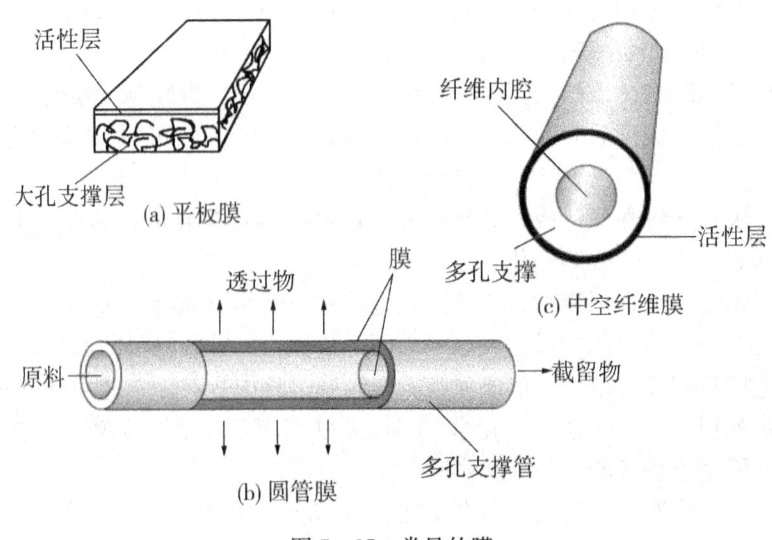

图 5－35　常见的膜

在膜分离的工业装置中，根据生产需要，一般可设置数个至数千个膜组件。工业上常用的膜组件形式主要有板框式、圆管式、螺旋卷式和中空纤维式等四种类型。

以反渗透法淡化咸水为例，介绍上述四种膜组件主要形式的结构。

1. 板框式膜组件

板框式膜组件是膜分离历史上最早问世的一种膜组件形式，其外形类似普通的板框压滤机。板框式组件的最大特点是构造比较简单且可以单独更换膜片，这有利于降低设备投资和成本，料液流通截面较大，不易堵塞，可根据生产需要组装不同数量的膜；缺点是需密封的边界线长，对板框及其起密封作用的部件的加工精度要求高。

(1)系紧螺栓式

系紧螺栓式膜组件如图 5-36 所示，先由圆形承压板、多孔支撑板和膜经粘结密封构成脱盐板，再将一定数量的脱盐板多层堆积起来放入 O 形密封圈，最后用上下头盖(法兰)以系紧螺栓固定而成。海水从上部进入组件后，沿膜表面逐层流动，其中纯水透过膜到达膜的另一侧，经支撑板上的小孔汇集在边缘的导流管后排出，而未透过的浓缩咸水则从下部排出。

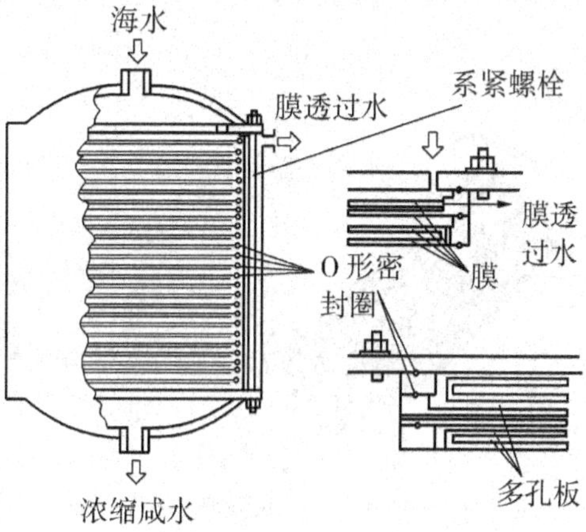

承压板由耐压耐腐蚀材料如不锈钢或铜材压制而成。支撑材料的材质可以选用各种工程塑料、金属烧结板等。

海水
膜透过水
系紧螺栓
膜透过水
O 形密封圈
膜
多孔板
浓缩咸水

图 5-36 系紧螺栓式板框式膜组件

(2)耐压容器式

耐压容器式膜组件如图 5-37 所示，它将多层脱盐板堆积组装后，放入耐压容器中而成。海水从一端进入，分离后的浓缩水和淡化水则由容器另一端排出。容器内脱盐板根据设计要求串联、并联而成。

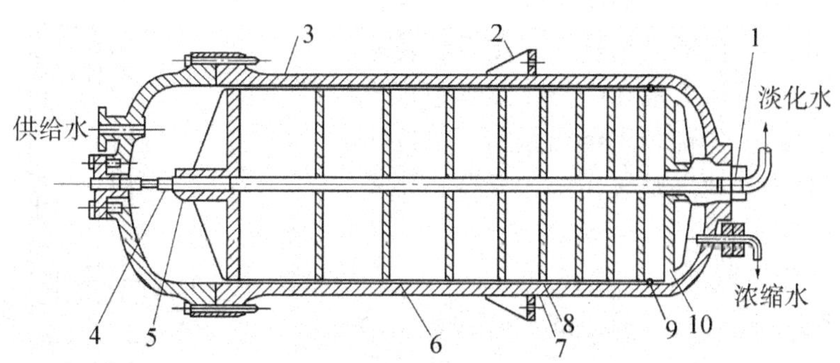

图 5-37 耐压容器式板框式膜组件

1—膜支撑板；2—安装支架；3—支承座；4—淡化水顶轴；5—淡水管螺母；6—开口隔板；7—水套；8—封闭隔板；9—周边密封；10—基板

2. 圆管式膜组件

如图 5－38 所示的圆管式膜组件是把膜和支撑体均制成管状，将两者组装在一起，或者将膜直接刮制在支撑管的内侧或外侧，将数根膜管组装在一起，这样构成了管式膜组件，其外形类似列管式换热器。根据膜刮的位置和作用方式，圆管式膜组件可以分为两类。若膜刮在支撑管内侧，则为内压型，原料在管内流动；若膜刮在支撑管外侧，则为外压型，原料在管外流动。圆管式膜组件的结构简单，安装、操作方便，水流动条件好，不易堵塞，清洗方便，耐高压，可以处理高粘度原液，但其单位体积的有效膜面积小。

在圆管式膜组件中，内压型管束式结构是在多孔耐压管内壁上直接喷注成膜，再把许多耐压膜管装配成相连的管束，而后将之置于大的收集管内，即构成管束式装置。原水由进口流入，经耐压管内壁的膜管，于另一端流出，淡水透过膜后，由收集管汇集。

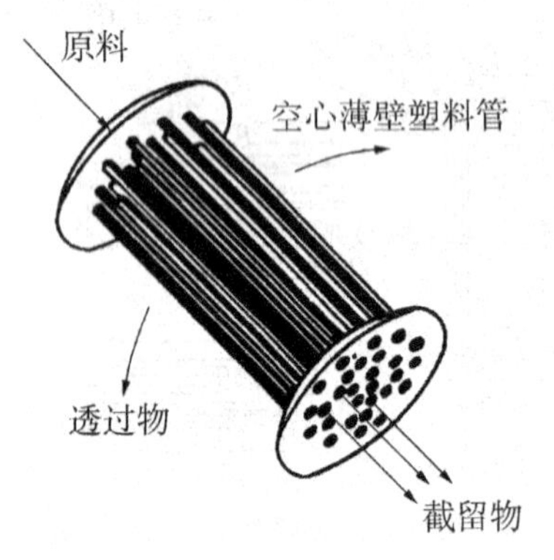

图 5－38　圆管式膜组件

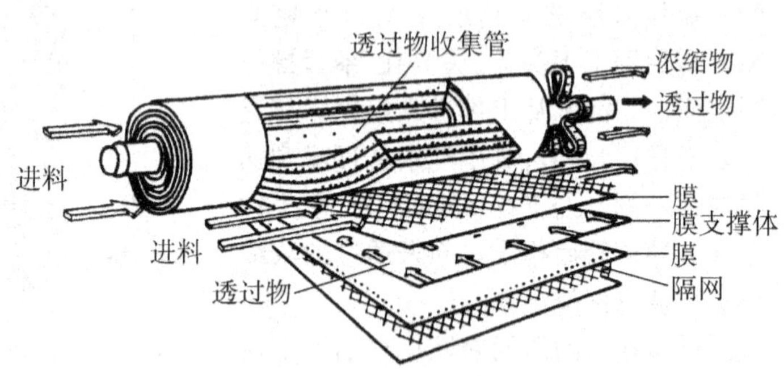

图 5－39　螺旋卷式膜组件

3. 螺旋卷式膜组件

螺旋卷式膜组件的结构如图 5－39 所示。其中间为多孔支撑板，两侧是膜的“双层结构”。三个边沿被密封而粘成膜袋状，另一边与一根多孔中心管连接。组装时在膜袋上铺一层网状材料(隔网)，绕中心管卷成柱状再放入压力容器内。原料进入组件后，在隔网中的流道沿平行于中心管方向流动，而透过物进入膜袋后旋转着沿螺旋方向流动，最后汇集在中心收集管中再排出。螺旋卷式膜组件的优点是结构紧凑，单位体积的有效膜面积大；缺点是制作工艺复杂、要求高，高压操作难度大。

4. 中空纤维式膜组件

中空纤维膜实际是一种极细的空心管，外径为 50～400μm、内径为 25～42μm。中空纤维式膜组件如图 5－40 所示，其结构类似于管壳式换热器，它是把大量的中空纤维膜弯成 U 形装入圆筒式耐压容器内，通常纤维膜的一端封住，另一

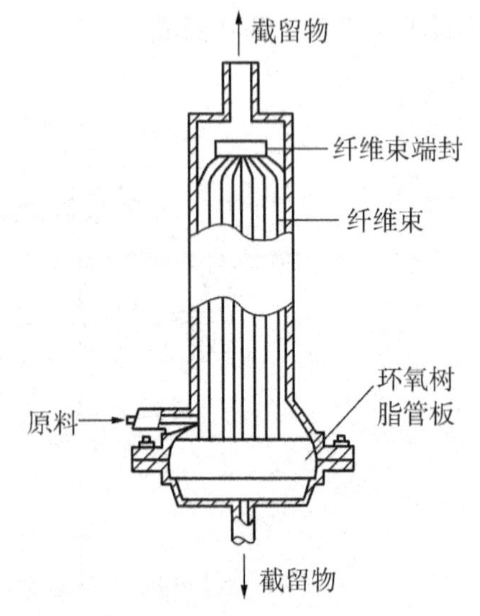

图 5－40　中空纤维式膜组件

端固定在环氧树脂浇注的管板上。多数膜组件采用外压式，即高压原料在中空纤维膜外侧流过，透过物则进入中空纤维膜内侧。

中空纤维式膜组件的优点是设备紧凑，单位设备体积内的装填密度极大(最高可达10 000～30 000m^2/m^3)，且不需外加支撑材料，是高效、低成本的膜分离装置；其缺点是因中空纤维内径小，阻力大，易堵塞，清洗不容易。中空纤维膜的制备技术复杂，管板制作也比较困难。

上述各种膜组件的比较如表 5-6 所示。

表 5-6 各种膜组件比较

类型	优点	缺点	使用状况	特性	
板框式	结构紧凑，能承高压；可使用强度较高的平板膜；性能稳定，工艺简单	成本高，浓差极化现象严重；易堵塞，不易清洗，堆积密度小	小容量规模；已商业化	填充密度 m^2/m^3	30～500
				抗污染性能	好
				膜清洗	易
				相对造价	高
管式	膜易清洗和更换；压力损失较小，耐压较高；能处理含有悬浮物的、粘度高的等易堵塞流水通道的体系	成本高；管口密封困难；膜的堆积密度小	中小容量规模；已商业化	填充密度 m^2/m^3	200～800
				抗污染性能	中等
				膜清洗	可
				相对造价	低
螺旋卷式	膜堆积密度大，结构紧凑；可使用强度好的平板膜；价格低廉	制作工艺和技术较复杂，密封较困难；易堵塞，不易清洗；不宜在高压下操作	大容量规模；已商业化	填充密度 m^2/m^3	30～200
				抗污染性能	很好
				膜清洗	简单
				相对造价	高
中空纤维式	膜的堆积密度大；不需外加支撑材料；浓差极化小，价格低廉	制作工艺和技术复杂；易堵塞，不易清洗	大容量规模；已商业化	填充密度 m^2/m^3	500～9 000
				抗污染性能	差
				膜清洗	难
				相对造价	低

思考题

1. 什么是膜分离？常用的膜分离过程有哪几种？
2. 膜分离有哪些技术特点？分离过程对膜有哪些基本要求？
3. 常用的膜分离器有哪些类型？
4. 常用的分离膜的制备方法有哪几种？各有什么特点？

5. 反渗透的基本原理是什么?
6. 膜污染的主要原因是什么?防止膜污染的方法有哪些?
7. 什么叫浓差极化?浓差极化与膜污染有何区别?
8. 超滤的分离机理是什么?
9. 电渗透的分离机理是什么?阴膜、阳膜各有什么特点?
10. 纳滤常见的操作方式有哪几种?纳滤与反渗透的主要区别在哪里?
11. 气体混合膜分离的机理是什么?
12. 常用的膜组件有哪几种类型?各有哪些特点?

参 考 文 献

[1] 贾绍义，柴诚敬．化工传质与分离过程[M]．北京：化学工业出版社，2007.
[2] 陈敏恒，等．化工原理(下册)[M]．北京：化学工业出版社，2009.
[3] 谭天恩，窦梅，周明华，等．化工原理(下册)[M]．北京：化学工业出版社，2009.
[4] 郑旭煦，李然．化工原理(下册)[M]．武汉：华中科技大学出版社，2009.
[5] 大连理工大学编．化工原理(下册)[M]．北京：高等教育出版社，2008.
[6] 夏清，陈常贵．化工原理(下册)[M]．天津：天津大学出版社，2005.
[7] 李功样，陈兰英，等．常用化工单元设备设计[M]．第2版．广州：华南理工大学出版社，2009.
[8] 黄维菊，魏星．膜分离技术概论[M]．北京：国防工业出版社，2008.
[9] 冯蟲．膜分离的工程与应用[M]．北京：中国轻工业出版社，2006.
[10] 许振良，马炳荣．微滤技术与应用[M]．北京：化学工业出版社，2005.
[11] 王晓琳，丁宁．反渗透和纳滤技术与应用[M]．北京：化学工业出版社，2005.
[12] 姚玉英，黄凤廉，等．化工原理(下册)[M]．天津：天津大学出版社，2003.
[13] 华耀祖．超滤技术与应用[M]．北京：化学工业出版社，2004.
[14] 王志魁．化工原理[M]．北京：化学工业出版社，2005.
[15] 董大勤，等．压力容器与化工设备实用手册[M]．北京：化学工业出版社，2000.
[16] 蒋维均．新型传质分离技术[M]．北京：化学工业出版社，1992.
[17] 化学工程手册编委会．化学工程手册(第12、13篇、16篇)[M]．北京：化学工业出版社，1989.
[18] McCabe W L. Unit Operations of Chemical Engineering[M]. 5th ed. New York：McGraw Hill，Inc，1993.
[19] Geankoplis C J. Transport Processes and Unit Operations[M]. 2rd ed. Bostom：Allynand Baccon，Inc，1983.
[20] (日)河東准，岡田功．蒸留の理論と計算[M]．東京：工学図書书株式会社，1873.
[21] (日)水科篤郎，荻野文丸．輸送現象[M]．東京：産業図書株式会社，1981.
[22] 时钧，袁权，高从堦．膜技术手册[M]．北京：化学工业出版社，2001.
[23] Foust，Alan Shivers. Principles of Unit Operations[M]. 2nd ed. New York：John Wiley & Sons，1980.